测 量 学

（第 2 版）

主编　李玉宝

编委　张文君　王卫红　唐一平　徐　兵　兰济昀
青　盛　周　波　宋怀庆　杨国强　肖荣健

西南交通大学出版社
·成 都·

内容提要

本书系统介绍了测量学的基本概念、理论、技术与方法，侧重当前技术条件下的工程应用。全书分12章，内容包括角度、长度、高差测量，测量误差基础理论，工程控制测量，大比例尺地形测量等测量学基础内容。在保证测量学基础理论系统性、完整性的基础上，力图用通俗易懂的语言，以当前工程实践符合的测量技术方法，详细地阐述测量学的工程应用问题。

本书内容宽厚，体系完整，用较多的篇幅介绍了测量新技术在工程实践中的应用，内容详尽，不仅适合作为测绘专业基础课程或非测绘专业测量专业课程教材使用，也可供从事测绘工程专业工作的人士参考。

图书在版编目（CIP）数据

测量学 / 李玉宝主编. —2 版. —成都：西南交通大学出版社，2010.2（2011.7 重印）
ISBN 978-7-5643-0591-8

Ⅰ. ①测… Ⅱ. ①李… Ⅲ. ①测量学 Ⅳ. ①P2

中国版本图书馆 CIP 数据核字（2010）第 027547 号

测 量 学
（第 2 版）
主编 李玉宝
*
责任编辑 刘婷婷
封面设计 本格设计
西南交通大学出版社出版发行
（成都二环路北一段 111 号 邮政编码：610031 发行部电话：028-87600564）
http://press.swjtu.edu.cn
成都蜀通印务有限责任公司印刷
*
成品尺寸：185 mm×260 mm 印张：18.375
字数：456 千字
2006 年 8 月第 1 版 2010 年 2 月第 2 版 2011 年 7 月第 5 次印刷
ISBN 978-7-5643-0591-8
定价：32.00 元

第 2 版前言

《测量学》第 1 版于 2006 年 8 月出版，2008 年 1 月第 2 次印刷。3 年多来，《测量学》被多所高校的测绘工程、地质工程、采矿工程、城市规划、土木工程等专业选作测绘学教材，迄今已发行了 6000 册。读者在对其内容系统完整、贴近工程实际的特点予以充分肯定的同时，也指出了许多不足和错误，这需要增补和修改。借此机会，编者深表谢意。另外，随着近年来测绘科技的迅猛发展，书中的部分内容已与生产实践不相适应，也需要调整。基于以上两点考虑，本书编者修订出版了第二版。

第二版对全书作了系统全面的修订、增补。纠正了读者指出及编者在教学实践中发现的一些错误，删除了部分已经不再适用的内容，并针对重要的内容，在表述上作了较多的修改。

西南科技大学测绘工程教研室全体教师参与了第二版的修订工作，具体分工如下：第一章：李玉宝；第二章：杨国强、肖荣健；第三章：周波；第四章：青盛、宋怀庆；第五、六、七章：兰济昀；第八章：青盛；第九章：杨国强、李玉宝；第十章：宋怀庆、李玉宝；第十一章：肖荣健；第十二章：宋怀庆。全书由李玉宝校对定稿。

在本书编写及修订过程中，编者查阅了大量的参考文献，并引述了其中部分资料，在此谨向有关作者表示衷心的感谢！

尽管在第二版出版过程中，编者对全书内容做了系统修订，并为此付出了艰辛的劳动，但受专业水平局限，书中不当之处在所难免，在此恳请广大读者批评指正。

编　者

2010 年 1 月

前 言

自20世纪80年代以来，随着计算机、光电测距、空间卫星定位、遥感等高新技术的广泛应用，测绘理论与技术产生了很大的变革，测量仪器也由单纯的光学设备转变为综合了光学、机械、电子和计算机技术的数字化测绘设备。测量技术的进步不仅使得设备操作更方便、成果精度更高，也降低了劳动强度、提高了作业效率，从根本上改变了测绘工作的面貌，使得许多传统的测量方法已经不再适用。在这一背景下，根据全国测绘教学指导委员会对本课程教学大纲提出的指导性意见，本着面向测绘工程实践，充分反映测绘新技术应用的原则，本教材编写力图做到基础理论的系统性和技术方法的先进性、实用性的统一，侧重于测量技术在各类工程建设中的应用，使之成为一本有利于能力培养和知识面拓展，符合目前高等教育改革潮流，不仅能用于测绘工程专业基础课程，也可作为地质工程、采矿工程、交通工程、土木工程等诸多专业使用的测量学专业课程教材。

本教材由西南科技大学测绘工程教研室集体编写。其中第一章、第三章、第十二章由王卫红编写，第二章、第四章、第八章由唐益平编写，第五章、第六章由李玉宝编写，第九章、第十章由徐兵编写，第七章、第十一章由张文君编写。李玉宝担任主编，并完成了书稿的统校工作。

本教材在编写过程中，参阅了大量的文献，并引用了其中的一些资料，为此谨向有关的作者表示衷心的感谢！

为本教材的出版，各位编写者虽然倾注了极大的热情，付出了艰辛的劳动，但是受学识水平局限，错误在所难免，在此恳请广大读者及专家学者不吝指正，以便修订时更正。

编 者

2006年7月8日

目　录

第一章 绪 论

第一节 测量学的研究对象

一、测量学的定义

从远古时期开始，人类一直在不断地问自己："我在哪里?""我要去哪里？我要去的地方有多远？在哪个方向?""我去过哪里?""我怎样才能找到回家的路?"人类文明从认识自然发展到改造自然，要建造房屋、拦河筑坝、修路架桥等，又必须弄清楚："在哪里进行?"所有这些问题，都可以归结为"定位"。测量学就是研究定位——确定地面点位在某一参照系中的位置的科学。

人类在从事生产活动的过程中必然要涉及测量科学。原始人在外出打猎时用树枝和石头作标记来确保自己不会迷路；距今大约 5 000 年前，古巴比伦人开始用地图来描绘周围的地理环境；古埃及法老通过测量土地面积确定征税数额；我国《夏本记》记载了大禹治水时的详细过程，称禹"左准绳，右规矩，载四时，以开九洲，通九道，陂九泽，度九山"。"准"、"绳"分别是取平和取直的工具；规矩即测量高低远近的工具，四时可能指确定方向的仪器。

由于测量定位成果用图形表示既形象又直观，因而常常通过绘制地形图来表示，测量学又因此被称为测绘学。随着科学技术的不断发展，测绘学已经成为一门根深叶茂的大学科，其应用范围由建立定位参照系统（各类地理坐标系统）及为国防建设、城市规划与建设、矿产开发、交通建设等部门提供精确定位服务，扩展为人们出行提供实时导航定位服务，服务对象也由专业人士扩展为广大人民群众。现代定义是：研究与地球有关的基础空间信息的采集、处理、显示、管理、利用的科学与技术。要特别指出的是，在建设"数字地球"、"数字中国"、"数字省区"等项目中首先要构建一个用于集成各类自然、社会、经济、人文、环境等方面信息的统一地理空间载体，即建立国家空间数据基础设施。当前，测绘学的主要任务之一是为建立国家空间数据基础设施服务。

二、测绘学的分支学科

1. 大地测量学

如果研究对象是地球表面上的一个较大的区域甚至整个地球，就必须考虑地球的曲率；这种测绘工作属于大地测量学的范畴。传统大地测量的任务就是建立国家大地控制网，测定地球的形状、大小，研究关于地球重力场的理论、技术和方法。大地控制网是为研究地球有关的各种科学服务的，其作为大范围空间定位的统一参照系统，也是施测地形图的重要依据。现今大地测量被赋予了更广泛的任务，它不仅研究地球几何形状和重力场，以及它们的时间性变化和地球动力学现象（极运动、潮汐、板块运动、平均海水面升降等），而且也研究月球和太阳系其他行星表面和重力场，研究人造卫星的轨道运动。大地测量学可以分为数学大地测量学、物理大地测量学、卫星大地测量学、大地动力学、大地天文学、惯性测量和导航学等。数学大地测量学研究地球上点、线、面和空间的数学表示，以几何及微分几何为基础研究大地测量；物理大地测量学研究位（potential）理论、地球重力场、大地水准面的确定、大地边界值问题，以及地球内部结构的推定；卫星大地测量学主要利用人造卫星研究地球形状及重力场，人造卫星轨道的确定，以及全球性海水面之监测；大地动力学研究地壳变动、板块运动、地球旋转和潮汐变化等；大地天文学主要研究天文经纬度和方位角的测定，以及时间系统；惯性测量和导航学主要利用惯性导航系统研究地球重力场的测定，导航和载体姿态角的决定。

2. 遥　感

遥感是指以人造卫星、宇宙飞船、飞机、热气球、车、船、活动高架等为遥感平台，通过传感器拍摄或扫描得到遥感图像或摄影像片来研究地表形状与大小的科学。根据遥感平台的不同可分为地面遥感、航空遥感、航天遥感、航宇遥感；根据传感器探测波段的不同可分为紫外遥感、可见光遥感、红外遥感、微波遥感、多波段遥感。遥感技术具有下列特点：① 大面积的同步观测。如一张美国的 Landsat 卫星影像，覆盖面积为 34 225 km^2，在 5～6 分钟内即可扫描完成。② 时效性。遥感探测，尤其是空间遥感探测，可以在短时间内对同一地区进行重复探测，发现地球上许多事物的动态变化。③ 数据的综合性和可比性。遥感获得的地物电磁波特性数据综合反映了地球上许多自然、人文信息，同时由于遥感的探测波段、成像方式、成像时间、数据记录等均可按要求设计，因此其获得的数据具有同一性和可比性。④ 经济性。与传统的方法相比，遥感可以大大地节省人力、物力、财力和时间。由于上述特点，遥感技术在资源调查与应用、环境监测评价、全球宏观研究等领域得到了广泛的应用。随着遥感处理软件的进一步普及和高分辨率遥感影像价格的下降，遥感也日益成为中、小比例尺地形图成图的主要方法之一。

3. 工程测量学

在测绘界，人们把工程建设中的所有测绘工作统称为工程测量。工程测量包括在工程建设勘测、设计、施工和管理阶段所进行的各种测量工作，它是直接为各类工程项目的建设以及其运营管理中一系列工作服务的。可以这样说，没有测量工作为工程建设提供数据和图纸，并在施工过程中实现定位测量，任何工程建设都无法顺利进展并完成。工程测量按其工作顺序和性质分为：勘测设计阶段的工程控制测量和地形测量；施工阶段的施工测量和设备安装测量；竣工和管理阶段的竣工测量、变形观测及维修养护测量等。按工程建设的对象分为：建筑工程测量、水利工程测量、铁路测量、公路测量、桥梁工程测量、隧道工程测量、矿山测量、城市市政工程测量、工厂建设测量以及军事工程测量、海洋工程测量等。因此，工程测量工作遍布国民经济建设和国防建设的各个部门和各个方面。

4. 地图制图学

地图是测量成果的主要表现手段之一。地图制图学主要研究模拟地图和数字地图的基本理论、设计、测绘和印制，包括地图的基本特征、表示内容、地图投影的理论与方法、地图数据和地图符号、地图图形、色彩和注记的设计、制图综合、地图的编辑与编绘、地图的出版印刷与分析应用等。

三、本课程的性质和地位

测量学是一门涉及面较广，极具应用价值的科学技术。在各类工程的规划、勘察设计、施工建设、管理运营阶段都离不开测量学。现代社会中，城市化及交通网络的建设，均要按规划进行。任何重大工程建设项目，都必须依据测量学提供的地形图和有关的地理信息精心规划设计，并报主管部门审批。地形图和有关的地理信息是优化城市建设规划、有效利用土地、提高规划建设效益、促进现代化建设必不可少的重要资料。任何重大基本建设项目的规划设计，都必须对所在区域的地势高低平斜、河流的宽窄深浅、已有建筑物的性质与分布做详细测绘，获取大量基本地理信息，才能顺利进行。在工程建设施工阶段，测量工作在设计公路中心线的标定，设计建筑物实际位置的确定，大型建筑构件的精确安装，地下隧道的准确贯通等项目中发挥着不可替代的作用。测量工作也是房产、地产管理的重要手段，是检验工程质量和监视重要交通、土木工程设施安全营运的重要措施。

本课程是测绘专业学生重要的专业基础课，也是地理信息系统、地质、采矿、环境、土木、交通等工程建设专业重要的专业课程之一。

第二节　测绘学的发展历史

测绘学是长期以来人类在认识自然、改造自然的生产实践中，创造、发展起来的最古老的科学技术之一。历代王朝的统治者，在战事运筹、疆域划分、水利建设、交通运输等有关国家兴亡的大计筹划，都靠测绘资料了解国情和认识世界，为其实施决策提供技术保证。不少古代杰出科学家们的光辉业绩和伟大的发明创造都与测绘有关，如我国秦代的刘徽编著的世界巨著《九章算术》中就有一章专门介绍测绘理论。《墨经》、《周髀》、张衡地动说、祖冲之的“密率”等创立了古代测绘学的理论基础。2 000 多年前，随着黄河流域堤防和灌溉工程的兴建，产生了原始的农田水利地图测绘。

保存至今的地图，在埃及和巴比伦已经有 5 500 年，在中国也有 2 200 年。我国西晋的裴秀和古希腊的托勒密奠定了古代地图学的基石，15 世纪制作的《郑和航海图》、罗洪先的《广舆图》、荷兰人墨卡托的《世界地图集》，都反映了 16 世纪前东西方地图学的成就。其后，采用经纬度制图法的《海国图志》和《历代舆地沿革险要图》等，是我国近代地图的代表作。这些成果都建立在测量学、地理学、数学、天文学等学科的成就之上。

现代测绘科学的发展主要是从 17 世纪初逐步开始的。当时资产阶级革命兴起，使生产力得到解放，促进了科学技术的快速发展。17 世纪初，望远镜应用于天象观测，这是测绘科学发展史上一次较大的变革，从此以后望远镜普遍应用于各种测量。至 1668 年，已有放大倍率为 40 倍的望远镜出现，使在可见光谱范围内进行测量工作大为方便，并且提高了测量成果的精度。1617 年三角测量方法开始应用，1683 年法国进行了弧度测量，证明地球确实是两极略扁的椭球体。此后，世界测绘科学无论在测量理论、测量方法及测绘仪器各方面都有不少创造发明。其中德国著名的数学家、天文学家、物理学家高斯于 1794 年提出了最小二乘理论，对测量数据的处理理论产生了深远的影响，至今仍然是处理测绘数据最重要的理论基础；以后又提出了横椭圆柱投影学说，利用该投影方法建立的高斯直角坐标系是目前最常用的测绘坐标系。1899 年摄影测量的理论研究得到发展，1903 年飞机的发明，促进了航空摄影测量的发展，从而使测图工作很大一部分可以由野外转移到室内利用仪器描绘成图，相应的减轻了测图工作的劳动强度，特别有利于进行高山地区的测绘工作。

20 世纪 50 年代前后开始，不少新的科学技术迅速发展，如电子学、信息论、相干光理论、电子计算机、空间科学技术等。测绘工作者密切关注相关科学的发展，并及时地将它们应用到测绘科学中，推动了测绘科学的发展。如 1947 年开始研究利用光波进行测距，60 年代利用氦氖激光器作为光源的电磁波测距仪问世；20 世纪 40 年代出现了自动安平水准仪，1990 年研制出的数字水准仪，实现了读数与记录的全自动化；1968 年生产了电子经纬仪，它采用光栅、光学编码来代替刻度分划线，以电信号方式获得测量数据，并可自动记录在存储载体上，若接通电子计算机还可立即根据观测数据算出所需成果；随后又在此基础上推出了测距、测角一体化的全能型测量仪器——全站仪。1957 年第一颗人造地球卫星上天后，人们开始进行人造卫星大地测量研究，这种新技术具有不受气候的影响，可全天候观测，速度快、精度高，对洲际之间、岛屿和岛屿之间及岛屿和大陆之间的联测既快速又准确的优势。20 世纪 70 年代，通过人造卫星应用黑白、单光谱段、多光谱段及彩色红外等拍摄地球的照片，使航天遥感技术有了广泛发展和应用。由于卫星运行的高度比飞机高几十倍到几百倍，故视野宽广，覆盖面积大，可以对同一地区重复摄影，便于监视自然现象变化，并且不受地理及气候条件的限制，对深山、荒漠及海洋都能进行有效的勘测。20 世纪 70 年代开始发射的 GPS 全球定位系统卫星，在 90 年代完成了 24 颗卫星的发射任务。只要在地面待测点安置接收卫星信号的测量设备，可很快地确定地面点的位置。现在，GPS 定位已深入人们的日常生活，各类车载、手持 GPS 定位仪精度越来越高，价格越来越便宜，成为人们出行的有力工具。

人类大约用了 2 000 年的时间，才大体搞清楚地球上海陆的轮廓，又花费了 300 年的时间才测绘出陆地的 30%。20 世纪上半叶，航空摄影测量只用了 50 年的时间就测绘了陆地的 70%，而 20 世纪下半叶，卫星遥感、全球定位系统、地理信息系统和卫星通讯网络等一系列高新技术的进步，已经彻底改变了地图的生产过程。“奋进号”载人航天飞船只用了 11 天的时间就获取了覆盖全球 80%的图像数据，现代测绘科学技术的巨大进步因此可见一斑。

“经天纬地，开路先锋”是对测绘工作者的真实写照，可以肯定，进入 21 世纪的人类发展史，测绘学会扮演越来越重要的角色。

第三节　地球的形状和大小

一、大地水准面和大地体

测量工作在地球表面上进行，学习本课程，必须先了解地球的形状和大小。

最初由于人的视野非常有限，无法看到地球的真实表面，认为地球是方的或者扁平的。

经历了若干世纪艰难的认识过程，公元前450年，希腊学者费罗劳斯，第一个提出大地是一个球。直到公元1522年，葡萄牙航海家麦哲伦第一次成功地环绕地球一周，证实了地球是球形的假说。

地球的自然表面是不规则的，分布着高山、高原、洼地、盆地、平原等千姿百态的地貌。世界上最高的山峰是位于我国境内的珠穆朗玛峰，2005年5月我国大地测量工作者测得其高程为8 843.44 m；而在太平洋西部的马里亚纳海沟是世界上最深的海沟，深达11 022 m。但是地球表面的高低起伏，相对于地球平均半径6 371 km是很小的。由于地球表面除了大约29%的面积是陆地外，大约71%的面积是海洋，所以在研究地球的形状和大小时，我们可以把地球看做是一个被海水包围的球体，即假想有一个静止的海水面，向陆地延伸而形成一个封闭的曲面，以此静止海水面包围的地球体作为地球的形状。

地球上的任一质点，受地球引力影响而不脱离地球。同时，地球又在不停地自转，使质点受到离心力的作用，因此，一个质点实际上所受到的力是地球引力和离心力的合力，即重力（见图1.1）。在测量外业观测中，我们很容易得到重力线方向：用一根细绳系一个垂球，细绳在垂球的重力作用下下垂形成的方向线就是该点的重力线方向。

根据物理学知识可知，等位面处处与产生势能的力方向垂直。静止的水面因为处处都与重力方向（也叫做铅垂线方向，简称垂线方向）垂直，水不会流动，所以是等位面，也称为水准面。水准面有无穷多个，其中设想为静止的海水面，称为大地水准面。大地水准面所包裹的形体叫做大地体。

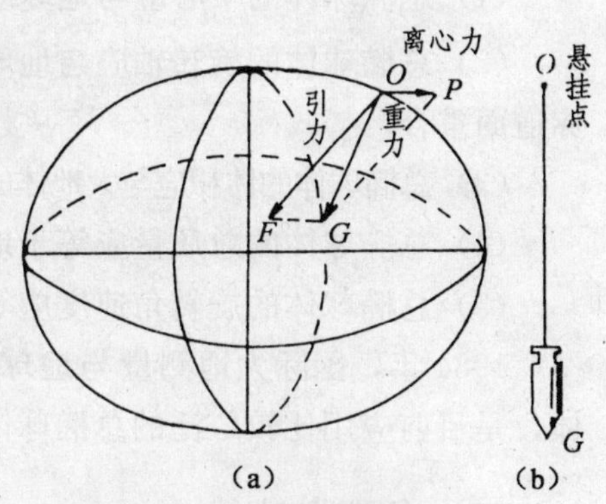

图1.1　重力与重力线

大地水准面的确定是一件非常复杂的工作，地球形状不规则，内部的质量分布不均匀，引起地面上各点的重力线方向产生不规则的变化。例如：在山岳附近，引力方向偏向山岳；在湖海附近，引力方向偏离湖海；在金属矿藏附近，引力方向偏向矿藏，等等（见图1.2）。由于水准面都是处处与重力线方向正交的，所以水准面是不规则的曲面。长期以来，各国的大地测量工作者进行了大量的重力测量工作和海水面的观测工作（后者称为验潮），但是到目前为止，还没有得到一个被全球所公认的大地水准面。各国所采用的大地水准面，实际上只是最接近其所在区域平均海水面的水准面。

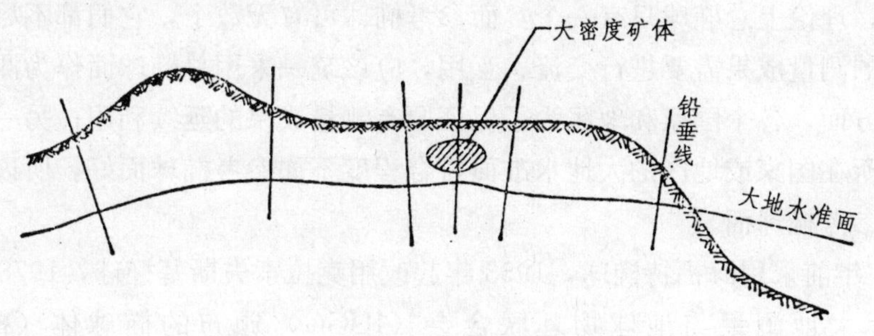

图1.2　重力线方向的不规则变化

二、总椭球体与 WGS84 椭球体

大地水准面是不规则的曲面，无法在这个表面上进行测量结果的计算，因此必须寻找一个与大地体非常接近的，能用简单的数学模型表示的规则形体来代替大地体。

长期的测量实践证明，地球的形体与一个旋转椭球体极为接近。旋转椭球体是一个椭圆绕其短轴 NS 旋转而成的（见图 1.3），也就是说包含旋转轴 NS 的平面与椭球面相截的线是一个椭圆，而垂直于旋转轴的平面与椭球面相截的线是一个圆。椭球体的基本元素是：长半轴 a，短半轴 b，扁率 $\alpha=\frac{a-b}{a}$。

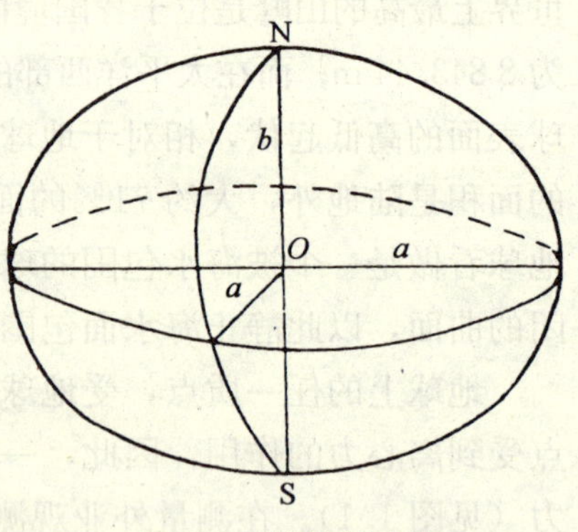

图 1.3　旋转椭球体

与大地体最接近的地球椭球，叫做总地球椭球体，简称总椭球体或总椭球，其表面叫做总椭球面。总椭球体必须满足以下几个几何条件：

（1）总椭球体的中心应与地球质心重合；

（2）总椭球体的旋转轴应与地球自转轴重合，过椭球中心垂直于旋转轴的平面应与地球赤道面重合；

（3）总椭球体的体积应与大地体的体积相等，大地水准面与总椭球面之间的距离平方和最小；

（4）总椭球体的总质量应等于地球的总质量；

（5）总椭球体的旋转角速度应等于地球的旋转角速度。

1984 年，国际大地测量与地球物理联合会通过的模拟地球的椭球体——WGS84 椭球体，是目前应用比较广泛的总椭球体，全球定位系统 GPS 观测采用的就是该椭球体。

三、参考椭球体

推求在全球范围内与大地水准面符合最好的总椭球体，需要运用全球范围内的观测资料，这是很难做到的。二百多年来，世界上主要大国的测量学者，都是各自采用与本国或本地区的大地水准面符合较好的椭球面，作为测量计算的基准面。这种椭球体仅采用本国或本地区的天文、大地和重力测量资料推算，因而只能做到椭球面与所用资料区域的局部大地水准面密切符合，测量学上称这样的椭球体为参考椭球体，简称参考椭球。

显而易见，理论上总椭球只有一个，而参考椭球可有无数个，它们都不尽相同。如果各个国家或地区的测量成果需要进行交流、互用，应该统一采用总椭球面作为测量计算的参考面。但是，一方面，各个国家和地区为了保证原有测量成果的延续利用；另一方面，一般来说总椭球面与所在国家或地区的大地水准面符合程度不如参考椭球面好，所以许多国家和地区仍继续沿用参考椭球面。

我国 1952 年前采用海福特椭球，1953 年起改用克拉索夫斯基椭球，1978 年后开始采用 1975 年由国际大地测量与地球物理联合会（IUGG）颁布的椭球体（椭球元素见表 1—1 所示），并以此建立了我国新的大地坐标系——1980 年国家大地坐标系（C80）。

表 1—1　几种椭球体的椭球元素比较

椭球体	年代	国家或机构	长半轴	短半轴	1/扁率
海福特	1909	美　国	6 378 388	6 356 912	298.3
克拉索夫斯基	1940	苏　联	6 378 245	6 356 863	298.3
1975 国际椭球	1975	国际大地测量与地球物理联合会	6 378 140	6 356 755	298.257 221 01
WGS84	1984	国际大地测量与地球物理联合会	6 378 137.000	6 356 752.314	298.257 223 563

第四节　测量坐标系的建立

测量的本质工作是定位，定位需要一个基准，即需要一个特定的坐标系统。在不同的国家和地区，对于不同精度、等级、范围的测量，可能采用不同的坐标系。

一、测量工作的基准面和基准线

要确定一个点的空间位置，可以通过确定这个点在某个基准面上的投影以及该点沿基准线到该基准面的距离来进行。

上节已经提到，在野外进行测量时，很容易得到重力线方向，因此，测量外业工作采用的基准面和基准线分别是水准面和与之垂直的重力线。但是由于大地水准面形状不规则，不能作为内业计算的基准面，所以内业计算是采用总椭球面或参考椭球面作为基准面，采用与椭球面处处垂直的法线作为基准线。

采用不同的基准面和基准线，可以建立不同的坐标系来对地面点进行定位。在测量工作中，一般确定某点在基准面上的投影位置可以采用大地坐标、天文坐标和高斯平面直角坐标，而确定某点沿基准线到基准面的距离可以采用大地高和正高。大地坐标、天文坐标和平面直角坐标可以统称为坐标，而大地高和正高可以统称为高程。要确定一个空间点的位置，实际上就是要确定其坐标和高程。

二、大地坐标和大地高

在图 1.4 中，NS 为椭球的旋转轴，N 表示北极，S 表示南极。通过椭球旋转轴的平面称为子午面，而通过原英国伦敦格林尼治天文台的子午面称为起始子午面或首子午面。子午面与椭球面的交线称为子午圈、子午线或经线。通过椭球中心且与椭球旋转轴正交的平面称为赤道面，它与椭球面相截得到的曲线称为赤道。其他与椭球旋转轴正交，而

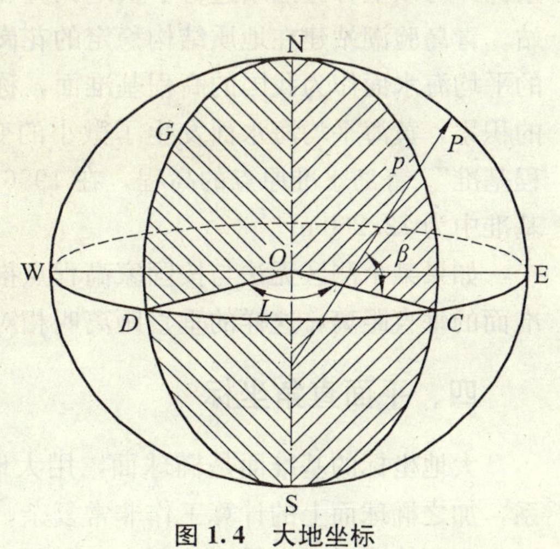

图 1.4　大地坐标

不通过球心的平面与椭球面相截所得曲线称为平行圈、纬圈或纬线。起始子午面和赤道面，是在椭球面上确定某一点投影位置的两个基本平面。在测量工作中，点在椭球面上的位置用大地经度 L 和大地纬度 B 表示。所谓某点（如 P 点）的大地经度，就是通过该点的子午面与起始子午面的夹角；如果在椭球面上的 P 点作一条法线（该法线与通过 P 点所作的椭球体的切平面垂直），大地纬度就是这条法线与赤道面的交角。由此可见，大地经度和大地纬度以椭球面作为基准面，以法线作为基准线，它们统称作大地坐标，表示了空间点在椭球面上的投影位置。

一般地面点不在椭球面上，则地面点沿过该点的法线到椭球面的距离，即以椭球面为基准面的高程，叫做大地高。

由于椭球面并不是物理曲面，而是抽象的数学曲面，在测量中无法实际得到某点的法线，因此，大地坐标和大地高都不能直接测量，而只能通过观测数据计算得到。

三、天文坐标和正高

用经度、纬度、大地高表示一点位置的大地坐标系是在球面上建立的，所以称为球面坐标系，也称为地理坐标，属于曲面坐标系统。

如前所述，大地坐标是不能直接测定的，实践中是以大地水准面和重力线代替椭球面和法线，采用天文测量的方法测定一个点的天文经度和天文纬度，然后借助于重力测量等资料，计算转化为大地经度和大地纬度。

天文经度和天文纬度定义与大地经度、纬度类似，不同的是基准面为大地水准面，基准线为重力线（铅垂线）。

地面点沿该点的重力线到大地水准面的距离，即以大地水准面为基准面的高程，叫做正高，也叫做绝对高程或海拔高度，简称海拔。如果不特别指出，我们通常所说的高程，都是指绝对高程。

在新中国成立之前，我国曾在不同时期以不同方式建立吴淞口、青岛和大连等地验潮站，得到不同的高程基准面。在新中国成立之后的 1956 年，我国根据基本验潮站应具备的条件，对以上各验潮站进行了实地调查和分析，于 1957 年确定青岛验潮站为我国基本验潮站。青岛验潮站建在地质结构稳定的花岗石上，以 1950 年至 1956 年 7 年间的潮汐资料所求的平均海水面作为我国的高程基准面，称之为“1956 年黄海高程系统”。此后由于观测数据的积累，黄海平均海水面发生了微小的变化，因此启用了新的高程系，即“1985 年国家高程基准”。青岛水准原点的高程，在 1956 年黄海高程系统中为 72.289 m，在 1985 国家高程基准中为 72.260 m。

如果某个测区无法与按国家高程点推算的已知高程联测，则只能求得地面点到某假定水准面的垂直距离，这样的垂直距离叫相对高程或假定高程。

四、平面直角坐标

大地坐标的基准面是椭球面，用大地坐标表示点位，不便于表示小范围内点的相对关系，加之椭球面上的计算工作非常复杂，所以大地坐标对于工程应用而言十分不便。工程应用中，测绘成果通常需要绘制在地图平面上，工程设计与计算也是在平面上进行的，所以需要将大地坐标（曲面坐标）采用适当的地图投影换算成平面直角坐标。地图投影的方法有很多，测量工作中最常用的是高斯一克吕格投影，简称高斯投影，由此建立的平面直角坐标称为高斯平面直角坐标。

高斯投影的基本思想是：设想将截面为椭圆的一个柱面横套在旋转椭球外面，并与旋转椭球面上某一条子午线相切，同时使椭圆柱的轴位于赤道面内，且通过椭球中心，相切的子午线称为高斯投影面上的中央子午线（见图 1.5）。将旋转椭球面上的点投影到横椭圆柱面上，然后将椭圆柱面沿过南极、北极的母线剪开，展成平面，此平面即为高斯投影平面（见图 1.6）。

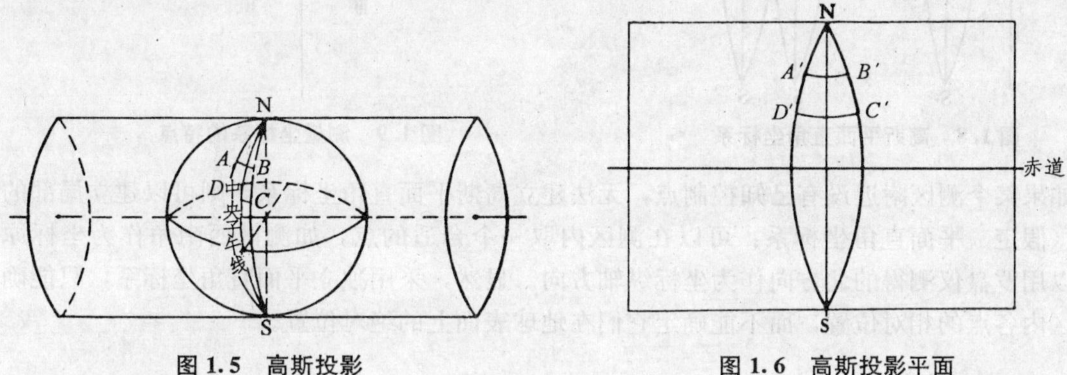

图 1.5　高斯投影　　**图 1.6　高斯投影平面**

在高斯投影平面上，中央子午线投影后的长度不变，其余子午线的长度大于投影前的长度，离中央子午线愈远长度变形愈大。为使长度变形不大于测量能容许的范围，高斯投影采用将整个地球表面分作若干个投影带的方法，对长度变形的限制要求越高，投影带就划分越细。例如，6°带投影是从首子午线起每隔经度 6°为一带，自西向东将整个地球分成 60 个带，各带的带号 N 用阿拉伯数字表示。而 3°带投影是从东经 1°30′开始自西向东每隔 3°为一个投影带（见图 1.7），每个 3°带又可分做两个 1.5°带。

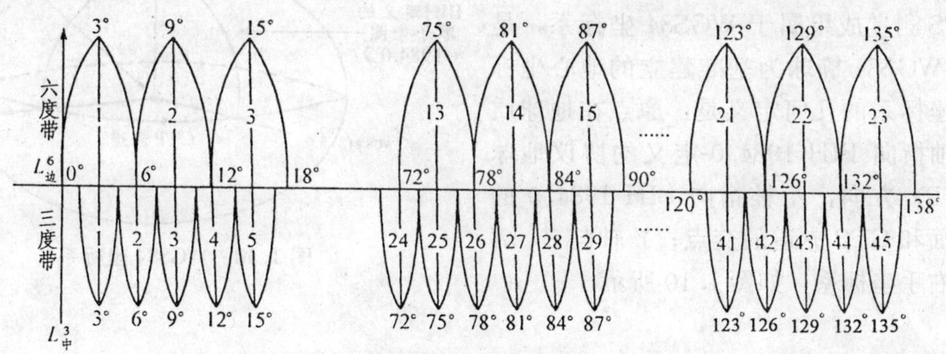

图 1.7　高斯投影的分带

在高斯平面直角坐标系中，以每一带的中央子午线的投影为直角坐标的纵轴 X，向北为正，向南为负；以赤道的投影为直角坐标的横轴 Y，向东为正，向西为负（见图 1.8）。为了避免负值，将每一带的坐标原点向西移 500 km，则每一点的横坐标均为正值。为了根据横坐标值能确定某一点位于哪一个带内，一般在横坐标前冠以带号，如 y_a＝20 648 680.54 m 表示 A

点位于第 20 带。

测量上用的平面直角坐标与数学上的基本相似，但坐标轴互换，象限顺序相反（见图 1.9），这样设定的目的是便于将三角公式直接应用到测量计算。

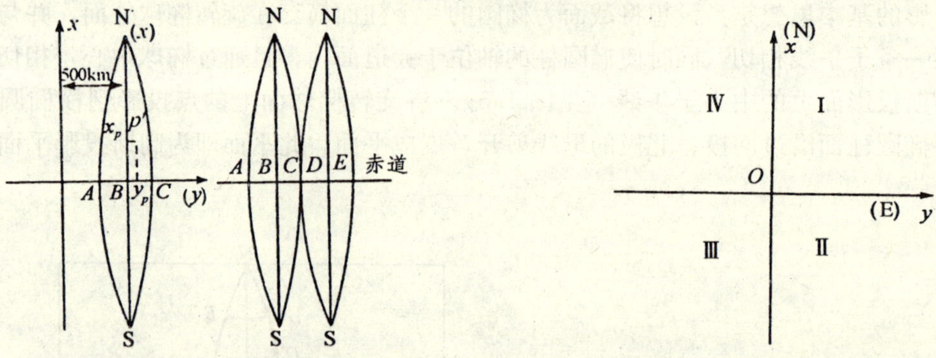

图 1.8 高斯平面直角坐标系　　　　图 1.9 测量坐标系的特点

如果某个测区附近没有已知控制点，无法建立高斯平面直角坐标系，则可以建立局部的独立（假定）平面直角坐标系：可以在测区内取一个合适的点，如测区西南角作为坐标原点，以用罗盘仪测得的北方向作为坐标纵轴方向。显然，采用独立平面直角坐标系，只能确定测区内各点的相对位置，而不能确定它们在地球表面上的绝对位置。

五、地心坐标

由于卫星大地测量日益发展，现在也常用球心空间直角坐标系来表示空间一点的位置。这种坐标系的原点设在椭球的中心 O，Z 轴与椭球旋转轴重合，X 轴通过起始子午面，X 轴逆时针旋转 90 度方向为 Y 轴。由于是原点在地球质心的空间直角坐标系统，所以这种坐标系统又称为地心直角坐标系。

GPS 测量成果属于 WGS84 坐标系，是一种以 WGS84 椭球为基准建立的地心坐标系。其坐标系的几何定义是：原点在地球质心，Z 轴指向 BIH 1984.0 定义的协议地球极（CTP）方向，X 轴指向 BIH 1984.0 的零子午面和 CTP 赤道的交点；Y 轴与 Z、X 轴构成右手坐标系，如图 1.10 所示。

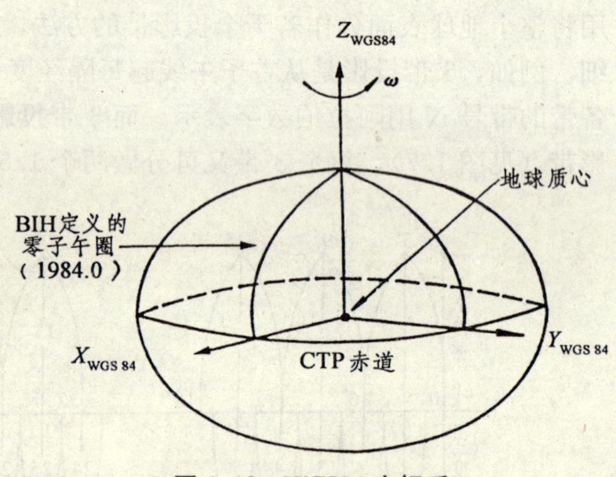

图 1.10 WGS84 坐标系

第五节 测量工作的主要内容和基本原则

一、确定地面点位的三个基本要素

制作反映地物、地貌的地形图，首先要将地面上的点位归算到参考椭球面上，再通过高斯投影将其投影到高斯平面上。对测区范围较小的地图，则可以直接把投影面作为平面（即将参考椭球面和大地水准面的一个小部分看做一个水平面）。如图 1.11 所示，上图中 A、B、C、D 和 E 是地面上高低不等的一系列点，构成一个空间多边形；下图 P 是个水平面，从 A、B、C、D、E 各点向这个水平面作铅垂线，这些铅垂线的垂足在 P 平面上构成多边形 $A'B'C'D'E'$，平面上各点就是空间各点的正射投影。从图中可以看到多边形 $ABCDE$ 与 $A'B'C'D'E'$ 并不完全相似，平面上多边形的各边一般都短于空间的相应边，至多相等。投影平面上的角是两倾斜边构成的空间角在水平面上的投影（水平角）。所以，地形图上各点是实地上相应点在水平面上正射投影的位置再根据测图比例尺缩绘在图纸上的。

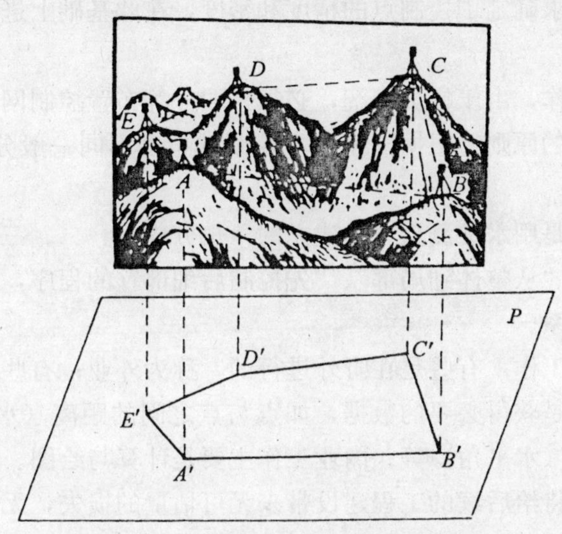

图 1.11　地图与地面实际情况的关系

根据数学知识，如果测定了多边形 $A'B'C'D'E'$ 各边的边长（即两点之间的水平距离）和各内角（水平角），就可以确定各点的相对位置。如果在平面 P 上建立了一个平面直角坐标系，并已知了某点如 A' 的坐标，则通过测定 $A'B'$ 的方向和长度，可以确定 B' 点的坐标。

为反映两点在铅垂线方向的差异，采用独立于平面坐标系统的一维坐标系统——高程系统来表示。但如图 1.12 中所示，地面点的高程 H 不能直接测量得到，而是通过测量点与点之间的高差来推算。

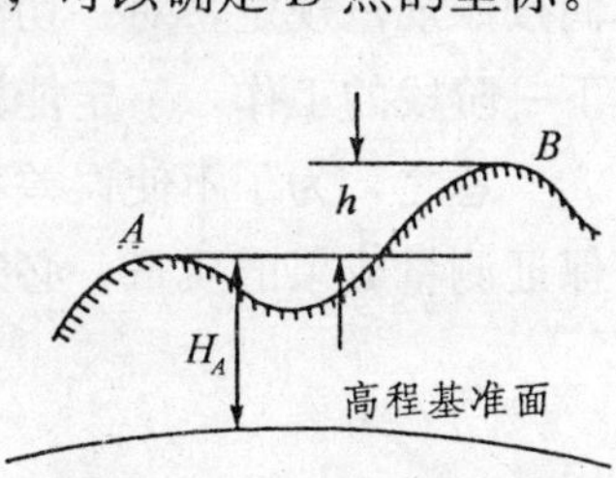

高差是指地面上两点高程之差，A、B 两点之间的定义为：

$$h_{AB}=H_B-H_A \tag{1-1}$$

图 1.12　高差与高程

假设 A 点为已知点，B 点为未知点，只要测量了 A 至 B 的高差 h_{AB}，便可以确定 B 点的高程，即

$$H_B=H_A+h_{AB} \tag{1-2}$$

由此可见，我们最终所要得到的高程和平面坐标不能通过直接测量得到，而是测量水平距离、水平角和高差后，通过几何关系计算而得。所以测量上把水平角、距离、高差称为确定地面点位的三个基本要素。

二、测量工作概述

在地面上进行测量工作，都是依据坐标和高程已知的点进行的，所以整个测量工作可以分为建立各等级控制网和以控制点为基准的细部测量。由于任何一种测量工作都会产生误差，所以每次测量时都必须采取一定的程序和方法，以保证测量质量。在实际测量工作中遵循“从整体到局部”、“先控制后细部”的原则，即在测区内先选择一些有控制意义的点，首先把它们的平面位置和高程精确地测定出来，再根据它们以较低的精确度、更大的密度测定其他地面点的坐标和高程。这些有控制意义的点称为控制点，确定控制点的工作称为控制测量。测量工作的精度要求确定了控制点的精度和密度，在此基础上进行细部测量，就能控制测量成果的质量。

对于全国性测量工作，由于幅员广阔，必须采取分等布置控制网的办法，才能达到既符合精度要求又合乎经济的原则。根据国家基本控制的精度不同一般分为一、二、三、四等，由高级向低级逐步建立。

国家基本高程控制是用水准测量方法建立的，也分成一、二、三、四等。

细部测量就是遵循“从整体到局部”、“先控制后细部”的程序，根据邻近控制点来确定细部与控制点的空间关系。

上面所叙述的测量工作，有些是在野外进行的，称为外业；有些是在室内进行的，称为内业。外业工作中主要是获得必要的数据，如点与点之间的距离（水平距离），边与边之间夹角在水平面上的投影（水平角）等；内业工作主要是计算与绘图。测量工作是基础性、先行性的工作，一旦出错将给后续的工程建设带来无可估量的损失，无论测量外业还是内业工作都必须小心谨慎地进行。为了避免错误和提高观测值质量，在测量的各个环节，都设置了检核方法，如：在外业工作中要进行多余观测，根据多余观测产生的检核条件而计算得出的闭合差，在相应等级的测量中都有限差（容许值）规定，实际的闭合差或较差要小于限差才能认为外业观测合格；在内业计算中，也有相应的数值指标来检验观测数据的质量。只要我们按照规范规定，对一切测量工作都随时注意检查，对前阶段工作的检查不合格，就不进行下一阶段的工作，一定能杜绝错误，并保证测量成果的质量和较高的工作效率。

总之，为了不使误差积累，必须遵循“先整体后局部”、“先控制后细部”的原则；为了保证测量成果的质量，必须坚持随时检查的原则。

第六节　用水平面代替水准面的限度和本课程的研究对象

测量外业工作的基准面是水准面，基准线是铅垂线，测量数据处理首先要归算到参考椭球面上，然后再投影到高斯平面上，这是一个相当复杂的过程。在实际工作中，若测区面积不大，往往用水平面代替水准面，即将测区范围视为平面。到底在多大范围内能用水平面来代替水准面呢？下面对测定地面点位的基本要素——水平距离、水平角和高差分别加以讨论。

一、地球曲率对水平距离的影响

如图 1.13 所示，设 DAE 为水准面，AB 为其上的一段圆弧，长度为 S，其所对应的圆心角为 θ，地球半径为 R；另在 A 点作切线 AC，如果将切于 A 点的水平面代替水准面，即以相应的切线段 AC 代替圆弧 AB，则在距离上产生误差 ΔS，由图可得：

$$\Delta S=AC-\overset{\frown}{AB},$$

其中 $AC=R\cdot\tan\theta,\ \overset{\frown}{AB}=R\cdot\theta,$

则 $\Delta S=R\left(\frac{1}{3}\theta^3+\frac{2}{15}\theta^5+\cdots\right)$

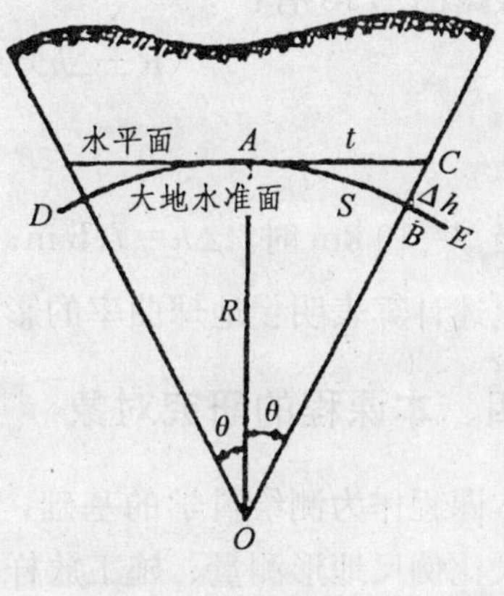

图 1.13　地球曲率对水平距离和高差的影响

因 θ 角值很小，故略去五次方以上各项，并以 $\theta=S/R$ 代入，有

$$\Delta S=\frac{1}{3}\cdot\frac{S^3}{R^2} \tag{1-3}$$

即

$$\frac{\Delta S}{S}=\frac{1}{3}\left(\frac{S}{R}\right)^2$$

当 $S=10$ km 时，$\frac{\Delta S}{S}=\frac{1}{1\ 217\ 700}$；

当 $S=20$ km 时，$\frac{\Delta S}{S}=\frac{1}{304\ 400}$；

当 $S=50$ km 时，$\frac{\Delta S}{S}=\frac{1}{48\ 710}$。

在普通测量中，距离丈量时的误差为其长度 1/100 万的是可以忽略不计的。由此可见，当在半径为 10 km 的圆面积内进行距离的测量工作时，一般情况下可以不考虑地球曲率。

二、地球曲率对水平角度的影响

由球面三角学知道，同一个空间多边形在球面上投影的各内角之和，较其在平面上投影的各内角之和大一个球面角超 ε 的数值，其公式为：

$$\varepsilon''=\rho''\frac{P}{R^2} \tag{1-4}$$

式中 ρ''——1 弧度所对应的秒数；

P——球面多边形面积；

R——地球半径。

根据式（1—4）可知，当 $P=10\ \text{km}^2$ 时，$\varepsilon''=0.05''$；当 $P=100\ \text{km}^2$ 时，$\varepsilon''=0.51''$；当 $P=400\ \text{km}^2$ 时，$\varepsilon''=2.03''$；当 $P=2\ 500\ \text{km}^2$ 时，$\varepsilon''=12.70''$。

对于面积在 100 km² 以内的多边形，地球曲率对水平角度的影响只有在很精密的测量中才需要考虑。

三、地球曲率对高差的影响

根据图 1.13 有：

$$(R+\Delta h)^2=R^2+t^2,\quad 2R\times\Delta h+(\Delta h)^2=t^2$$

即

$$\Delta h=\frac{t^2}{2R+\Delta h}=\frac{S^2}{2R} \tag{1-5}$$

当 $S=10\ \text{km}$ 时，$\Delta h=7.8\ \text{m}$；当 $S=100\ \text{m}$ 时，$\Delta h=0.78\ \text{mm}$。

上述计算表明：地球曲率的影响对高差而言，即使在很短的距离内也必须加以考虑。

四、本课程的研究对象

本课程作为测绘科学的基础，介绍测量学的基本原理与知识，主要涉及小范围控制测量、大比例尺地形测量、施工放样测量等基础内容。由于这些测量工作是在范围较小的局部区域内进行，通常把地面视为平面而不考虑地球曲率，因此本课程的研究对象，实际上是以平面为基准面的测量工作。如前所述，对于该区域，在进行距离和角度测量时可以把地球表面当做水平面来看待，定位参照系统采用平面直角坐标系统和以水准面为基准面的高程系统。

第二章　角 度 测 量

角度测量是在确定地面点位时需要进行的基本测量工作之一。点的位置通常采用平面坐标和高程来描述。测量学科所谈论的角度，是两类特殊的角：水平面上的角（即水平角）和竖直面上的角（即竖直角）。进行角度测量的常规仪器是经纬仪。角度测量分为水平角测量与竖直角测量，水平角用于求算点的平面位置，竖直角用于测定高差或将倾斜距离改化成水平距离。

第一节　角度测量的原理

一、水平角测量原理

水平角是地面上从一点出发到两目标的方向线在水平面上的投影之间的夹角。如图 2.1

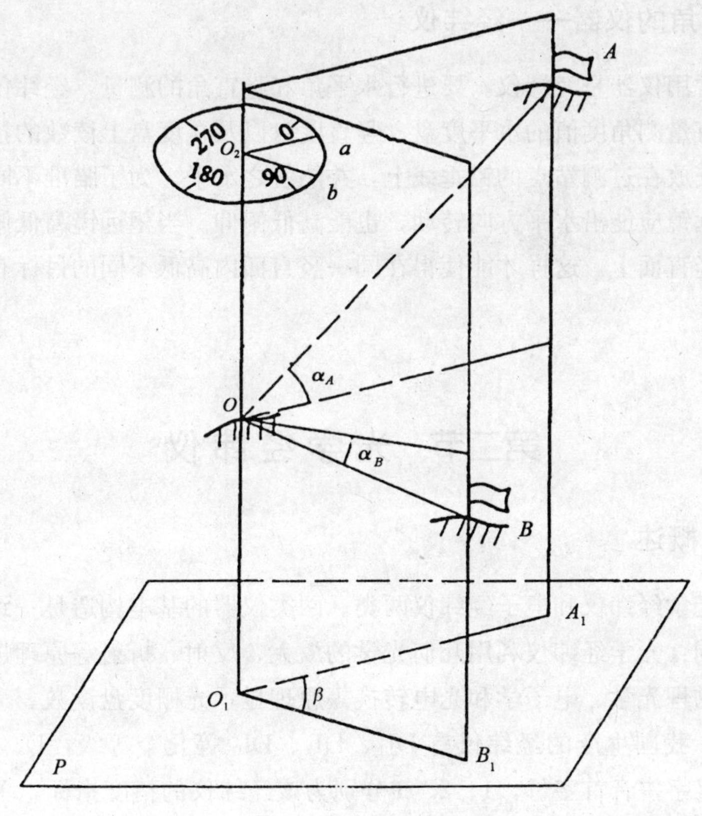

图 2.1　角度测量原理

所示，$\angle AOB$ 为直线 OA 与 OB 之间的夹角，测量中所要观测的水平角是 $\angle AOB$ 在水平面上的投影，即 $\angle A_1O_1B_1$，而不是斜面上的 $\angle AOB$。

从图上可以看出，地面上 A、O、B 三点沿铅垂线投影在水平面上得到 A_1、O_1、B_1，$\angle A_1O_1B_1$ 就是通过 OA 与 OB 的两竖直面的二面角。可以看出，在两竖直面交线 O_1O_2 上任意一点均可进行量测。设想在竖直线 O_1O_2 上 O_2 点放置一按顺时针注记的全圆量角器（称为度盘），其中心正好位于竖直线 O_1O_2 上，并成水平位置。过 OA 与 OB 的两竖直面与度盘的交线在度盘上的读数分别为 a 和 b，则水平角 β 为两个读数之差，即

$$\beta=b-a \tag{2-1}$$

二、竖直角测量原理

在同一竖直面内，目标方向与水平方向的夹角称为高度角。目标方向在水平方向以上称为仰角，角值为正；在水平方向以下称为俯角，角值为负。在图 2.1 中，α_A、α_B 分别是 OA 方向和 OB 方向的高度角。目标方向与天顶方向（即铅垂线的反方向）的夹角称为天顶距。同一方向的高度角和天顶距之和为 90°，它们都是竖直面内的角，通称竖直角。本书中“竖直角”若未作特殊说明，皆指高度角。

要测定竖直角，可在 O 点放置竖直度盘，视线方向与水平方向在竖盘上的读数之差，即为所求竖直角。

三、用来测角的仪器——经纬仪

用来测角的常用仪器是经纬仪。要进行水平角和竖直角的测量，经纬仪必须要有照准目标的瞄准装置，有量测角度值的水平度盘、竖直度盘以及在度盘上读数的指标。观测水平角时，度盘中心应安放在过测站点的铅垂线上，并能使之水平。为了瞄准不同方向及高度的目标，经纬仪的望远镜应能沿水平方向转动，也能高低俯仰。当望远镜高低俯仰时，应保证其移动轨迹在同一竖直面上，这样才能使得在同一竖直面内高低不同的目标有相同的水平度盘读数。

第二节　光学经纬仪

一、经纬仪概述

经纬仪分为光学经纬仪和电子经纬仪两类。两类仪器的基本构造是一致的，唯有读数系统和读数方式不同：光学经纬仪利用几何光学的放大、反射、折射等原理进行度盘读数；电子经纬仪则利用物理光学、电子学和光电转换等原理显示光栅度盘读数。

按精度划分，我国生产的经纬仪有 DJ_1、DJ_2、DJ_6 等几个等级，D、J 分别为“大地”和“经纬仪”的汉字拼音首字母，1、2、6 分别为该经纬仪的精度指标，单位为秒，表示该经纬仪一测回方向观测中误差的大小。

二、光学经纬仪的基本构造

各种 DJ_6 级光学经纬仪的构造大体相同。图 2.2 所示为北京光学仪器厂生产的 DJ_6 级光学经纬仪的外形及外部各构件的名称。

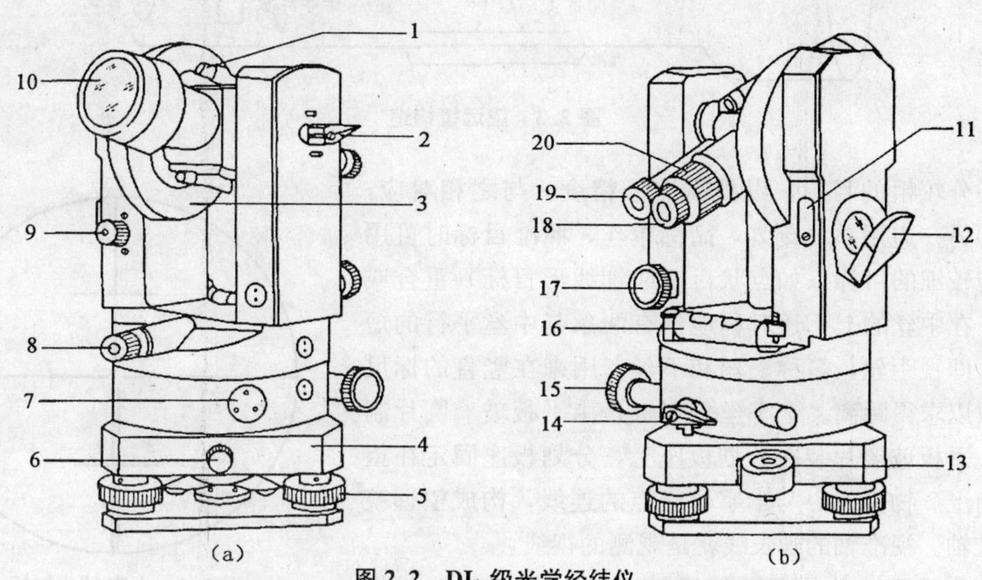

图 2.2　DJ_6 级光学经纬仪

1—瞄准器；2—望远镜制动螺旋；3—竖盘；4—基座；5—脚螺旋；6—固定螺旋；7—度盘变换手轮；8—光学对中器；9—自动归零旋钮；10—望远镜物镜；11—指标差调节盖板；12—反光镜；13—圆水准器；14—水平制动；15—水平微动；16—照准部水准管；17—望远镜微动；18—望远镜目镜；19—读数显微镜；20—物镜调焦螺旋

经纬仪由基座、照准部以及度盘和读数系统三大基本部分组成。

（一）基　座

基座用来支承整个仪器，并借助脚架上的中心螺旋将经纬仪固定在脚架头上。其上有三个脚螺旋，用来整平仪器。竖轴轴套与基座连在一起。轴座连接螺旋拧紧后，可将照准部固定在基座上。使用仪器时，切勿松动该螺旋，以免照准部与基座分离而坠落。

（二）照准部

照准部是经纬仪的主要部分。照准部由竖轴系与基座连接，照准部在水平面上绕竖轴转动。照准部上有支架、横轴、望远镜、水准器、水平制动和微动、竖直制动和微动、光学对中器及读数装置等构件。

1. 望远镜

望远镜是经纬仪的瞄准装置，与横轴固连在一起，可随横轴上下转动。望远镜主要由物镜（凸透镜）、调焦透镜（凹透镜）、目镜和十字丝分划板等组成，如图 2.3 所示。十字丝分划板位于调焦透镜和目镜之间，是望远镜用来照准目标的标志。如图 2.4 所示，分划板上刻有两条互相垂直的长线，竖直的一条简称竖丝，横的一条简称为中丝。为了便于准确照准粗细不一的目标，竖丝的一端用呈中心对称的双线刻划，简称双丝，测水平角时可用双丝去夹

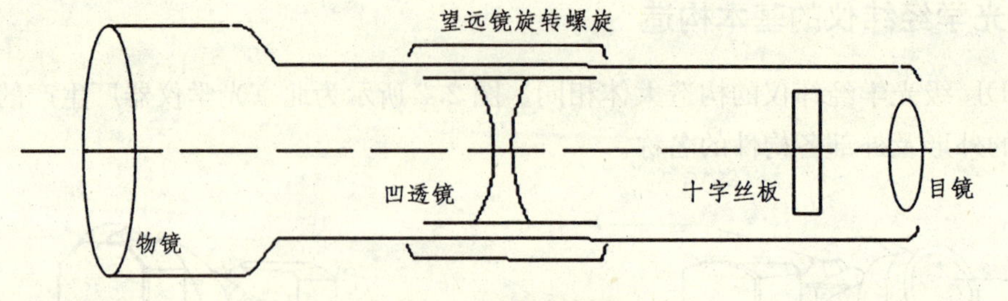

图 2.3　望远镜构造

住或平分较粗的目标，以提高照准精度。与之相对应，竖丝的另一边用单线刻划，简称单丝，照准目标时可用单丝与较细的目标（如点状目标或细线形目标）重合或相切。在中丝的上下还对称地刻有两条与中丝平行的短横线，即视距丝，简称上丝和下丝，用来在竖直的标尺上读数以求得距离。十字丝分划板是由平板玻璃圆片制成的，平板玻璃片装在分划板座上，分划板座固定在望远镜筒上。物镜光心与十字丝交点的连线，构成望远镜的视准轴。视准轴的延长线就是观测的视线。

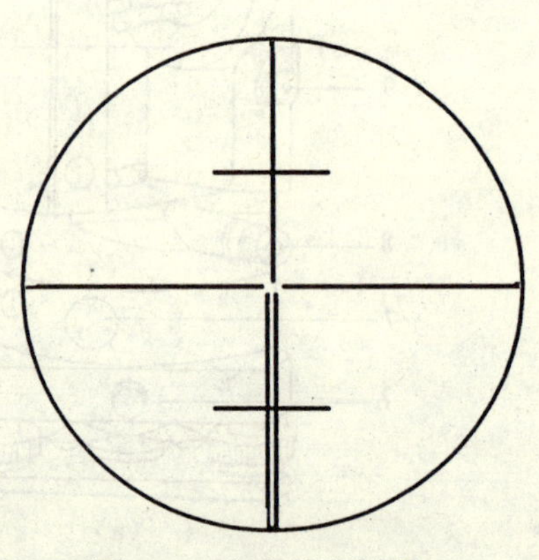

图 2.4　十字丝分划板

调焦凹透镜的位置可使远近不同的目标均能成像（实像）在十字丝平面上。再通过目镜调焦，便可看清同时放大了的十字丝和目标影像（虚像），如图 2.5 所示。从望远镜内所看到的目标影像的视角 β 与肉眼直接观察该目标的视角 α 之比，称为望远镜的放大率。望远镜的放大倍率因仪器而异，DJ_6、DJ_2 经纬仪的望远镜放大率为 28 倍。

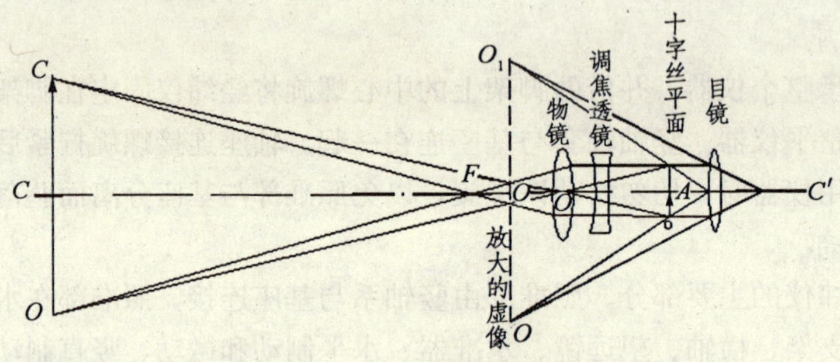

图 2.5　望远镜成像原理

在用望远镜进行目标照准时，要注意正确的操作程序。首先应进行目镜调焦：将望远镜对着明亮的场景，如白色的墙面（不要对准发光源），转动目镜套筒，使十字丝的分划线清晰。转动目镜套筒时先逆时针旋到底，再慢慢地顺时针旋转，直到十字丝十分清楚。

目镜调焦实际上是根据观测者眼睛的屈光度来调节目镜与十字丝分划板的距离。一般来说，同一个人在进行观测之前调节好后就不再变动，而不同的人用同一台仪器进行观测之前均需重新进行目镜调焦。

十字丝看清楚后就可进行目标照准。为了方便寻找目标，在望远镜筒上下都装有瞄准器，应先用瞄准器将望远镜对准目标之后再进行物镜调焦（初瞄），旋转物镜调焦套筒使目标也能看得十分清楚，等目标十分清楚时再精确照准。

有时会出现这种情况，当望远镜瞄准目标之后，眼睛在目镜处有微小移动，发现目标与十字丝会产生一些相对运动，这种现象称为视差。在进行测量作业时是不允许存在视差的，因为有视差的存在就不能判断视准轴是否已精确对准目标。产生视差的原因是目标通过物镜之后的像没有与十字丝分划板重合，如图 2.6（a）和（b）所示，人眼位于中间位置时，十字丝交点 O 与目标的像 a 点重合，当眼睛略微向上，O 点又与 b 点重合；当眼睛略微向下时，O 点却与 c 点重合了。图 2.6（c）是没有视差的情况，此时就不存在上述现象。

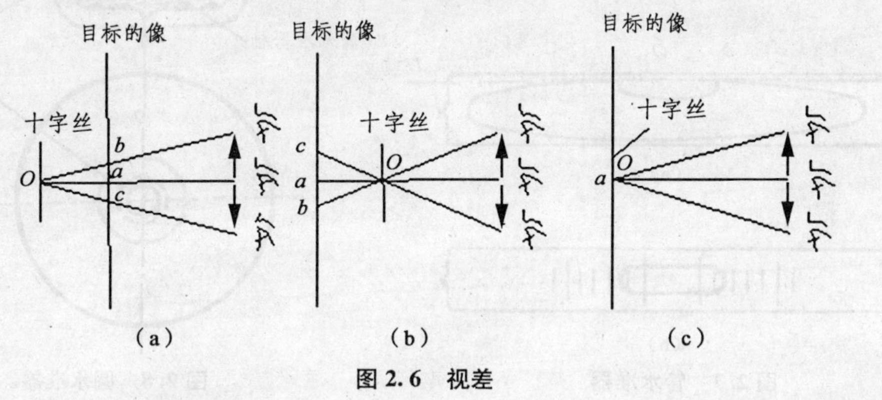

图 2.6　视差

产生视差的操作上的原因是未按上述正确的操作程序调焦，或在目镜调焦看清十字丝时眼睛有一个焦距，而转向瞄准目标观察目标的像时，眼睛本身自行调焦用了另一个焦距，这样就使目标像和十字丝不在同一个平面上。

消除视差的方法，首先必须按操作程序依次调焦，特别是最后物镜调焦时要使眼睛处于放松的状态，使其焦距不作改变，始终能使十字丝看清楚。初学者在用望远镜进行观测时，喜欢闭上一只眼睛，这样会使眼睛处于紧张状态，观测时容易疲劳，尤其容易引起视差，应该尽量避免。

2. 水准器

水准器是一种整平指示装置，其原理利用了液体受重力作用后，其中的气泡始终居于最高处的特性。水准器分为管水准器和圆水准器两种。图 2.7 为管水准器，通常称作水准管。图 2.8 称为圆水准器。

（1）水准管。水准管的管子用玻璃制成，其纵剖面方向的内表面为具有一定半径的圆弧，如图 2.7（a）所示。较精确的水准管的圆弧半径约为 80～100 m，最精确的可达 200 m，管内装酒精和乙醚的混合液，加热融封冷却后留有一个气泡。由于气泡较轻，故恒处于管内最高位置。

水准管上一般刻有间隔为 2 mm 的分划线，如图 2.7（b）所示，分划线以水准管中点 O 成对称分布，O 点称为水准管零点。通过水准管纵剖圆弧零点的切线，称为水准管轴，如图中 LL_1。当水准管的气泡中心与水准管零点重合时，称为气泡居中，这时水准管轴处于水平位置。水准管圆弧 2 mm 所对的圆心角称为水准管分划值。测量仪器上的水准管分划值小的可到 2″，大者可达 2′～5′。水准管分划值愈小，则用以整平仪器的精度就愈高。但仪器的整平精度除了决定于水准管的分划值外，还决定于水准管内表面的打磨情况、液体性质、气泡的长度及外界温度等，这些因素都会影响到气泡准确而快速地移居管中最高位置的能力，这种能力称为水准管的灵敏度。测量仪器上水准管的灵敏度需适合它的用途，灵敏度愈高置平仪器愈费时，所以水准管的灵敏度应与仪器其他部分的精密情况相适应。

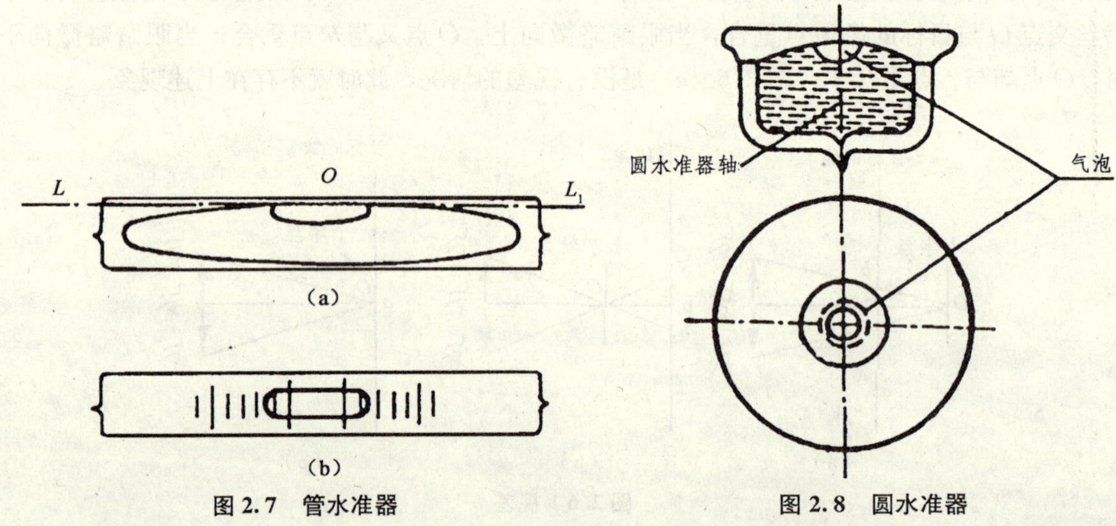

图 2.7 管水准器

图 2.8 圆水准器

(2) 圆水准器。圆水准器顶面的内壁是球面，其中有圆分划圈，圆圈的中心为水准器的零点。通过零点的球面法线为圆水准器轴线，如图 2.8 所示。当圆水准器气泡居中时，该轴线处于竖直位置。当气泡不居中时，气泡中心偏移零点 2 mm 时轴线所倾斜的角值，称为圆水准器的分划值，由于它的精度较低，故只用于仪器的概略整平。

3. 光学对中器

目前生产使用的经纬仪常装有光学对中器。它是一个小型外调焦望远镜，当照准部水平时，对点器的视线经棱镜折射后的一段呈铅垂方向，且与竖轴中心重合，如图 2.9 所示。若地面标志中心与光学对中器的靶心重合，就说明竖轴中心已位于所测角度顶点的铅垂线上。光学对中器可装在仪器的基座上，也可装在仪器的照准部。由于仪器架设的高度不同，光学对中器也需要调焦。

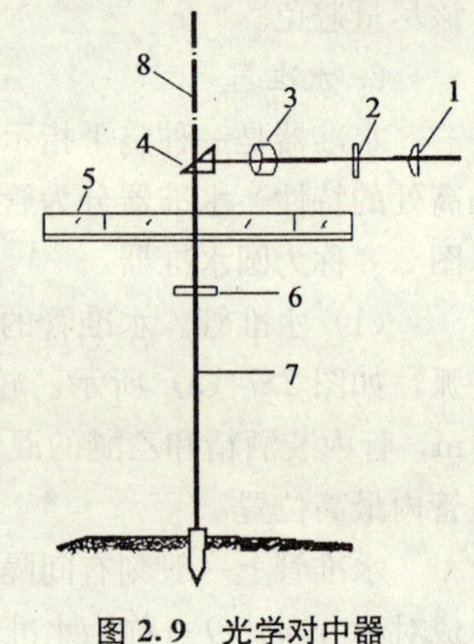

图 2.9 光学对中器

（三）度盘和读数系统

经纬仪的水平度盘独立装于竖轴上，照准部转动时，水平度盘一般是不动的。有的经纬仪装有复测机构，将复测按钮扳下，水平度盘与照准部结合在一起，水平度盘就跟照准部一起转动。测角时应将复测按钮扳上，让水平度盘与照准部脱开。没有复测机构的经纬仪，单独设置一个变换水平度盘位置的手轮，需要转动水平度盘时，通过操作手轮来实现。

经纬仪的竖直度盘（简称竖盘）安装在横轴的一端，与横轴相固连。当望远镜绕横轴在竖直面内上下转动时，竖盘跟着一起转动。

水平度盘和竖直度盘都是玻璃制成的圆环，一般将整个圆周分为 360°。J_6 光学经纬仪的度盘最小分划是 1°，J_2 光学经纬仪的度盘最小分划是 20′，每度有注记。经纬仪是一种精密的测角仪器，要达到秒级的测角精度，需要有测微装置并利用读数显微镜进行读数，因此其读数装置包括光路系统及测微器。水平度盘和垂直度盘上的分划线，经照明后通过一系列棱镜和透镜，最后成像在望远镜旁的读数显微镜内。我国统一设计的 J_6 光学经纬仪的读数系统光路图如图 2.10 所示。

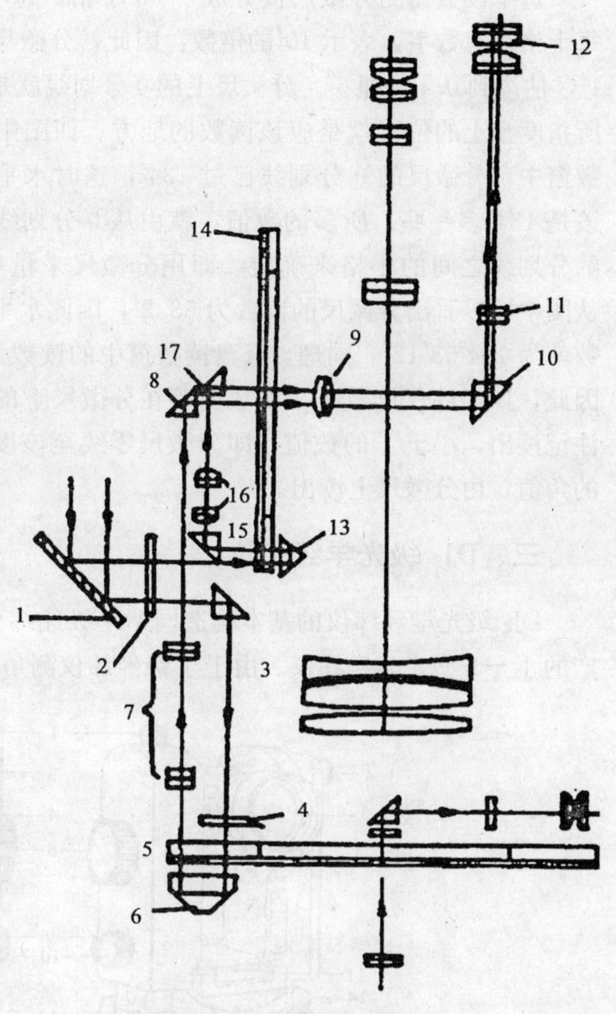

图 2.10　经纬仪光路图

经水平度盘的光路：光线由反光镜 1 反射后进入照明进光窗 2，经转向棱镜 3 的折射，透镜 4 的聚光，再经屋脊棱镜 6 的反向，照亮水平度盘 5 的分划线，然后由水平度盘显微物镜组 7 和转向棱镜 8 将水平度盘 5 的分划线转向后，在读数窗与场镜 9 的平面上成像。光线通过读数窗与场镜 9 后，再经过转向棱镜 10 和转向透镜 11，在读数显微镜目镜 12 的焦平面上成像。

经竖盘的光路：光线由反光镜 1 反射后进入照明进光窗 2，经照明棱镜 13 折射，照亮了竖盘 14 的分划线，然后又转向棱镜 15 和竖盘显微物镜组 16，转向棱镜 17，将竖盘的分划线在读数窗与场镜 9 的平面上成像。后与水平度盘的光线沿同一路线继续前进。

J_6 光学经纬仪的测微装置通常有分微尺测微和平行玻璃测微两种。目前使用最多的是分微尺测微。分微尺测微器的结构简单，读数方便，具有一定的读数精度，广泛应用于 J_6 级光学经纬仪。国产 J_6 级光学经纬仪，除北京红旗外（已不生产），均采用这种装置。所谓分微尺，就是在显微镜读数窗与镜场上设置的一个带有分划尺的分划板。度盘上的分划线经显微物镜放大后成像于分微尺上，分微尺 1°分划间的长度对应着度盘的一格，即 1°的宽度。图 2.11 是读数显微镜内所见到的度盘和分微尺的影像，上面注有“水平”或“H”的窗口为水平度盘读数窗，下面注有“竖直”或“V”的窗口为竖盘读数窗。其中长线和大号数字是度盘上的分划线及其注记，短线和小号数字为分微尺的分划线及其注记。

每个读数窗的分微尺被分成了 60 小格，每小格代表 1′，每十格注有数字，表示 10′的倍数，因此，分微尺可直接读到 1′，估读到 0.1′，即 6″。分微尺上的 0 分划线就是指标线，它所指度盘上的位置就是应该读数的地方。如图中水平盘的读数窗中，分微尺的 0 分划线已过 134°，这时水平盘的读数应该是 134°多一些。所多的数值，就由从 0 分划线到度盘 134°的分划线之间的小格来确定，即用分微尺来量取这个数值。从图中可以看出分微尺的读数为 53.2′，因此水平盘的整个读数就为 134°53′12″。同理，竖盘读数窗中的读数为 87°58′30″。因此，J_6 经纬仪读数时，度数由落在分微尺上的度盘分划的注记读出，小于 1°的数值，即分微尺零线至该度盘刻度线间的角值，由分微尺上读出。

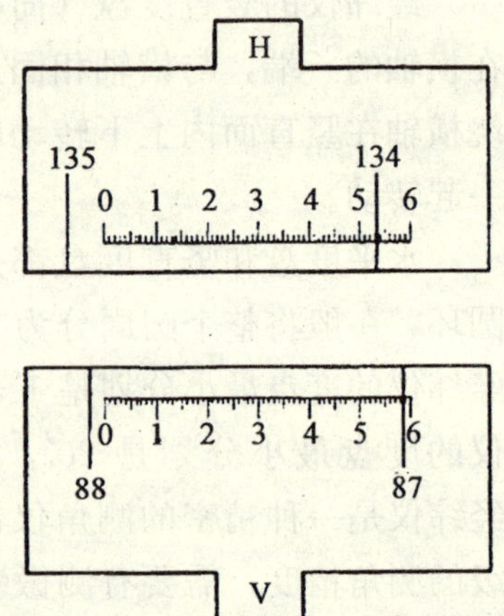

图 2.11 TDJ$_6$ 型经纬仪读数窗

三、DJ$_2$ 级光学经纬仪

DJ_2 级光学经纬仪的基本构造同 DJ_6 级经纬仪。图 2.12 所示为苏州第一光学仪器厂生产的 J_2－1 型光学经纬仪。由于 J_2级经纬仪测角精度较 J_6级经纬仪要高，它的度盘刻划及

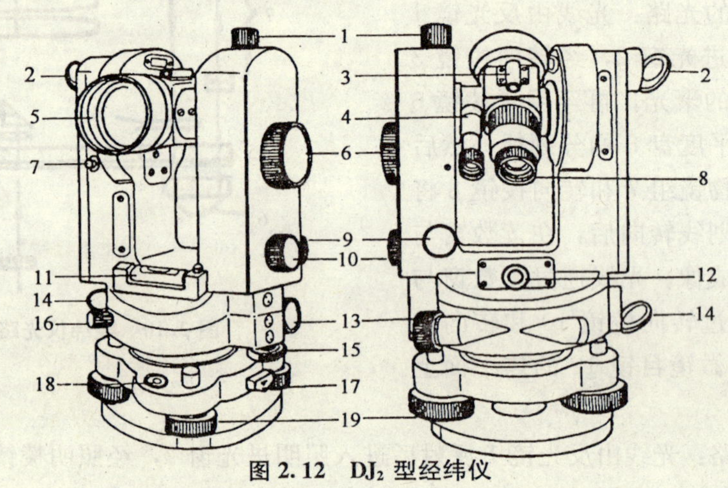

图 2.12 DJ$_2$ 型经纬仪

1—望远镜制动；2—垂直度盘反光镜；3—瞄准器；4—读数窗；5—望远镜物镜；6—测微轮；7—补偿器旋钮；8—望远镜目镜；9—望远镜微动螺旋；10—度盘换像轮；11—照准部水准管；12—光学对中器；13—水平微动；14—水平盘反光镜；15—拨盘轮；16—水平制动；17—仪器锁定钮；18—圆水准器；19—脚螺旋

读数的系统都有所不同，具体体现在以下几个方面：① 度盘最小刻划值为 20′，而 J_6 经纬仪度盘最小刻划值为 1°。② J_2 经纬仪一般都采用对径分划线影像符合的读数设备。它将度盘上相对 180°的分划线，经过一系列棱镜和透镜的反射与折射后，同时显现于读数显微镜内，采用对径符合和测微显微镜原理进行读数。为了测微时获得度盘分划线的相对移动并使之符合，广泛采用了双平板玻璃的光学测微器或移动光楔测微器。③ 在读数显微镜中只能看到某一个度盘的影像，两度盘影像可用度盘变换钮来使之交替出现。

现以移动光楔测微器为例将其测微读数实现过程介绍如下：

移动光楔测微器由测微手轮、测微分划尺和两对玻璃光楔组成。当光线通过光楔时，光线将偏转一个 ε 角（见图 2.13），当光楔的 α 角很小、玻璃的折射率选定、光线的入射角为 0 时，偏转角 ε 将固定不变。一个活动光楔和一个固定光楔构成一对，将其反向设置，结合在一起时就相当于一块平板玻璃，光线通过后不发生偏转；当活动光楔由位置 1 移动到位置 2 时，光线经固定光楔后发生偏转，经过移动光楔后光线又反向偏转。由于两次偏转角 ε 相等，使原光线产生一段平行移动量 Δ。因 α 角很小，Δ 与距离 l 成正比关系。

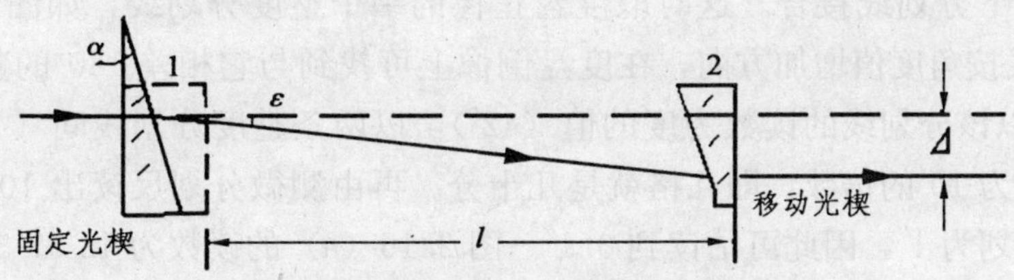

图 2.13　移动光楔测微原理

在度盘对径两端分划线的光路中各设置一个移动光楔，并使它们的楔角方向设置成相反的位置，并固定在同一个光楔架上作等量移动，以使度盘分划线影像作等距而方向相反的移动。测微手轮一方面连接测微分划尺，另一方面又通过机械装置与活动光楔相连。当转动测微手轮时，测微分划尺随之转动，两块活动光楔则作等量相反方向的移动，从而使度盘分划线影像作相对移动而彼此符合。这个等量的相对移动量可在测微分划尺相应的移动量上显示出来。当秒盘读数为 0 时，见图 2.14（a）的小读数窗，表示移动光楔与固定光楔结合在

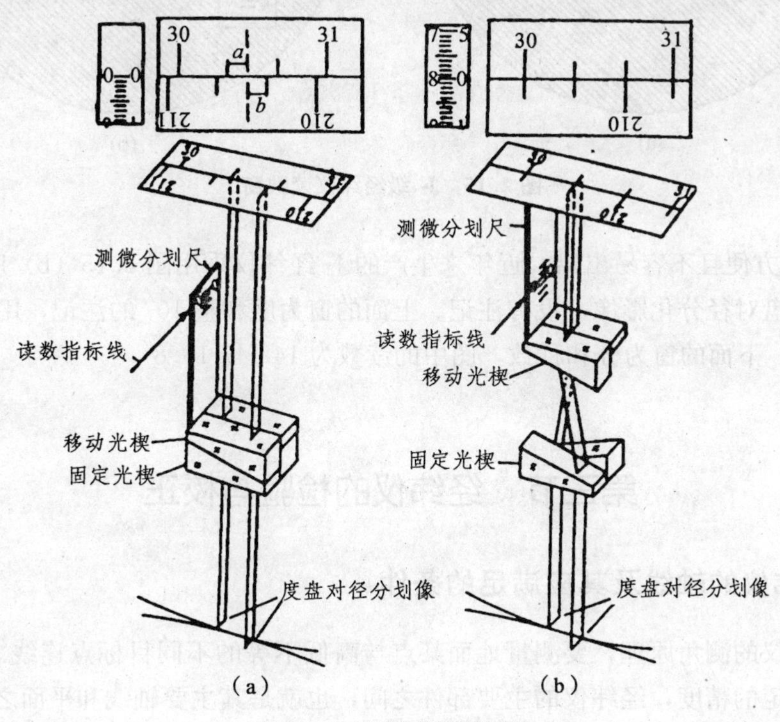

图 2.14　移动光楔测微器

一起构成一块平板玻璃，度盘上两对径 180°处的光线垂直通过而不产生移动。设想读数显微镜中的度盘分划影像图中（见图 2.14（a）的大读数窗）的长虚线为指标线（实际上没有这个指标线），则正像为 $30°20'+a$，倒像为 $210°20'+b$，平均读数为 $30°20'+(a+b)/2$。转动测微手轮，由于一对移动光楔的移动，对径分划线就彼此接合，同时测微分划尺的读数就相应增加，如图 2.14（b）所示。这时测微分划尺上的读数就是 $(a+b)/2$。

由于度盘的最小格值为 20′，度盘影像的上下分划线最大移动量为半格（10′），而测微分划尺的读数范围为 10′，故不到 10′的分值和秒值可由测微分划尺读出。实际读数时转动测微手轮，使上下分划线接合。这时取度盘正像的一个整度分划线，如图 2.15（a）中的 42°，由此分划线按角度值增加方向，在度盘倒像上可找到与它相差 180°的整度分划线（图中的 222°），则以该分划线的读数为度的值（42°），以两条整度分划线间（42°和 222°之间）的度盘分划格数为 10′的倍数，即几格就是几十分。再由测微分划尺读出 10′ 以下的分、秒值。秒盘最小刻划为 1″，因此可估读到 0.1″。图 2.15（a）的读数为 42°57′38.6″。

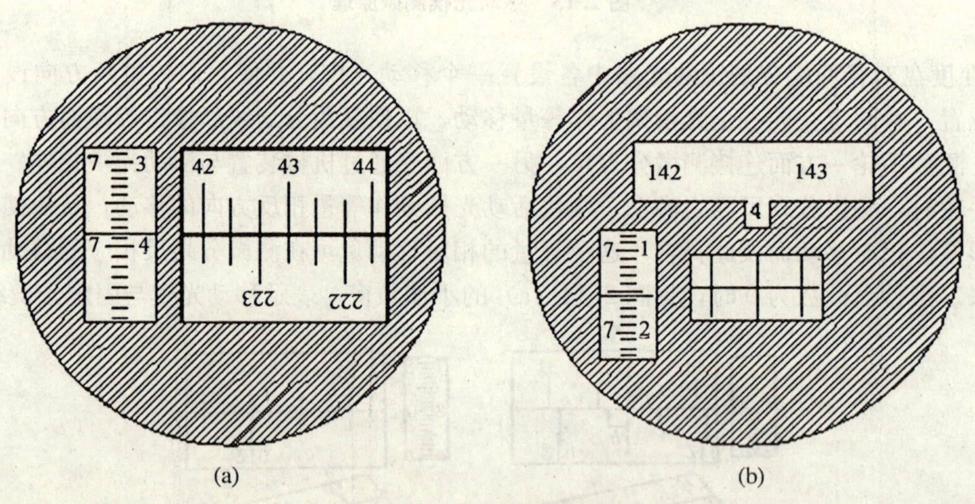

图 2.15　J_2 级经纬仪读数窗

为使读数方便且不容易出错，近年来生产的 J_2 经纬仪采用图 2.15（b）所示的读数窗。中间的窗为度盘对径分化影像，没有注记。上面的窗为度和整 10′ 的注记，用小方框的数字来标记整 10′，下面的窗为分和秒数，图中的读数为 142°47′15.8″。

第三节　经纬仪的检验与校正

一、经纬仪的轴线及其应满足的条件

根据经纬仪的测角原理，要测量地面某点与高低不等的不同目标点连线之间的水平角，并保证达到规定的精度，经纬仪的主要部件之间，也就是其主要轴线和平面之间，必须满足水平角观测所提出的要求。如图 2.16 所示，经纬仪的主要轴线有：仪器旋转轴（简称竖轴）

VV_1、照准部水准管轴 LL_1、望远镜的旋转轴（简称横轴）HH_1、视准轴 CC_1。

根据水平角观测的概念，经纬仪在水平角观测时应满足以下几点：

(1) 竖轴必须竖直；

(2) 水平度盘必须水平，其分划中心应与竖轴重合；

(3) 望远镜上下转动时，视准轴形成的视准面必须是竖直平面。

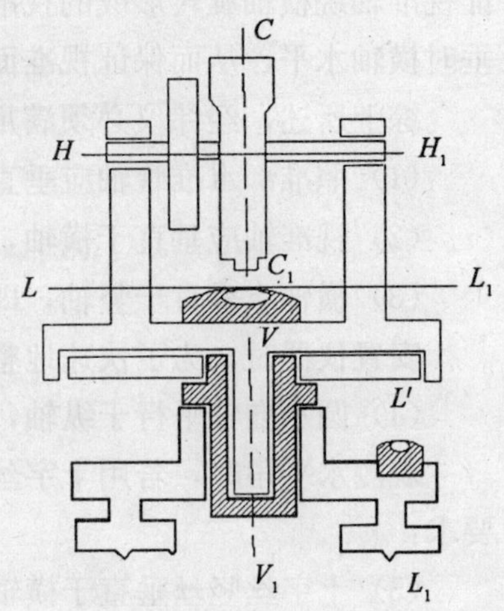

图 2.16　经纬仪轴线

仪器在装配时，要求水平度盘与竖轴应相互垂直，度盘分划中心应在竖轴的延长线上。因此，只要竖轴竖直，水平度盘就水平，而竖轴的竖直是利用照准部水准管轴的水平来实现的，只要保证水准管轴与竖轴垂直，就可实现上述（1）、（2）项要求。

用经纬仪进行水平角测量时，度盘不动而照准部绕竖轴转动。如果由于机械加工或装配等原因未能使度盘中心在竖轴线上，就会导致所测水平角产生度盘偏心误差。

如图 2.17 所示，度盘的分划中心 O 与照准部的旋转中心 O' 不重合引起的误差称为度盘偏心差。偏心距 OO' 以 e 表示，e 与零分划线的夹角称偏心角，以 θ 表示。仪器无偏心差时的正确读数为 M，存在偏心差时，读数为 M'，M 与 M' 之差 ε 就是度盘偏心对观测方向的方向值产生的影响。

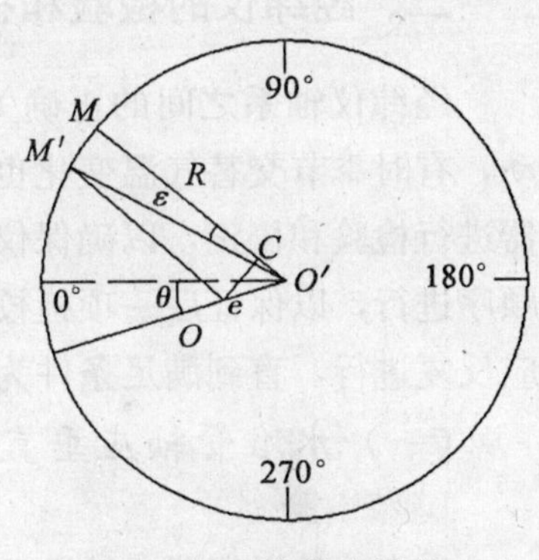

图 2.17　度盘偏心误差

作 $OC \perp O'M$，通常 MM' 较小，可认为 $MM' \approx OC$。由图 2.17 可知，

$$OC = OO' \sin\angle OO'C$$

故

$$\varepsilon = \frac{MM'}{R}\rho \frac{OO'}{R}\rho \sin\angle OO'C$$

即有

$$\varepsilon = \frac{e}{R}\rho \sin(M+\theta) \tag{2-2}$$

式中，R 为水平度盘分划的半径。因 ε 很小，实际计算时可用实际读数 M' 代替 M。从上式可以看出，在度盘的不同位置度盘偏心影响大小是不同的。

在用经纬仪进行角度测量时，一般用盘左和盘右两个位置进行观测。所谓盘左，就是观测者用望远镜照准目标时，竖盘在望远镜的左边；盘右，即是观测者进行照准时，竖盘在右边。假设当用盘左位置瞄准某一个目标时的水平度盘读数为 α，用盘右位置瞄准同一目标，需倒转望远镜将照准部旋转 180°，因此盘右时其读数在理论上应为 $\alpha + 180°$。

因 $\sin(M+\theta) = -\sin(180° + M + \theta)$，因此，在度盘相差 180° 的两处（即对径分划）读数中的 ε，其绝对值相等而符号相反，因此可用盘左、盘右的观测方法取它们的平均值（顾及常数 180°）来消除度盘偏心的影响。而对于本身读数方式就采用对径重合 J_2 经纬仪，一次读数就可消除度盘偏心的影响。

视准面必须竖直的要求，实际上是由两个条件组成的。首先，视准轴应垂直于横轴以保证视准轴绕横轴旋转形成的视准面垂直于横轴；再就是横轴必须垂直于竖轴，以保证竖轴铅垂时横轴水平，从而保证视准面是竖直平面。

综上所述，经纬仪必须满足下列几个条件：

（1）照准部水准管轴应垂直于竖轴，即 $LL_1 \perp VV_1$。

（2）视准轴应垂直于横轴，即 $CC_1 \perp HH_1$。

（3）横轴应垂直于竖轴，即 $HH_1 \perp VV_1$。

安置仪器时，为了快速地整平仪器，往往用圆水准气泡居中来粗平仪器，因此还要求：

（4）圆水准轴平行于纵轴，即 $L'L'_1 /\!/ VV_1$。

观测水平角时，若用十字丝交点去瞄准目标不很方便，通常是用竖丝去瞄准目标，这又要求：

（5）十字丝竖丝垂直于横轴。

（6）在进行垂直角观测时，竖盘指标差应较小，应保证竖盘指标处于铅直位置。

（7）为保证光学对中器能正确地使仪器对中，光学对中器视准轴位置应正确。

二、经纬仪的检验和校正

经纬仪轴系之间的正确关系常常由于使用期间以及搬运过程中的振动等原因而发生变动，有时季节交替气温变化也会改变其轴系关系。因此在使用经纬仪观测角度之前需要对仪器进行检验和校正，以确保仪器轴系关系的正确性。经纬仪的检校应按以下所列的检校项目顺序进行，以保证后一项检校的结果不会因为前一项目未校准而产生影响，而每项具体检校应反复进行，直到满足条件为止。

（一）水准管轴应垂直于竖轴的检验和校正（$LL_1 \perp VV_1$）

1. 检　验

先大致整平仪器，转动照准部使水准管轴与仪器任意两个脚螺旋的连线平行，调节这对脚螺旋使水准管气泡居中。再将照准部旋转 180°（可利用度盘读数），若气泡仍然居中，则说明条件满足，否则应进行校正。

2. 校　正

相向或相反地旋转平行于水准管的一对脚螺旋使气泡向中央移动偏离值的一半，再用校正针拨水准管的校正螺旋，升高或降低水准管的一端至气泡居中即可。检验和校正须反复进行几次，直到在任何位置气泡偏离值都在一格以内为止。

3. 检校原理

如图 2.18（a）所示为照准部水准管轴垂直于竖轴的情况，当水准管轴气泡居中，竖轴就处于铅直位置，此时，照准部绕竖轴旋转 180°后，水准管气泡仍居中。

图 2.18（b）表示照准部水准管轴不垂直于仪器竖轴的情况，此时水准管气泡居中（水准管轴水平），竖轴将不在铅垂位置，而是与铅垂线有一夹角 α，水准管轴与仪器竖轴（旋转轴）的交角为 $90° \pm \alpha$。

将照准部绕竖轴旋转 180°，如图 2.18（c）所示。由于竖轴倾斜方向不变，这时水准管

轴与水平线相差 2α 角，气泡就会因此而偏离中心位置相应的格数。

当把与水准管方向一致的两脚螺旋升高或降低，使气泡向中间移动偏移量的一半后，竖轴就会处于铅直位置，如图 2.18（d）所示，而此时水准管轴与水平方向相差 α 角。再拨动水准管校正螺钉使气泡居中，则水准管轴与竖轴相垂直，如图 2.18（e）所示。

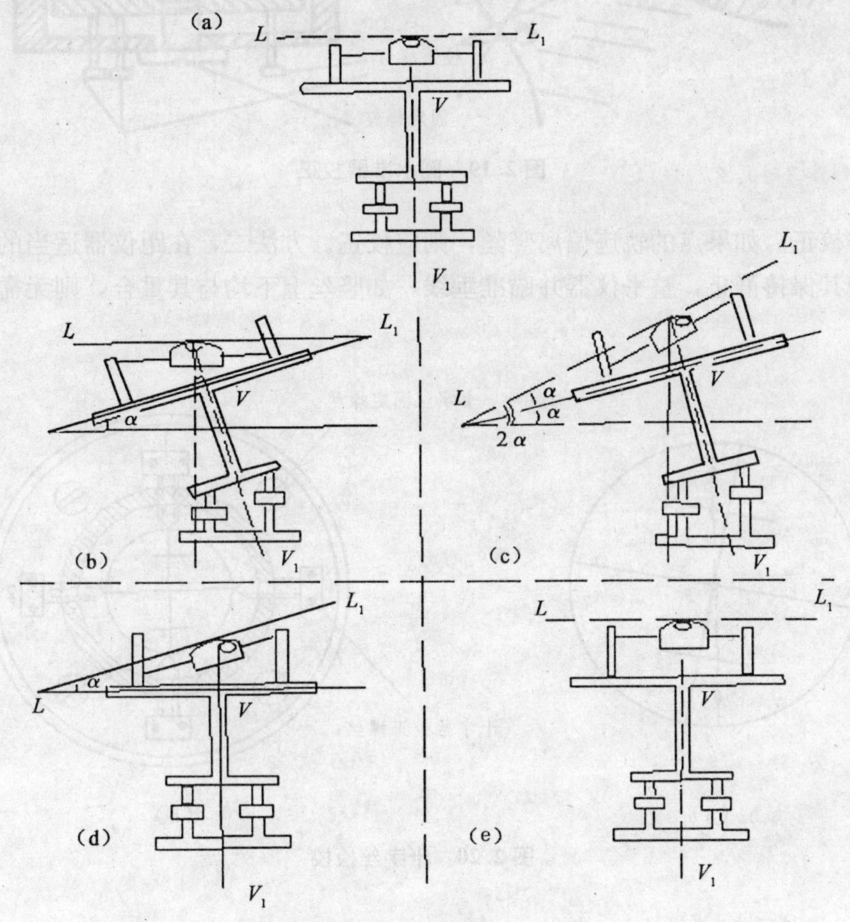

图 2.18　水准管轴检校

（二）圆水准器的检验和校正（$L'L'_1 /\!/ VV_1$）

1. 检　验

在照准部水准管轴检校完成的基础上，整平经纬仪，若圆水准器气泡不居中，则需校正。

2. 校　正

如图 2.19 所示，用改正针拨动圆水准器下面的校正螺钉，使圆水准器气泡居中即可。

（三）十字丝竖丝应垂直于横轴的检验和校正

1. 检验方法

方法一，整平仪器并瞄准一个明显目标点，如图 2.20（a）所示。将照准部和望远镜制动，旋转望远镜的微动螺旋使望远镜视线在竖直面内作上下均匀旋转，若点成像始终在竖丝

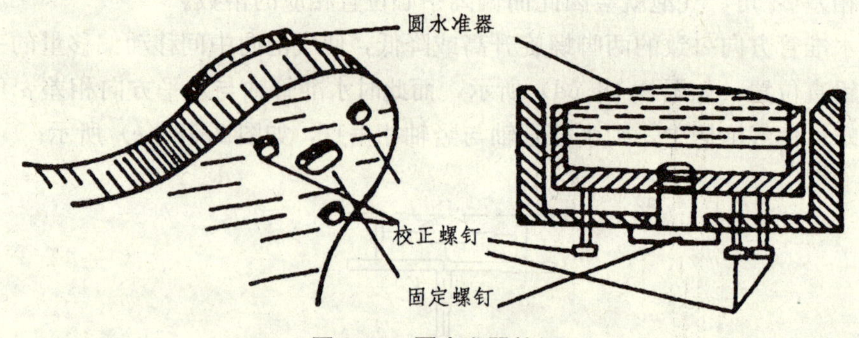

图 2.19　圆水准器校正

上，则无需校正。如果点的轨迹偏离竖丝，则应校正。方法二，在距仪器适当的距离处悬挂一垂球并使其保持静止，整平仪器并瞄准垂线，如竖丝上下均与其重合，则无需校正，反之则应校正。

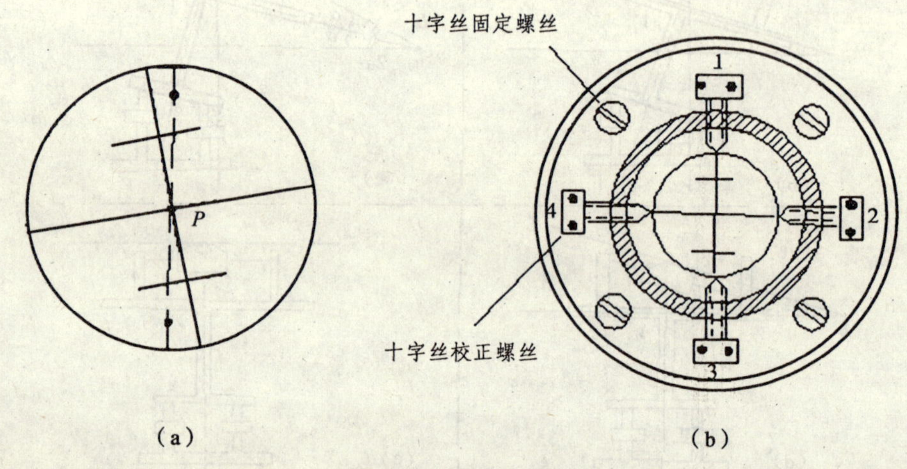

图 2.20　十字丝检校

2. 校正方法

卸下十字丝分划板外罩，可见到十字丝环，如图 2.20（b）所示，先松开 4 个固定螺丝，微转目镜筒，此时十字丝板也转动同样的角度，调节至望远镜视线上下转动时点的成像始终在竖丝上移动为止；也可利用垂球线作为参照调节，使竖丝与其重合即可。校正后装好外罩。

（四）视准轴应垂直于横轴的检验和校正（$CC_1 \perp HH_1$）

视准轴未能真正垂直于横轴而致其偏离正确位置的小角值称为视准误差 c。视准轴如不垂直于横轴将对水平方向观测值带来影响，如图 2.21 所示，设 HH_1 为横轴，OA 为视准轴的正确位置，即 $AO \perp HH_1$，当横轴水平时，OA 绕横轴旋转成一铅垂面，OA 在水平面上的投影为 Oa。

如仪器存在视准轴误差 c 时，则实际视准轴在盘左为 OA_1，在盘右为 OA_2。当视准轴垂直角为 α 时，则视准轴误差 c 在水平面上的投影为 Δc。由于 c 和 Δc 都很小，所以

$$c=\frac{AA_1}{OA}\rho'', \quad \Delta c=\frac{aa_1}{Oa}\rho''$$

由于 $aa_1=AA_1$，$Oa=OA\cos\alpha$，

因此

$$\Delta c=\frac{c}{\cos\alpha} \qquad (2-3)$$

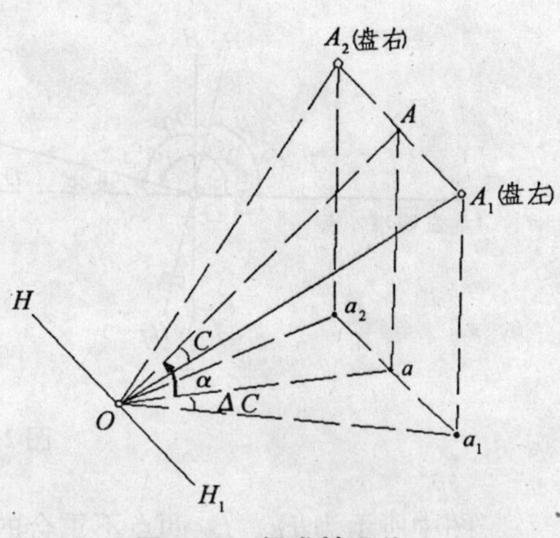

图 2.21 视准轴误差

由于水平角由两个方向组成，所以视准误差对水平角的影响为：

$$\Delta\beta_c=\Delta c_1-\Delta c_2=c\left(\frac{1}{\cos\alpha_1}-\frac{1}{\cos\alpha_2}\right) \qquad (2-4)$$

由（2—3）、（2—4）两式可以看出，视准误差 c 对方向观测的影响 Δc，随垂直角 α 的增大而增大。当视线水平时，$\Delta c=c$。观测水平角时，如果某测站对不同的目标高度角一致，则视准轴误差对水平角观测的影响为零。用盘左、盘右观测同一目标时，其 Δc 数值相等，符号相反，取盘左、盘右读数的平均值（顾及常数 180°）可消除视准误差的影响。

1. 检验原理

视准轴误差 c 对方向观测值的影响，盘左、盘右观测同一目标时其值绝对值相等、符号相反。如果存在视准轴误差，即使没有观测误差，同一目标盘左、盘右读数理论上相差将不为 180°。检验时，选一水平位置目标，盘左、盘右观测读数之差（顾及常数 180°）即为两倍视准轴误差 $2c$：

$$2c=\text{盘左读数}-(\text{盘右读数}\pm180°)$$

2. 校正方法

当 $|2c|\geqslant20''$ 时需要校正。计算盘左、盘右瞄准同一目标的水平盘读数的盘右（或盘左）正确读数：

$$a=[a_{\text{右}}+(a_{\text{左}}\pm180°)]/2 \qquad (2-5)$$

旋转水平微动螺旋，使盘右的水平度盘读数为 a。观测十字丝竖丝偏离目标情况，卸下十字丝分划板外罩，将图 2.20（b）中十字丝环的上、下两校正螺钉略微旋松，再将左、右两校正螺钉一松一紧，移动十字丝环，使十字丝交点与目标成像几何中心重合，最后把上、下两校正螺钉上紧即可。

需要指出的是，这种检校方法对于单指标读数的经纬仪，只适用于水平度盘相对于照准部无偏心或偏心差影响很小的情况。因为若存在偏心，盘左、盘右读数不符值包含了偏心误差，根据上述方法进行校正，将得到不正确的结果。用下面的方法来检校视准轴误差，将不用到度盘读数，其结果就不会受到度盘偏心误差的影响。

如图 2.22 所示，在一平坦场地，确定一条直线 AOB，安置仪器于 O 点，横置一有毫米分划的小尺于 B 点（OB 长应大于 10 m），A 点设一照准标志。先以盘左位置照准 A 点，绕横轴倒转望远镜在小尺上读数得 B_1 点，如图 2.22（a）所示。再以盘右位置照准 A 点，倒转望远镜在小尺上读数得 B_2 点，如图 2.22（b）所示。若 B_1、B_2 两点重合，则条件满足。

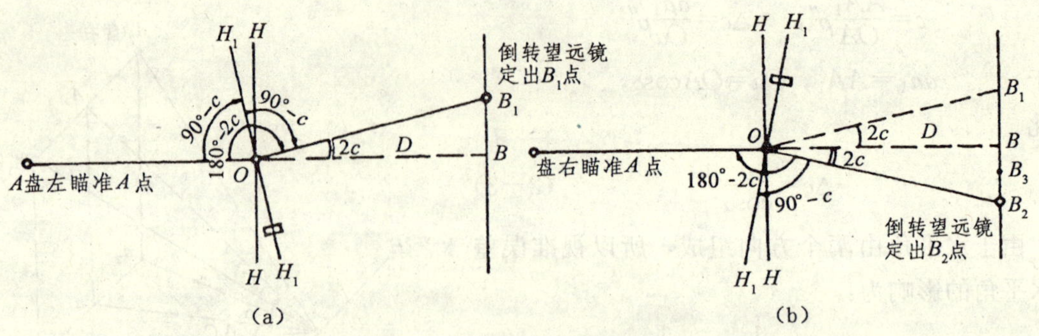

图 2.22　倒镜法检校视准轴

图中所示为 B_1、B_2 两点不重合的情况，它表示视准轴不垂直于横轴，相差一 c 角，则盘左时 BB_1 之长为 $2c$ 的反映，盘右时 BB_2 之长亦为 $2c$ 的反映，即 B_1B_2 之长为 $4c$ 的反映。

校正时只应校正一个 c 值，取 B_1B_2 长的 1/4 得 B_3 点，校正十字丝交点对准 B_3 点即可。

（五）横轴应垂直于竖轴的检验（$HH_1 \perp VV_1$）

照准部水准管气泡居中后横轴应水平，横轴若不水平，望远镜上、下旋转时的视准面就不在铅垂面上。引起横轴不水平有两方面的原因：一为竖轴虽已竖直而横轴不垂直于竖轴，这称为横轴误差；一为横轴虽已垂直竖轴，但竖轴本身不竖直，称为竖轴倾斜误差。

1. 横轴误差

如图 2.23 所示，当竖轴竖直，横轴 HH_1 水平时，视准面 OMm 为一垂直平面，当横轴倾斜 i 角而处于 $H'H_1'$ 位置时，则视准面 OM_1m 也倾斜了一个 i 角，此时，对水平度盘读数的影响为 Δi。

由于 i 与 Δi 都是很小的角度，因此

$$i=\frac{MM_1}{mM}\rho'', \qquad \Delta i=\frac{mm_1}{Om}\rho''$$

因为 $mm_1=MM_1$，$Om=mM/\tan\alpha$，所以，横轴倾斜对水平度盘读数的影响为：

$$\Delta i=i\tan\alpha \qquad (2-6)$$

横轴误差对水平角的影响为：

$$\Delta\beta_i=\Delta i_1-\Delta i_2=i(\tan\alpha_1-\tan\alpha_2) \qquad (2-7)$$

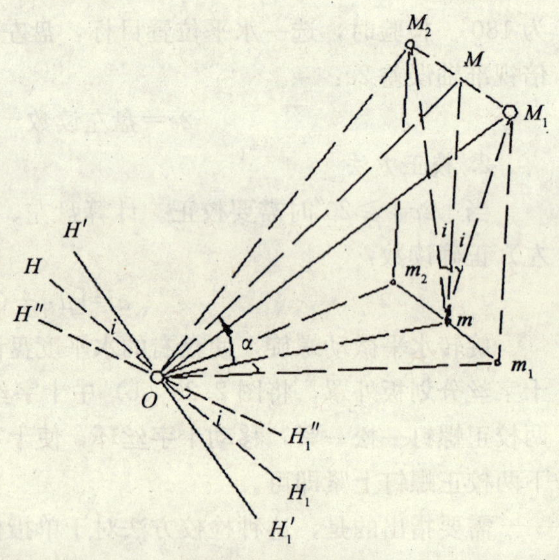

图 2.23　横轴误差

从（2—6）、（2—7）式可以看出，横轴误差的影响随垂直角 α 的增大而增大。当 α 为零时，对水平度盘的读数无影响；但当 α 增大时，其对水平度盘读数的影响迅速增大。用盘左、盘右观测同一个目标时，Δi 数值相等而符号相反，取盘左、盘右观测值的平均值可抵消横轴误差的影响。

由上面的讨论可知，当竖轴铅垂而横轴水平，望远镜视准轴绕横轴上下转动时，转过的轨迹将是一个铅垂面。在视准轴误差已消除的情况下，左盘、右盘分别瞄准高处一点 P，再

置平望远镜后可得到 P_1、P_2 两点，P_1、P_2 应该在同一铅垂面内，即墙上分别用盘左、盘右定出的 P_1、P_2 两点应重合。如果横轴倾斜，望远镜上、下转动的轨迹将是一倾斜面。

由于在盘左、盘右观测时，横轴误差 i 角大小相等、方向相反，由此可得出横轴位置正确性的检验方法：在距高墙壁近处安置经纬仪，以盘左位置瞄准墙面高处的一点 P（仰角在 30°左右），放平望远镜在墙面上定出一点 P_1，如图 2.24 所示，倒转望远镜，用盘右位置再瞄准 P 点，放平望远镜在墙面上定出另一点 P_2。若 P_1、P_2 重合，则条件满足，否则需要校正。

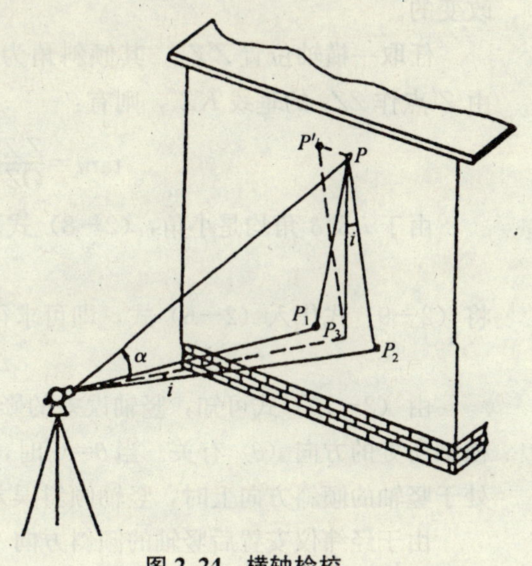

图 2.24　横轴检校

校正时，取 P_1、P_2 的中点 P_3，以盘右（或盘左）位置瞄准 P_3 点，抬高望远镜至 P 位置，视线必偏离 P 点。可拨动仪器支架上的偏心轴承，使横轴的右端升高或降低，使十字丝中心与 P 点重合，这时，横轴误差 i 已消除，横轴水平。

由于光学经纬仪的横轴是密封的，一般能保证横轴与竖轴的垂直关系，测量人员只需进行检验，而校正一般由专门的仪器检修人员完成。

2. 竖轴倾斜误差

产生竖轴倾斜误差的原因是：水准管轴不垂直于竖轴，或安置仪器时水准管气泡未完全居中。如图 2.25 所示，设竖轴的正确位置为 OV，与其正交的横轴为 HH_1，当竖轴倾斜 δ 角至 OV' 位置，则横轴也相应倾斜 δ 角至 $H'H_1'$ 位置。当仪器绕正确的竖轴 OV 旋转时，横轴的轨迹为水平面 HZH_1Z_1；当仪器绕 OV' 旋转时，横轴轨迹为倾斜面 $H'Z_1H_1'Z_1$，两平面

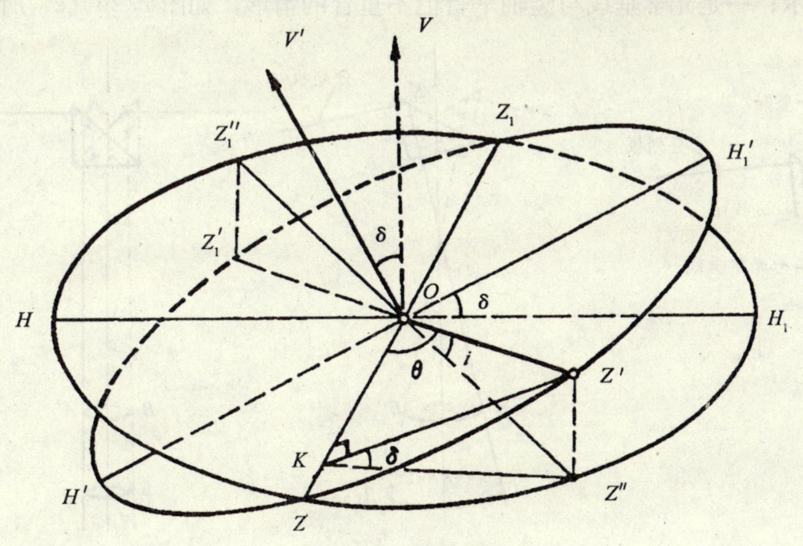

图 2.25　竖轴误差

的交线 ZZ_1 为水平线。当横轴处于 ZZ_1 位置时，由竖轴引起的横轴倾斜误差为零；当横轴垂直此交线时，横轴倾斜误差最大。由此可见，由竖轴误差引起的横轴倾斜误差是随方向而改变的。

任取一横轴位置 $Z'Z_1'$，其倾斜角为 i. 设该方向与横轴为水平的方向之间的夹角为 θ，由 Z' 点作 ZZ_1 的垂线 KZ'，则有：

$$\tan i=\frac{Z'Z''}{OZ'}=\frac{Z'Z''}{KZ'}\sin\theta=\sin\delta\sin\theta \tag{2-8}$$

由于 i 及 δ 角均是小角，(2—8) 式可以写成：

$$i=\delta\sin\theta \tag{2-9}$$

将（2—9）式代入（2—6）式，即可求得竖轴倾斜误差对水平度盘读数的影响为：

$$\Delta i=\delta\sin\theta\tan\alpha \tag{2-10}$$

由（2—10）式可知，竖轴误差的影响不仅随观测目标的垂直角的增大而增大，而且与横轴所处的方向（θ）有关。当 $\theta=0°$ 时，$\Delta i=0$；当 $\theta=90°$ 或 $270°$ 时，$\Delta i=\pm\delta\tan\alpha$，即横轴处于竖轴的倾斜方向上时，竖轴倾斜误差对水平度盘的读数影响最大。

由于经纬仪安置后竖轴的倾斜方向一般不会改变，盘左、盘右观测也不会改变，所以用盘左、盘右观测的方法不能抵消竖轴倾斜误差对某一方向值的影响。因此，在观测前要仔细地进行照准部水准管的检验和校正，观测目标的垂直角较大时，应使水准管的气泡严格居中，以减弱竖轴倾斜误差对水平方向值的影响。

（六）光学对点器的检验和校正

光学对点器是一个小型的外调焦式望远镜，由物镜、目镜、分划板、转向棱镜及保护玻璃组成。对点器的视准轴为其分划板刻划中心与物镜光心的连线，检验校正光学对点器的目的是使光学垂线与仪器的竖轴重合。

光学对点器条件不满足有两种可能的情况，一是光学垂线与竖轴相交的情形，如图 2.26（b）所示；一是光学垂线与竖轴平行但不重合的情形，如图 2.26（c）所示。

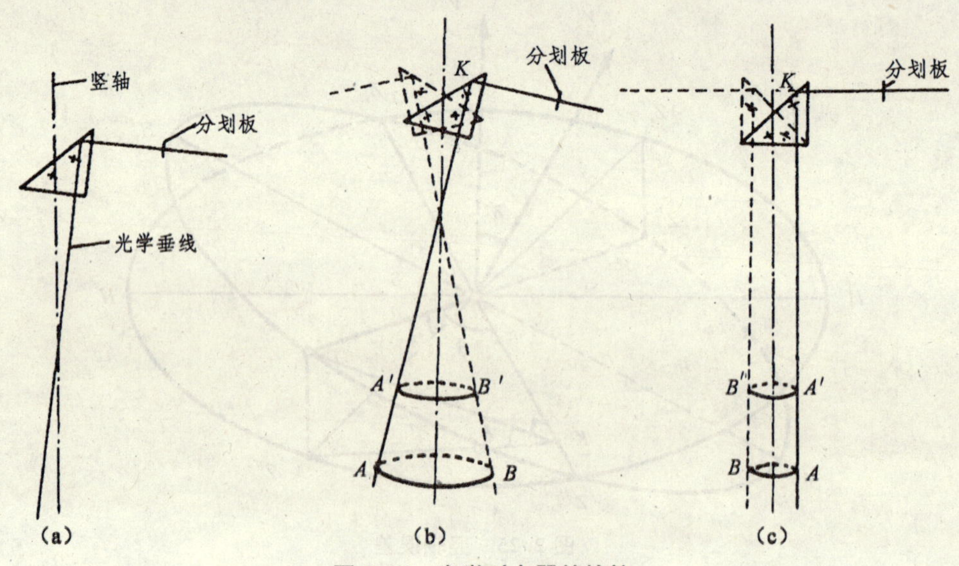

图 2.26 光学对点器的检校

检验分两步进行：第一步，选一平地安置仪器严格整平，在脚架的中央地面固定一张白纸，在纸上作一标记点 A，并使对点器标志中心与其重合，然后旋转照准部 180°，如对点器标志中心仍与 A 点重合，则可进行第二步检验；若对点器标志中心偏离 A 点而对准纸上另外一点 B，则作第一步校正，使对点器标志中心对准 AB 连线的中点。第二步，改变白纸距光学对点器的距离，如图 2.26 中 A'的位置，进行与第一步相同的检验。若光学对点器在旋转 180°以后其中心仍在 A'上，这表明条件已经满足；若对点器标志中心偏离至 B'点，则应校正，使其与 $A'B'$的中点重合。

从图 2.26 可以看出，如果转向直角棱镜上的有效转向点 K 正好位于竖轴上，检校时可以不进行第二个步骤；如果 K 点不在竖轴上，检校的第一步是将光学垂线调节与竖轴平行，第二步是让其与竖轴重合。在调节时，第二步的校正必然会破坏第一步的校正工作。因此，检验校正的两步必须反复进行，直到都满足要求为止。

光学对点器上可以校正的部件随仪器的类型而异，有的校正转向直角棱镜，有的校正对点器分划板（目镜），有的两者都可校正，工作时可根据具体构造进行。

第四节　水平角观测

一、经纬仪的安置

在用经纬仪测角之前，需将仪器安置在测点上。安置的目的就是使仪器中心位于测点的铅垂线上，简称对中；同时使仪器的纵轴处于铅垂位置，以保证水平度盘置于水平位置，简称整平。

1. 用锤球对中

对中的目的是使仪器的中心与测站点位于同一铅垂线上。进行对中时，先根据观测者的身高将三角架腿的长度调整好，拧紧架腿的固定螺旋。两手分别握住脚架的两条腿，将脚架提起，在离测点 35～40 cm，将第三条腿落地，以其为支撑，拉开另外两只架腿，使三腿尖绕测点在地面大致呈等边三角形，以保证三脚架头大致水平，且三脚架中心基本对准地面标志中心。

完成上述工作后，将三条架腿踩紧，从箱中取出仪器，放到三角架架头上，一只手握住仪器支架，一只手将三脚架上的中心螺旋旋入基座底板。再从箱中拿出垂球，挂到中心螺旋的挂钩上，调整垂球线的长度使锤球尖尽量靠近地面测点，但能自由摆动。让垂球静止，观察对点情况，如偏差较大，可升降或移动某一架腿，使垂球靠近测点。如偏移量较小时，可适当旋松中心螺旋，在脚架头上移动仪器，使锤球尖准确对准测点中心，再将中心螺旋拧紧。

2. 整　平

整平的目的是使仪器竖轴竖直，即水平度盘居于水平位置。整平时，转动仪器的照准部，使照准部水准管与任一对脚螺旋的连线平行，两手同时向内或向外转动这两个脚螺旋，使水准管气泡居中。再将照准部旋转 90°，使水准管与刚才两个脚螺旋的连线垂直，转动第三个脚螺旋，使水准管气泡居中，按以上步骤反复进行，直到照准部转至任意位置气泡皆居中为止。

3. 用光学对中器对中和整平

新近生产的经纬仪都装配有光学对中器，调校好其位置可提高对中的准确性。需要说明的是，在经纬仪安置的过程中，如果用光学对中器进行对中，那么对中和整平是一个连动的过程。其基本操作程序如下：

① 摆好脚架，使脚架头大致水平和对中。

② 放上仪器，旋紧中心螺旋，调节好对点器焦距，先调节光学对点器的目镜调焦螺旋，使能清楚地看到对点器的靶心，再转动物镜调焦螺旋（外调焦仪器是伸缩目镜），直到看清楚地面。

③ 以一条架腿为支撑，两手分别抓住另外两支架腿，移动脚架，使测点中心进入对中器视场，然后将架腿固定、踩紧。

④ 旋转脚螺旋，使对点器靶心对准测点中心。

⑤ 升降架腿，使圆气泡居中，初步整平仪器。

⑥ 按用脚螺旋整平仪器的方法精确整平仪器。

⑦ 观察对点器是否精确对中，旋松中心螺旋，在脚架头上平移仪器（严禁旋转），使对点器靶心准确对准测点中心。

二、水平角观测与计算

观测水平角时为了消除或减弱前一节内容所讨论的仪器构造或校准不完善产生的误差，一般用盘左和盘右两个位置进行观测。盘左观测时称为上半测回，盘右观测时称为下半测回。盘左又称正镜，盘右又称倒镜。观测的方向多于 3 个时，每半测回要求归零。

设在图 2.27 所示的测站 O 上，要观测 O 到 A、B、C、D 各方向之间的水平角，其操作步骤如下：

(1) 盘左位置。

① 照准零方向。选定其中一个方向 A 作为起始方向（又称零方向）进行瞄准，瞄准时注意望远镜的正确使用方法：先进行目镜调焦，十字丝清楚后，将水平制动和望远镜制动打开，一只手握望远镜，一只手握水平制动，转动望远镜，通过镜筒上面或下面的瞄准器粗瞄目标，使眼睛、瞄准器和目标三点基本在一条直线上，然后拧紧水平制动和望远镜制动，

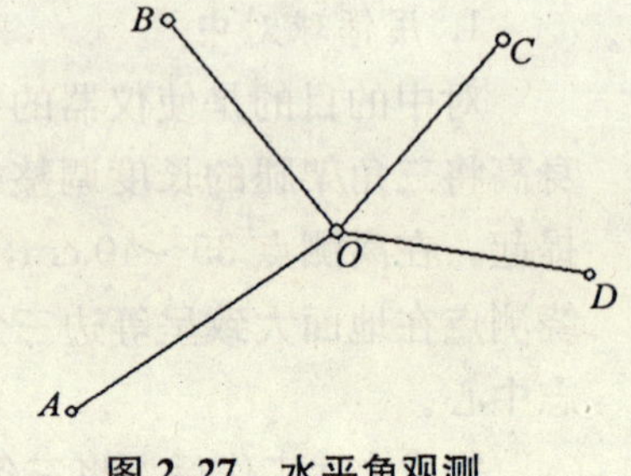

图 2.27 水平角观测

再从望远镜内观察目标，通过物镜调焦使目标成像清晰，最后转动水平微动及望远镜微动用十字丝的竖丝的双丝将目标标志（花杆或测钎等）夹在正中或用单丝重合或去平分。为了降低花杆或测钎竖立不直的影响，应尽量瞄准花杆或测钎的最下部。

② 置盘。精确照准后，将度盘变换手轮的卡子按下，摁进手轮使之与度盘齿轮咬合，再松开卡子，调节好度盘照明反光镜的位置使读数窗明亮，观察读数窗同时拨动度盘变换手轮将度盘置于比 0°稍大些的读数处。然后再按下卡子，将手轮弹出，使之与度盘齿轮分离。最后检查照准情况，准确无误后，读取水平度盘读数并记录。

（2）松开制动螺旋，顺时针转动照准部，用与①同样的方法瞄准 B、C、D 各方向并记录度盘读数，再顺时针方向转动照准部回到起始方向 A，读数并记录。最后这一步称为“归零”，其目的是为了检查水平度盘的位置在观测的过程中是否发生了变动。上述全部工作叫做盘左半测回或上半测回。

（3）松开制动螺旋，倒转望远镜，用盘右位置按逆时针方向依次照准 A、D、C、B、A，读数并记录，此为盘右半测回或下半测回。

上、下半测回合起来为一测回。水平角记录计算表格如表 2－1 所示。

表 2－1　方向观测法记录手簿

测回	测回数	目标	水平度盘读数						2c	平均读数			归零方向值			各测回平均归零方向值			备注
			盘左			盘右			(″)										
			°	′	″	°	′	″		°	′	″	°	′	″	°	′	″	
O	1	A	0	02	42	180	02	42	0	(0 0	02 02	38) 42	0	00	00	0	00	00	
		B	60	18	42	240	18	30	+12	60	18	36	60	15	58	60	15	56	
		C	116	40	18	296	40	12	+6	116	40	15	116	37	37	116	37	28	
		D	185	17	30	5	17	36	−6	185	17	33	185	14	55	185	14	47	
		A	0	02	30	180	02	36	−6	0	02	33							
	2	A	90	01	00	270	01	06	−6	(90 90	01 01	09) 03	0	00	00				
		B	150	17	06	330	17	00	+6	150	17	03	60	15	54				
		C	206	38	30	26	38	24	+6	206	38	27	116	37	18				
		D	275	15	48	95	15	48	0	275	15	48	185	14	39				
		A	90	01	12	270	01	18	−6	90	01	15							

当测角精度要求较高时，往往要测几个测回，为了减弱度盘分划误差的影响，各测回间应根据测回数 n 按 $180°/n$ 变换水平度盘位置。这一过程称为配置度盘。例如，要测 3 个测回，第一测回开始，在瞄准左边第一个目标以后，用拨盘旋钮将度盘读数配置在比 0°稍大一些的读数上（如 0°02′左右），第二测回开始后，瞄准起始目标后将度盘读数拨到 60°02′左右即可。第三测回拨到 120°02′左右。配置度盘时，起始读数的小数部分应以拨盘旋钮弹出以后的读数为准，是多少就读多少，不需刻意配到某个读数上去。

（4）计算步骤和限差要求。

① 计算半测回归零差（限于三个以上方向），不得大于表 2－2 限差规定值，否则应重测。

② 计算两倍视准轴误差 $2c$ 值（限于 J_2 以上级别仪器）。同一方向盘左读数减去盘右读数±180°，称为两倍视准轴误差，简称 $2c$。$2c$ 属仪器误差，高度角一致时，同一台仪器 $2c$ 值应当是一个固定值。因此，$2c$ 的变动大小可以反映观测的质量，由于 J_6 级经纬仪往往用于低精度测角，采取单指标线读数，其度盘读数受到度盘偏心差的影响，而偏心差在不同的方向对读数的影响是不相同的，因而对 $2c$ 互差未作要求。

③ 计算各方向的盘左和盘右读数的平均值，即

平均读数=1/2［盘左读数+（盘右读数±180°）］

在计算平均读数后，起始方向 OA 有两个平均读数，应再取平均值，作为 A 的方向值。

④ 计算归零方向值。将起始方向值化为零，再用计算出的各方向平均读数分别减去起始方向的两次平均读数，即得各方向的归零方向值。

⑤ 将各测回同一方向的归零方向值进行比较，其差不应大于表 2−2 的规定。取各测回同一方向归零方向值的平均值作为该方向的最后结果。

如需求出水平角值，只需将相关的两平均归零方向值相减（右边方向－左边方向）即可得到。

表 2−2 水平角观测的各项限差

经纬仪级别	半测回归零差（″）	$2c$ 值变化范围（″）	同一方向各测回互差（″）
DJ_2	8	13	9
DJ_6	18		24

第五节 竖直角观测

为了将地面上两点之间的距离（斜距）换算为水平距离，或者要根据两点之间的斜距或平距推算两点间的高差（三角高程测量），往往要进行竖直角观测。

一、竖盘装置

竖盘装置是用来观测竖直角的，传统的竖盘装置包括竖直度盘（竖盘）、指标水准管和指标水准管微动螺旋三个部分。目前生产使用的经纬仪不再有指标水准管，而是由竖盘指标自动归零装置代替其功能。

竖盘固定在望远镜旋转轴（横轴）的一端，随望远镜一起在竖直面内转动。竖盘读数用的指标装置和指标水准管，以及指标水准管微动螺旋固连在一起，不随望远镜一起转动。指标水准管气泡居中后，指标即处于正确（铅直）位置，因此每次观测竖直角时，必须转动竖盘指标水准管微动螺旋，使指标水准管气泡居中，然后才能读数。或将竖盘指标自动归零装置的开关拨至“on”的位置。

二、竖直角的观测与计算

如前所述，竖直角是同一竖直面内视线与水平线间的夹角，所以观测竖直角与观测水平角一样，其角值也是度盘上两个方向读数之差，不同的是竖直角的两个方向中必有一个是水平方向。任何类型的经纬仪，制作上都要求当竖直指标水准管气泡居中、指标线处于铅直位置、望远镜视准轴（视线）水平时，其竖盘读数是一个固定值，如盘左为 90°，盘右为 270°。因此，在观测时，只需读取目标视线方向的竖盘读数便可求得该方向的竖直角。

要测得比较精确的竖直角，往往也要用盘左和盘右各观测一次，并同水平角的观测一样称为一个测回。这样做可以消除或减弱仪器的某些误差，提高观测精度。竖直角的观测和计算方法如下：

1. 竖直角观测

（1）在测站上对中整平仪器，如要测出测站点和目标点间的高差，则还需量取仪器高 i。

（2）用盘左位置瞄准目标，使十字丝的中丝切于目标的某个位置（如要计算测站点与照准垫间高差，还需要读取或量取照准高度 v）。

（3）转动竖盘指标水准管微动螺旋，使竖盘指标水准管气泡居中，或将竖盘指标自动归零装置开关置于“on”，读取竖盘读数 L。

（4）倒转望远镜，以同样的方法用盘右位置照准原目标的相同部位，并使指标水准管气泡居中，读取竖盘读数 R。

竖直角的观测记录与计算见表 2－3 所示。

表 2－3　竖直角的观测记录与计算

测站	目标	盘位	竖盘读数 °	′	″	半测回竖直角 °	′	″	指标差 ″	一测回竖直角 °	′	″	备注
O	A	左	73	44	12	+16	15	48	+12	+16	16	00	270 / 180 / 0 / 06
		右	286	16	12	+16	16	12					
	B	左	114	03	42	−24	03	42	+18	−24	03	24	
		右	245	56	54	−24	03	06					

2. 竖直角的计算

竖直角 α 是观测目标的读数与望远镜视准轴水平时的竖盘读数（即 90°、270°）之差。但哪个是被减数，哪个是减数，则应按竖盘的注记形式来确定。

为此，在观测之前，应将望远镜大致放平，读取竖盘读数。然后将望远镜上仰，若读数增大，则竖直角等于瞄准目标时的读数减去视线水平时的读数；若读数减小，则竖直角等于视线水平时的读数减去瞄准目标时的读数，以保证仰角为正。

图 2.28 所示为常用的 J_6 光学经纬仪的竖盘注记形式，从图中可看出其注记为顺时针刻划。盘左时，当视线上仰［见图 2.28（a）］，望远镜带动竖盘一起顺时针转动了一个角度而指标线固定不动，这时竖盘读数减少，小于 90°；盘右时，当视线上仰［见图 2.28（b）］，竖盘读数增加，大于 270°。因此，竖直角计算公式为：

盘左时，

$$\alpha_L = 90° - L \tag{2-11}$$

盘右时，

$$\alpha_R = R - 270° \tag{2-12}$$

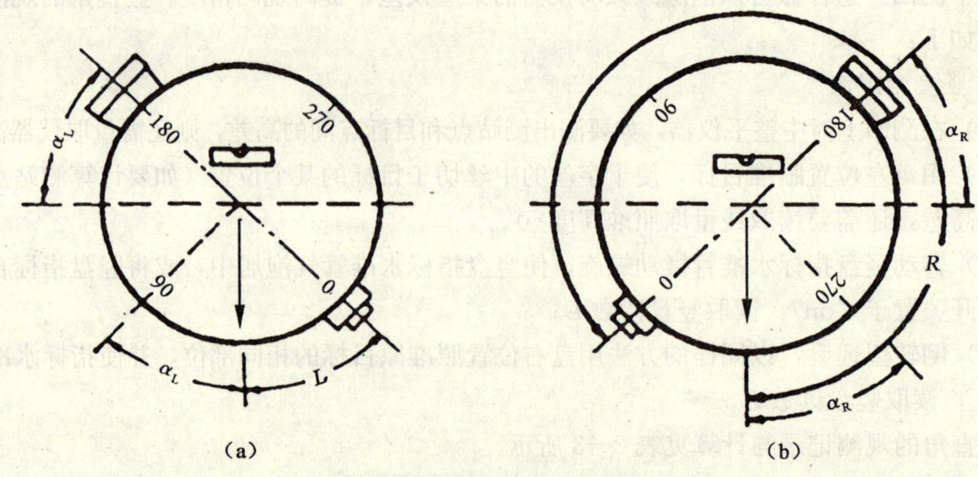

图 2.28　竖盘读数与垂直角计算

由于竖盘读数 L 和 R 往往含有误差，α_L 与 α_R 常不相等，故应将盘左、盘右所测得的竖直角取中数。则一测回竖直角为：

$$\alpha=(\alpha_L+\alpha_R)/2 \tag{2-13}$$

或

$$\alpha=[(R-L)-180°]/2 \tag{2-14}$$

以上是竖盘顺时针注记时竖直角的计算公式，当竖盘注记为逆时针时，我们不难得出竖直角的计算公式：

盘左时，

$$\alpha_L=L-90° \tag{2-15}$$

盘右时，

$$\alpha_R=270°-R \tag{2-16}$$

一测回竖直角为：

$$\alpha=(180°+L-R)/2 \tag{2-17}$$

如果在一个测站上观测多个方向的竖直角，则在盘左顺时针依次照准各目标，而在盘右时，逆时针依次照准各目标，读数、记录方法同上。

三、竖盘指标差

上述竖直角的计算，是基于这样一个假设：当竖盘指标水准管气泡居中时，指标应处于正确位置，此时竖盘读数应为 90°或 270°。事实上，这一假设常不成立，即当竖盘指标水准管气泡居中时，指标并不恰好指向 90°或 270°，而与正确位置有一定的偏差，这个偏差值常用 x 表示，称为竖盘指标差。当指标偏移的方向与竖盘注记方向一致时，这时读数中增大了一个 x 值，x 为正；反之，指标偏移方向与竖盘注记方向相反时，则使读数减小了一个 x 值，x 为负。如图 2.29 所示，当视线水平、指标水准管气泡居中时，由于指标差 x 的存在，指标所指不是 90°而是 90°$+x$。同样，视线指向目标时的读数中也大了一个 x，即正确的读

数 L'应为实际读数 L 减去 x，盘左计算竖直角应为：

$$\alpha_L = 90° - (L - x) \tag{2-18}$$

同样，盘右时正确的竖直角应为：

$$\alpha_R = (R - x) - 270° \tag{2-19}$$

将（2—18）式与（2—19）式相加并除以 2，得：

$$\alpha = \frac{(90 + x - L) + (R - 270° - x)}{2} = \frac{(R - L) - 180°}{2}$$

这与（2—14）式完全一样，它也说明了用盘左、盘右两次读数求算竖直角，其角值不受指标差的影响。若将两式相减，则得：

$$x = \frac{(L + R) - 360°}{2} \tag{2-20}$$

这就是求算指标差的公式。

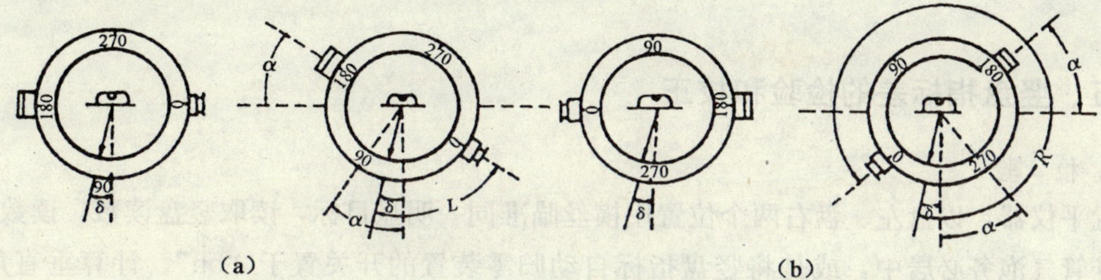

图 2.29　竖盘指标差

四、竖盘指标自动归零的补偿装置

从竖角测定的过程中可以知道，竖盘指标水准管气泡居中十分重要，若水准管气泡不居中，则指标位置必然不正确，读数就有错误。然而每次读数前都将竖盘指标水准管气泡严格居中是很费事的。目前生产的经纬仪，大多在竖盘光路系统中加上一种竖盘指标自动归零装置。这种装置可以在经纬仪有少量倾斜时，自动调整光路使读数为指标水准管气泡居中时的数值。正常情况下，这时的指标差为零。竖盘指标自动归零装置的基本原理如图 2.30 所示，在竖盘的光路中用可以自由摆动的吊丝悬挂一光学透镜，指标线自动归零就是靠光学透镜自身重力作用得以实现的。

图 2.30（a）表示经纬仪的安置完全正确时的情形。这时仪器已经置平，悬挂光学透镜的吊丝两端同高，处于平衡状态，指标线处在垂线 A 的位置，其影像沿铅垂线方向垂直穿过透镜，不会发生偏转，如此时望远镜视线正好水平，则指标线影像就指在竖盘的 90°分划线上。

图 2.30（b）表示经纬仪因整平不足而使指标线未处于铅直位置（处于位置 A'）的情形。这时仪器发生少量倾斜，使得悬挂光学透镜的吊丝挂位不同高，自身重力作用使透镜产生倾斜，垂直投射的光线使指标线影像沿平行于垂线方向前进到达光学透镜。由于光线不垂直于倾斜的光学透镜，会使光线产生折射，从而使影像到达竖盘位置后，如此时望远镜视线正好水平，则指标线指在竖盘 90°的位置，实现指标线的自动归零或自动补偿。

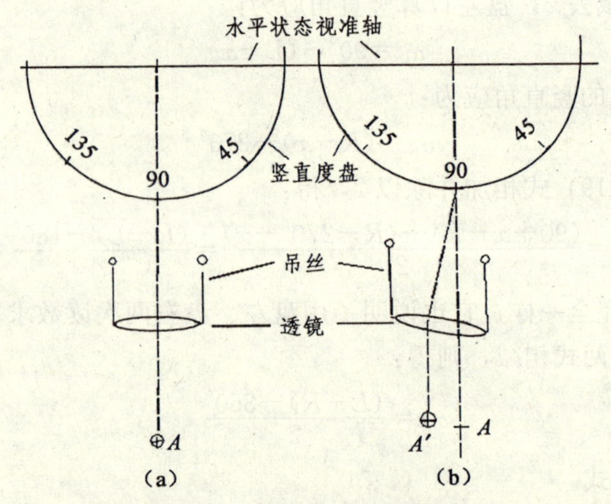

图 2.30　竖盘指标自动归零原理

五、竖盘指标差的检验和校正

1. 检　验

置平仪器，以盘左、盘右两个位置用横丝瞄准同一明显目标，读取竖盘读数，读数时竖盘水准管气泡务必居中，或是将竖盘指标自动归零装置的开关置于"on"。计算垂直角 $\alpha_{左}$ 和 $\alpha_{右}$，两者相等则无竖盘指标差存在，否则应按公式（2—20）计算指标差 x 的值。若超过规定的限差则需进行校正。

2. 校正方法

校正方法有两种，方法一用于有竖盘指标水准管的仪器校正。具体方法是：不动望远镜，仍照准原目标，若此时为盘右位置，则正确的度盘读数 R' 应为 $R-x$。用竖盘指标水准管微动螺旋使竖盘读数为 $R-x$，此时指标水准仪管气泡必然偏移，用校正针使气泡居中即可。

方法二用于具有竖盘指标自动归零装置的仪器校正。其原理是通过调节望远镜视准轴，以保证竖盘指标自动归零装置发生作用（指标线铅直），且与竖盘 90°刻划线重合时，视准轴正好处于水平位置。具体方法如下：一边观察读数窗竖盘，一边用望远镜微动螺旋将其读数调到 $R-x$，此时十字丝横丝必定会偏离原来的目标，卸下十字丝分划板外罩，将半站型测距仪（见第三章）中十字丝环的左、右两校正螺钉略微旋松，再将上、下两校正螺钉一松一紧，移动十字丝环，使十字丝横丝与原目标重合，最后把左、右两校正螺钉上紧即可，应注意不能让十字丝环产生水平移动，以免破坏已校正好的视准轴与横轴之间的垂直关系。

第六节　电子经纬仪简介

电子经纬仪是一种集光、机、电为一体的新型测角仪器，图 2.31 为南方测绘仪器公司生产的电子经纬仪。与光学经纬仪比较，电子经纬仪将光学度盘换为光电扫描度盘，将人工光学测微读数换为自动记录和显示读数，观测时操作简单，且可避免读数误差的产生。电子经纬仪的自动记录、储存、计算功能，以及数据通讯功能，进一步提高了测量作业的自动化程度。电子经纬仪采用了光电扫描测角系统，其类型主要有：编码盘测角系统、光栅盘测角系统及动态（光栅盘）测角系统等三种。

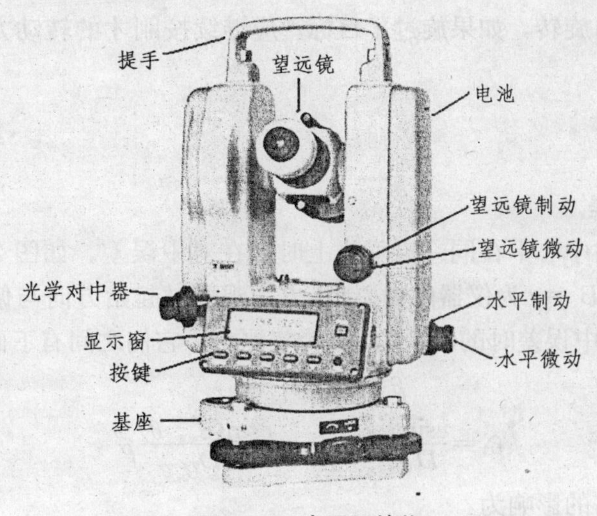

图 2.31　电子经纬仪

电子经纬仪是光电技术应用于测绘仪器而产生的新型测角设备。目前电子经纬仪的物理存在形式有两种：一种是只具测角功能的电子经纬仪；另一种是将电子经纬仪与测距仪设计为一体，测角测距功能皆备的整体式全站型电子速测仪，简称为全站仪。

它们的基本构造及性能基本相同，但因仪器制造商的不同而各有特点，主要表现在计数系统、电子电路系统、显示及软件系统、数据接口方面，及性能差别。电子经纬仪观测速度快，测角的劳动强度大为降低，随着其性能价格比的迅速提高，它将取代传统的光学经纬仪成为主流的测角设备。

第七节　水平角测量的误差

角度测量的误差主要来自仪器误差、观测（人为因素）误差和外界条件的影响三个方面，这些误差来源对水平角的测量精度有着不同的影响。仪器误差有一定规律性，一般可通过一定的观测方法和正确的操作程序得到有效的减弱或消除，而观测误差的有效控制需要通过提高观测者的操作技能和作业的熟练程度，以及敬业精神等来保证。

一、仪器误差

仪器误差是由于仪器构造不完善及经过检校后仪器轴系不完全满足测角条件的残余误差，包括经纬仪度盘偏心误差、视准轴误差、横轴倾斜误差及竖轴误差。通过盘左、盘右的观测方法可以减弱或消除前三项误差（见第3节），但不能减弱或消除竖轴误差。

除了以上几项主要误差影响，角度测量中的仪器误差还包括度盘刻划误差以及照准部在转动过程中的隙动差等。光学度盘的刻划误差在度盘制造时产生，可采用观测时变换度盘位置的方法（测回间配置度盘）减小此误差的影响。隙动差的产生则是由于机械加工和仪器装配工艺引起的，要消除或减小隙动差对结果的影响，要求观测水平角瞄准不同目标，在转动照准部时应朝一个方向旋转，如果旋过了目标，应继续按刚才的转动方向旋转去瞄准目标，避免回拨。

二、观测误差

1. 仪器的对中误差

当仪器中心与测站中心不在同一铅垂线上时存在对中误差。如图 2.32 所示，B 为测站点，B' 为仪器中心，$BB'=e$ 为仪器的偏心距，θ 为观测时起始方向与偏心方向之间的夹角，称为偏心角。β 为无对中误差时的水平角，β' 为实测角，它们之间有下面的关系式：

$$\beta=\beta'+(\delta_1+\delta_2) \tag{2—21}$$

$$\delta_1=\frac{e\sin\theta}{D_1}\rho'',\quad \delta_2=\frac{e\sin(\beta'-\theta)}{D_2}\rho''$$

仪器对中误差对水平角的影响为：

$$\Delta\beta=\delta_1+\delta_2=e\rho''\left[\frac{\sin\theta_1}{D_1}+\frac{\sin(\beta'-\theta)}{D_2}\right] \tag{2—22}$$

由上式可知，当 β 和 θ 一定时，δ_1 和 δ_2 与偏心距 e 成正比，偏心距越大，则 $\Delta\beta$ 越大，而 $\Delta\beta$ 与 D_1 及 D_2 成反比，边越短 $\Delta\beta$ 越大，因此，对短边测角必须十分注意仪器的对中；当 e 与边长 D 一定时，$\Delta\beta$ 与 β 和 θ 角的大小有关，当 β 接近 180°、θ 接近直角时，$\Delta\beta$ 最大。

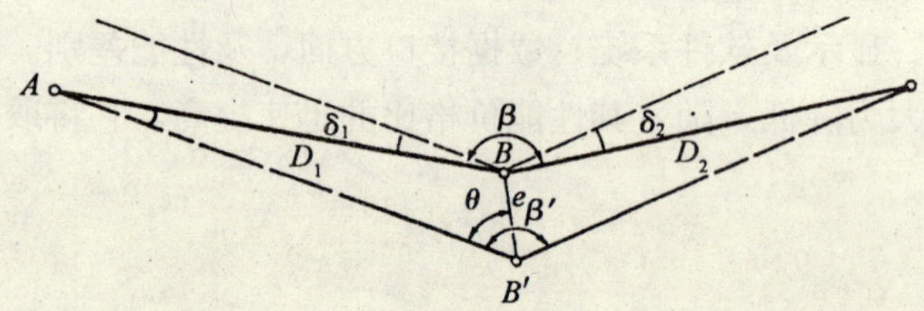

图 2.32　测站偏心误差

2. 目标偏心误差

当目标点上的觇标中心与地面点标志中心不在同一铅垂线上时会产生偏心误差。如图 2.33 所示，A 为测站点，B 为照准点的标志中心，B' 为照准的目标中心，D 为地面两点间距离，e_1 为目标的偏心距，θ 为观测方向与偏心方向间夹角（偏心角），则目标偏心误差对水平角的影响为：

$$\Delta\beta=\frac{e_1\sin\theta}{D}\rho'' \tag{2—23}$$

由上式可知，当 e_1、D 一定，$\theta=90°$时，$\Delta\beta$ 有最大值，它说明垂直于视线方向的目标偏心对水平角影响最大；偏心影响与目标偏心距 e_1 成正比，与边长 D 成反比。为了减少目标偏心对水平角观测的影响，作为地面点照准标志的标杆应竖直，并尽量照准标志的底部。

对于短边，照准标志可采用垂球线或测钎。

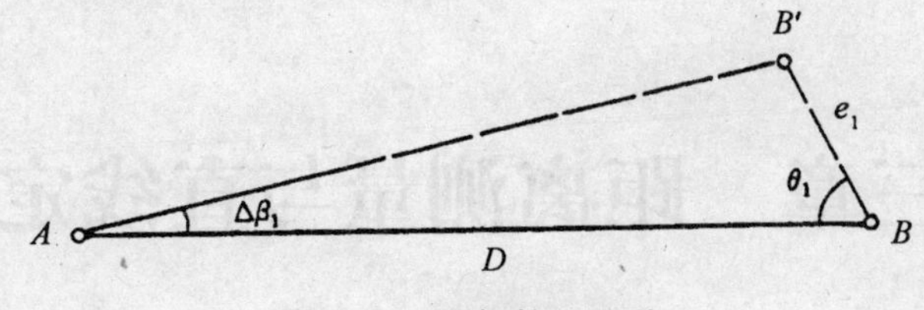

图 2.33　目标偏心误差

3. 照准误差与读数误差

照准误差是因未能精确地瞄准目标几何中心而产生的。引起的原因主要有：不能正确使用经纬仪照准设备，调焦不准而存在视差；望远镜的放大倍率及人眼的分辨能力；目标与照准标志的形状、亮度、背景；外界条件等。读数误差主要取决于仪器的读数设备。对于用分微尺进行显微测微的 J_6 光学经纬仪来说，估读的极限误差一般不超过分划值的 1/10，即 6″。但如果照明情况不佳，显微镜目镜未调好焦以及观测者技术不熟练，估读误差则可能远远超过 6″。

三、外界条件的影响

外界条件的影响很多，如大风会影响仪器和标志的稳定，地面的辐射热会影响大气的稳定，大气的透明度会影响照准精度，日照不均引起脚架温度变化不一致而破坏照准部的水平，松软的土地会引起脚架的沉降等。要完全避开这些影响是不可能的，但可选择有利的观测时间和改善观测条件，尽量降低其影响。例如，可选择阴天或者一天中气温相对较稳定的时间段进行测角，在松软的土地安置仪器时要将脚架踩紧，打遮阳伞等。在确定点位时，注意点间的视线应避免从建筑物近旁、冒烟的烟囱上面和近水面的空间通过，这些地方都会因局部气温变化而使光线产生不规则的折射，使观测结果受到影响。

第三章　距离测量与直线定向

第一节　概　述

要确定两点在平面直角坐标系的相对位置，只要能测出两点之间的水平距离并确定这两点连成的直线的方向就可以了。

常用的距离测量方法有钢尺量距、视距测量和光电测距。钢尺量距的方法和原理都很简单，如果采用精密方法，即考虑钢尺实际长度和名义长度的差别、钢尺本身的长度随温度和两端所受拉力的变化而变化等因素，能达到相当高的精度；但在测量超过钢尺长度的距离时需要定线，如果定线不准，则会在一定程度上影响量距精度，而且钢尺量距对地形的要求比较高，一般要求地面平坦、开阔、通视条件好。视距测量采用水准仪、经纬仪望远镜中的十字丝分划板上的视距丝配合水准尺或特制的视距尺根据光学原理来完成，可以与水准测量、角度测量同时进行，方便而迅速，虽然精度较低，却是经纬仪极坐标测绘法来测绘地形图碎部点的基本组成部分。光电测距是以光和电子来测量距离，采用能发射电磁波的测距仪或全站仪，通过直接或间接测定电磁波的传播时间来进行的，操作简单、精度高，通过数据线其观测成果可直接导入计算机。随着测距仪和全站仪价格的迅速下降，目前光电测距已成为测距的主要手段。

由于确定地面点位需要的是水平距离，如果直接测得的是倾斜距离，需要将其换算成水平距离。

至于某直线的方向，是通过该直线与过直线起点的标准方向之间的水平角来确定的，这项工作叫做直线定向。一般采用坐标纵轴方向作为标准方向，用坐标方位角来进行直线定向。

第二节　钢 尺 量 距

一、直线定线

当两个地面点之间的距离较长或地势起伏较大时，为能沿着直线方向进行距离丈量工作，需在直线方向上标定若干个点，作为分段丈量的依据。在直线方向上作一些标记，标明直线走向的工作就叫直线定线。直线定线可以采用目测法也可以采用经纬仪法来进行。

1. 目测定线

目测定线根据不同地形条件可以采用两点法或趋近法，在直线两端通视时采用两点法，不通视时则采用趋近法。

（1）两点法：如图3.1所示，A、B是平坦地面上相互通视的直线两端点，两点法确定AB间量距分段点的步骤为：① 在A、B点上树立标杆（花杆）；② 一人立于B标杆后一定距离，目测指挥定点人员标定1号位置于BA视线上，1号点距A点距离应略小于整尺长度l_0；③ 重复②步骤，依次把2、3、4、…分段点定在AB连线上。

（2）趋近法：如图3.2所示，A、B点分别位于山丘两侧，按趋近法在不通视的AB线上确定量距分段点C、D点的步骤为：① 在靠近A点且与B点通视的位置初定C点（图上C_1）；② 按两点法在C_1B线上初定能与A点通视的D点（图上D_1）；③ 按两点法在D_1A线上重定能与B点通视的C点（即C_2）；④ 按两点法在C_2B线上重新定能与A点通视的D点（图上D_2）；…⑤ 按②、③的步骤重复定点，逐渐趋近，最后使C、D点落在AB线上。

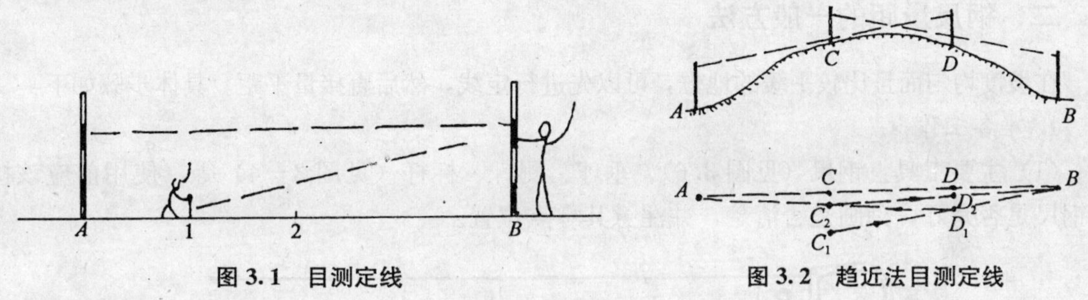

图3.1 目测定线　　图3.2 趋近法目测定线

2. 经纬仪定线

用经纬仪定线比目测定线精确，具体有纵丝法和分中法。

（1）纵丝法：仅以经纬仪盘左（盘右）位置，确定直线方向的方法，如图3.3所示，具体步骤如下：

① 在丈量直线的一端A安置经纬仪，经纬仪望远镜精确瞄准另一端B树立的目标，此时照准部在水平方向上不得转动；

② 沿BA方向按尺段长l_0概量$B1$；

③ 纵转望远镜瞄到1处，指挥1号分段点测钎（见图3.4）定在十字丝的纵丝影像上；

④ 仿步骤②、③，依次将分段点2、3、4、…定在AB线上。

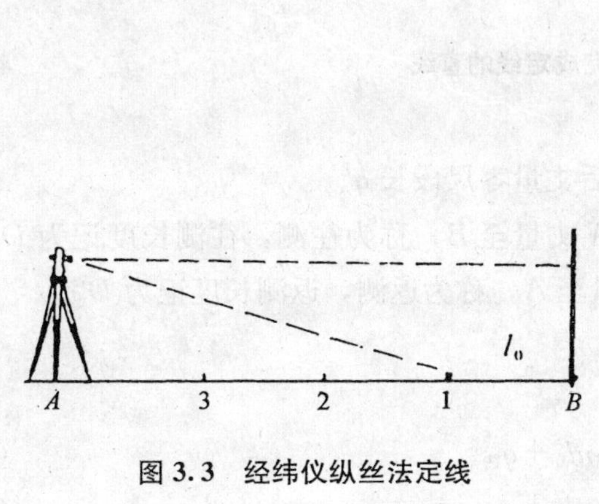

图3.3 经纬仪纵丝法定线

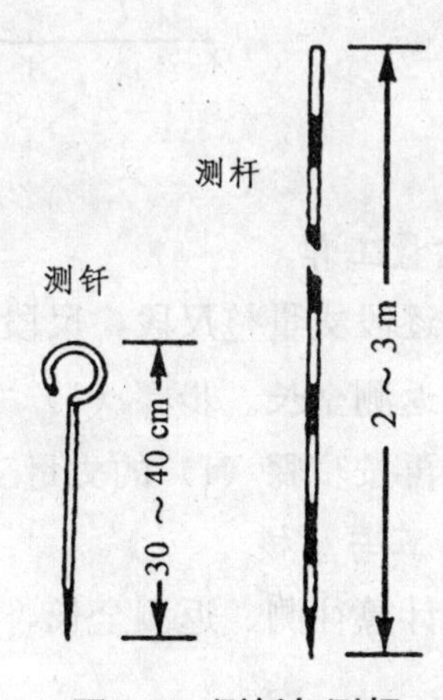

图3.4 测钎与测杆

（2）分中法：为消除视准轴误差，在经纬仪盘左、盘右位置，分别定点后取平均值的方法。如图 3.5 所示，A、B、C 在同一直线上，C、B 间不通视，标定 BC 线上 D 点的具体步骤如下：

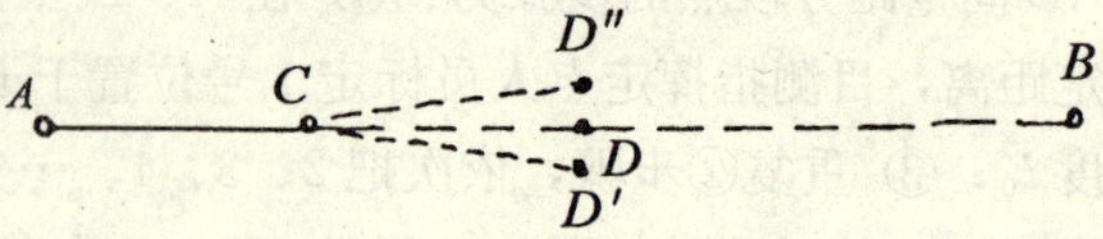

① 在 C 点安置经纬仪，盘左瞄准 A 目标；

② 纵转望远镜，在概量位置 D 的附近设定线点 D'；

③ 盘右瞄准 A 目标，纵转望远镜，在概量位置 D 的附近设定线点 D''；

④ 取 D'、D''的平均位置 D 作为最后定线点。

图 3.5　经纬仪分中法定线

二、钢尺量距的一般方法

在坡度均匀而且比较平缓的地方，可以先进行定线，然后直接量平距。具体步骤如下：

1. 准备工作

（1）主要工具：钢尺（见图 3.6）、垂球、测钎、标杆（见图 3－4）等。使用前应该检查钢尺是否完好，刻画是否清楚，并注意其零点位置。

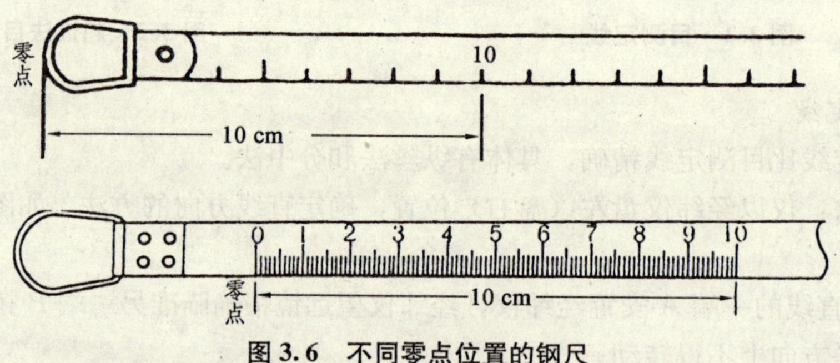

图 3.6　不同零点位置的钢尺

（2）工作人员组成：主要工作人员是拉尺、读数、记录人，共 2～3 人。

（3）场地：一般比较平坦，各分段点已定线在直线上，并插有测钎，如图 3.7 所示。

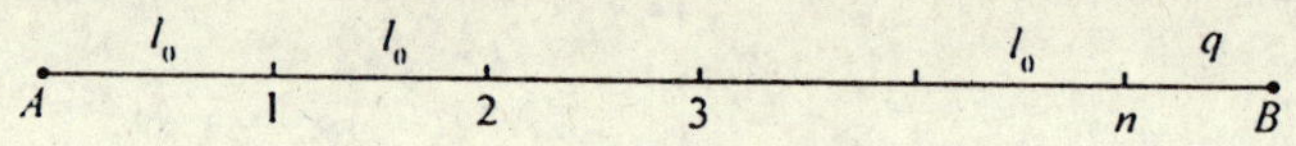

图 3.7　已完成定线的直线

2. 丈量工作

（1）逐段丈量整尺段，尺段长为 l_0，最后丈量零尺段长 q。

（2）返测全长。步骤（1）丈量工作从 A 丈量至 B，称为往测，往测长度记为 $D_{往}$；在此基础上再按步骤（1）的丈量工作从 B 丈量至 A，称为返测，返测长度记为 $D_{返}$。

3. 计算与检核

（1）计算往测、返测全长，即

$$D_{往}=nl_0+q_{往} \tag{3-1}$$

$$D_{返}=nl_0+q_{返} \tag{3-2}$$

(2) 检核：为了防止错误和提高丈量精度，把往返丈量所得距离的差除以该距离的概值 $D_{往}$ 或 $D_{返}$，并化为分子为 1 的分数 K，该分数叫做相对较差。一般丈量要求相对较差 K 不大于 1/2 000，即，

$$\Delta D = D_{往} - D_{返} \tag{3-3}$$

$$K = \frac{\Delta D}{D_{往}} = \frac{1/D_{往}}{\Delta D} \tag{3-4}$$

(3) 计算往返平均值。在往返相对较差 K 满足要求时，按下式计算往返平均值作为 AB 全长的观测值：

$$D = \frac{D_{往} + D_{返}}{2} \tag{3-5}$$

在比较陡峭的地方，如果坡度不均匀，可分段量得斜距，并测得各分段两端点间的高差，求出各分段的平距，再求和得到全长；也可采用垂球投点分段直接量平距（见图 3.8），如果坡度均匀，则可以测得斜距全长，再根据两端点之间的高差求得平距全长（见图 3.9）。

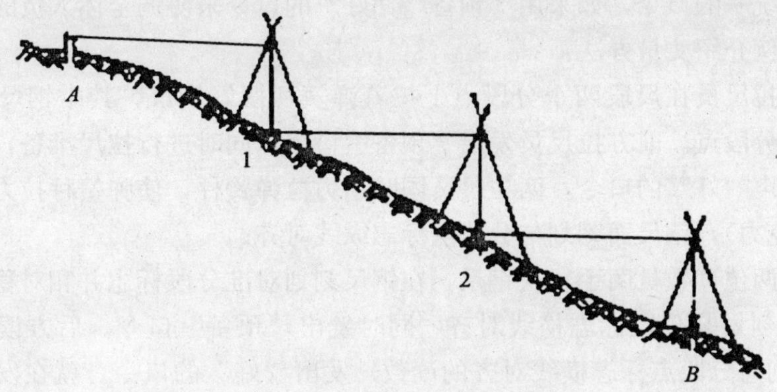

图 3.8　垂球投点分段直接量平距

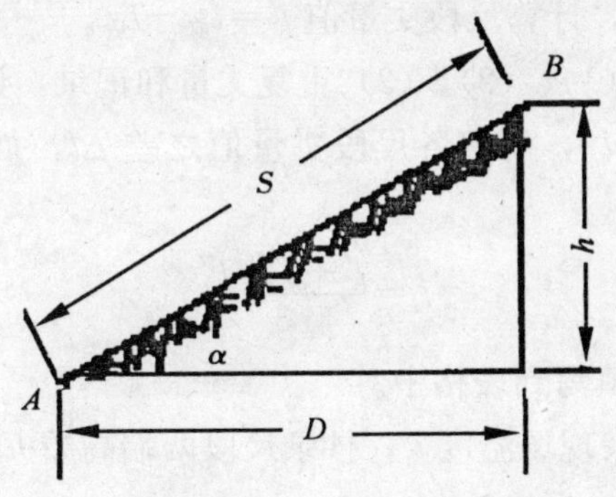

图 3.9　测得斜距全长后根据高差求平距

三、钢尺量距的精密方法

1. 准备工作

(1) 主要丈量工具：钢尺、弹簧秤、温度计等。用于精密丈量的钢尺必须经过检定，而

且有其尺长方程式，参见式（3－7）。

（2）工作人员组成：通常主要工作人员有5人，其中拉尺员2人、读数员2人、记录员1人，他们的分工安排如图3.10所示。

（3）场地：① 经整理便于丈量；② 定线后的分段点设有精确的标志，如图3.11所示，分段点设有木桩顶面的定线方向有“十”字标志（或小钉）。③ 测量各分段点顶面尺段高差 h_i。

图3.10　钢尺量距精密方法的人员组成与分工

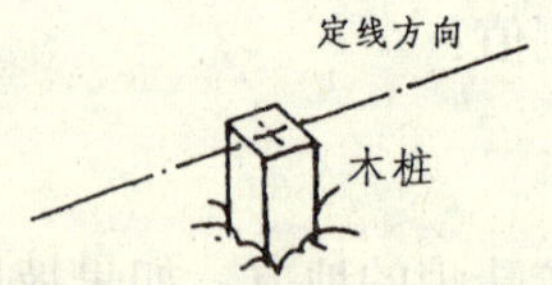

图3.11　精确的丈量标志

2. 精密量距

丈量必须有统一的口令，如采用“预备”、“好”的口令来协调全体人员的工作步调。现以一尺段丈量为例介绍丈量方法：

（1）拉尺：拉尺员在尺段两个分段点上拉着弹簧秤摆好钢尺，其中钢尺零端在后分段点，整尺端在前分段点。前方拉尺员发出“预备”口令，同时进行拉尺准备，后方拉尺员在拉尺准备就绪回声“好”的口令，两拉尺员同时用力拉弹簧秤，使弹簧秤拉力指示为检定时拉力（如10千克力），钢尺面刻划与分段点标志纵线对齐。

（2）读数：两位读数员两手轻扶钢尺，在钢尺刻划对准分段标志并相对稳定时，前方读数员使钢尺厘米刻划与分段标志横线对齐，同时发出“预备”口令。后方读数员预备就绪（即看准钢尺刻划与分段点标志横线对齐的读数）发出“好”的口令。就在发出“好”的口令瞬间，两位读数员同时读取分段点标志横线所对的钢尺刻划值，前端读数员读前端读数 $l_{前}$，后端读数员读后端读数 $l_{后}$。

（3）记录：记录 $l_{前}$、$l_{后}$，计算尺段丈量值 $l'=l_{前}-l_{后}$。

（4）重复丈量：按步骤（1）、（2）、（3）重复丈量和记录，计算获得 l''、l'''。

（5）检核：比较 l'、l''、l'''，观察各尺段丈量值之差 Δl，如果 $\Delta l \leqslant \Delta l_{容}$，则检核合格，计算尺段丈量平均值 l_i，即

$$l_i=\frac{l'+l''+l'''}{3} \tag{3-6}$$

把计算的尺段丈量平均值 l_i 填写到表格中。

（6）记录改正资料：记录现场温度 t_i，抄录尺段两端高差 h_i。

四、尺长方程式

由于刻划误差等原因，钢尺的实际长度与名义长度会有所差别，而且钢尺的长度会随温度的变化而变化，从而给所量距离带来系统误差，不能通过往返测量取平均值而减小或消除。因此，用于精密量距的钢尺出厂时需经检定，其长度用尺长方程式表示：

$$l_t=l+\Delta l_0+\alpha \cdot l\ (t-t_0) \tag{3-7}$$

式中 l_t——钢尺在温度 t 时的实际长度；

l——钢尺上所标注的长度，即名义长度；

Δl_0——尺长改正数，即钢尺检定时读出的实际长度减去钢尺名义长度；

α——钢尺的线膨胀系数，一般取 1.25×10^{-5} m/m·℃；

t——钢尺使用时的温度；

t_0——钢尺检定时的温度。

每根钢尺都应有尺长方程式，根据量距时测得的温度，才能得出其实际长度。根据钢尺的实际长度就可求出所量距离的实际长度。

例 3－1 某钢尺名义长度为 30 m，其尺长方程式为：

$$l_t=30+0.007+30\times12.5\times10^{-6}\times(t-20\ ℃)\ \text{m}$$

用这根钢尺在温度为 16 ℃时丈量一段水平距离为 209.620 m，试求改正后的实际距离。

解 钢尺丈量时实际长度：

$$l_t=30+0.007+30\times12.5\times10^{-6}\times\ (t-20\ ℃)\ =30.006\ (\text{m})$$

实际水平距离为：

$$L=209.620\times\frac{30.006}{30}=209.620\times1.0002=209.662\ (\text{m})$$

五、钢尺量距的误差来源

在平坦地区进行钢尺量距，若考虑了温差改正和尺长改正，并用弹簧秤衡量拉力，在外界条件良好的情况下，丈量精度可达 1/5 000 以上。若地面有起伏，必然分段较多，丈量精度也能达到 1/3 000。当地面崎岖不平，坡陡多变的困难条件下，只要仔细丈量，其精度也不会低于 1/1 000。

通常往返两次丈量结果，一般不会绝对相同，这说明丈量中不可避免有误差存在。钢尺量距中的误差来源主要有下列几种：

1. 尺长本身的误差

如果钢尺未经检定或未按尺长方程式进行改算，仅用钢尺名义长度计算丈量的距离，则其中就包含了尺长误差。

2. 温度变化的误差

设钢尺的膨胀系数 1.25×10^{-5} m/m·℃，对每米每摄氏度温差变化仅 1/80 000，但温差较大，距离很长时其影响也不小。再说一般测定的是空气温度，并未反映钢尺的实际温度，特别是沿地面丈量时，钢尺温度与空气温度可能相差较大，因此，对于较精确的丈量，无论在检定钢尺和使用钢尺时都以测定钢尺温度为好，可用点温计测定尺温。

以上两项在尺长方程式中已被考虑。

3. 拉力误差

拉力的大小会影响钢尺的长度。如果丈量不用弹簧秤衡量拉力，仅凭司尺员手臂感觉，则与检定时拉力相比难免要存在误差。这项误差在丈量过程中可正可负，凡丈量时拉力大于检定时拉力，这项误差为正，即钢尺伸长了；反之为负。其影响比前两项为小，为精确计，应用弹簧秤使拉力等于钢尺检定时的拉力。

4. 丈量本身的误差

如钢尺端点对准的误差、插测钎的误差等。钢尺基本分划为厘米，若读数只要求读到厘米，就可能会有 5 mm 的凑整误差。所有这些误差是在工作进行中由于人的感官能力限制而产生的，其性质可正可负，或大或小，因此实际结果中已抵消了一部分，但这是丈量工作中一项主要误差来源，无法全部消除。

5. 钢尺垂曲的误差

所谓垂曲，就是钢尺悬空丈量时中间下垂而产生的误差。悬空丈量时尺子中间必然有下垂现象，所以在检定钢尺时要考虑这一因素，把尺子分悬空与水平两种情况予以检定，得出各自相应的尺长方程式。在成果整理时，若按实际情况采用相应的尺长方程式，这项误差就不存在了。但是拉力与规定有差异时仍会产生影响，只是这种影响很小而已。

6. 钢尺不水平的误差

直接丈量水平距离时钢尺应尽量水平，否则会产生距离量长的误差，这与下面谈到的把倾斜距离改算为水平距离具有相同的性质。根据计算（见倾斜改正），对一根 30 m 长的钢尺，若尺的两端高差达 0.4 m，则使 30 m 距离增长约 2.67 mm，其相对误差约为 1/11 200。要求这样的钢尺整尺段两端高差小于 0.4 m 是不难达到的，因此只要丈量时旁边有人仔细目估水平，这项误差实际很小。

7. 定线误差

钢尺丈量时应伸直紧靠所量直线，如果偏离定线方向，就成一条折线，把实际距离量长了。这类情况与上述钢尺不水平相似，只不过前者是竖直面内的偏斜，而后者是水平面内的偏斜，故误差值的计算公式也相同。使用标杆目估定线使每 30 m 整尺段偏离直线方向不大于 0.4 m 很容易做到，实际会更小，故这项误差也是很小的。

第三节　视 距 测 量

视距测量是一种根据几何光学原理简便而迅速地测出两点间距离的方法。

视线水平时，视距测量能直接测出水平距离。如果视线是倾斜的，为求得水平距离，还应测出竖角（仪器视准轴与水平线之间的夹角在竖直面内的投影）。有了竖角，还可以求得测站至目标的高差。所以说视距测量也是一种能同时测得两点之间距离和高差的测量方法。

一般在经纬仪、水准仪等仪器的望远镜上增加视距装置（最简单的是在十字丝分划板上加视距丝），配以视距尺或水准尺来进行视距测量，测定立尺点与仪器中心之间的水平距离和高差。

一、视准轴水平时视距法测距原理

对于目前普遍使用的内调焦望远镜，其物镜系统由物镜 L_1 和调焦透镜 L_2 两部分组成。

当标尺 R 在不同的距离时，为使它的像落在十字丝平面上，必须移动 L_2，因此，物镜系统的焦距是变化的。

如图 3.12 所示，设望远镜的视准轴水平，物镜 L_1 和调焦透镜 L_2 的焦点和焦距分别为 F_1、f_1、F_2、f_2。

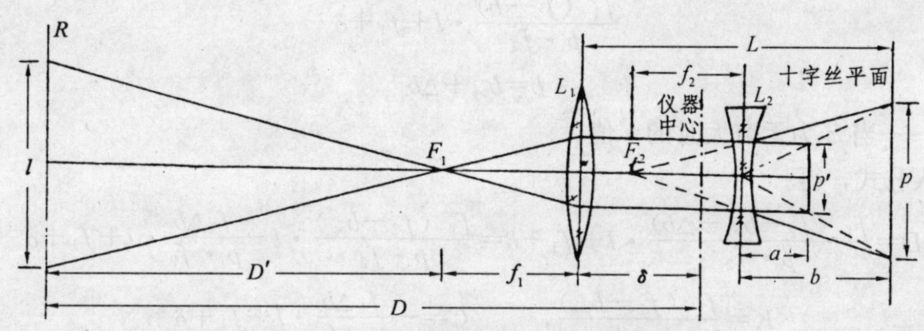

图 3.12　视准轴水平时视距法测距原理

由图 3.12 可知，立尺点与仪器中心之间的水平距离为：

$$D=D'+f_1+\delta \tag{3-8}$$

由透镜 L_1 成像原理可得下式：

$$\frac{D'}{f_1}=\frac{l}{p'} \quad ⓐ$$

即

$$D'=\frac{f_1}{p'}\cdot l \quad ⓑ$$

式中　l——作为物的视距尺上的上、下丝读数差，称为尺间隔；

p'——l 经透镜之后的像。

由透镜 L_2 成像原理可得：

$$\frac{p}{p'}=\frac{b}{a} \quad ⓒ$$

式中　p'——物（实际是 l 经透镜 L_1 后的像）；

p——p' 的像；

a——物距；

b——像距。

因 L_2 为凹透镜，而且作为物的 P' 是在出射光线一方，根据透镜成像的公式得：

$$\frac{1}{b}-\frac{1}{a}=\frac{1}{f_2} \quad ⓓ$$

即

$$\frac{1}{a}=\frac{f_2-b}{b\cdot f_2} \quad ⓔ$$

将ⓔ式代入ⓒ式，得

$$\frac{p}{p'}=\frac{f_2-b}{f_2}$$

即

$$\frac{1}{p'}=\frac{f_2-b}{pf_2} \quad ⓕ$$

将ⓕ式代入ⓑ式，得

$$D'=\frac{f_1\ (f_2-b)}{p\cdot f_2}\cdot l \qquad ⓖ$$

将ⓖ式代入式（3－8），得

$$\frac{f_1\ (f_2-b)}{p\cdot f_2}\cdot l+f_1+\delta \qquad ⓗ$$

令

$$b=b_\infty+\Delta b \qquad ⓘ$$

式中　b_∞——当 S 为无穷大时的 b 值。

将ⓘ式代入ⓗ式，得

$$D=\frac{f_1\ (f_2-b_\infty-\Delta b)}{p\cdot f_2}\cdot l+f_1+\delta=\frac{f_1\ (f_2-b_\infty)}{p\cdot f_2}\cdot l-\frac{f_1\Delta b}{p\cdot f_2}\cdot l+f_1+\delta \qquad ⓙ$$

令

$$K=\frac{f_1\ (f_2-b_\infty)}{p\cdot f_2},\qquad C=-\frac{f_1\Delta b}{p\cdot f_2}\cdot l+f_1+\delta$$

则有

$$D=K\cdot l+C \qquad (3-9)$$

其中 $K\cdot l$ 称为视距。

在ⓙ式中，Δb 和 l 均随 D 而变。通常设计望远镜时，适当选择参数后，可使 $K=100$，$C=0$，从而

$$D=K\cdot l=100\cdot l \qquad (3-10)$$

二、视准轴倾斜时视距法测距原理

如图 3.13 所示，B 点高出 A 点较多，不可能用水平视线进行视距测量，必须把望远镜视准轴放在倾斜位置，如尺子仍竖直立着，则视准轴不与尺面垂直，上面推导的公式就不适用了。若要把视距尺与望远镜视准轴垂直，那是不易办到的。因此在推导水平距离的公式时，必须导入两项改正：①视距尺不垂直于视准轴的改正；②视线倾斜的改正。

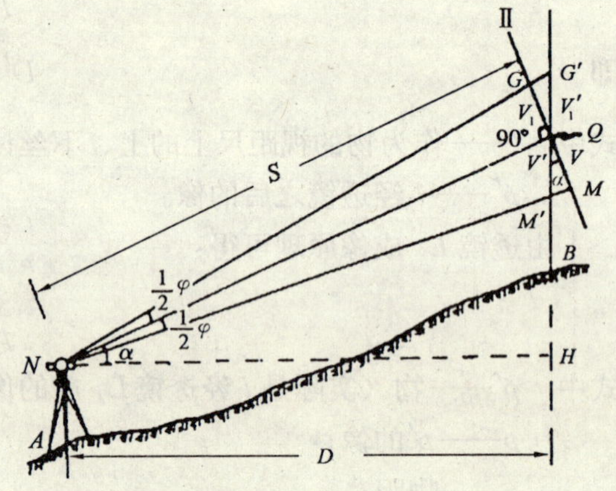

图 3.13　视准轴倾斜时视距法测距原理

测定倾斜地面线 AB 的水平投影 D 时（见图 3.13），在 A 点安置仪器，在 B 点竖立视距尺，望远镜内上下视距丝和中丝分别截在尺上 $M'G'$ 和 Q 点。若视距尺安放得与视准轴垂直（如图示Ⅱ的位置），则视距丝将分别截在尺上 M 和 G 两点。

设竖直角为 α，则：

$$\angle MQM'=\angle GQG'=\alpha$$

$$\angle QMM'=90°-\frac{1}{2}\varphi\approx 90°$$

$$\left(\frac{\varphi}{2}=17'11.5''\right)$$

$$\angle QGG'=90°+\frac{1}{2}\varphi\approx 90°$$

由图 3.13 可知，

$$V+V_1=V'\cos\alpha+V_1'\cos\alpha=(V'+V_1')\cos\alpha$$

上式中，$V'+V_1'$ 是两视距丝所截竖直视距尺的间隔 l，而 $V+V_1$ 是假设视距尺与视准轴垂直时两视距丝在尺上的间隔 l_0，因此有：

$$l_0=l\cos\alpha$$

根据式（3—10），倾斜视线 NQ 的长度为：

$$S=Kl_0=Kl\cos\alpha$$

而 AB 的水平距离为：

$$D=Kl\cos^2\alpha \tag{3—11}$$

视距法测量水平距离的精度较低，从实验资料的分析来看，在比较良好的外界条件下普通视距的精度约为距离的 1/200～1/300。当外界条件较差或尺子竖立不直时，甚至只有 1/100 或更低。但是，视距测量可以在测水平角的同时进行水平距离和高差的测量，快捷方便，所以广泛应用于碎部测量。

三、视距法求高差的公式

下面介绍视距法求两点间高差的公式。如图 3.14 所示，在 A 点安置经纬仪，量得 A 点到经纬仪横轴中心的距离为 i，称为仪器高；在 B 点竖立水准尺，读得中丝读数为 $l_中$，l 为尺间隔，α 为竖直角，h' 为通过经纬仪横轴中心的水准面与中丝读数之间的高差，称为高差主值。由图中可以看出：

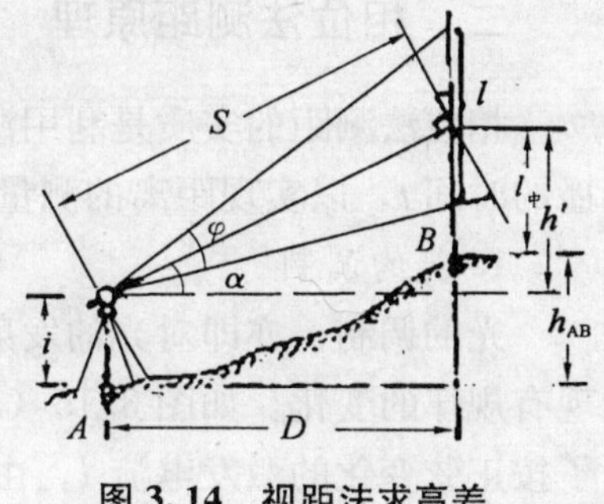

图 3.14　视距法求高差

$$h_{AB}+l_中=i+h'=i+S\sin\alpha=i+Kl\cos\alpha\sin\alpha$$
$$=i+\frac{1}{2}Kl\sin2\alpha$$

从而

$$h_{AB}=\frac{1}{2}Kl\sin2\alpha+i-l_中 \tag{3—12}$$

第四节　光 电 测 距

一、概　述

前面已经讨论过钢尺量距和光学视距法测距。用钢尺直接量距，外业工作繁重，工作效率低，在复杂的地形条件下甚至无法工作。用光学视距法测距，虽然操作比较简单，可以克服某些地形条件的限制（如测线通过高低起伏的地区，跨过河流、池塘等障碍物），但测程较短，测距精度也不高。随着光电技术的发展，人们又创造出一种新的测距方法——电磁波测距法。

电磁波测距的基本原理是通过测定电磁波（无线电波或光波）在测线两端点间往返传播

的时间，按下列公式算出距离 S：

$$S=\frac{1}{2}ct \tag{3-13}$$

式中，c 为电磁波在大气中的传播速度，它可以根据观测时的气象条件来确定。

电磁波测距一般采用光波（可见光或红外光）作为载波，因此又称为光电测距。

光电测距仪从 1948 年开始在大地测量中得到实际应用。早期的光电测距仪大都采用白炽灯或高压水银灯作为光源，20 世纪 60 年代以来，激光技术的迅速发展，为光电测距仪提供了一个十分理想的光源，出现了各种以激光或红外荧光为光源的光电测距仪。

过去光电测距仪多属于中长程（测程为 5 公里至几十公里）测距仪，一般应用于大地测量。近几十年来，短程（测程在 5 公里以内）光电测距仪发展很快，它具有小巧轻便、自动化程度高、测距精确等特点，应用日益广泛，特别适用于小面积的控制测量、地形测量和各种工程测量。

由式（3－13）可知，光在 1 公里路程的往返时间约为 1/150 000 秒。准确测定这样短的瞬时时间，有相位法、脉冲法等技术，本节主要介绍相位法测距原理。

二、相位法测距原理

相位法测距的实质是利用测定光波的相位移 φ 来代替测定电磁波在测线两端点间往返传播的时间 t，以实现距离的测量。

1. 光的调制

光的调制，亦即对光的发射或发射的光进行改造，使光的传输特征按照某种特定信号出现有规律的变化。如图 3.15（a）所示，一种称为 GaAs（砷化镓）发光二极管的光源接受了按正弦变化的激发电流 I，由于光源具有图 3.15（b）所示的光强一电流（$J-I$）特性曲线，光源 GaAs 便发出强度按交变电流特征变化的光波，见图 3.15（c）所示。由此可见，光的发射接受了电流信号的传输特征，亦即发射的光束成为一种光强度有规律明暗变化的调制光波。

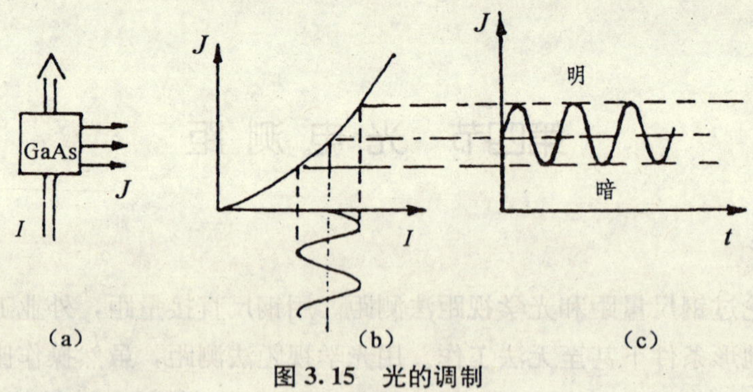

图 3.15 光的调制

2. 相位法测距的基本公式

相位法光电测距是通过测量调制光波在测线上往返传播所产生的相位移，测定调制波长的相对值来求出距离 S。仪器的基本工作原理可用方框图 3.16 来说明。

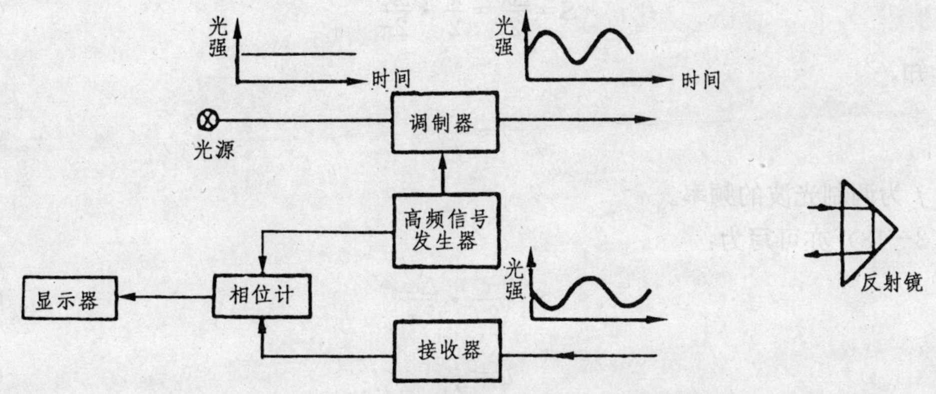

图 3.16 相位法光电测距仪的基本工作原理

由光源发出的光通过调制器后成为调制光波，射向测线另一端的反射镜。经反射镜反射后被接收器所接收，然后由相位计将发射信号（又称参考信号）与接收信号（又称测距信号）进行相位比较，并由显示器显示出调制光在被测距离上往返传播所引起的相位移 φ，这就是大概的工作过程。如果将调制光波的往程和返程摊平，则有如图 3.17 所示的波形。

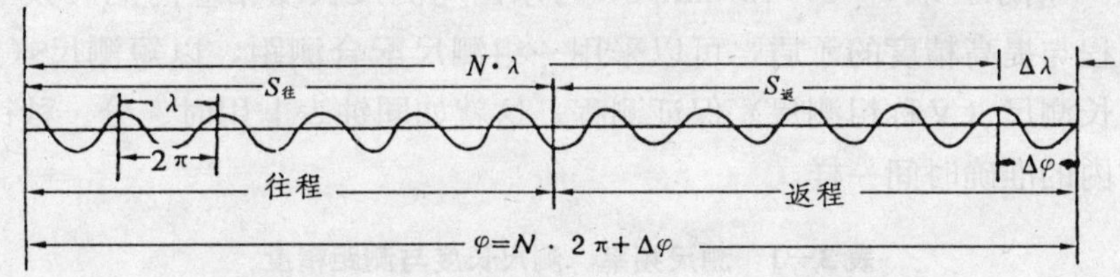

图 3.17 将调制光波的往程和返程摊平后的波形

由图 3.13 可见，调制光全程的相位变化值为：

$$\varphi = N \cdot 2\pi + \Delta\varphi = 2\pi\left(N + \frac{\Delta\varphi}{2\pi}\right) \qquad (3-14)$$

对应的距离值为：

$$S = \frac{1}{2}\ (N\lambda + \Delta\lambda)\ = \frac{\lambda}{2}\left(N + \frac{\Delta\lambda}{\lambda}\right) = \frac{\lambda}{2}\ (N + \Delta N) \qquad (3-15)$$

式（3—14）、（3—15）中，N 为相位移的整周期数和调制光波整波长的个数，其值可为零或正整数；$\Delta\varphi$ 为不足一个整周期的相位移尾数；λ 为调制光波的波长；$\Delta\lambda$ 为不足一个波长的调制光波的长度；ΔN 为相位移的不足整周的小数。

而式中的 λ 可以看做一根“光尺”的长度，光电测距仪就是用这根“光尺”去测量距离。括号中的 N 表示“光尺”的整尺段数，$\Delta\lambda$ 为不足一个“光尺”长的余长，且有

$$\frac{\Delta\lambda}{\lambda} = \frac{\Delta\varphi}{2\pi} \qquad (3-16)$$

即

$$\Delta\lambda = \lambda\,\frac{\Delta\varphi}{2\pi} \qquad (3-17)$$

实际上，相位式光电测距仪中的相位计只能测定全程相位移尾数 $\Delta\varphi$，而无法测定整周期数 N。如果 $N=0$，则式（3—15）可求得唯一确定的解，即

$$S=\frac{\Delta\lambda}{2}=\frac{\lambda}{2}\cdot\frac{\Delta\varphi}{2\pi} \tag{3-18}$$

由物理学知，

$$\lambda=\frac{c}{f} \tag{3-19}$$

上式中，f 为调制光波的频率。

式（3－18）亦可写为：

$$S=\frac{c}{2f}\cdot\frac{\Delta\varphi}{2\pi} \tag{3-20}$$

令

$$u=\frac{c}{2f} \tag{3-21}$$

则

$$S=u\cdot\frac{\Delta\varphi}{2\pi}=\mu\times\Delta N \tag{3-22}$$

实际上，u 为 $\lambda/2$（即“光尺”长的一半），常称为测尺长度。

可见，要 $N=0$，则必须选用较长的测尺，即较低的调制频率（或称测尺频率）。由于仪器的测相系统存在误差，其值一般达 10^{-3}，可见它对测距精度的影响将随测尺的增长而增大。如表 3－1 所示，取 $c=3\times10^5$ km/s，可求出与测尺长度相应的测尺频率。因此，为了解决扩大测程与提高精度的矛盾，可以采用一组测尺配合测距，以短测尺（又称精测尺）保证精度，用长测尺（又称粗测尺）保证测程，这就如同钟表上用时、分、秒针互相配合来确定十二小时内的准确时间一样。

表 3－1　测尺频率、测尺长度与测距精度

测尺频率	15 MHz	1.5 MHz	150 kHz	15 kHz	1.5 kHz
测尺长度	10 m	100 m	1 km	10 km	100 km
测距精度	1 cm	10 cm	1 m	10 m	100 m

设仪器中采用了两把测尺配合测距，其中精测频率为 f_1，相应的测尺长度为 $u_1=\frac{c}{2f_1}$，粗测频率为 f_2，相应的测尺长度为 $u_2=\frac{c}{2f_2}$。

若取 $f_2=150$ kHz，则 $u_2=1$ km，即在 1 km 长度范围内 $N_2=0$，因此，由 u_2 可以准确测得“百米”和“十米”的数值。至于第三位“米”的值，因存在测相误差而为近似值。再取 $f_1=15$ MHz，则 $u_1=10$ m，即在 N_1 未知的情况下可以准确知道 10 m 以下的余长，即“米”和“分米”的数值。同样，因测相误差的存在，第三位“厘米”的值为近似值。对同一距离，将 u_1 和 u_2 所测的值联合起来便可得到在 1 公里以内的距离，其准确度可达厘米。

某些短程相位式测距仪就是采用这种办法，其测程最大为 2 km。因为测尺 u_1、u_2 只能测得 1 km 以内的值，所以在距离大于 1 km 时，需加上 1 km 的概值，这可用目估求得。

例如，由 u_1 测得 $\Delta N_1=0.698$，即以 10 m 为单位的 0.698，实际为 6.98 m。由 u_2 测得 $\Delta N_2=0.387$，即以 1 000 m 为单位的 0.387，实际为 387 m。另由目估可知所测距离 S 为 1～2 km，则 S 由如下关系求得：由 u_1 得 6.98 m，由 u_2 得 387 m，由距离概值得1 km，所

测距离 $S=1\,386.98$ m。

在实际仪器结构上，由精、粗测尺读数计算距离（小于 u_2 的部分）的工作，已由仪器内部的逻辑电路自动完成。

三、光电测距的技术指标和主要设备

1. 光电测距的技术指标

（1）测距误差：光电测距仪的误差表达通式为：

$$m=\pm(a+b\cdot S) \tag{3-23}$$

式中 a——非比例误差；

b——比例误差；

S——以公里为单位的测距长度。

例如，通过检验测定，某光电测距仪的测距误差为：

$$m=\pm(5\text{ mm}+5\text{ ppm}\times S) \tag{3-24}$$

式中，ppm 是百万率，5 ppm 是 5 mm/km 的意思；S 是测距的公里数。

（2）测程：在满足测距精度的条件下测距仪可能测得的最大距离。一台测距仪的实际测程与大气状况及反射器棱镜数有关。

（3）测尺频率：一般的红外测距仪设有 2～3 个测尺频率，其中有一个是精测频率，其余是粗测频率。有的仪器说明书标明这些频率值，便于用户使用。

（4）测距时间：不同测距模式的测距时间不一样，一般为 1～4 s。

红外测距仪的技术指标还有功耗、工作温度、测距分辨率、光束发散角、发光波长、测尺长度、仪器重量体积等。

2. 光电测距的主要设备

光电测距的主要设备有测距仪主机、反射镜、蓄电池、充电器、气象仪器等。

测距仪主机内装有：红外光调制及调制光波发射系统、接收光学系统、内外光路转换、测相系统、微处理系统。主机外可看到有发射、接收的物镜，操作键盘及数据接口。测距的结果可通过数据接口和有关的电缆连接输出。

反射镜（又称棱镜）安置在被测距离的另一端，它的作用是将调制光反射回到主机。单个的反射镜一般为一个矩形角镜，即将一个矩形体切下一角形成的反射镜。这种反射镜的特点是可以使任何方向进入反射镜的光线都可沿入射方向平行地反射回去。与光电测距仪配合使用的反射镜在近距离可用一块，对远距离则要用一组，如 3 块、4 块、6 块、9 块、12 块等。

蓄电池是适合测距仪的一种小型化学电源，具有电池本身电能与化学能相互转化的性能，在反复充放电中具有重复应用功能。充电则把电能转化为化学能储存在蓄电池中；蓄电池对负载供电则是把化学能转化为电能释放出来。充电器是对蓄电池充电的专用设备，可接入 AC220 V 市电，经降压和整流电路输出。

主要的气象仪器是空盒气压计和温度计（见图 3.18），用以测量测线两端的大气压力和温度 t。在精密的光电测距中，必须配备精密度较高的通风干湿温度计，用以测量空气干温 t 和湿温 t'。

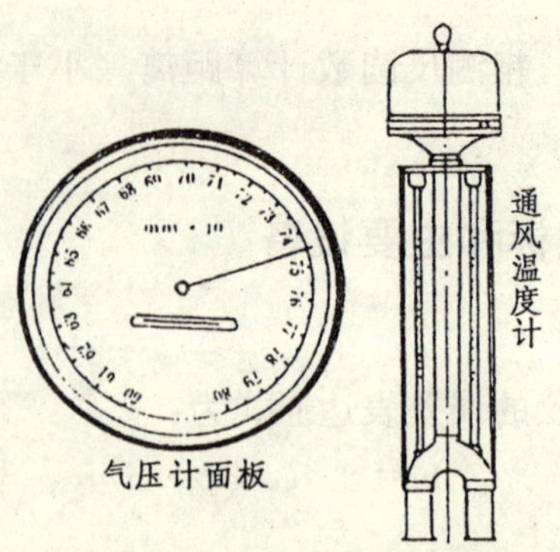

图 3.18　空盒气压计和温度计

四、全站仪简介及其使用

测距仪种类繁多，型号千差万别，按其测程分类有：短程测距仪，测程 1～3 km；中程测距仪，测程 3～10 km；远程测距仪，测程 10～60 km；超远程测距仪，测程达几千公里以上。

测距仪按基本功能分类有：

（1）专用型：测距仪安装在基座上，只用于测量距离，如图 3.19 所示。

（2）半站型：测距仪与光学经纬仪按一定的形式组合安装在三脚架上，称为半站型仪器，如图 3.20 所示。测距仪与光学经纬仪组合后的功能较强，便于及时进行距离测量和角度测量，以及进行其他数据处理等工作。

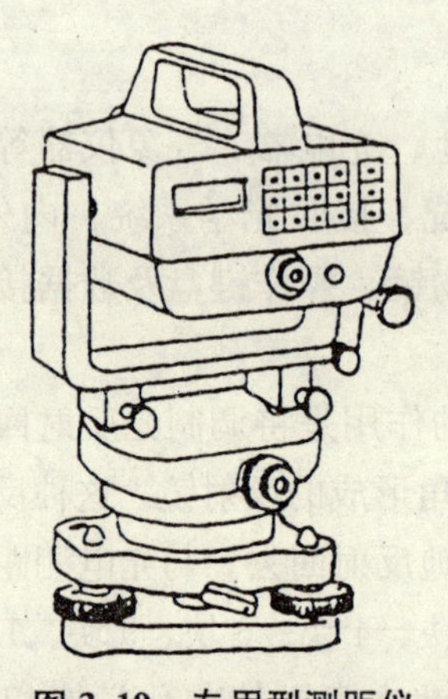

图 3.19　专用型测距仪

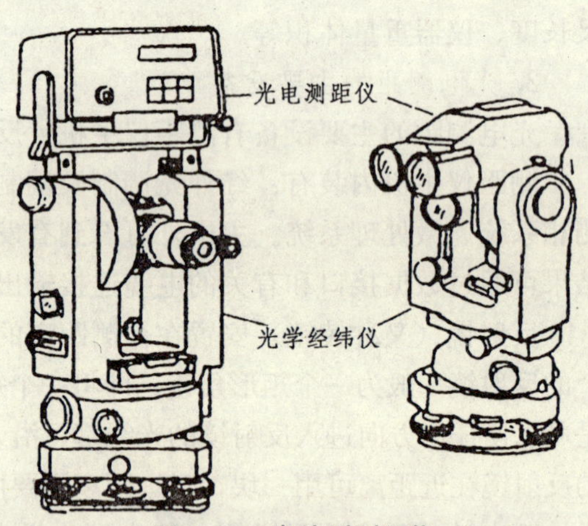

图 3.20　半站型测距仪

（3）全站型：测距仪与光电经纬仪安装成为组合式的仪器，或者测距仪与光电经纬仪结合成为一体化的仪器，称为全站型仪器（简称全站仪）。这种仪器能够及时快速完成距离、角度测量和其他数据处理等工作。

近年来全站仪的价格迅速下降，在各测绘单位已经普及，用于专业测绘的测距仪已经停止生产了。在此以日本索佳测绘仪器公司生产的 $SET6F_{40}$ 全站仪为例，简要介绍其基本构造和使用方法。

(一) 仪器简介

1. 仪器部件名称

图 3.21 列出了全站仪各部件名称。

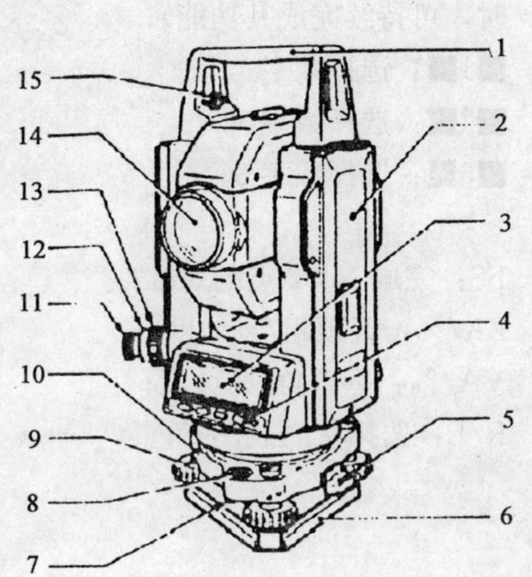

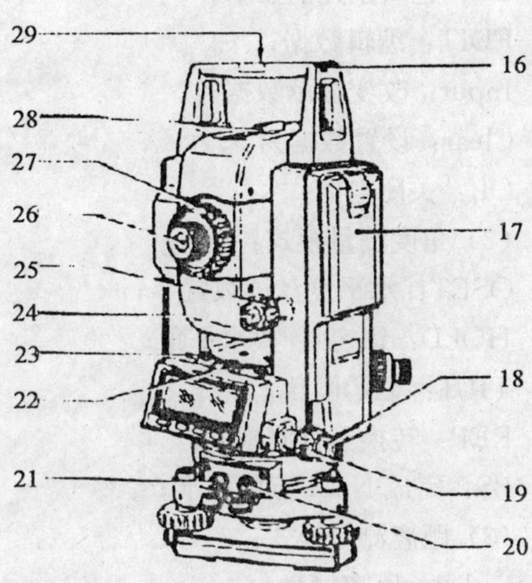

图 3.21　SET6F$_{40}$ 全站仪部件名称

1—提柄；2—仪器高标志；3—显示窗；4—键盘；5—三角基座制动控制杆；6—底板；7—圆水准器校正螺丝；8—圆水准器；9—脚螺旋；10—三角基座；11—光学对点器目镜；12—光学对点器分划板校正盖；13—光学对点器调焦环；14—物镜；15—提柄固紧螺丝；16—管式罗盘插口；17—电池；18—水平制动钮；19—水平微动手轮；20—数据输出插口；21—外接电源插口；22—照准部水准器；23—照准部水准器校正螺丝；24—垂直制动钮；25—垂直微动手轮；26—望远镜目镜；27—望远镜调焦环；28—粗照准器；29—仪器中心标志

仪器水平微动手轮和垂直微动手轮具有微、粗双速调节功能，当手轮旋转较吃力时为粗调，此刻反向旋转有一微调区间。

2. 软键功能

SET6F$_{40}$ 全站仪共有 5 个操作软键，每个软键都有两个或两个以上的功能，在不同的测量模式下，能将其功能转换为其他的功能。每个功能名都显示在屏幕的第 4 行上，如果按下所要求的功能名下面的键，即执行该功能。下面将介绍各软键的常用功能。

(1) 在各种模式下：

ESC：转换成基本模式；

持续按 ESC，ILLUM：显示窗和分划板照明开启；

持续按 ESC，OFF：关机；

THEO：转换至经纬仪模式；

EDM：转换至测距模式；

S. O：转换至放样测量模式；

CONF：转换至设置模式；

→PX：翻至下一页；

____：没有设置功能；

ILLUM：显示窗和分划板照明开关；
Enter：存储选择的数据；
Exit：从当前模式中退出；
CE：返回至先前显示；
EDIT：编辑数据；
Input：改变显示数据；
Clear：设置数据为0；
Off：关闭电源；

■↑■：移至上一选项/增加计数；
■↓■：移至下一选项/减少计数；
■→■：移至右选择项/至下一列；
（按住■↑■键，或■↓■，或■→■时，可持续完成其功能）；
■1■：选择数字1；
■2■：选择数字2；
■3■：选择数字3。

（2）角度测量模式：

OSET：水平度盘读数置零；
HOLD：锁定/释放水平角；
TILT：显示倾角；
REP：转换至复测模式；
BS：完成No.1点的照准；

FS：完成No.2点的照准；
ZA/%：天顶距/%坡度；
VA/%：垂直角/%坡度；
R/L：选择左/右水平角。

（3）距离测量模式：

__dist：距离测量；
◢SHV：选择测距模式（S=斜距/，H=平距/，V=高差）；
ppm：至ppm设置模式；

M/TRK：多次或单次测量/跟踪测量；
SIGNL：返回信号检查；
f/m：改变距离单位（米/英尺）5 s；
RCL：调阅存储器中的测量数据。

3. 显示符号

ZA：天顶距（Z=0）；
HAR：右水平角；
HARp：复测角；
X：视准轴方向的倾角；
⊥十：倾角补偿；
S：斜距；
V：高差；
__tK：跟踪测量数据；
Stn：测站坐标；
P：坐标放样数据；
E：E坐标；

VA：垂直角（H=0）；
HAL：左水平角；
dHA：水平角放样数据；
Y：水平轴方向的倾角；
H：水平距；
Ht：悬高测量值；
__A：平均测量数据；
N：N坐标；
Z：Z坐标

（二）架设仪器

全站仪的架设包括对中和整平，和经纬仪的架设基本相同。要注意的是整平仪器前应装上电池，因为装上电池后仪器会发生微小的倾斜。

（三）开机和测前准备

按5个键中的任意一个键就可开机，仪器先自检。然后纵转望远镜和旋转照准部设置垂直度盘和水平度盘指标。

（四）角度测量

1. 测量两点间的水平角

（1）照准第一目标；

（2）在经纬仪模式下，按 OSET，水平角显示为零；

（3）照准第二目标，此时显示的水平角就是 *AB* 两点间的角度。

2. 设置一个已知的水平角（角锁定）

要设置后视目标方向为已知值，可利用水平角锁定功能。

（1）在经纬仪模式（见图 3.22）下，转动照准部，使其读数显示为所要求的值；

（2）按 HOLD 将水平角锁定；

（3）转动照准部，照准参考目标，按 HOLD。至此，参考目标的水平角度数已设置为已知值。

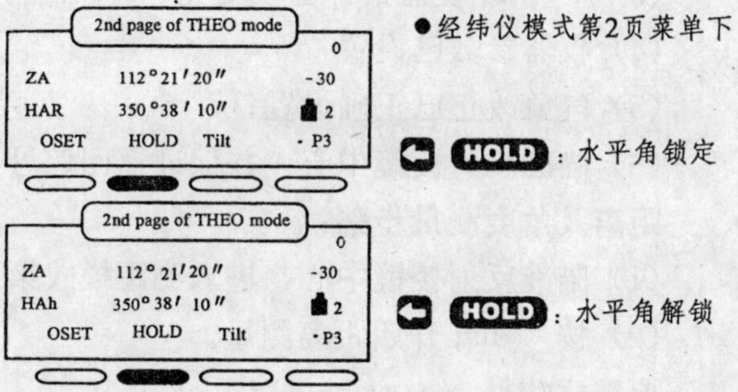

2nd page of THEO mode

ZA 112°21′20″ -30

HAR 350°38′10″ 2

OSET HOLD Tilt P3

●经纬仪模式第2页菜单下

HOLD：水平角锁定

2nd page of THEO mode

ZA 112°21′20″ -30

HAh 350°38′10″ 2

OSET HOLD Tilt P3

HOLD：水平角解锁

图 3.22 SET6F$_{40}$全站仪的经纬仪模式

3. 复角测量

所谓复角测量，就是在盘左或盘右状态下，连续不断地将某角测若干次（SET6F$_{40}$全站仪的测量次数最多为 10 次），且将这若干次的角值累计在水平度盘上。

（1）进入经纬仪模式第 3 页菜单。

（2）照准第 1 目标，按 REP，进入水平角复测模式。

（3）按 BS，开始第一次测量。

（4）照准第 2 目标，按 FS，显示两点间的夹角，且第 2 目标的角值被锁定。

（5）再次照准第 1 目标（显示不变），按 BS，水平角解锁并开始第 2 次测量。

（6）再次照准第 2 目标，按 FS，显示 2 次测量的平均值且第 2 目标的角值被锁定。

（7）重复步骤（5）、（6）。

（8）按 EXIT 结束。

（五）距离测量

进行距离测量前要完成气象改正和返回信号检查的准备工作。

1. 气象改正

（1）进入测距模式第 2 页菜单。

（2）按 PPM 进入设置模式。

（3）输入温度和气压值。

2. 返回信号检查

（1）照准棱镜中心。

（2）进入测距模式第 2 页菜单，按 SIGNL，进入信号检查模式：

“________”：没有返回信号；　　“■______”：适宜测量；

“■■____”：适宜测量；　　“■■■_”：适宜测量；

“______■”：返回信号太强。

(3) EXIT：完成信号检查。

3. 距离及角度测量

在距离及角度测量前，要确定已完成了以下操作：

(1) 仪器应正确的安置在测站上；

(2) 电池的电量应充足；

(3) V 和 H 度盘指标已设置完毕；

(4) 仪器参数已设置；

(5) 气象改正已正确设置；

(6) 瞄准反射棱镜中心，并保证返回信号足够强。

距离及角度测量步骤：

(1) 瞄准反射棱镜中心，进入测距模式第 1 页菜单；

(2) 按__ dist 开始距离测量。

要注意的是：

(1) 如果选择了单次测量或平均测量模式，测量将自动停止。

(2) 按◢ SHV 可以在斜距/平距/高差之间转换。

除了测角和测距外，$\mathrm{SET6F_{40}}$全站仪还具有坐标测量和放样功能，在此不赘述。

五、距离计算

由光电测距仪或全站仪测定的距离，其观测成果如果还只是测线倾斜距离的初步值，为了求得测线的水平距离，则需要加入一系列改正。这些改正大致可分为三类：仪器系统误差改正、气象改正（目前绝大多数全站仪在输入气象参数后可由仪器自动进行气象改正）、归算改正。

仪器系统误差改正一般包括加常数改正、乘常数改正。

使用测距仪测距时的大气状态（温度、气压、湿度）一般不会与仪器选定的基准大气状态（气象参考点）相同，而大气折射率随大气状态而改变引起测尺长度发生变化，所以必须加入气象改正。

归算方面的改正主要有倾斜改正、归算到参考椭球面上的改正、投影到高斯平面上的改正。对于后面两项改正，只有在比较精密的测量中才考虑，在此不作讨论。

1. 仪器系统误差改正

测距仪的加常数是由于仪器内光路等效反射面和仪器的安置中心不一致，以及镜站反射镜等效反射面和反射镜安置中心不一致，使仪器所测得的距离与所要测定的距离不相等，通常称其差数为仪器加常数 k。k 值一般是通过对测距仪（包括反射镜）的检定得到的。

由于种种原因使得仪器的调制频率产生漂移，由此而引起的距离误差与距离成正比，这个比例系数便是乘常数；由此而给距离测量值带来的改正数叫乘常数改正 ΔS_f，也叫频率改正。乘常数改正的计算公式是：

$$\Delta S_f = S' \times \frac{f_1 - f_1'}{f_1} \tag{3-25}$$

式中　ΔS_f——乘常数改正；

S'——光电测距的观测值；

f_1——测尺的调制频率设计值；

f'——是测尺的调制频率实际值。

2. 气象改正 ΔS_{tp}

光电测距的基本公式是：

$$S=\frac{1}{2}ct$$

而光在大气中的传播速度为：

$$c=\frac{c_0}{n} \tag{3-26}$$

式中　c_0——真空中的光速；

n——大气折射率。

所以

$$S=\frac{1}{2}\cdot\frac{c_0}{n}t \tag{3-27}$$

各仪器在计算调制波波长$\left(\lambda=\frac{c}{f}=\frac{c_0}{nf}\right)$时，$n$ 是采用基准大气状态下的大气折射率 n_0，而实际测距时的大气状态一般不同于基准大气状态。设相应的大气折射系数为 n，由于 $n\neq n_0$，所以必须加气象改正。

对式（3－27）进行微分，并用有限增量代替微分量，可求得：

$$\Delta S=-\frac{1}{2}\cdot\frac{c_0 t}{n^2}\Delta n=-\frac{1}{2}\cdot\frac{c_0}{n}t\frac{\Delta n}{n}=-S\frac{\Delta n}{n} \tag{3-28}$$

顾及由观测得到的距离值为 S'，$\Delta n=n-n_0$，$n_0\approx 1$，则式（3－28）可改写为：

$$\Delta S_{tp}=-S'\frac{n-n_0}{n_0}=S'\frac{n-n_0}{n_0}\approx(n_0-n)S' \tag{3-29}$$

对于调制光波，在标准大气状态（温度 $t_g=0℃$，气压 $p_g=760$ mmHg[①]，湿度 $e_g=0$ mmHg，含有 0.03%二氧化碳）下，大气折射系数 n_g 可按下式计算：

$$n_g=1+\left(2876.04+\frac{48.864}{\lambda^2}+\frac{0.680}{\lambda^4}\right)\times 10^{-7} \tag{3-30}$$

式中，λ 为光的波长，以微米为单位。

在一般大气条件下，大气折射系数 n 可按下式计算：

$$n=1+\frac{n_g-1}{1+\alpha t}\cdot\frac{p}{760}-\frac{5.5\times 10^{-8}}{1+\alpha t}\cdot e \tag{3-31}$$

式中，$\alpha=\frac{1}{273.2}$，为空气膨胀系数；温度以摄氏度为单位；p、e 均以毫米汞柱为单位。

在短程光电测距中，由于上式中第三项湿度的影响很小，可忽略不计，故上式可简化为

① 1 mmHg=133.322 4 Pa

$$n=1+\frac{n_g-1}{1+\alpha t}\cdot\frac{p}{760} \tag{3-32}$$

例如，某测距仪基准大气状态，$t_0=15℃$，$p_0=760\ \mathrm{mmHg}$，$\lambda=0.93\ \mu\mathrm{m}$，代入式（3－30），可算得大气折射系数 $n_g=1.000\ 293$；由式（3－31）可算得 $n_0=1.000\ 278$。

将 n_0 和 n 的计算公式（3－32）代入式（3－29），则可得到气象改正的计算公式：

$$\Delta S_{tp}=\left(278-\frac{0.386p}{1+0.0037t}\right)S' \tag{3-33}$$

式中，温度 t 以摄氏度为单位，p 以毫米汞柱为单位，D' 以公里为单位，ΔD_1 以毫米为单位。

3. 倾斜改正 ΔS_h

当测线两端不等高时，对观测结果加入仪器系统误差改正和气象改正后，还只能求出实际的倾斜距离；要再加入倾斜改正，才能得到水平距离。当然，全站仪可直接测得水平距离。

当测线两端之间的高差 h 已知时，设 S 是实际倾斜距离，D 为实际水平距离，则倾斜改正为：

$$\Delta S_h=D-S=(S^2-h^2)^{\frac{1}{2}}-S=S\left[\left(1-\frac{h^2}{S^2}\right)^{\frac{1}{2}}-1\right] \tag{3-34}$$

将 $\left(1-\frac{h^2}{S^2}\right)^{\frac{1}{2}}$ 展开成级数，则可写成：

$$\Delta S_h=S\left[\left(1-\frac{h^2}{2S^2}-\frac{1}{8}\cdot\frac{h^4}{S^4}\cdots\right)-1\right]=\frac{h^2}{2S}-\frac{1}{8}\cdot\frac{h^4}{S^3}\cdots$$

一般 h 与 S 相比总是很小，式中二次以上的各项可以忽略不计，所以倾斜改正数为：

$$\Delta S_h=-\frac{h^2}{2S} \tag{3-35}$$

式中　h——经纬仪横轴与反射镜中心之间的高差。

水平距离：

$$D=S+\Delta S_h \tag{3-36}$$

当测线两端之间的高差未知时，可用经纬仪测定测线的竖直角 α，按下式计算水平距离：

$$D=S\cdot\cos\alpha \tag{3-37}$$

第五节　直　线　定　向

一、标准方向的种类

在测量工作中常常需要确定两点间平面位置的相对关系。要确定这种关系，仅仅量得两点间的距离是不够的，还需要知道这条直线的方向。测量工作中，一条直线的方向是根据某一标准方向来确定的。确定一条直线与标准方向的关系称为直线定向。

测量工作中常用的三种标准方向分别是真子午线方向、磁子午线方向和坐标纵轴方向。

椭球的子午线称为真子午线，通过地球表面某点的真子午线的切线方向称为真子午线方向，又称真北方向。磁针在地球磁场的作用下，自由静止时其轴线所指的方向，称为磁子午线方向，又称磁北方向；过地面某点平行于该高斯投影带中央子午线的方向，称为坐标纵轴方向，又称坐标北方向。这三类标准方向通常称为“三北方向”。

由于地面各点的真子午线和磁子午线都收敛于地球的地理北极和磁北极，所以各点的真子午线方向并不相互平行，各点的磁子午线方向也不相互平行。地形图图廓下方所绘三北方向中的真子午线是该幅图中间位置的真子午线。但是在同一高斯投影带内，各点的坐标纵轴方向是相互平行的。

二、表示直线方向的方法

直线的方向一般用方位角表示。由直线起点标准方向的北端起，顺时针量至某直线所夹的水平角，称为方位角。

图 3.23 中，设 NS 为通过 O 点的标准方向线，OP_1、OP_2、OP_3、OP_4 为通过 O 点的四条方向线，则水平角 A_1、A_2、A_3、A_4 即为四条直线的方位角。方位角的取值范围通常为 0°～360°；小于 0°和大于 360°的方位角应该以＋360°或－360°的方法换算至 0°～360°的范围内。

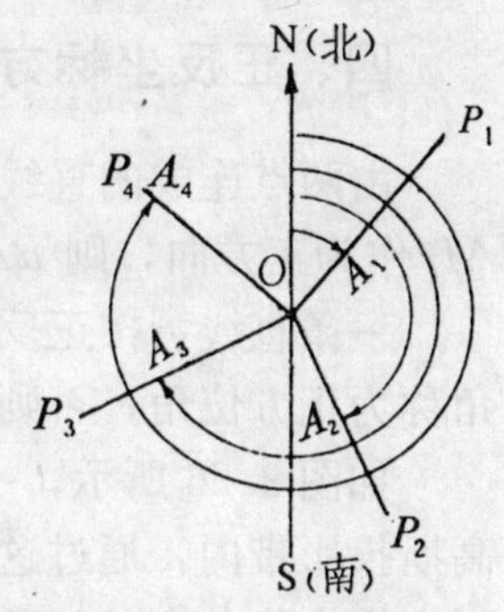

图 3.23　方位角的定义

对应于三类标准方向有三类方位角。由真子午线北端起算的方位角，称为真方位角，用 $A_{真}$ 表示；由磁子午线北端起算的方位角，称为磁方位角，用 $A_{磁}$ 表示；由坐标纵轴北端起算的方位角，称为坐标方位角，用 α 表示。

由于同一个高斯投影带内，各点的坐标纵轴方向相互平行，不同直线之间坐标方位角的推算比较方便，因此坐标方位角最常用，如果不特别指出，本书中的方位角一般是指坐标方位角。

三、几种方位角之间的关系

通过地面上某点的磁子午线方向和真子午线方向之间的夹角称为磁偏角：凡磁子午线偏于真子午线以东称为东偏，其角值为正；偏于西者称为西偏，角值为负，磁偏角用 δ 表示。

通过地面上某点的真子午线，与该点坐标纵轴方向比较，这两个标准方向之间的夹角，一般测量工作中称子午线收敛角。凡坐标纵轴偏在真子午线以东者为正，反之为负。子午线收敛角用 γ 表示。图 3.24 所示为分别处于中央子午线东、西两侧的情况。

如果有当地磁偏角的资料，真方位角与磁方位角可以相互换算。图 3.25 中，设 $A_{真}$ 为 OP_1 方向的真方位角，$A_{磁}$ 为 OP_1 方向的磁方位角，δ 为磁偏角。

根据图 3.25，有：

$$A_{真}=A_{磁}+\delta \tag{3-38}$$

类似地，如果能计算出子午线收敛角的大小，也能写出真方位角与坐标方位角之间的关系式：

$$A_{真}=\alpha+\gamma \tag{3-39}$$

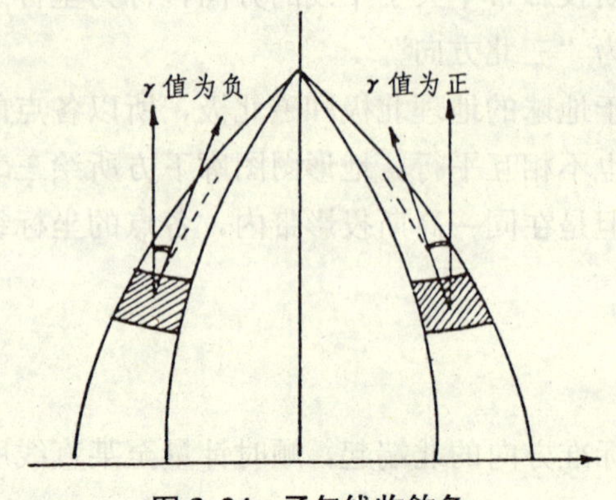

图 3.24　子午线收敛角

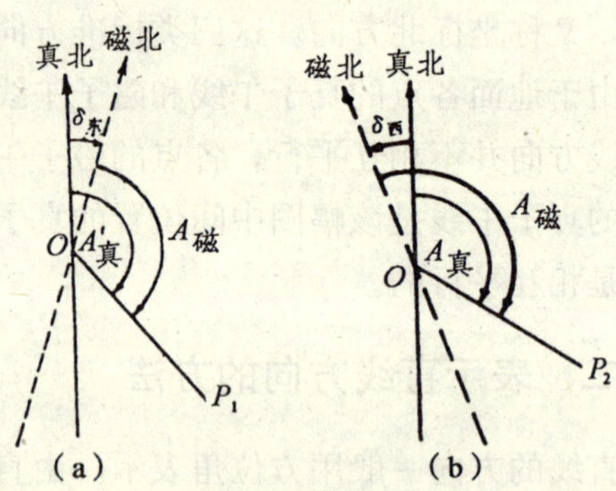

图 3.25　真方位角与磁方位角的换算

四、正反坐标方位角

由两点连成的直线是有方向的，而直线的方向是相对的。如 A、B 两点间的直线，若将 AB 作为正方向，则 BA 就是反方向；也可将 BA 作为正方向，那么 AB 就是反方向。一条直线可按正反两个方向来定向。按正方向定向的方位角称为正方位角；否则称为反方位角。

如图 3.26 所示，一般来说，一条直线的两个端点在同一个高斯投影带内，通过这两点的坐标纵轴方向相互平行，所以正反坐标方位角之间相差 180°，即：

$$\alpha_{正}=\alpha_{反}\pm180° \tag{3-40}$$

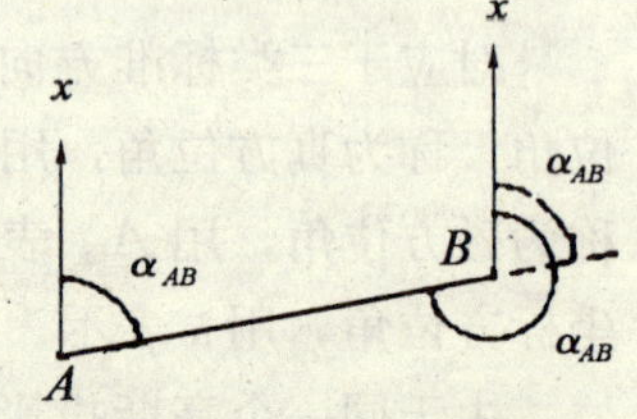

图 3.26　正反坐标方位角

五、坐标方位角的推算

方位角一般不能实测，可以由两个已知点的坐标来反算其连线的坐标方位角，再通过已知坐标方位角和未知边的水平角来推算未知边的坐标方位角。如图 3.27 所示，假设按 $\alpha_{12}\rightarrow\alpha_{23}$ 方向由后往前推算，推算路线右边的水平角叫右角，推算路线左边的水平角叫左角。

当 β 为右角时，

$$\alpha_{23}=\alpha_{12}+180°-\beta_2 \tag{3-41}$$

当 β 为左角时，

$$\alpha_{23}=\alpha_{12}+\beta_2-180° \tag{3-42}$$

对于用式（3－41）和式（3－42）推算出的方位角，如果大于 360°，则应减去 360°；如果小于 0°，则应加上 360°，以保证坐标方位角在 0°～360°的范围内。

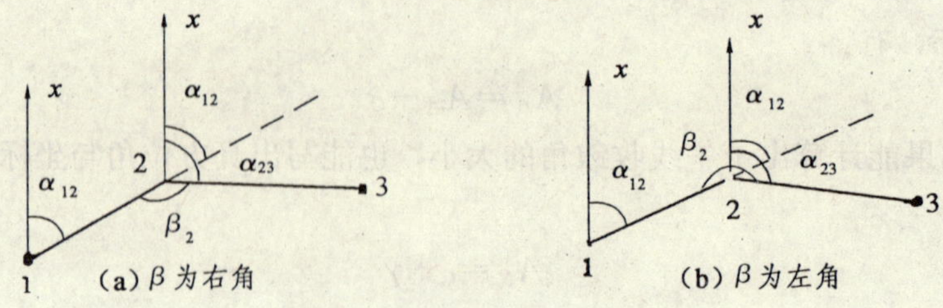

图 3.27　坐标方位角的推算

第四章　高 程 测 量

高程是指地面点沿铅垂线方向到基准面（大地水准面）的距离，而水准面是一种等位面，因此两点间的高差可看做是分别通过这两点的水准面间的铅垂距离。获得地面某点高程的方法往往是测定已知点与未知点的高差，然后根据已知点高程计算出未知点的高程。高程测量按使用的仪器和测量方法来分有水准测量、三角高程测量、气压高程测量以及 GPS 高程测量等几种。本章主要介绍水准测量和三角高程测量的有关内容。

第一节　水准测量原理

一、水准测量基本原理

水准测量是利用水准仪提供的一条水平视线，在已知高程点和未知高程点上竖立水准尺并读数，根据尺上的两读数就可求得两点间的高差，再由已知点的高程推算出未知点的高程。

如图 4.1 所示，欲测定 A、B 两点间的高差 h_{AB}，可在 A、B 两点上分别竖立带有刻划的水准尺，并在 A、B 两点之间安置水准仪。利用水准仪的水平视线，在 A 点尺上读数，设为 a，在 B 点尺上读数，设为 b，则 A、B 两点间的高差为：

$$h_{AB}=a-b \tag{4-1}$$

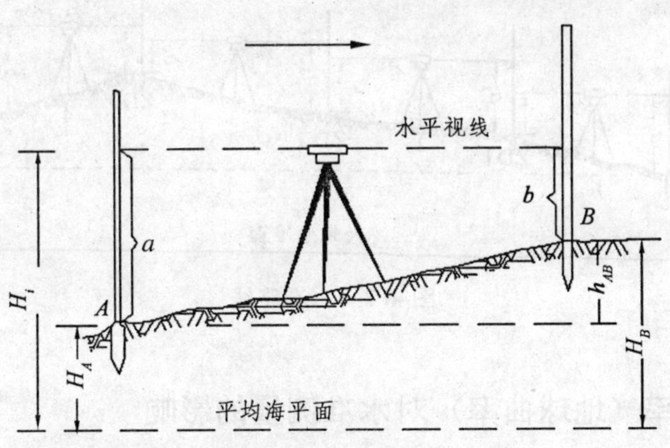

图 4.1　水准测量原理

通常水准测量是由已知高程点向未知水准点推进，如图中的箭头所示，A 点为已知高程点，向未知高程点 B 前进，故 A 为后视点，a 为后视读数，B 为前视点，b 为前视读数。两点间的高差就等于后视读数减去前视读数。

当后视点位置低于前视点位置时，则后视读数 a 就大于前视读数 b，这时高差 h_{AB} 为正值；当后视点位置高于前视点位置时，则后视读数 a 就小于前视读数 b，这时高差 h_{AB} 为负值。所以计算高差时，一定要用后视读数减去前视读数，次序不能颠倒。

有了高差，就可根据 A 点高程求得 B 点高程，即：

$$H_B = H_A + h_{AB} = H_A + (a - b) \tag{4-2}$$

综上所述，高程测量的实质就是测量高差。一般地，用式（4－2）计算待定点的高程，称为高差法。若安置一次仪器需要测出若干个待定点的高程时，可将式（4－2）改写为：

$$H_B = (H_A + a) - b = H_i - b \tag{4-3}$$

由图 4.1 可以看出，H_i 就是水平视线的高程，称为视线高程，用式（4－3）计算各待定点高程的方法，称为视线高法。

当地面上 A、B 两点的距离较远，或 A、B 两点的高差太大，安置一次仪器不能测定其高程时，就需要增设若干个临时的立尺点，作为传递高程的过渡点，称为转点，用 ZD 表示。如图 4.2 中的 ZD1，ZD2 等就是转点。若求 A、B 两点之间的高差，可将仪器置于 A 与 ZD1 之间，一水准尺立于 A 点，另一水准尺立于 ZD1 点，当水准仪视线水平后，先读后视 a_1，再读前视 b_1，得高差 h_1。然后将水准仪搬到 ZD1 和 ZD2 之间，ZD1 的水准尺立于原处，尺面转向仪器，将 A 点水准尺移到转点 ZD2 上，读取 a_2、b_2 求得高差 h_2 后，继续向 B 依次推进，直到水准尺立于 B 点为止。假设共测 n 站，h_i，a_i，b_i 分别表示第 i 站的高差、后视读数、前视读数，则：

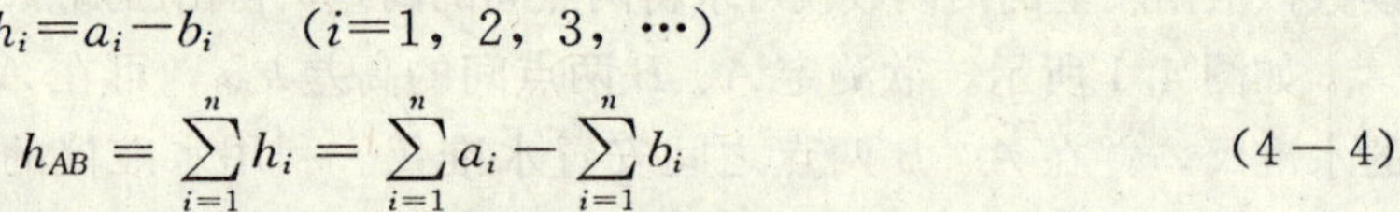

$$h_i = a_i - b_i \quad (i=1,2,3,\cdots)$$

$$h_{AB} = \sum_{i=1}^{n} h_i = \sum_{i=1}^{n} a_i - \sum_{i=1}^{n} b_i \tag{4-4}$$

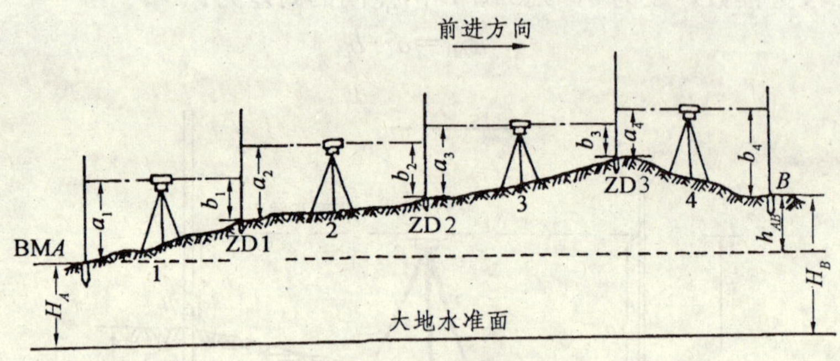

图 4.2　水准路线

二、水准面曲率（地球曲率）对水准测量的影响

通过水准测量的方法来求地面两点间的高差，借助了水准仪所提供的水平视线。但两点间高差应该是分别通过这两点水准面间的垂直距离，而水准面是一个曲面，水平视线仅相当于水准仪所在水准面的切线，因此，根据水平视线所得的尺上读数会带有水准面曲率误差。如图 4.3 所示，根据水准仪水平视线读得 A、B 水准尺上读数为 a、b，通过水准仪的水准面

与两水准尺相交处的刻划数为 a'、b'，则 A、B 两点间的高差应为：

$$h_{AB}=a'-b'=(a-aa')-(b-bb') \tag{4-5}$$

设仪器至 A、B 两点间的距离分别为 D_A 和 D_B，则根据第一章中的（1—5）式，可得

$$aa'=\frac{D_A^2}{2R},\quad bb'=\frac{D_B^2}{2R}$$

将上式代入式（4—5），得

$$h_{AB}=a-b-\frac{D_A^2-D_B^2}{2R} \tag{4-6}$$

由（4—6）式可推知，当仪器到两水准尺的距离 D_A 和 D_B 相等时，由 A、B 两点尺上读数 a 和 b 求得的高差 $h_{AB}=a-b$ 可消除水准面曲率误差的影响。因此，在进行水准测量时，总是把仪器安置在离前、后视点大致等距的地点，以满足由式（4—6）得到正确高差的条件。

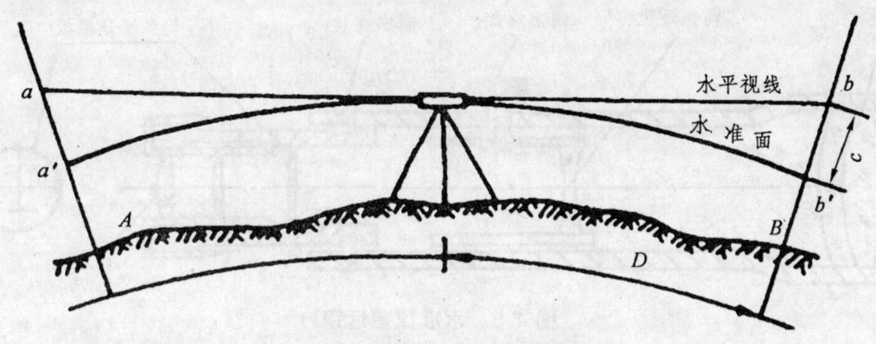

图 4.3　地球曲率对高差的影响

第二节　水准测量的仪器和工具

水准测量所使用的仪器为水准仪，工具为水准尺和尺垫。

一、水准仪

我国将水准仪按其精度划分为四个等级：DS_{05}、DS_1、DS_3 和 DS_{10}。字母 D 和 S 分别为“大地测量”和“水准仪”汉语拼音的第一个字母，其后面的数字代表仪器的测量精度。工程测量中广泛使用的是 DS_3 级水准仪。

水准仪是能够提供水平视线的仪器，主要由望远镜、水准器和基座三部分组成。图 4.4 所示为我国生产的 DS_3 型水准仪。

1. 望远镜

望远镜的主要用途是瞄准目标并在水准尺上读数。它与经纬仪的望远镜构造类似，如图 4.5 所示，也包括物镜、十字丝、对光透镜和目镜等部分。十字丝是照准尺子和读数用的，它是刻在玻璃板上的两条相互垂直的细丝，竖向的一条称为竖丝，横向的一条长丝称为横丝（又称中丝），横丝上下还有两条对称的短丝是用来测量距离的，称为视距丝。十字丝中心

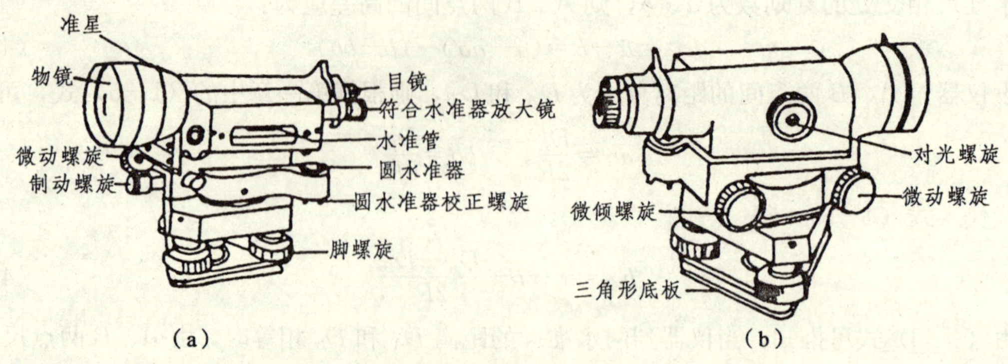

图 4.4 DS_3 型水准仪

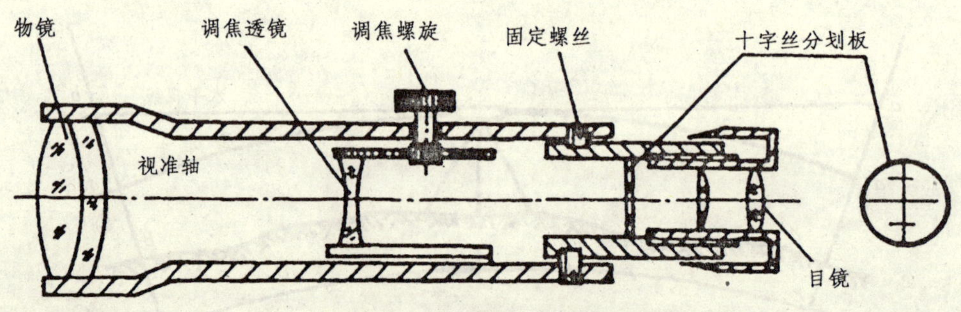

图 4.5 水准仪望远镜

（或称十字丝交点）与物镜光心的连线，称为视准轴。水准仪的望远镜与经纬仪的望远镜的不同之处在于它只能与望远镜托架一起作水平转动。

2. 水准器

水准器是用来指示视准轴是否水平或仪器竖轴是否竖直的装置。详见第二章相关内容。水准仪上常常设置的水准器有圆水准器和管水准器（又称水准管）两种。圆水准器装在基座上，供粗略整平之用；管水准器装在望远镜旁，供精确整平视准轴之用。新近生产的水准仪装配有视准轴水平自动补偿装置，就不再需要设置管水准器。

为了提高目估水准管气泡居中的精度，微倾式水准仪的水准管上方都装有由三块棱镜组成的复合棱镜系统。如图 4.6（a）所示，两个棱镜的侧面所在的平面与水准管的纵轴线平行，第三块棱镜为 45°的直角棱镜，呈等腰直角三角形，一个直角面与左右两棱镜的侧面相靠或互相平行。它分别把水准管气泡两端的成像，经过三次全反射，送入望远镜旁的放大镜内。如果气泡居中，则气泡两端的影像符合，如图 4.6（c）所示；如果气泡不居中，则气泡的两个半边影像不符合，如图 4.6（b）所示。

二、水准尺

水准尺是水准测量时使用的标尺，是水准测量的重要工具之一，其质量的好坏将直接影响到水准测量的精度。因此，水准尺通常用干燥不易变形的木质材料或玻璃钢制成。水准测量常用的水准尺有直尺、塔尺、折尺等几种，长度从 2 m 到 5 m 不等。塔尺和折尺不用时可

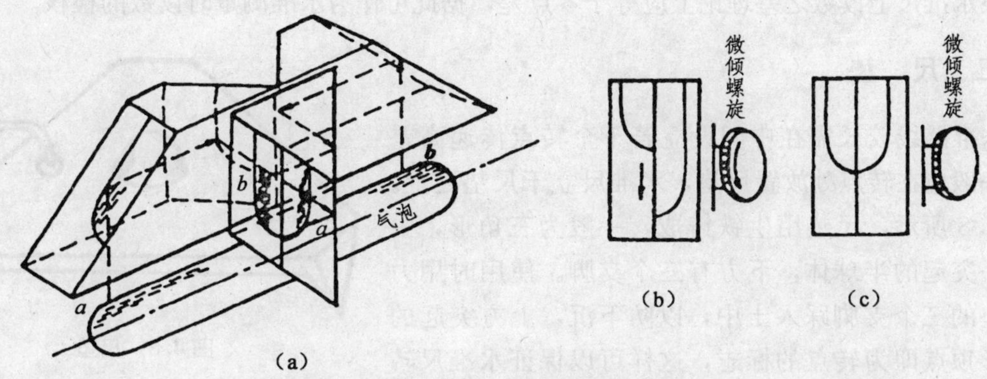

图 4.6　符合水准器

以收拢，方便搬运，但用旧后接头处容易损坏，观测时用到接头以上的尺面会产生尺长误差，所以较高精度的水准测量都只用直尺。

水准尺又分单面分划尺和双面分划尺两种。图 4.7 所示为双面尺，尺上的刻划一般1 cm一格，并在分米处注记。双面尺的一面采用黑白相间刻划，称黑面尺或主尺；另一面采用红白相间刻划，称红面尺或副尺。双面尺必须成对使用，两根尺黑面的起始读数为零，而红面的起始读数则分别为 4 687 mm 和 4 787 mm。红黑面起始读数之差称为零点差。水平视线在

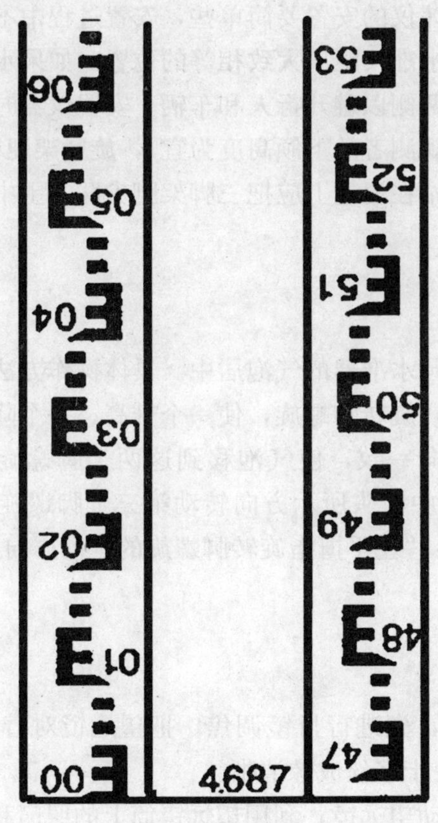

图 4.7　水准尺

同一根水准尺上读数之差理论上应等于零点差，据此可作为水准测量时读数的检核。

三、尺　垫

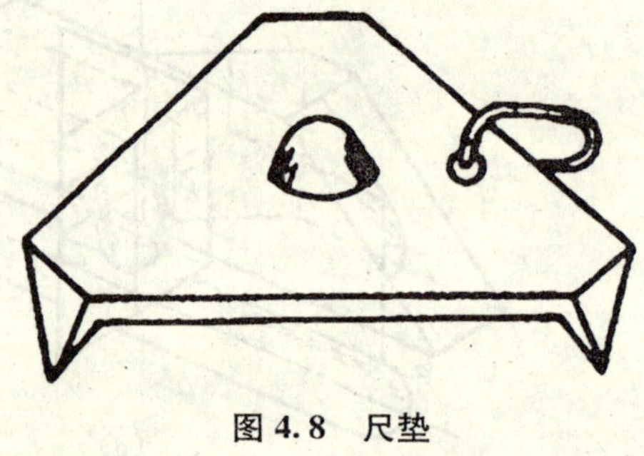

图 4.8　尺垫

水准路线较长需在中间设立若干个转点传递高差时，一般应在转点处放置尺垫，水准尺立于尺垫之上。如图 4.8 所示，尺垫用生铁铸成，一般为三角形，中间有一突起的半球体，下方有三个支脚。使用时用力将尺垫的三个支脚踩入土中，以防下沉，上方突起的半球形顶点即为转点的标志，这样可以保证水准尺转动方向时，尺底的高度不会改变。

第三节　水准仪的使用

使用水准仪进行水准测量的过程包括仪器安置、粗略整平、瞄准、精确整平和读数等。

一、安置水准仪

水准仪的安置相对于经纬仪的安置要简单些，安置过程中不需要对中。安置仪器的位置称为测站，测站应置于与两水准尺距离大致相等的位置，如果水准路线沿道路前进，应注意将测站和转点位置选在道路两侧以避开行人和车辆。安置仪器时应先将三脚架腿伸至合适的高度（在平地提起脚架头到观测者的下颌高度为宜），旋紧架腿固定螺旋，再张开三脚架腿，目估使架头大致水平，如测站在泥地上应把三脚架脚尖踩入土中使其稳固，将水准仪用中心螺旋固定于三脚架头上。

二、粗略整平（粗平）

粗略整平是用脚螺旋使圆水准器的气泡居中。具体操作方法如图 4.9 所示，用双手同时向内或向外（即以相反方向）旋转脚螺旋，使一个升高、一个降低，这时气泡移动的方向与左手大拇指旋转时移动的方向一致，使气泡移到这两个脚螺旋方向的中间，如图 4.9（a）所示，然后再按图 4.9（b）中箭头所示方向转动第三个脚螺旋，使气泡居中。在整平的过程中，需记住左手拇指规则：“左手拇指旋转脚螺旋的运动方向，就是气泡移动的方向”，不可盲目地转动脚螺旋。

三、瞄准水准尺

（1）在瞄准水准尺之前，先进行目镜调焦。把望远镜对着明亮的背景（如白墙或天空等），转动目镜调焦螺旋，使十字丝成像清晰。

（2）松开制动螺旋，转动望远镜，利用望远镜筒上的照门和准星，瞄准水准尺，然后再拧紧制动螺旋。

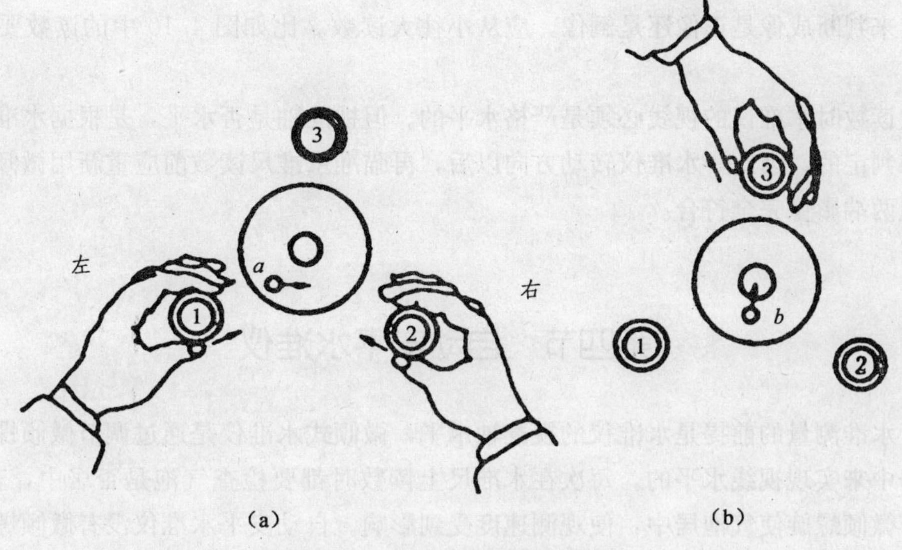

图 4.9　用圆水准器置平仪器

（3）转动物镜调焦螺旋进行调焦，使尺子的影像看得十分清晰，并转动水平微动螺旋，使尺子的成像靠近十字丝竖丝的一侧，如图 4.10 所示，用以检查水准尺是否有左右倾斜，如有倾斜应指挥立尺者进行纠正。

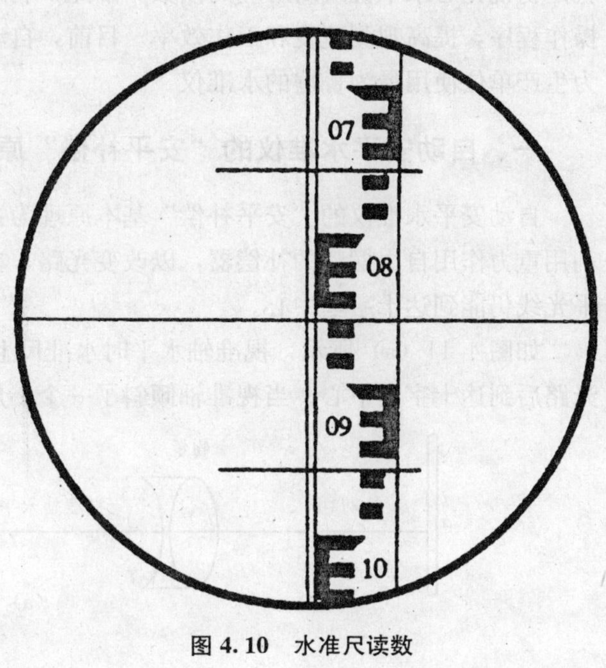

图 4.10　水准尺读数

视差对观测成果的精度影响很大，在调焦的过程中应注意消除视差。具体方法参见第二章用望远镜瞄准目标的有关知识。

四、精　平

这是微倾式水准仪特有的操作步骤。所谓精平就是在读数之前，用微倾螺旋使水准管气泡居中，从而保证视线水平。在调节时，一边旋转微倾螺旋，一边观察符合水准器气泡两端影像，影像快要对齐时，旋转应均匀缓慢。只有当气泡稳定不动而两端影像完全符合的时候才能保证水准管轴已经水平。

五、读　数

仪器精平后即可在水准尺上读数。为保证读数的准确性，提高读数速度，可先估读毫米数，再连同前三位有注记和刻划的数一起读出。读数时以毫米为单位直接读出四位数，如图 4.10 所示的读数为 0859，而不要读成 0.859 或 859，这对观测读数、记录计算都有好处，可避免不必要的误会和错误。需要注意的是，有些仪器成像为倒像，可通过观察分米注记的增大方向来判断成像是正像还是倒像，应从小往大读数。比如图 4.10 中的读数要避免读成 0941。

每次读数时水准仪的视线必须是严格水平的。但视准轴是否水平，是根据水准管气泡是否居中来判定的，因此，水准仪转动方向以后，再瞄准水准尺读数前应重新用微倾螺旋使水准管气泡两端影像完全符合。

第四节　自动安平水准仪

进行水准测量的前提是水准仪的视准轴水平，微倾式水准仪是通过调节微倾螺旋使水准管气泡居中来实现视线水平的。每次在水准尺上读数时都要检查气泡是否居中，若不居中，则要调节微倾螺旋使气泡居中，使观测速度受到影响。自动安平水准仪没有微倾螺旋，而是借助一种特殊装置，即使视准轴还有微小倾斜，也能使十字丝中丝所对应的水准尺上的刻划就是物镜光心水平视线所对应的读数。因此，利用自动安平水准仪进行水准测量，可以简化操作程序，提高观测速度和工作效率。目前，自动安平水准仪已基本取代微倾式水准仪，成为生产单位使用最为普遍的水准仪。

一、自动安平水准仪的“安平补偿”原理

自动安平水准仪的“安平补偿”基本原理为：在水准仪的望远镜光路中，设置一个可以利用重力作用自由摆动的补偿器，以改变光路，在视准轴略有倾斜时，使通过物镜光心的水平光线仍能到达十字丝中心。

如图 4.11 (a) 所示，视准轴水平时水准尺上的读数为 a，即过 a 的水平视线经望远镜光路后到达十字丝中心。当视准轴倾斜了一个小角 α 时，如图 4.11 (b) 所示，视准轴读数

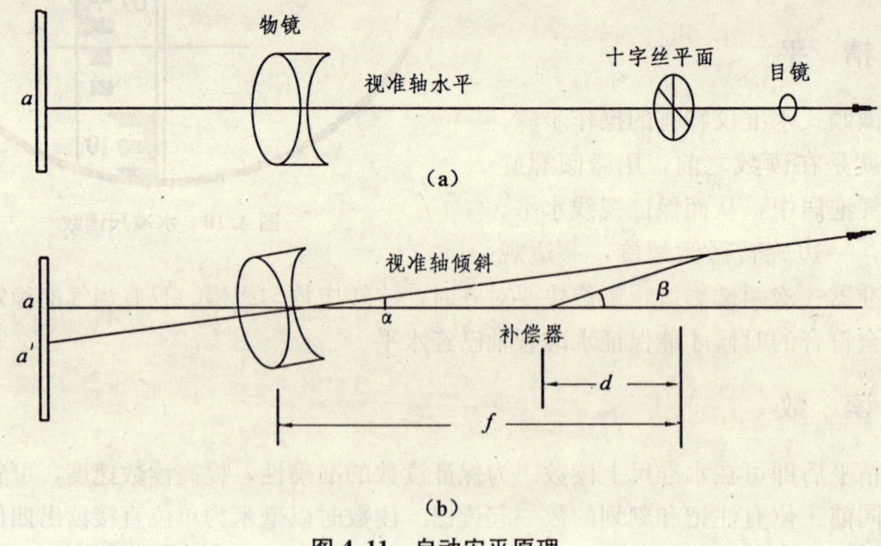

图 4.11　自动安平原理

为 a'。为了能使十字丝横丝的读数仍为视准轴水平时的读数 a，在望远镜的光路中加一补偿器，使通过物镜光心的水平视线经过补偿器的光学元件后偏转一个 β 角，使该水平视线所对应的水准尺上的刻划线 a 仍能成像于十字丝中心。由于 α、β 均为小角，因此只要下式成立，就能达到补偿的目的：

$$f\times\alpha=d\times\beta \tag{4-7}$$

二、补偿器的结构

补偿器的结构形式较多，图 4.12 所示为我国生产的 DSZ_3 型自动安平水准仪，采用悬挂棱镜组，借助重力作用达到补偿的目的。为使悬挂的棱镜组快速稳定下来，还安装有空气阻尼装置。图 4.13 所示为该仪器的结构剖面图，在调焦透镜和十字丝分划板之间安装一个补偿器，这个补偿器由固定在望远镜上的屋脊棱镜 4 和用金属丝悬吊的两块直角棱镜 3 和 5 组成。当视线水平时，如图 4.14（a）所示，光线进入物镜 1 后经过第一个直角棱镜 3 的反射到屋脊棱镜 4 上，再经过一系列的反射，到达另一直角棱镜 5，再反射到达十字丝交点上。

图 4.12　DSZ_3 型自动安平水准仪

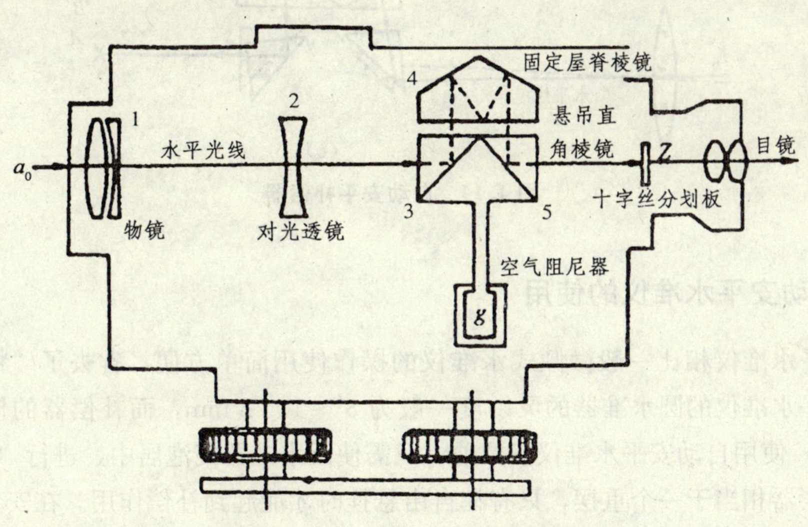

图 4.13　DSZ_3 型水准仪结构剖面图

图 4.14（b）所示为视准轴倾斜 α 角时，补偿器的直角棱镜组未发生相应倾斜，补偿器没发生作用时的光路。图中实线表示与倾斜的视准轴重合的光线，虚线表示通过物镜光心的水平光线，水平光线经棱镜几次反射后并不通过十字丝交点 A，而是通过 B 点。

图 4.14（c）表示在望远镜有微小倾斜时补偿器发生作用的情形。望远镜有微小倾斜时，直角棱镜在重力作用下，将与望远镜作相对的偏转运动，偏转方向刚好与望远镜倾斜方向相反。水平视线进入棱镜后，由于入射光线不垂直于直角面，将沿实线所示方向前进，发生一系列的折射后最后偏离原虚线方向 β 角。补偿器的作用是希望偏转后的水平光线刚好通过十字丝的交点 A。由光的全反射理论可知，当反射面旋转一个角度 α 时，原来被反射的光线将与其行进方向偏转 2α 大小的角度，图 4.14 中光线经两次直角棱镜偏转，即 $\beta=4\alpha$。在 f、β、α 均一定的情况下，适当地选择补偿器的位置，即式（4-7）中 d 的大小，可使水平光线正好通过十字丝的交点，达到“补偿”的目的。

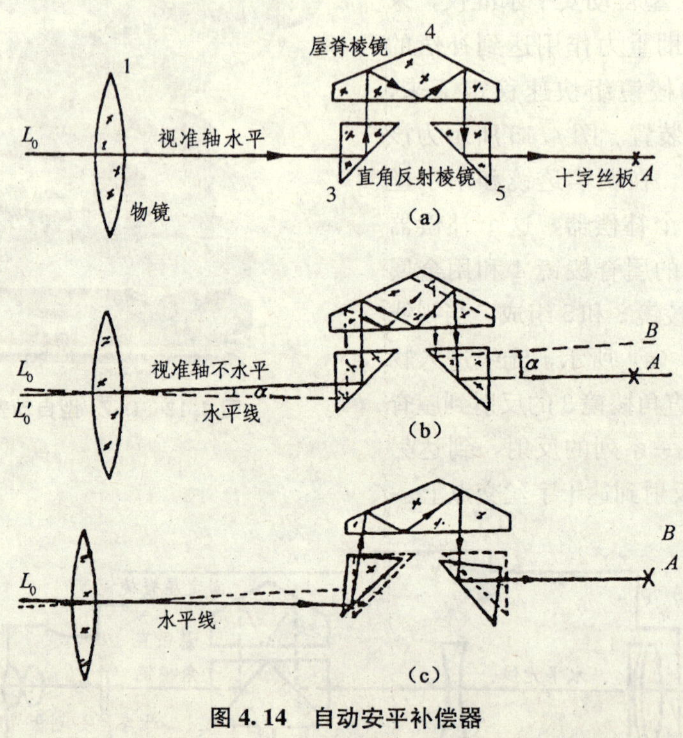

图 4.14　自动安平补偿器

三、自动安平水准仪的使用

自动安平水准仪相比一般微倾式水准仪的操作使用简单方便，省去了“精平”这一步骤。自动安平水准仪的圆水准器的灵敏度一般为 8′～10′/2 mm，而补偿器的作用范围约为 ±15′。因此，使用自动安平水准仪读数前，只需使圆水准器气泡居中，进行“粗平”即可。

由于补偿器相当于一个重摆，只有在自由悬挂时才能起到补偿作用。在安置仪器时，如果操作不当，如圆水准气泡未按规定要求调至居中位置，或因圆水准气泡未校正好等原因使补偿器搁住，则将得到错误的观测结果。因此，这类仪器一般设有补偿器的检查按钮，用它可以轻触补偿摆，察看目镜视场中水准尺成像相对于十字丝是否有均匀的浮动，由于有阻尼的作用，这种浮动能迅速地静止下来。如果这样，就说明补偿器是处于自由悬挂状态，否则，说明补偿摆已被搁住，应检查原因，使其恢复正常功能。

第五节　数字水准仪简介

数字水准仪是一种新型水准仪，其原理是用安装在望远镜中的传感器获取条码水准尺的影像后，经图像处理，由仪器内置微处理器计算出高差及水平距离等信息，储存并以数字形式显示出来。

1990 年，瑞士威特厂研制成功世界上第一台数字式水准仪 NA2000，从而拉开了数字式水准仪发展的序幕。随后，威特厂又推出了用于精密水准测量的 NA3000 数字式水准仪。德国的蔡司公司和日本的拓普康公司也分别研制出同类产品投放市场。图 4.15 为日本索佳株式会社生产的数字水准仪。

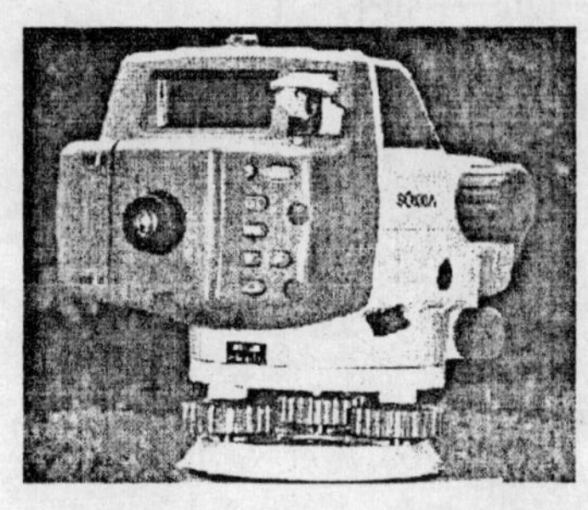

图 4.15　数字水准仪

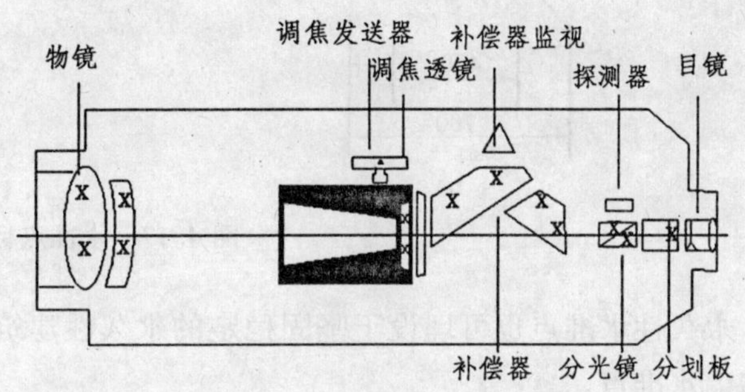

图 4.16　数字水准仪构造图

数字水准仪的构造包括传统水准仪的光学系统和机械系统，因此它同样可以作为光学水准仪使用。此外，这种水准仪与普通光学水准仪不同的地方在于具有信息处理系统，如图 4.16 所示，包括调焦发送器、补偿监视器、分光镜和行阵探测器。与数字水准仪配套使用的水准尺，一面印有类似于条形码图案的二进制代码，另一面和普通水准尺分划相同。通过调焦发送器获取调焦透镜的位置并由此计算仪器与水准尺之间的概略距离，精确的视距值则由处理信息的行阵探测器解算求得。补偿监视器的作用是监视补偿器在测量时的功能是否正常。水准尺的影像由分光镜分解成红外光部分和可见光部分。红外光传送给行阵探测器作为图像处理光源，可见光则穿过十字丝分划板经目镜供观测者观测水准尺。数字式水准仪的主要优点是操作简便，能自动读数和记录，并将测量结果以数字的形式显示出来。

第六节　水准测量的实施及成果整理

一、水准点和水准路线

（一）水准点

水准点是通过水准测量的方法获得其高程的高程控制点，往往用 BM（Bench Mark）表示，水准点有永久性和临时性两种。图 4.17 所示为永久性水准点，一般用石料或钢筋混凝土制成，在标石的顶面嵌有用不锈钢或其他不易锈蚀材料制成的半球状标志。水准点标石埋设处应选在地基稳固、便于长期保存又便于观测的地方。标石的顶面一般露出地表，但等级较高的水准点标石顶面应埋于地表下，或设置保护井。在北方标石应深埋到冻土层以下。

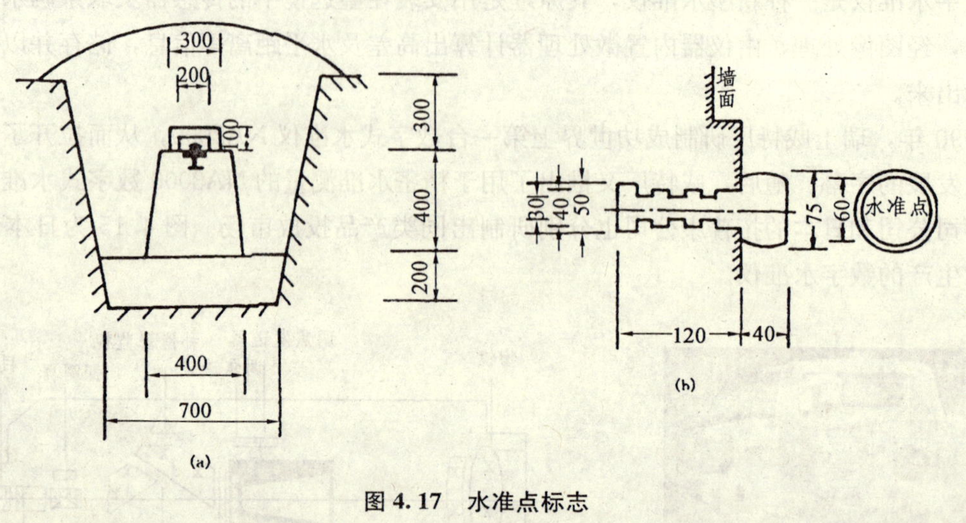

图 4.17　水准点标志

永久性水准点也可埋设于坚固稳定的永久性建筑物的墙脚上，如图 4.17（b）所示，称为墙上水准点。

在建筑工程的施工中，往往需要布设一些临时性的水准点，可用地面上突出的坚硬岩石或用大木桩打入地下，桩顶钉入顶部为半球形的铁钉。

埋设水准点后，应绘出水准点与附近固定建筑物或其它地物的关系图，如图 4.18 所示，称为点之记，以便于日后寻找水准点位置之用。水准点编号前通常加 BM 字样，作为水准点的代号。

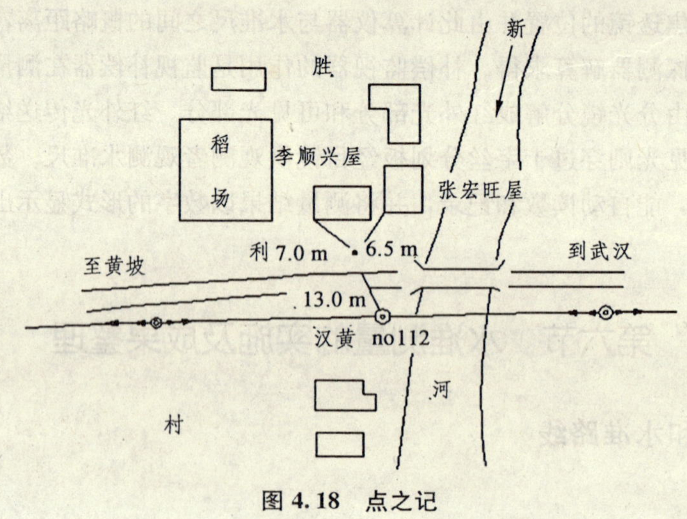

图 4.18　点之记

（二）水准路线

在水准点之间进行水准测量所经过的路线，称之为水准路线。水准路线分单一水准路线和水准网，本节主要介绍水准测量的外业施测和单一水准路线的数据处理方法。单一水准路线根据已知高程的水准点的分布情况和实际需要，主要布设成闭合水准路线、附合水准路线和支水准路线等几种形式：

1. 闭合水准路线

如图 4.19（a）所示，从某一已知水准点 BM1 出发，沿各未知高程水准点 1，2，3，4 进行水准测量，最后仍回到原水准点 BM1，称为闭合水准路线。沿一闭合环进行水准测量，各段高差的总和理论值应等于零，这可以作为闭合水准测量正确性的检核。

2. 附合水准路线

如图 4.19（b）所示，从已知水准点 BM2 出发，沿各待定高程水准点 1，2，3 进行水准测量，最后附合到另一已知水准点 BM3 上，称为附合水准路线。在附合水准路线上进行水准测量所得各段的高差总和理论上应等于两端已知水准点间的高差，这可以作为附合水准测量正确性的检核。

3. 支水准路线

如图 4.19（c）所示，从一已知高程水准点 BM4 出发，沿各个高程待定的水准点 1，2 进行水准测量，其路线既不闭合，也不附合，称为支水准路线。支水准路线应进行往返测量，往测高差总和与返测高差总和在理论上绝对值相等而符号相反，这可作为支水准路线测量正确性检核。

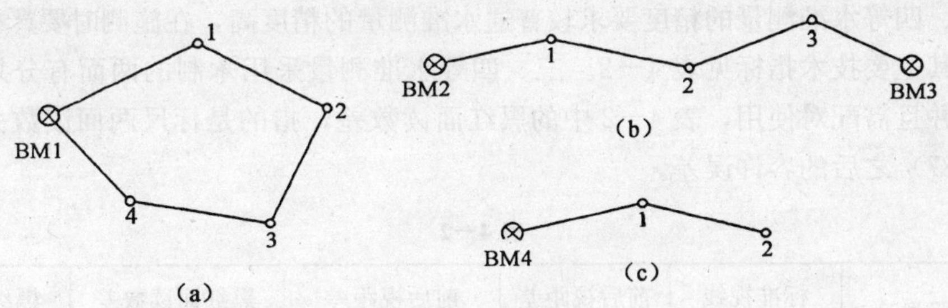

图 4.19 水准路线

二、水准测量外业施测

（一）普通水准测量

如前所述，在已知水准点和未知水准点间往往不可能直接一站测出二者之间的高差，需要临时设置传递高程的转点，安置若干次仪器才能最终求得其高差。具体施测程序如下：将水准尺立于已知水准点上作为后视，在水准路线合适的位置安置仪器，在施测路线的前进方向取仪器至后视大致相等的距离放置尺垫，确定转点并竖立水准尺作为前视。观测员按照水准仪操作使用程序进行粗平、瞄准后视标尺、精平（微倾式水准仪），用中丝读取后视读数至毫米。转动望远镜瞄准前尺，再精平（微倾式水准仪），用中丝读取前视读数。记录员根据观测员的读数在手簿的相应位置进行记录，并立即算出高差。以上为第一个测站的全部工作。

一个测站的工作完成以后，由记录员通知后尺向前进方向迁移，观测员将仪器搬至下一测站，此时，前一测站的前视点便成为本站的后视点。依第一站相同的工作程序进行各站的工作直到全部路线观测完为止。

表 4－1 为普通水准测量的手簿记录及计算示例。

表 4－1　水准测量手簿

测：自　　　至　　　　　　　　年　　月　　日　　　　观测：　　　　记录：

测站	点号	视距	后视	前视	高差	高程	备注
1	2	3	4	5	6	7	8
1	BM1	61	0 584		−1 255	508.506	
	ZD1	62		1 839			
2	ZD1	58	0608		−2 298		
	BM2	57		2 906		504.953	
3	BM2	68	0 821		−0 507		
	ZD2	67		1 328			
4	ZD2	69	1 741		＋1227		
	BM3	67		0 514		505.673	

表 4－1 中第 3 栏视距值由十字丝分划板上的视距丝上、下丝读数之差乘以 100 而得，第 7 栏为对应水准点的高程，其传递高差作用的转点高程可不填写。

（二）三、四等水准测量

国家三、四等水准测量的精度要求较普通水准测量的精度高，在施测时要严格按照操作规程进行，其主要技术指标见表 4－2。三、四等水准测量采用木制的两面有分划的红黑面双面标尺，并且需配对使用，表 4－2 中的黑红面读数差，指的是标尺两面读数去掉零点差（4687 或 4787）之后的容许误差。

表 4－2

等级	仪器类型	标准视线长度（m）	前后视距差（m）	前后视距差累计（m）	黑红面读数差（mm）	黑红面所测高差之差（mm）
三等	S_3	75	2.0	5.0	2.0	3.0
四等	S_3	100	3.0	10.0	3.0	5.0

三、四等水准测量在每测站上按以下顺序进行观测读数：

（1）照准后视尺黑面，读取下、上丝读数，精平，中丝读数；

（2）照准前视尺黑面，读取下、上丝读数，精平，中丝读数；

（3）照准前视尺红面，精平，读取中丝读数；

（4）照准后视尺红面，精平，读取中丝读数。

这样的观测顺序简称为“后前前后”（黑、黑、红、红）。

在质地较硬的地面进行四等水准测量每站观测顺序也可以为：后—后—前—前（黑、红、黑、红）。上、下丝读数用于计算视距，只需读出后、前尺黑面视距丝读数即可。使用微倾式水准仪每次读取中丝之前均要求精平。

四等水准测量的观测记录及计算示例见表 4—3 所示。表内带括号的数字为观测读数和计算的顺序号，（1）～（8）为观测数据，其余为计算所得数据。

表 4—3　三、四等水准测量观测手簿

自______　测至______　班组______　观测者______

仪器______　天气______　日期______　记录者______

K=______　成像______　时间______　检查者______

测站	点号	后尺 下丝 / 上丝；后视距；视距差（m）	前尺 下丝 / 上丝；前视距；累计差（m）	方向及尺号 A4687 B4787	水准尺读数 黑面	水准尺读数 红面	K＋黑－红	高差中数（m）	备注
		（1）	（5）	后	（3）	（8）	（10）		
		（2）	（6）	前	（4）	（7）	（9）		
		（12）	（13）	后—前	（16）	（17）	（11）		
		（14）	（15）						
1	BMA—ZD1	1982	1730	A	1806	6492	＋1	＋0.255	
		1630	1370	B	1550	6338	－1		
		35.2	36.0		0256	0154	＋2		
		－0.8	－0.8						
2	ZD1—ZD2	1382	0962	B	1132	5918	＋1	＋0.411	
		0880	0478	A	0720	5408	－1		
		50.2	48.4		0412	0510	＋2		
		1.8	1.0						
3	ZD2—ZD3	2620	1174	A	2468	7153	＋2	＋1.448	
		2314	0866	B	1019	5806	0		
		30.6	30.8		1449	1347	＋2		
		－0.2	0.8						
4	ZD3—BM1	2616	0500	B	2538	7326	－1	＋2.120	
		2462	0338	A	0419	5106	0		
		15.4	16.2		2119	2220	－1		
		－0.8	0						
	—								
	验算								

1. 测站上的计算与检核

高差部分：

$$(9)=(4)+K2-(7)$$
$$(10)=(3)+K1-(8)$$
$$(11)=(10)-(9)$$

(10)、(9) 分别为后、前视尺的黑红面读数之差，(11) 为黑红面所测高差之差。K1、K2 分别为后、前尺红黑面零点差。表 4－3 的示例中，*A* 号尺 K1＝4 687，*B* 号尺 K2＝4687。(16) 为黑面所算得的高差，(17) 为红面所算得的高差，即：

$$(16)=(3)-(4)$$
$$(17)=(8)-(7)$$

由于两根尺子红黑面零点差不同，所以 (16) 并不等于 (17)，根据零点差可知，(16)、(17) 应相差 100。因此有计算检核条件，即

$$(11)=(16)\pm100-(17)$$

视距部分：

$$(12)=(1)-(2)$$
$$(13)=(5)-(6)$$
$$(14)=(12)-(13)$$
$$(15)=\text{本站}(14)+\text{前站}(15)$$

(12) 为后视距离，(13) 为前视距离，(14) 为前后视距离差，(15) 为前后视距累计差。

2. 一页手簿记完或观测结束后的计算与校核

高差部分：

$$\sum(3)-\sum(4)=\sum(16)=h_{\text{黑}}$$
$$\sum[(3)+K]-\sum(8)=\sum(10)$$
$$\sum(8)-\sum(7)=\sum(17)=h_{\text{红}}$$
$$\sum[(4)+K]-\sum(7)=\sum(9)$$
$$h_{\text{中}}=(h_{\text{黑}}+h_{\text{红}})/2$$

$h_{\text{黑}}$、$h_{\text{红}}$分别为一测段黑面、红面所得高差；$h_{\text{中}}$为高差中数。如一测段或整条水准线路线路施测的测站数为偶数站，由于 *A*、*B* 两尺交替用作前后尺，可自动抵偿红黑面零点差。可用上式直接计算高差中数。若为奇数站时，则应将前后尺红黑面零点差 100 消除后在取中数。

视距部分：

$$\text{总视距}=\sum(12)+\sum(13)$$
$$\text{末站}(15)=\sum(12)-\sum(13)$$

在进行水准测量的过程中，要求做到“站站清”，意思是说在一测站上，记录员要与观测员密切配合，记录前应将听到的数据回报给观测员以得到确认，简称为回数。一边记录，一边利用读数间隙对数据进行检核计算，完成上述一测站所有的计算与检核工作，确认数据无误后，才能招呼观测员迁站，后尺人员要等仪器搬动以后才能向前移动。若测站上有关数据超限，应立即重测。若迁站后才发现，就必须从水准点或间歇点开始返工重测。

由于一对水准尺的红黑面零点差不相等（相差 100 mm），因此，在进行高差中数的计算

时，每站均以黑面高差为准，将红面高差与黑面高差之间的零点差之差消除（±100 mm）后再取二者的平均值即可。

三、水准测量的内业计算

水准测量外业工作结束后，要检查外业手簿，确认无误后，再转入内业计算。水准测量内业计算的内容，包括水准路线闭合差的计算和分配以及水准点高程的计算。

（一）水准路线闭合差的计算

水准测量工作是在野外进行的，由于各种因素的影响，测量成果中不可避免地含有一定的误差甚至错误，所以对水准测量成果要进行检核。由于存在误差，水准测量的实测高差与理论值往往不相符合，其差值称为水准路线的闭合差。高程闭合差的计算随水准路线形式的不同而不同。

1. 闭合水准路线

闭合水准路线高差的代数和在理论上应等于零，即 $\sum h_{理}=0$，由于测量误差的存在，闭合水准路线的实测高差总和总不为零，则不为零的数值为高差闭合差 f_h，即

$$f_h=\sum h_{测} \qquad (4-8)$$

2. 附合水准路线

附合水准路线所有测段高差的代数和，理论上应等于起、终点两个已知水准点间的高差，即：

$$\sum h_{理}=H_{终}-H_{始} \qquad (4-9)$$

如实测高差总和 $\sum h_{测}$ 与 $\sum h_{理}$ 不相等，则其差值即为附和水准路线高差闭合差 f_h，即：

$$f_h=\sum h_{测}-\sum h_{理}=\sum h_{测}-(H_{终}-H_{始}) \qquad (4-10)$$

3. 支水准路线

支水准路线一般要进行往返观测，从理论上讲，往测高差总和 $\sum h_{往}$ 与返测高差总和 $\sum h_{返}$ 绝对值相等，符号相反，它们的代数和应等于零。由此可得支水准路线往、返测高差闭合差计算公式为：

$$f_h=\sum h_{往}+\sum h_{返} \qquad (4-11)$$

只有当闭合差在容许的范围内时，成果才合格。超过容许范围，应查明原因，返工重测。允许的高差闭合差是在研究误差产生规律和根据实际工作中的要求而提出来的，普通水准测量的允许高差闭合差一般规定为：

$$f_{h允}=\pm 40\sqrt{L} \quad (mm) \qquad (4-12)$$

式中 L——水准路线长度，以公里为单位。

在高差起伏较大的地区，当每公里路线安置水准仪的测站数超过 16 站时，允许高差闭合差应用下式计算：

$$f_{h允}=\pm 12\sqrt{n} \quad (mm) \qquad (4-13)$$

式中　n——水准路线中的总测站数。

（二）高差闭合差的分配及水准点高程计算

当 $|f_h| < |f_{h允}|$ 时，说明水准测量的成果合格，可进行高差闭合差的分配。闭合水准路线和附和水准路线高差闭合差的分配，一般是按与距离 L 或测站数 n 成正比，将闭合差反号分配到各测段高差中，使改正后的高差总和满足理论值；支水准路线高差闭合差的分配可取往、返观测高差的绝对值的平均值作为观测结果，高差符号以往测为准，再按与距离 L 或测站数 n 成正比分配往、返测高差闭合差。

消除闭合差后，即可根据已知水准点的高程和改正后的高差逐一推算出各水准点的高程。最后推求至已知点时，其推求值与已知值应相等，以此作为高程计算正确性的检核。

图 4.20 为某附和水准路线观测成果略图。BMA 和 BMB 为已知高程水准点，1、2、3 点为未知水准点，图中箭头表示水准测量前进方向，路线上方数字为测得两点间的高差（以 m 为单位），路线下方数字为该段路线长度（以 km 为单位）。

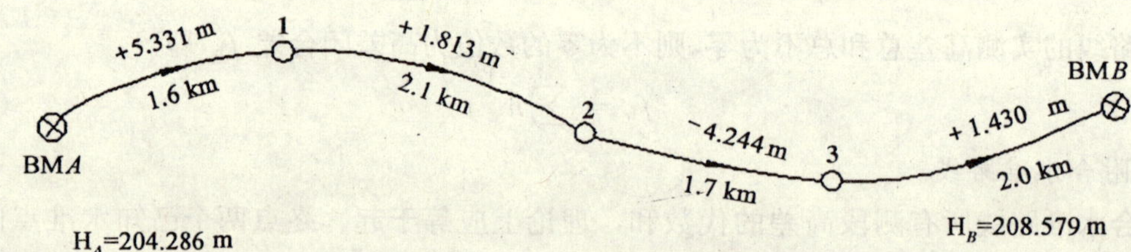

图 4.20　水准路线成果略图

该水准路线的高差闭合差的计算、分配以及各待定水准点的高程推算见表 4－4 所示。

表 4－4　水准测量成果整理

点号	距离（km）	测得高差（m）	高差改正（mm）	改正后高差（m）	高程（m）
BMA					204.286
	1.6	＋5.331	－8	＋5.323	
1					209.609
	2.1	＋1.813	－11	＋1.802	
2					211.411
	1.7	－4.244	－8	－4.252	
3					207.159
	2.0	＋1.430	－10	＋1.420	
BMB					208.579
Σ	7.4	＋4.330	－37	＋4.293	

其中，

$$\sum h_{理} = H_B - H_A$$
$$= 208.579 - 204.286 = +4.293 \quad (\text{m})$$
$$f_h = \sum h_{测} - (H_B - H_A)$$
$$= 4.330 - 4.293 = +0.037(\text{m}) = 37 \quad (\text{mm})$$
$$f_{h_允} = \pm 40\sqrt{L} = \pm 40\sqrt{7.4} = \pm 109 \quad (\text{mm})$$

每公里高差改正数：$-f_h/$ 路线总长 $= -37/7.4 = -5$ （mm/km）

需要说明的是，在计算改正数时，路线长度与单位公里改正数之积不一定正好是整毫米数，需要通过“四舍五入”凑整，因为毫米以下的数已没有意义。由于存在凑整误差，改正后的高差之和还不一定与高差理论值完全相符，可将这一不符值直接分配到某一经过“四舍五入”处理的最长路线高差值上，使改正后的观测高差之和与高差理论值相符。

第七节　水准仪的检验与校正

一、水准仪的轴线及其应满足的条件

水准仪的轴线如图 4.21 所示，图中 CC_1 为视准轴，LL_1 为水准管轴，$L'L'_1$ 为圆水准轴，VV_1 为仪器的旋转轴（竖轴）。

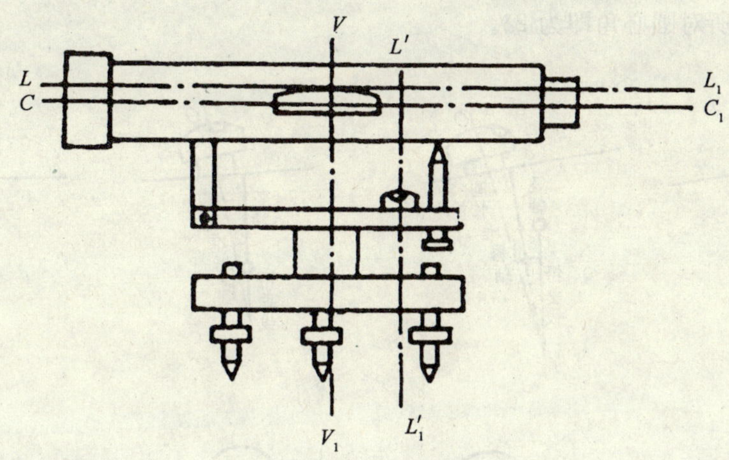

图 4.21　水准仪轴系

1. 水准仪应满足的主要条件

根据水准测量的原理，水准仪必须提供一条水平视线，才能测出不同立尺点之间的高差。而视准轴是否水平是根据水准管气泡是否居中来判断的，因此，水准仪应满足的第一个主要条件是水准管的水准轴应与望远镜的视准轴平行。此外，望远镜的视准轴不应因调焦而变动位置，这是水准仪应满足的第二个主要条件。如果望远镜在调焦时视准轴位置发生变动，就不能保证各方向水准视线都能与水准轴平行。望远镜的调焦在水准测量中是不可避免的，因此必须提出此项要求。

2. 水准仪应满足的次要条件

水准仪应满足的次要条件也有两个：一是圆水准器的水准轴应与水准仪的旋转轴平行；二是十字丝的横丝应当垂直于仪器的旋转轴。

第一个次要条件的目的在于能迅速地整置好仪器，提高作业速度。第二个次要条件的目的是当仪器旋转轴已经竖直，那么在水准尺上读数时可以不必严格用十字丝的交点而用交点附近的横丝来作为照准标志。

二、水准仪的检验与校正

对用于国家三、四等及普通水准测量的 S_3 水准仪，应经常检验第一个主要条件和两个次要条件。至于第二个主要条件，一般应由水准仪制造厂家保证。检验、校正的顺序应按下述原则进行：前面检验的项目不受后面检验项目的影响。

（一）圆水准器的水准轴应与仪器的竖轴平行的检校

1. 检验原理

若圆水准器的水准轴不与竖轴平行而有一夹角 δ，则将仪器绕竖轴旋转 180°，圆水准器的水准轴将偏离竖轴 2δ 角度。如图 4.22（a）所示，仪器的旋转轴与圆水准轴有一交角 δ，当气泡居中时，圆水准轴处于铅直位置，而旋转轴就与铅垂线有一偏角 δ；将仪器绕纵轴旋转 180°，如图 4.22（b）所示，圆水准器就转到纵轴的另一边，而圆水准轴与纵轴的夹角未变，此时圆水准轴相对于铅垂线方向就倾斜了 2δ 的角度。水准器的气泡已不再居中而偏在一侧，偏移弧长所对圆心角即为 2δ。

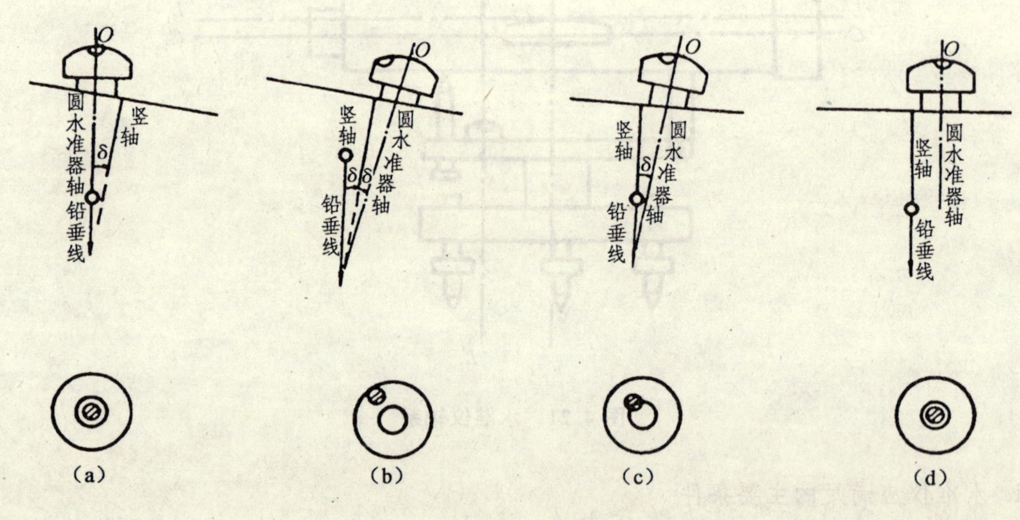

图 4.22　圆水器检校

2. 检验方法

先用脚螺旋将圆水准器气泡居中，然后将仪器旋转 180°，若气泡仍在居中位置，则表明此项条件已得到满足。

3. 校　正

转动脚螺旋，如图 4.22（c）所示，使气泡向圆水准器中心移动偏移量的一半，然后用校正针拨圆水准器底座下的校正螺钉，使气泡居中，如图 4.22（d）所示。检验和校正工作应反复进行，直到将仪器整平后旋转仪器至任何位置，气泡都始终居中为止。

（二）十字丝横丝应与仪器旋转轴垂直的检校

1. 检验原理

设十字丝横丝已与仪器竖轴垂直，那么通过十字丝的横丝必定可作一平面与仪器旋转轴垂直；当仪器旋转轴竖直而旋转时，这个平面将在水平位置且不会发生变化。由此可见，如果有一个点，它在垂直于仪器旋转轴且通过十字丝横丝的平面上，则当仪器旋转时这个点将始终在十字丝横丝上。

2. 检验方法

先用十字丝横丝的一端瞄准一个点 A，然后用水平微动螺旋缓慢地转动望远镜，观察 A 点在视场中的移动轨迹；如果 A 点始终能在横丝上移动，如图 4.23（a）、（b）所示，则说明十字丝的横丝已与仪器旋转轴垂直；如果 A 点离开了横丝，如图 4.23（c）、（d）所示，则说明横丝没有与仪器旋转轴垂直。

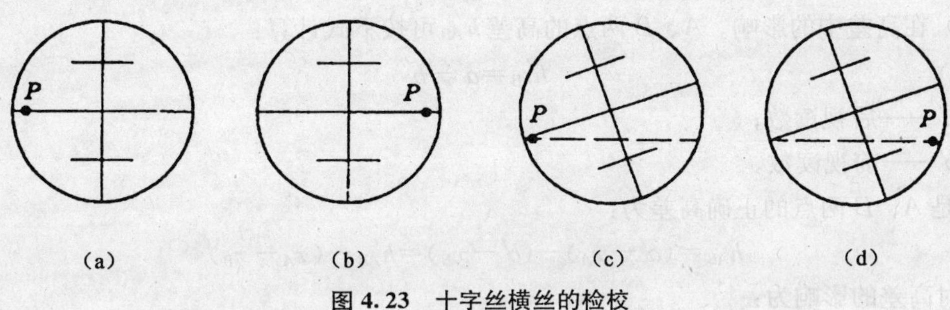

图 4.23　十字丝横丝的检校

3. 校　正

卸下十字丝分划板外罩，可见到十字丝环，先松开四个固定螺丝，微转目镜筒，此时十字丝板也转动同样的角度，调节至望远镜视线左、右转动时点的成像始终在横丝上移动为止；由于十字丝横丝与竖丝互为垂直，也可利用垂球线作为参照调节，使竖丝与静止的垂球线重合即可，校正后装好外罩。（可参见经纬仪竖丝的检校相关内容。）

（三）望远镜视准轴应与水准管轴平行的检校

望远镜视准轴和水准管水准轴是空间直线，如果它们互相平行，那么无论是在竖直面上还是在水平面上的投影都应该是平行的。竖直面上的投影检验称 i 角检验；水平面上的投影检验称交叉误差检验。对于水准测量，重要的是 i 角检验。如果 $i=0$，则水准轴水平后，视准轴也是水平的。本书只介绍 i 角的检验和校正。

1. i 角在读数和高差中的影响

（1）在读数中的影响。如图 4.24 所示，设 i 角使视线向上倾斜，那么它在 A 点尺子上的读数将较水平视线的读数增大一个 x 值。若 A 点距仪器的距离为 S，则：

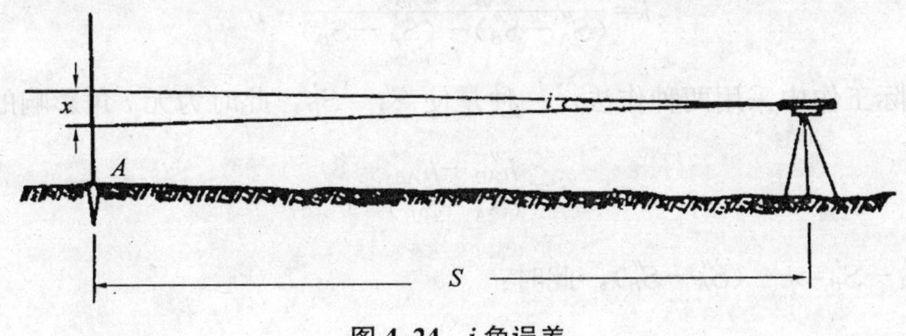

图 4.24　i 角误差

$$x = S \cdot \tan i$$

一般 i 角为小角，上式可写成：

$$x = \frac{S \cdot i''}{\rho''} \tag{4-14}$$

当 i 角的大小不变时，则 x 的大小与 S 成正比：即尺子离仪器愈远，i 角对读数的影响愈大。若规定向上倾斜的 i 角为正，则由此引起的读数误差 x 亦为正。设 a' 为水准尺上的实际读数，那么水准尺上的正确读数 a 为：

$$a = a' - x \tag{4-15}$$

（2）在高差中的影响。A、B 两点的高差 h'_{AB} 可按下式计算：

$$h'_{AB} = a' - b'$$

式中　a'——后视读数；

　　　b'——前视读数。

于是 A、B 两点的正确高差为：

$$h_{AB} = (a' - x_A) - (b' - x_B) = h'_{AB} - (x_A - x_B)$$

则 i 角对高差的影响为：

$$\delta h_{AB} = x_A - x_B = \frac{i}{\rho} S_A - \frac{i}{\rho} S_B = \frac{i}{\rho}(S_A - S_B) \tag{4-16}$$

可见，当后视与前视的距离相等时，i 角的影响为 0，可得到正确的高差。

2. i 角检验的基本原理

i 角检验的基本原理是利用 i 角对高差的影响与距离成正比这一特性。

在地面选定两个固定点 A、B，测出 A、B 的两次高差 h'_{AB} 和 h''_{AB}。设仪器存在 i 角误差，则按上面的分析得：

$$h_{AB} = h'_{AB} - \frac{i}{\rho}\ (S'_A - S'_B)$$

$$h_{AB} = h''_{AB} - \frac{i}{\rho}\ (S''_A - S''_B)$$

因为

$$h''_{AB} - \frac{i}{\rho}(S''_A - S''_B) = h'_{AB} - \frac{i}{\rho}(S'_A - S'_B)$$

由此可得：

$$i = \frac{h''_{AB} - h'_{AB}}{(S''_A - S''_B) - (S'_A - S'_B)} \cdot \rho \tag{4-17}$$

目前在实际工作中采用两种作法，一种是使 $S'_A = S'_B$，此时为无 i 角影响的高差：

$$i = \frac{h''_{AB} - h_{AB}}{(S''_A - S''_B)} \cdot \rho \tag{4-18}$$

另一种是使 $S'_A - S'_B = -\ (S''_A - S''_B)$，此时：

$$i = \frac{h''_{AB} - h'_{AB}}{2(S''_A - S''_B)} \cdot \rho \tag{4-19}$$

3. 第一种作法的检验和校正

(1) 检验。在较平坦地方选定适当距离的两个点 A、B，置水准仪于 A、B 的中间，如图 4.25 (a) 所示，使两端距离严格相等，此时测量正确的高差 h_{AB}，然后将水准仪置于两点的任一点附近，如 B 点附近，如图 4.25 (b) 所示。这时因距离不等，在测得的高差中 h'_{AB} 将有 i 角的影响。按式 (4—18) 可得：

$$i=\frac{h''_{AB}-h_{AB}}{S_A-S_B}\cdot\rho \tag{4—20}$$

因 A 点距仪器最远，i 角在读数上的影响最大。其大小由式 (4—14) 得：

$$x_A=\frac{i}{\rho}\cdot S''_A$$

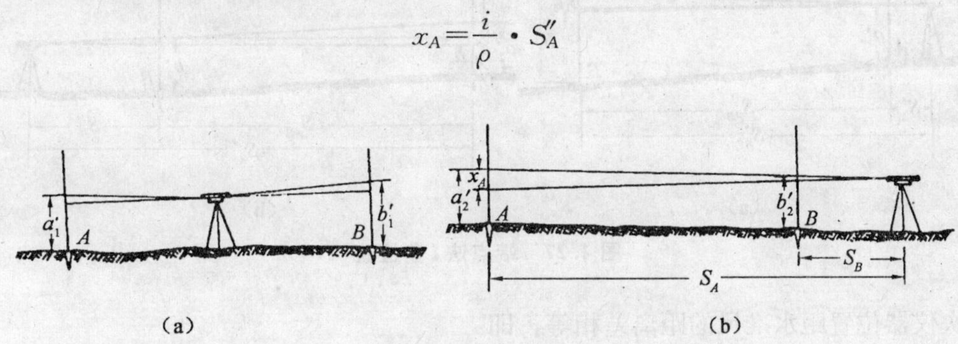

图 4.25 中间法 i 角

(2) 校正：有了 x_A 之值，即可对水准仪进行校正。校正工作应紧接着检验工作进行，即不要搬动 B 点一端的仪器，先算出在 A 点标尺上的正确读数 a_2：

$$a_2=a'_2-x_A$$

用微倾螺旋使读数对准 a_2，这时水准管气泡将不居中，调节上、下两个校正螺钉使气泡居中。实际操作时，先将左、右的螺钉略松开些，然后再调节上、下两颗螺钉，如图 4.26 所示。校正结束后应将螺钉上紧，使水准管固定不动。

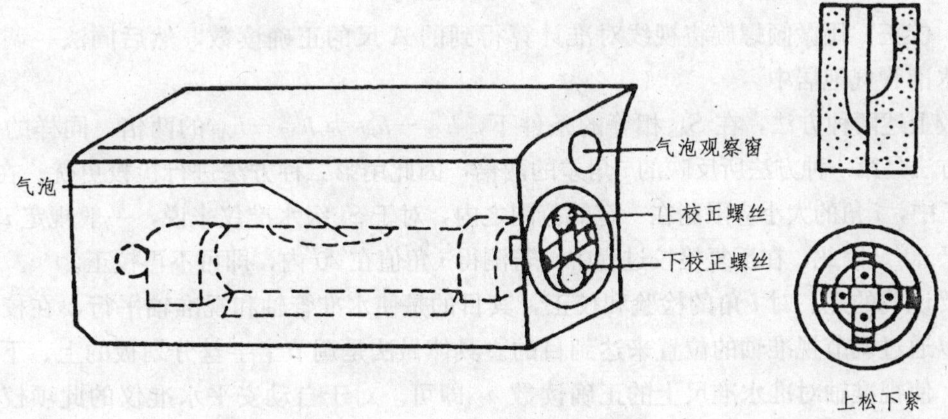

图 4.26 符合水准器调校

4. 第二种作法的检验与校正

(1) 检验：如图 4.27 (a) 所示，将仪器置于 AB 延长线上 A 点一端，得 AB 两点的第一次高差：

$$h'_{AB}=a'_1-b'_1$$

然后将仪器置于 AB 延长线 B 点一端，如图 4.27 (b) 所示，得 A、B 两点的第二次高差：

$$h''_{AB}=a'_2-b'_2$$

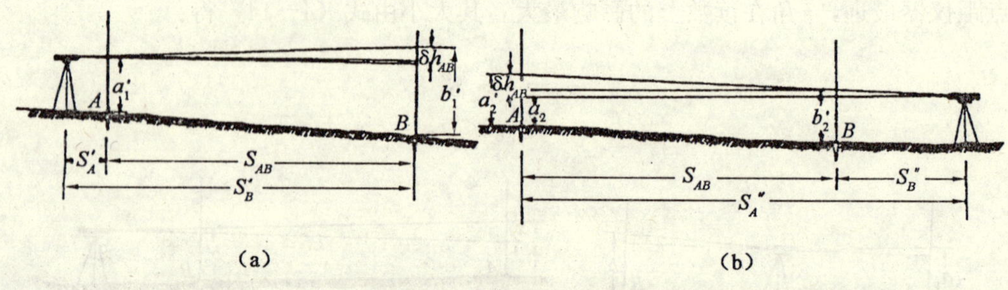

图 4.27　端点法 i 角检验

两次仪器位置距水准尺的距离差相等，即

$$S_{AB}=S'_A-S'_B=-(S''_A-S''_B)$$

按式 (4—19) 求得 i 角：

$$i=\frac{h''_{AB}-h'_{AB}}{2S_{AB}}\cdot\rho \tag{4—21}$$

为了下一步的校正工作，应求出较远一点尺子上的正确读数；若仪器在 B 点一端，则 A 点上尺子的读数误差为：

$$x''_A=\frac{i}{\rho}\cdot S''_A$$

故正确读数为：

$$a_2=a'_2-x''_A$$

(2) 校正：用微倾螺旋将视线对准计算得到的 A 尺的正确读数，然后同法一调节校正螺钉使水准管气泡居中。

比较上述两种方法，在 S_{AB} 相等的条件下，$h''_{AB}-h'_{AB}$ 为 $h'_{AB}-h_{AB}$ 的两倍，同样的 S_{AB} 值，第二种方法是第一种方法所反映的 i 角差的两倍，因此用第二种方法进行检校更优。在 i 角检验和校正中，i 角的大小应限制在一定的范围之内，对于 S_3 级水准仪来说，一般规定 i 角的角值不大于 20″。因此，在反复检校过程中，若测得 i 角值在 20″内，即可不再校正。

需要说明的是，对 i 角的检验和校正，其目的是使水准管轴和视准轴平行，在校正过程中也可以通过调节视准轴的位置来达到目的。具体做法是调节十字丝分划板的上、下两颗校正螺钉，使视准轴对准水准尺上的正确读数 a_2 即可。对于自动安平水准仪的此项校正，只能采用调节视准轴的方法。

第八节　水准尺的检验

一、一般检视

对水准尺进行一般的查看，检查是否有弯曲及程度如何（尺子弯曲度在中心处应小于8 mm）、尺上刻划的着色是否清晰、注记有无错误、尺的底部有无磨损等。

二、水准尺分划的检验

1. 水准尺每米真长的测定

（1）目的：

在于了解水准尺的名义长度与实际长度之差。如：《国家水准测量规范》对三、四等水准测量用的区格式木质水准尺，规定每米长度的误差不得超过±0.5 mm，否则应在水准测量中对所测高差进行改正。

（2）方法：将水准尺与检验尺（线纹米尺）相比较。

2. 水准尺分米分划误差的测定

（1）目的：检查水准尺的分米分划线位置是否正确，从而审定该水准尺是否允许用于水准测量作业。《国家水准测量规范》对区格式木质水准尺规定分划线位置的误差不得超过±1.0 mm。

（2）方法：将水准尺与检验尺相比较。

3. 水准尺黑面与红面零点差数的测定

水准尺上红黑面之零点差应为4 687 mm或4 787 mm，但需加以检查，看是否正确。

4. 一对水准尺黑面零点差的测定

水准尺黑面零点应与其底面相合，但由于使用时磨损和制造的关系，零点与尺底可能不一致。如果两支水准尺的此项数值不相等则对偶数测站的水准测段能得到抵消，而在奇数测站的测段中就会引起零点误差。在较精密的水准测量之前，应测出一对水准尺的黑面零点差对奇数测段加以改正，或要求在两水准点之间按偶数站施测，以抵偿零点差。

第九节　水准测量误差的主要来源

水准测量误差来源于仪器原因、操作人员的感官限制，以及外界环境的影响三个方面。

一、仪器误差

1. 视准轴不平行于水准管轴

水准仪经检验和校正后，仍存在 i 角残余误差，这种影响与距离成正比。为了减少和削弱这项误差的影响，作业时应尽量做到前、后视距离相等，如果在某站无法保持前、后视距相等，则应通过调整相邻测站的前、后视距，做到在同一测段内（两水准点之间）的前视距总和基本等于后视距总和。

2. 水准尺误差

由于水准尺刻划不准确，尺长变化、弯曲等影响，水准尺须经过检验才能使用。有的水准尺的零点位置不正确，则可在两水准点间布置偶数测站，使一对水准尺黑面零点误差在一测段的总高差中自行消除。

二、操作误差

1. 水准管气泡未严格居中

设水准管分划值为 τ''，居中误差一般为 $\pm 0.15\tau''$，采用符合式水准器时，气泡居中精度可提高一倍，故居中误差为

$$m_\tau = \pm \frac{0.15\tau''}{2\rho''} \cdot D \qquad (4-22)$$

使用自动安平水准仪就不会存在此项误差的影响。

2. 毫米估读误差

在水准尺上估读毫米数的误差，与人眼的分辨能力、望远镜的放大倍率以及视线长度及天气情况有关，为提高估读的可靠性，应适当控制视线的长度。

3. 视差影响

当视差存在时，十字丝平面与水准尺影像不重合，若眼睛观察的位置不同，便会读出不同的读数，因而也会产生读数误差。

4. 水准尺倾斜影响

水准尺左右倾斜，观测者在望远镜内可以发现而对其进行纠正，如果前、后倾斜，就无法通过望远镜发现，会使尺上读数增大，特别是在倾斜地面尤其要注意。一般在水准尺上安装有圆水准器，测前应将水准尺圆水准器调校好，在立尺时使圆水准器气泡居中，以保证水准尺竖直。

三、外界条件的影响

1. 仪器下沉

在松软地面施测时，由于仪器下沉，使视线降低，从而引起高差误差。安置仪器时，应将三脚架腿的固定旋钮拧紧，踩实，并采用“后、前、前、后”的观测程序，以减弱仪器下沉的影响。

2. 尺垫下沉

如果在转点发生尺垫下沉，将使下一站后视读数增大。立尺前应踩紧尺垫以减弱其影响。

3. 地球曲率及大气折光的影响

地球曲率的影响见本章第一节分析。由于大气折光，视线并非水平而是一条曲线。如果前视水准尺和后视水准尺到测站的距离相等，则在前视读数和后视读数中含有相同的曲率和折光影响，计算高差时可以相互抵消。因此，施测时要做到前后视距相等。

接近地面的空气温度不均匀，所以空气的密度也不均匀。光线在密度不匀的介质中沿曲线传播，称为“大气折光”。总体上说，白天近地面的空气温度高，密度低，弯曲的光线凹面向上；晚上近地面的空气温度低，密度高，弯曲的光线凹面向下。接近地面的温度梯度大，因此大气折光的曲率也大。空气的温度在不同时刻、不同地方都不同，白天近地面的空气受热膨胀而上升，较冷的空气下降补充。因此，这里的空气处于频繁的运动之中，形成不规则的湍流。湍流会使视线抖动，故很难描述折光的规律，也会增加读数误差。对策是尽量避免视线离地面太近，中丝读数不应小于 0.2 m，并采取前后视距相等的方法进行水准测量。还可选择较好的观测时间，一般夏天的中午不作水准测量；在沙地、水泥地等湍流强的地区，最好在上午 10 点之前作水准测量；高精度的水准测量也只在上午 10 点之前进行。

4. 温度对仪器的影响

温度会引起仪器的部件涨缩，从而可能引起视准轴构件（物镜、十字丝和调焦镜）相对位置的变化，或者引起视准轴与水准管轴相对位置的变化。由于光学测量仪器是精密仪器，不大的位移量可能使轴线产生几秒偏差，从而使测量结果的误差增大。

不均匀的温度对仪器的性能影响尤其大。例如，从前方或后方用日光照射水准管，就会使气泡“趋向太阳”，水准管轴的零位置就会发生改变，影响仪器水平，产生气泡居中误差，观测时应注意撑伞遮阳。

四、水准测量的注意事项

综上所述，由于各种因素的影响，水准测量的成果存在误差是在所难免的，但是水准测量成果不合要求，即存在粗差和错误多数是由于测量人员的疏忽大意造成的。为此，要求测量人员除了对工作应极端负责外，还应注意水准测量的要点和注意事项，在立尺、观测、记录、计算各个环节严格按照操作规程执行。

立尺的转点应选在土质坚实的地方，前后视距尽量相等，立尺前，应将尺垫踏实，将水准尺尽量竖直，仪器未动，立尺员不能着急往前迁移，前视点的立尺员应保护好作为转点的尺垫，使其不受碰动。

安置仪器高度适中，观测读数前，要严格消除视差，操作微倾式水准仪时气泡应严格居中；读数时，要仔细、迅速、准确读出大数。

记录员应与观测员配合协调，边回数、边记录，数据不得转抄、擦写，做到“站站清”，各项计算完成、检核合格以后，才通知观测员搬站，以减少不必要的返工重测。

第十节　三角高程测量

一、三角高程测量的原理

当地形高低起伏，两点间高差较大，不便进行水准测量或高程精度要求较低时，可以用三角高程测量的方法测定两点间的高差和点的高程。三角高程测量是通过测定两点间的距离（平距或斜距）以及垂直角，应用直角三角形公式计算出两点间的高差，它是距离测量和角度测量的结合。随着测距仪的广泛使用，三角高程测量也得到了广泛的应用，在一定条件下其精度可以达到国家四等水准测量的要求。

如图 4.28 所示，已知 A 点高程 H_A，欲求 B 点高程 H_B，可在 A 点架设经纬仪或测距仪，在 B 点竖立标尺或安置棱镜，量取望远镜旋转轴到 A 点桩顶的高度 i（称为仪器高）、望远镜横丝瞄准 B 点标尺的高度 v 或安置棱镜的高度 v（称为觇标高），测出竖直角 α。根据 AB 之间的水平距离 D，可知两点之间的高差 h_{AB} 为：

$$h_{AB}=D\tan\alpha+i-v \tag{4-23}$$

若是用测距仪测得两点间的斜距 S，则有：

$$h_{AB}=S\sin\alpha+i-v \tag{4-24}$$

B 点高程为：

$$H_B=H_A+h_{AB}=H_A+D\tan\alpha+i-v \tag{4-25}$$

或

$$H_B=H_A+S\sin\alpha+i-v \tag{4-26}$$

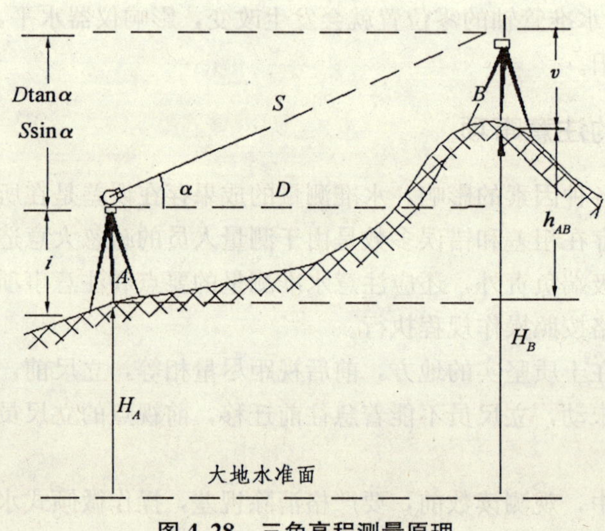

图 4.28　三角高程测量原理

凡仪器设在已知高程点，观测该点与未知点之间的高差称为直觇或正觇；反之，仪器设在未知点，观测该点与已知高程点之间的高差称为反觇。

二、地球曲率与大气折光的影响

在上述三角高程测量的公式中，没有考虑地球曲率与大气折光对所测高差的影响。对于精度要求不高时可以直接应用，如地形测图、低精度放样等。但根据本章第一节有关地球曲率对观测高差的影响分析可知，在精度要求较高，较长距离的三角高程观测中，其影响是不可忽视的。要消除其影响，可将仪器放在两点之间的等分处，但不实用，因此基本不用此手法；还可在所求高差的两点上分别安置仪器进行对向观测，并计算各自所得高差绝对值的平均值为两点间的高差。如果两点间无法采用对向观测，而精度要求又较高时，需对三角高程的成果加以地球曲率改正数 f_1：

$$f_1=\frac{D^2}{2R}$$

空气密度随着所在位置的高程而变化，越到高空其密度越稀，当光线通过由下而上密度均匀变化着的大气层时，光线产生折射，形成一凹向地面的连续曲线，称为大气折射。

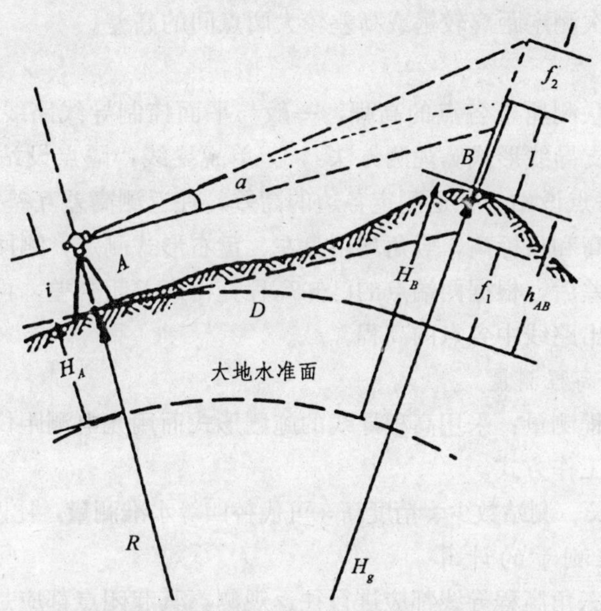

图 4.29　地球曲率及大气折光对高差观测的影响

大气折光使得光线产生弯曲，如图 4.29 所示，当应用竖直角 α 的观测值时，其觇标高的观测值 v 便不准确，小于所对垂直角 α 的应有中丝读数；当应用觇标高的观测值 v 时，竖直角 α 的观测值将偏大。因此实际工作中，这两项观测值不可能同时得到准确值，必须加入折光改正数 f_2。根据以上分析可知，f_2 恒为负。

大气折光曲线的形状随空气密度的不同而变化，空气密度除与所在点高程大小有关外，还受气温、气压等气候条件的影响。在一般测量工作中近似地把折光曲线看作圆弧，其半径的平均值约为地球半径的 6～7 倍，若设 $R'\approx 7R$，则根据与地球曲率影响同样的推理可写出：

$$f_2=-\frac{D^2}{2\times 7R} \tag{4-27}$$

通常令

$$f=f_1+f_2=0.43\frac{D^2}{R} \tag{4-28}$$

考虑地球曲率和大气折光两项影响后的高差计算公式为：

$$h_{AB}=D\tan\alpha+i-v+f \tag{4-29}$$

或

$$h_{AB}=S\sin\alpha+i-v+f \tag{4-30}$$

式中　f——地球曲率和大气折射的综合影响。

三、三角高程测量的应用

（一）三角高程测量的应用

在地形控制测量及航测外业控制测量中主要应用三角高程测量的方法测定一系列控制点的高程，其最大的优点是在测定控制点平面位置的过程中同时测定其高程，即三维测量。与水准测量相比，能一次测定距离较远或高差较大两点间的高差。

1. 高程导线

采用导线的形式联测所求各点的高程，一般与平面控制导线路线一致，有附合导线形式、闭合导线形式或支导线形式。观测方法：① 单觇导线：隔点设站，单向测定各边的高差。② 复觇导线：每点设站，往返测定各边的高差，往返测高差互差须满足规范的要求。

每测站量取仪器高和目标高，竖角均用盘左、盘右形式测定，测回数按规范规定。在推算出整条路线的总高差后，根据两端点的已知高程算得高差闭合差，再将该闭合差按边长成比例分配，然后求算出路线中各点的高程。

2. 光电测距三角高程测量

光电测距三角高程测量：采用高程导线的施测形式而用光电测距仪（全站仪）施测距离来测量地面点高程的工作方式。

特点：导线边较长、测站数少、精度高，可代替四等水准测量，比四等水准测量工效高。

（二）三角高程测量的计算

对于控制而言，三角高程导线都应进行往返观测，其起闭点都应是高级控制点。

（1）高差计算：外业成果检查、整理，不合格的应重测。画草图，计算相邻点间的高差、距离，当往返测高差互差符合规范要求后取其平均值。

（2）三角高程路线成果整理。各相邻点间的平均高差求得后，就可进行高差闭合差的计算和分配，以及各点高程的计算。按式（4－10）计算高差闭合差：

$$f_h = \sum h_{测} - (H_{终} - H_{始}) = \sum h_{测} + (H_{始} - H_{终})$$

如果 $f_h \leqslant \Delta h_{容}$，就计算每百米高差改正数：

$$\delta_{百} = -\frac{f_h}{\sum S_{百}}$$

计算每测段高差改正数：

$$\delta_i = S_{i百} \times \delta_{百}$$

式中，S 的单位为百米。

计算各待定点高程的表格可参见水准测量成果整理表（参见表 4－4）。

四、三角高程测量的误差来源

1. 竖角的测角误差

测角误差包括观测误差、仪器误差及外界条件影响。观测误差中有照准误差、读数误差、竖盘指标水准管气泡居中的误差等，竖盘指标有归零装置的经纬仪能减弱气泡居中误差的影响；仪器误差中有单指标竖盘偏心误差及竖盘分划误差等；外界条件影响主要是大气折射，有时空气对流、空气能见度等也影响照准精度。一般来说，J_6 经纬仪用中丝法两测回的测角中误差约为±15″。竖角测定误差对三角高程测量的影响与推算高差的边长或路线的平均边长及总长度有关，边长或总长愈长，影响愈大。

2. 边长误差

边长误差的大小决定于测量的方法。通过解析法根据已知控制点的平面坐标反算求得的水平距离精度较高，若从图上直接量取的图解法水平距离精度就较低。

3. 折射系数的误差

大气折射系数 k（0.14）并非为常数，其值主要取决于空气的密度。空气密度从早到晚不停地变化，一般认为早晚变化大，中午附近比较稳定，阴天与夜间空气的密度亦较稳定。折射系数的变化大约在−0.4～+0.3 之间，通常采用不同地区的参考系数。另外，折射系数的误差对于短距离三角高程测量的影响较小，但对于长距离三角高程测量而言，其影响很显著。

4. 仪器高 i 和目标高 v 的测定误差

（1）测定地形控制点的高程：对于测定地形控制点高程的三角高程测量，仪器高、觇标高的测定误差，仅要求精确到厘米级，这是很容易达到的，测量时认真丈量即可。

（2）控制测量的高程：对于用光电测距三角高程代替四等水准测量时，仪器高和觇标高的测定要求达到毫米级，其丈量误差应注意控制，一般丈量两次取其平均值。

第五章　测量误差理论基础

第一节　测量误差的概念

一、什么是测量误差

测量工作的任务概括地讲，是确定待定点之间的空间相对关系，具体地说，是通过测定两点之间的长度、方位、高差等称为观测值的基本数值，然后利用这些相互之间有联系的观测值，确定某一点位在给定的参照系中的位置。观测值的正确值理论上是客观存在的，在测量学中称为真值，但实际上由于观测条件不可能完美无缺，所以真值是不可能测量到的。若设某观测量的真值以 X 表示，观测值为 L，则称

$$\Delta = X - L \tag{5-1}$$

为观测误差。由于是误差的真值，又称真误差。显然，X 是不可知的，从而 Δ 也是不可知的。

测量上使用精度的概念来衡量观测质量的高低，因此，观测误差大，称为观测值精度低；反之，观测误差小，称为观测值精度高。

二、测量误差产生的原因

如上所述，由于观测条件不可能完美无缺，因而观测误差也是不可避免的。概括起来，产生观测误差的因素有以下三个方面：

1. 观测者的因素

观测者受其感觉器官辨别能力的局限，在观测过程的仪器对中、整平、照准、读数等各个环节都会产生误差，并且由于观测者技术水平、感觉器官辨识能力、工作态度的差异，会对观测成果造成不同程度的误差。

2. 测量设备的因素

测量设备质量的优劣也会对测量成果产生不同的影响，其他条件相同的情况下，高质量的观测仪器会产生较小的观测误差，反之会产生较大的观测误差。不难理解，标称精度为 2″的经纬仪在同等条件下，观测质量应比标称精度为 6″的仪器高，S_1 级的水准仪，观测质量应比 S_3 级的水准仪高等。

3. 观测环境的因素

测量观测工作是在野外进行的，外界的观测环境会对观测值质量产生不容忽视的影响。气温急剧变化时，会使得观测目标成像跳动；光线昏暗时，会使目标成像不清晰，这都会造

成照准误差。另外，观测时视线通过密度不等的空气时，会由于大气折光使光线不再是直线，事实上也造成照准误差。

测量工作中我们使用精度的概念来衡量观测值及其函数的质量，但是观测值的真值是不可知的，因而“精度”并非是可以精确度量的值。由于上述三个因素的综合作用决定着观测质量优劣，我们将其统称为观测条件。观测条件直接决定着观测成果的质量，当观测条件较好时，观测成果精度就高；观测条件差时，观测成果精度就低。凡是相同观测条件下获得的观测值，不论其实际真误差大小，我们定义为“等精度观测值”，反之则为“不等精度观测值”。

三、测量误差的分类

测量误差按性质可分为三类：一类为系统误差，一类为偶然误差（又称随机误差）。此外，还有属于错误性质的第三类：“粗差”。

1. 系统误差

若观测过程中，观测误差在符号或大小上表现出一定的规律性，在相同观测条件下，该规律保持不变或变化可预测，则称具有这种性质的误差为系统误差。例如用一只标称长度为 30 m，而其实际长度为 29.99 m 的钢尺来量距，则每量 30 m 的距离，就会产生 1 cm 的误差，丈量所得 60 m 的距离，实际长度仅为 59.98 m。

系统误差是由于仪器构造不完善、观测环境不理想等有规律的因素造成的。系统误差对观测值的影响所具有的符号、大小上的规律性，使其一般不能通过多次观测简单地取平均值加以削弱，其对观测值的影响通常具有积累的作用，对成果质量危害特别显著。因此，测量作业时必须采取相应的处理措施将其消除，或削弱到可以忽略不计的程度。实践中的做法主要有两类：①模型改正法：根据这些误差的规律性，建立数学模型计算对其观测值的改正量，如对丈量的距离观测值加尺长改正数，消除钢尺标称长度与实际不符对距离测量的影响；计算折光改正数削弱大气折光对距离测量的影响等。②观测程序法：利用一定的观测程序来消除、减弱系统误差的影响。例如，角度测量时，盘左、盘右分别测定上下半测回取中数；水准测量时，前后视距相等操作规程，可以消除仪器构造不完善对观测值产生的影响。

2. 偶然误差

在相同观测条件下，取得一系列等精度观测值，若误差的大小、符号没有任何规律，即在一定限度内，不能对可能出现的误差作任何预测，则这一类的误差就称为偶然误差，又称随机误差。例如，用经纬仪测角时，用望远镜瞄准目标时产生的照准误差；水准测量时，瞄准水准尺估读毫米的读数误差等，都属于偶然误差。偶然误差是受观测人员分辨能力局限、设备精确性、不良的观测条件等诸多因素共同作用引起的，在测量工作中是不可避免的。

3. 粗　差

粗差是指一定观测条件下，超出正常范围的误差值。粗差理论上应归于错误一类，如读数、输入数据、照准目标错误等人为因素影响，或因测量设备出现故障而造成。

四、测量误差的处理原则

在三类观测误差中，粗差属于错误，理论上是完全可以避免的。在测量工作中，为了发现和剔除含错误的观测值，总是采用有一定多余观测数的观测程序，有了多余观测值，就能检核发现粗差。例如，平面上一个三角形只要测定两个角，第三个角就唯一确定，若测量了第三个角，则产生一个多余观测值，这样三个角度观测值构成了一个检核条件，即三个角度观测值之和应等于 180°。若和与 180°的差值超过了在确定的观测条件下的正常范围，即可以认为观测值中含有粗差。因此通过多余观测的作业方法、各种检核条件及制定合理的限差，就能够发现和剔除含粗差的观测值。

在观测过程中，系统误差和偶然误差总是同时产生的。当观测结果中有明显的系统误差时，偶然误差就处于次要地位，观测误差就呈现出“系统性”；反之，当观测结果中系统误差居次要地位时，观测误差就呈现“偶然性”。如前所述，偶然误差不可避免，而系统误差由于具有明显的规律性，所以总是可以利用其规律采取各种办法消除或削弱，使其相对于偶然误差而言，处于次要地位，以至于可以认为观测值中只含偶然误差。

由于我们能够消除或削弱粗差和系统误差对观测结果的影响，所以测量工作中处理误差的基本原则是，首先发现和剔除含粗差的观测值，并采用模型改正法及观测程序法消除或削弱系统误差的影响，使观测值中只含偶然误差，或者说相对于偶然误差，系统误差的影响可以忽略不计。然后运用误差理论求观测值及其函数的最佳估值，这一工作称为测量平差。

第二节　偶然误差的统计规律性

如上节所述，偶然误差的产生是不可避免的，因此，偶然误差是测量误差理论中主要的研究对象。偶然误差就其个体而言，数值的大小和符号没有任何规律性，呈现出一种随机特性。但就大量观测误差的整体而言，却表现出一定的统计规律性，下面通过一个实例来说明这种规律性。

在相同的观测条件下，独立地观测了 358 个三角形的全部内角，观测严格按测量规范完成，可以认为成果中已经消除了粗差和系统误差影响。由于观测值仍含偶然误差，所以三角形内角和不等于 180°。根据式（5－1）可知，三角形内角和的真误差可按下式计算：

$$\Delta_i = 180° - (L_1 + L_2 + L_3)_i \quad (i = 1, 2, 3, \cdots, 358) \tag{5-2}$$

式中，$(L_1+L_2+L_3)_i$ 表示第 i 个三角形的内角和，由此可求得 358 个真误差。

现将误差出现的范围分为若干个相等的小区间，每个区间的长度 $\mathrm{d}\Delta$ 为 0.2″，然后统计误差数据出现在各个区间内的个数 v_j，误差出现在区间 j 这一事件的频率 v_j/n，其中 j 是区间的编号，n 是样本的个数，在此例中为 $n=358$，统计结果如表 5－1 所示，$\mathrm{d}\Delta$ 单位为秒。

由表 5－1 中数据可见，误差的分布有以下特点：

（1）在确定的观测条件下，按一定的观测程序观测，偶然误差的绝对值不会超出一定的限度。

（2）绝对值小的偶然误差比绝对值大的偶然误差出现的频率高。

（3）绝对值相等符号相反的偶然误差，出现的频率基本相同。

测量实践表明，对于一组等精度、独立进行观测的观测值而言，不论观测条件如何，也不论所观测是同一个量，还是不同的量，观测误差整体上都符合上述 3 个特征。并且观测值数量 n 越大，符合程度越高。由于偶然误差的这些特性，是一系列偶然误差作为一个整体所表现出来的，所以可将其称为统计规律性。

表 5—1　偶然误差的统计

误差区间	负误差		正误差		误差绝对值	
$\mid d\Delta \mid$	v_j	v_j/n	v_j	v_j/n	v_j	v_j/n
0.0～0.2	45	0.126	46	0.128	91	0.254
0.2～0.4	40	0.112	41	0.115	81	0.226
0.4～0.6	33	0.092	33	0.092	66	0.184
0.6～0.8	23	0.064	21	0.059	44	0.123
0.8～1.0	17	0.047	16	0.045	33	0.092
1.0～1.2	13	0.036	13	0.036	26	0.073
1.2～1.4	6	0.017	5	0.014	11	0.031
1.4～1.6	4	0.011	2	0.006	6	0.017
1.6 以上	0	0	0	0	0	0
$\sum$	181	0.505	177	0.495	358	1.000

第三节　偶然误差的分布

为了更直观地表示偶然误差的统计规律，可以用图形的形式来表达。例如，在平面直角坐标系中，以横坐标表示误差的大小，单位取秒，纵坐标表示误差落入各区间的频率除以区间的间隔值，也就是$\frac{v_j}{n\mathrm{d}\Delta}$（本例 $\mathrm{d}\Delta$ 是 0.2″），其数值等于误差落入单位区间内的频率，单位是频率/秒。若分别以各小区间的$\frac{v_j}{n\mathrm{d}\Delta}$为高，区间间隔为宽绘制矩形长条，则所绘制的图如图 5.1 所示，称为“频率直方图”。其中每一个矩形长条的面积值就代表误差落入该区间的频率值，而所有矩形长条面积的和等于 1。

由图 5.1 可见，图形相对于纵轴基本对称，面积较大的长方条集中在纵轴两侧，并随着横坐标绝对值加大而逐渐变小，在一定范围外为零，所以频率直方图同样表达了偶然误差的 3 个统计规律。不同的是，相对于表格数据分析，它更形象、直观。长期的观测实践表明，观测条件不同，偶然误差出现在同一区间内的频率就不同，但同样的观测条件下，只要观测值数量足够多，偶然误差出现在各个区间内的频率分布总是符合三项统计规律的。为了说明

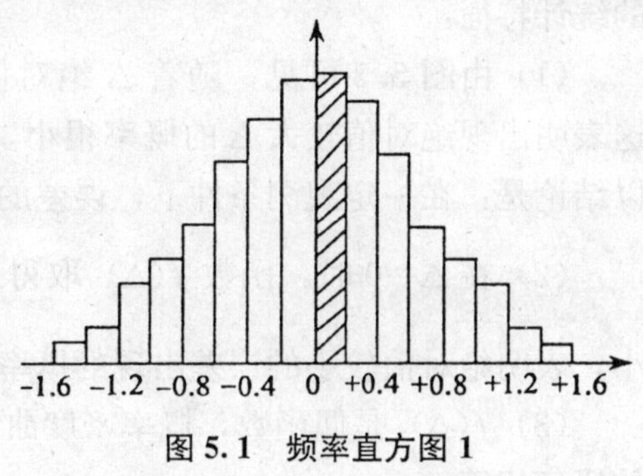

图 5.1　频率直方图 1

这一点，下面将另一个测区，不同观测条件下所测得的 421 个三角形内角和的真误差，按同样的方法做出频率直方图，如图 5.2 所示。

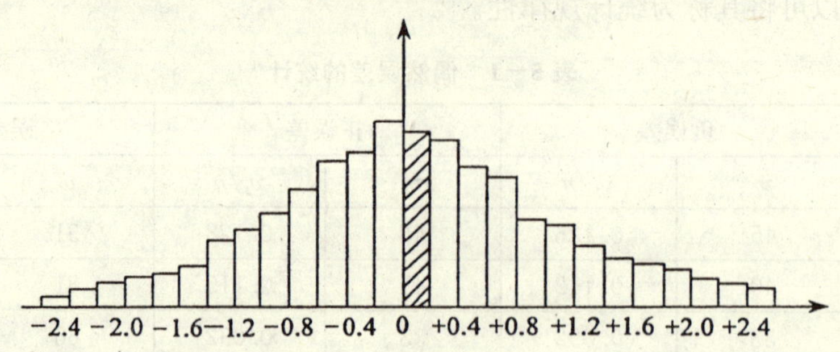

图 5.2 频率直方图 2

对比图 5.1 可见，由于观测条件不同，两个直方图图形有明显差异，相对图 5.1，图 5.2 中偶然误差落入各区间内的频率较为分散，但是同样符合偶然误差三项统计规律。

对于一种统计规律来说，显然观测数 n 越大，偶然误差出现在各小区间的频率值越稳定，随着 $n\rightarrow\infty$，各区间的频率值变化幅度越来越小，最后稳定在某一常数附近，称该常数为理论频率，定义为观测值数 $n\rightarrow\infty$时的频率值。如果将 $n\rightarrow\infty$时偶然误差在各小区间内已经趋于稳定的频率分布，称为误差分布，那么，误差分布是由观测条件决定的，换句话说，在一定的观测条件下对应着一种确定的误差分布。

若设想在 $n\rightarrow\infty$的条件下，区间间隔 $\mathrm{d}\Delta\rightarrow 0$，那么直方图 5.1、5.2 中各长方条顶边所形成的折线将分别变成图 5.3 所示的两条光滑曲线。这种曲线称为偶然误差的概率分布曲线，或简称为误差分布曲线。

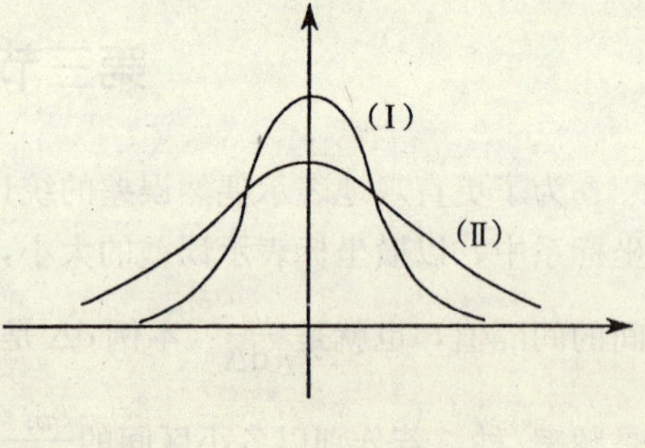

图 5.3 概率密度曲线

根据概率论的有关理论，只含偶然误差的测量误差服从正态分布，因而图 5.3 中的误差分布曲线又称为正态分布曲线，可以由下列函数表达：

$$f(\Delta)=\frac{1}{\sqrt{2\pi}\sigma}e^{-\frac{\Delta^2}{2\sigma^2}} \quad (5-3)$$

该函数称为正态分布概率密度函数，$f(\Delta)$ 为 Δ 出现的概率。根据正态密度函数及误差分布曲线，可以用概率的语言更加严密地阐述偶然误差的统计特征：

(1) 由图 5.3 可见，随着 Δ 绝对值增加，曲线迅速地接近横轴，并以横轴为渐近线。这表明出现绝对值较大 Δ 的概率很小。由于小概率事件被认为是实际上不可能发生的，所以结论是：在一定观测条件下，误差的绝对值不会超过一定的限度。

(2) 在 $\Delta=0$ 时，函数 $f(\Delta)$ 取得最大值 $f(0)=\frac{1}{\sqrt{2\pi}\sigma}$，随着 Δ 绝对值加大，$f(\Delta)$ 减小，表明绝对值较小的误差出现的概率比绝对值较大的误差出现的概率高。

(3) $f(\Delta)$ 是偶函数，概率密度曲线对称于纵轴，即绝对值相等的正误差和负误差出现的概率相等。

（4）偶然误差的理论平均值为 0，即：

$$\lim_{n\to\infty}\frac{1}{n}\sum_{i=1}^{n}\Delta_i=0 \tag{5-4}$$

性质（3）、性质（4）是通常采用对同一量观测多次，取平均值作为最后成果的理论根据。

第四节　衡量精度的数字指标

实践中，偶然误差（真误差）是不可知的，但根据观测条件决定观测质量的原则，可以认为相同的观测条件下所取得的观测值精度相同，而同精度的观测值对应着相同的误差分布。精度不同，误差分布就不同。分析图 5.3 可以看出，直方图 5.1 对应的误差分布曲线较为陡峭，而直方图 5.2 对应的误差分布曲线较为平缓，说明前者小误差出现的概率较后者高，而较大误差出现的概率较后者低，这表明前一组观测数据质量比后一组高。由于质量较高的观测值绝对值较小的偶然误差较多，绝对值较大的偶然误差较少，实际上反映了误差在其分布中心 0 附近分布的密集程度，所以精度也可以称为反映误差密集程度的指标。需要指出的是，只有在消除了粗差和系统误差后，观测误差中仅含偶然误差时，误差才会以 0 为分布中心。

既然误差分布曲线的形态，能表示观测值精度质量，那么什么参数决定了曲线的形态呢？分析正态分布概率密度函数

$$f(\Delta)=\frac{1}{\sqrt{2\pi}\sigma}e^{-\frac{\Delta^2}{2\sigma^2}}$$

可以看出，当 $\Delta=0$ 时，正态分布概率密度函数 $f(0)=\frac{1}{\sqrt{2\pi}\sigma}$ 取得最大值，$f(0)$ 是参数 σ 的函数。当 σ 较小时，$f(0)$ 值较大，反之则较小。由于误差出现在各区间概率的总和为 1，即 $\int_{-\infty}^{+\infty}f(\Delta)\mathrm{d}\Delta=1$，从图形上讲，就是说误差曲线与横轴围成的区域面积为 1。这说明 $f(0)$ 值较大时，对应的误差分布曲线较为陡峭；$f(0)$ 值较小时，对应着较为平缓的误差分布曲线，因此参数 σ 可以作为衡量精度的数字指标。概率论中定义 σ 为：

$$\sigma=\sqrt{\lim_{n\to\infty}\frac{1}{n}\sum_{i=1}^{n}\Delta_i^2} \tag{5-5}$$

称其为观测误差的标准差，是 Δ 的幂平均值的算术根。由于是在观测量 $n\to\infty$ 条件下的结果，又称为理论平均值。σ 不代表观测值实际误差的大小，但是它有如下实际意义：

（1）σ 较小时，观测值中含较大误差的可能性较小，反之则较大。所以比较观测值或者其函数对应的标准差的大小，可以衡量观测值质量的高低。

（2）根据误差理论，误差绝对值大于 σ 的概率为 0.317，大于 2σ 和 3σ 的概率值则分别为 0.045 和 0.003，所以 σ 值较小，意味着观测值中偶然误差的绝对值可能较小。

（3）测量工作中为了提高精度和发现粗差，必须采用观测数大于必要观测数的观测方法。例如，在角度测量时，采用上下半测回观测取中数，多个测回方向值取平均值的观测方

法；高程测量时，对于两点间的高差，采用往返测取中数的观测方法。由于观测值中含有误差，对同一量所作的多个观测值之间会存在差异，那么，在一定的观测条件下，这种差异的量值在什么范围内是正常的？达到什么量值时意味着观测值中含有粗差（错误）？测量实践中是根据观测条件和实践经验估计出观测值互差值的标准差 σ，当观测值之间的差值超出 2 倍或 3 倍差值的标准差 σ 时，就认定观测值中含有粗差，属于超限观测值。

第五节　精度数字指标的实际计算方法

由于实践中观测值的数量总是有限的，所以不能得到观测误差的标准差，只能得到其估值，称为中误差，用 m 表示：

$$m=\pm\sqrt{\frac{1}{n}\sum_{i=1}^{n}\Delta_i^2}=\pm\sqrt{\frac{[\Delta\Delta]}{n}} \tag{5-6}$$

式中方括号 [] 是测量上表示总和的符号。而一般情况下，观测值的真值 X 是未知的，因而真误差也是未知的，式（5－6）只是一个定义式，难以实际应用，所以测量工作中采用观测值改正数来估算中误差。为了阐述相关的内容，需要首先解释几个重要的概念。

一、必要观测数

测量工作的目的是确定未知的量，这些未知的量可以是水平夹角、边长、高差等可直接观测的值，但是更经常的是作为观测值函数的待定点平面坐标（x，y）及高程 h。为了解算出待定的平面坐标及高程，观测值必须具备两个条件：① 观测值必须构成适当的几何图形，测量上称为控制网。② 根据每确定一个待定量、需要一个观测值的原则，要解算出全部的待定量，必须有数量足够、函数独立的观测值，称为必要观测值。函数独立是指观测值之间不存在函数关系，例如，一个三角形若测定了两个角 α、β 后，又测定了第三个角 γ，则角 γ 与其他两个角就存在函数关系：$\alpha+\beta+\gamma=180°$。

例如，在三角形（ABP）中，A、B 是已知点，P 是待定点，要确定 P 点在给定坐标系统中的位置，需要确定两个待定量（x_P，y_P），所以需要两个观测值，这两个观测值可以是夹角 α、β，也可以是边长 S_{AP}、S_{BP}，还可以是 α、S_{AP} 或者 β、S_{BP}。由此可见，为了确定待定量，观测值是可选择的，但是必要观测值个数是确定的。

二、多余观测数

如前所述，观测过程中误差不可避免，为了能发现粗差、提高测量成果质量，测量工作中要求实际观测值数量必须大于必要观测数。设必要观测数为 t，实际观测数为 n，则称 $r=n-t$ 为多余观测数。

在同样观测条件下，r 越大，发现粗差并确定其位置的能力越强，称为可靠性越高，同时，观测成果的精度也越高，但随着 n 加大，精度提高的幅度迅速减小，所以实践中并不能采用大量观测的方法无限地提高精度。

三、不符值

当存在多余观测值时，观测值之间必然会产生函数关系。设三角形三个内角的观测值分别是L_1、L_2、L_3，则函数关系应为$L_1+L_2+L_3-180°=0$。又设测量了一个闭合环上的各段高差Δh_i，因为环线上由一点开始测量高差，又回到同一点，所以应有函数关系$\sum_{i=1}^{n}\Delta h_i=0$。实际上由于观测值存在误差，这些函数关系通常不能满足，即$L_1+L_2+L_3-180°\neq 0$，$\sum_{i=1}^{n}\Delta h_i\neq 0$。测量上将由于误差导致观测值不满足函数关系，而产生的与理论值的差值称为不符值，也称为闭合差，通常用w表示。

不符值的产生是由于观测值存在误差，但是能够发现不符值的前提是有多余观测数。一般情况下，不符值大说明观测质量差，反之说明观测质量高。但是多余观测数不够多时，往往不能说明问题。例如，三角形测量了三个内角，多余观测数为1，观测值仅受一个函数式制约，若其中一个角测大10秒，另一个角测小10秒，闭合差可能很小，问题不能被发现；而若多余观测数多，则观测值同时受多个函数式制约，问题就比较容易发现，从而可靠性高。

四、观测值改正数

测量上处理带偶然误差观测值的理论与方法称为测量平差。顾名思义，测量平差就是要消除不符值（差），观测值经平差方法处理后得到符合最优估值条件的平差值。设观测值为L_i，平差值为$\hat{L}_i$，则$v_i=\hat{L}_i-L_i$称为观测值改正数。

五、等精度观测值中误差计算

回顾式（5－1）：$\Delta=X-L$，可见改正数v_i实际上是真误差Δ_i的估值，而观测值改正数的大小，在多余观测数足够的条件下，也反映了观测质量的优劣，所以以观测值改正数估算中误差，是合乎逻辑的。测量平差理论中用观测值改正数计算中误差的公式为：

$$m=\pm\sqrt{\frac{[vv]}{n-t}}=\pm\sqrt{\frac{[vv]}{r}} \tag{5-7}$$

第六节　误差传播定律

测量工作中，点位平面坐标、高程这样的量称为非观测量，不能直接观测得到，而只能作为观测值的函数求出。测量学中阐述观测值中误差与其函数中误差之间数学关系的定律称为中误差传播定律。

非观测量与观测量之间的函数关系多种多样，但归纳起来可分为线性关系和非线性关系。

一、线性函数

设有观测值 L_i（$i=1, 2, \cdots, n$）的线性函数：

$$y=a+a_1L_1+a_2L_2+a_3L_3+\cdots+a_nL_n \tag{5-8}$$

其中观测值 L_i 的真误差为 Δ_i，而中误差为 m_i，其中 $i=1, 2, \cdots, n$，则有：

$$\Delta_y=a_1\Delta_1+a_2\Delta_2+\cdots+a_n\Delta_n \tag{5-9}$$

（5-9）式等号两边平方，得到：

$$\begin{aligned}\Delta_y^2=&a_1^2\Delta_1^2+a_2^2\Delta_2^2+\cdots+a_n^2\Delta_n^2+2a_1\Delta_1(a_2\Delta_2+a_3\Delta_3+\cdots+a_n\Delta_n)+\\&2a_2\Delta_2(a_3\Delta_3+a_4\Delta_4+\cdots+a_n\Delta_n)+\cdots+2a_{n-1}\Delta_{n-1}(a_n\Delta_n)\end{aligned} \tag{5-10}$$

设对观测值 L_i（$i=1, 2, \cdots, n$）分别做无限次观测，根据标准差的定义，得到：

$$\begin{aligned}\sigma_y^2=&a_1^2\lim_{m\to\infty}\frac{1}{m}\sum_{i=1}^{m}\Delta_{1i}^2+a_2^2\lim_{m\to\infty}\frac{1}{m}\sum_{i=1}^{m}\Delta_{2i}^2+\cdots+a_n^2\lim_{m\to\infty}\frac{1}{m}\sum_{i=1}^{m}\Delta_{ni}^2+\\&2a_1a_2\lim_{m\to\infty}\frac{1}{m}\sum_{i=1}^{m}\Delta_{1i}\Delta_{2i}+2a_1a_3\lim_{m\to\infty}\frac{1}{m}\sum_{i=1}^{m}\Delta_{1i}\Delta_{3i}+\cdots\end{aligned} \tag{5-11}$$

式中，Δ_{1i}表示观测值L_1 的第 i 次观测值真误差。由于 Δ_1，Δ_2，$\cdots$，Δ_n 均是偶然误差，设其相互误差独立，即任一观测值真误差的大小、符号与其他观测值真误差无关，则两两之间的乘积仍然是偶然误差。所以根据式（5-4）知式（5-10）中的非平方项均为 0，即：

$$\begin{aligned}\sigma_y^2&=a_1^2\lim_{m\to\infty}\frac{1}{m}\sum_{i=1}^{m}\Delta_{1i}^2+a_2^2\lim_{m\to\infty}\frac{1}{m}\sum_{i=1}^{m}\Delta_{2i}^2+\cdots+a_n^2\lim_{m\to\infty}\frac{1}{m}\sum_{i=1}^{m}\Delta_{ni}^2\\&=a_1^2\sigma_1^2+a_2^2\sigma_2^2+\cdots+a_n^2\sigma_n^2\end{aligned} \tag{5-12}$$

以中误差 m_i 代替标准差σ_i，就得到观测值中误差与其线性函数中误差之间的关系式：

$$m_y=\pm\sqrt{(a_1m_1)^2+(a_2m_2)^2+(a_3m_3)^2+\cdots+(a_nm_n)^2} \tag{5-13}$$

若设观测值 L_i 是等精度观测值，中误差为 m，则有：

$$m_y=m\sqrt{a_1^2+a_2^2+a_3^2+\cdots+a_n^2} \tag{5-14}$$

二、非线性函数

大多数非观测量与观测值的关系是非线性的，其函数式随控制网结构及观测值类型而不同，一般形式可以写为：

$$y=f(L_1,L_2,\cdots,L_n) \tag{5-15}$$

式中，L_i（$i=1, 2, \cdots, n$）是观测值，相应的中误差为 m_i（$i=1, 2, \cdots, n$）。对于非线性函数，求观测值中误差与其函数中误差关系式，首先要将非线性的函数式（5-15）“线性化”。设观测值 L_i（$i=1, 2, \cdots, n$）有近似值 L_i°（$i=1, 2, \cdots, n$），将式（5-15）按泰勒级数在 L_i°（$i=1, 2, \cdots, n$）处展开，由于（$L_i-L_i^\circ$）是一小量，其二次以上项可以忽略不计，所以仅取一次项为：

$$y=f(L_1^\circ,L_2^\circ,\cdots,L_n^\circ)+\left(\frac{\partial f}{\partial L_1}\right)_\circ(L_1-L_1^\circ)+\left(\frac{\partial f}{\partial L_2}\right)_\circ(L_2-L_2^\circ)+\cdots+\left(\frac{\partial f}{\partial L_n}\right)_\circ(L_n-L_n^\circ) \tag{5-16}$$

整理得到：

$$y=\left(\frac{\partial f}{\partial L_1}\right)_{\circ}L_1+\left(\frac{\partial f}{\partial L_2}\right)_{\circ}L_2+\cdots+\left(\frac{\partial f}{\partial L_n}\right)_{\circ}L_n+f(L_1^{\circ},L_2^{\circ},\cdots,L_n^{\circ})-\sum_{i=1}^{n}\left(\frac{\partial f}{\partial L_i}\right)_{\circ}L_i^{\circ} \tag{5-17}$$

式中，$\left(\frac{\partial f}{\partial L_i}\right)_{\circ}$ 是函数 $y=f$（L_1，L_2，…，L_n）分别对自变量 L_i 求偏导数后，以近似值 L_j°（$j=1$，2，…，n）代入所求偏导得到的结果，是一个常数。

若令：

$$a=f(L_1^{\circ},L_2^{\circ},\cdots,L_n^{\circ})-\sum_{i=1}^{n}\left(\frac{\partial f}{\partial L_i}\right)_{\circ}L_i^{\circ}$$

$a_i=\left(\frac{\partial f}{\partial L_i}\right)_{\circ}$，则观测值的非线性函数（5－15）取得与线性函数（5－8）完全相同的形式：$y=a+a_1L_1+a_2L_2+a_3L_3+\cdots+a_nL_n$，从而可以按式（5－12）由观测值中误差求其函数的中误差。此外，由于（5－8）式中常数项 a 并没有出现在误差传播定律公式(5－12）中，所以对式（5－15）线性化时，无需计算常数项，只需求得：

$$y=\left(\frac{\partial f}{\partial L_1}\right)_{\circ}L_1+\left(\frac{\partial f}{\partial L_2}\right)_{\circ}L_2+\cdots+\left(\frac{\partial f}{\partial L_n}\right)_{\circ}L_n$$

中的系数$\left(\frac{\partial f}{\partial L_i}\right)_{\circ}$，这实际上是对式（5－15）求全微分的系数。所以可以归纳应用误差传播定律，由观测值中误差求函数的中误差的步骤如下：

（1）按问题的要求，写出观测值与函数的关系式：$y=f$（L_1，L_2，…，L_n）。

（2）若函数是非线性的，则对其求全微分 $y=\left(\frac{\partial f}{\partial L_1}\right)_{\circ}L_1+\left(\frac{\partial f}{\partial L_2}\right)_{\circ}L_2+\cdots+\left(\frac{\partial f}{\partial L_n}\right)_{\circ}L_n$，以观测量近似值 L_j°（$j=1$，2，…，n）代入全微分式，得到常系数 $a_i=\left(\frac{\partial f}{\partial L_i}\right)_{\circ}$。

（3）应用误差传播定律式（5－13），由观测值中误差 m_j 求函数中误差：

$$m_y=\pm\sqrt{(a_1m_1)^2+(a_2m_2)^2+(a_3m_3)^2+\cdots+(a_nm_n)^2}$$

第七节　误差传播定律应用

一、距离测量的中误差

用钢尺量距，设所用钢尺长度为 L，测量 A、B 两点间总长为 S 的长度，需测量 n 个尺段累加。设观测条件相同，即每个尺段测量误差相同，均为 m，求 S 的中误差。

根据问题写出 A、B 间总长 S 与观测值的关系式：$S=L_1+L_2+\cdots+L_n$，由于各测段测量误差相同，直接应用误差传播定律式（5－13）得：

$$m_S=m\sqrt{n} \tag{5-18}$$

即距离丈量结果的中误差与所用尺段数的平方根成正比。

二、水准测量高差的中误差

设在 A、B 两点间进行水准测量，中间共设 n 站，以 h_{AB} 表示 A、B 间的高差，则 $h_{AB}=\sum_{i=1}^{n}h_i$。若设每站高差的精度相同，中误差均为 $m_站$，则应用误差传播定律得：

$$m_{h_{AB}}=m_站\sqrt{n} \tag{5-19}$$

这表明，在假设每站观测高差精度相等的前提下，水准测量高差的中误差等于一站观测高差中误差的$\sqrt{n}$倍，即与测站数的平方根成正比。

若两水准点之间距离为 S，假设其中每一测站的距离相等，以 s 表示，则 A、B 间测站数 $n=S/s$，从而 $m_{h_{AB}}=m_站\sqrt{n}=m_站\sqrt{S/s}=m_站\sqrt{1/s}\sqrt{S}$。式中 $m_站\sqrt{1/s}$实际上是路线长度为 1 km 的观测高差的中误差，令其为 m_{km}就得到：

$$m_{h_{AB}}=m_{km}\sqrt{S} \tag{5-20}$$

由此可见，在各测站距离近似相等的前提下，水准高差的中误差与水准路线长度的平方根成正比。

三、算术平均值及其中误差

设在相同的条件下对未知量 X 观测了 n 次，观测值分别为 L_1，L_2，…，L_n，试求未知量 X 的最佳估值及其中误差。

设观测值 L_i 的真误差为 Δ_i，则根据式（5－1）有：

$$\Delta_i=X-L_i \quad (i=1,\ 2,\ \cdots,\ n)$$

对 n 个观测值求和得：

$$\Delta_1+\Delta_2+\cdots+\Delta_n=nX-(L_1+L_2+\cdots+L_n)$$

测量上使用方括号［］表示累加，所以上式又可以写为［Δ］＝－［L］＋nX，即

$$X=\frac{[L]}{n}+\frac{[\Delta]}{n} \tag{5-21}$$

当观测值中只含偶然误差时，根据偶然误差的特性 3，知道当 $n\to\infty$时，$[\Delta]\to 0$，观测值的平均值就趋于真值。由此可见，作为误差理论中的一个公理，当对一个未知量在同等观测条件下进行多次观测时，应取各次观测值的平均值作为未知量的最佳估值，即

$$x=\frac{L_1}{n}+\frac{L_2}{n}+\cdots+\frac{L_n}{n}$$

由于观测条件相同，所以各观测值中误差相同。设观测值中误差为 m，对平均值公式应用误差转播定律式（5－13），得到

$$m_x^2=\underbrace{\frac{m^2}{n^2}+\cdots+\frac{m^2}{n^2}}_{n项}=\frac{m^2}{n}$$

所以

$$m_x=\frac{m}{\sqrt{n}} \tag{5-22}$$

由于 n 个观测值的算术平均值中误差是观测值中误差的 $1/\sqrt{n}$ 倍，精度显著高于单次观测值精度，所以测量工作中普遍采用多次观测取平均值的方法来提高测量精度。但是同时也可以看出，随着 n 逐步加大，$\sqrt{n}$ 增大的幅度逐渐减小，在 n 达到一定程度后，继续增大是不实际的。加之观测值中还不可避免地包含有系统误差，不能通过无限增加观测次数完全消除，所以无论是理论上还是实际工作中，通过无限增加观测次数的方法来提高观测成果的精度都是不现实的。

第八节　相对精度指标——权

一、权的定义

在测量工作中，观测值往往不是等精度的。典型的如水准网，各测段路线长度 S 不等，根据式（5－20）知，其中误差 $m_{h_{AB}}=m_{km}\sqrt{S}$ 就不相等；另外，在导线测量控制网中，观测值中方向值和边长是两种不同类型的观测值，一般也不是等精度的。容易理解，对于一组不同精度的观测值，在运用误差理论处理观测数据，消除不符值，求观测值及其函数最佳估值的“平差”过程中，不应同等对待。为了消除不符值，观测值都要作一定“改正”，但基本的原则是，精度高的观测值应有较小的改正量，而精度低的观测值应有较大的改正量。

在实际工作中，中误差作为衡量观测值精度的绝对指标估值，在平差前一般是不知道的，而表示各观测值精度指标之间比值关系的数字特征，却可以通过一定的条件得出，测量上称这种数字特征为“权”。权是衡量轻重的意思，顾名思义，它是衡量一组观测值之间相对精度的数字指标。

测量中定义精度较高的观测值，有较大的权；反之有较小的权。由于精度较高的观测值，中误差较小，所以观测值 L_i 的权 p_i 可定义为：

$$p_i=\frac{m_o^2}{m_i^2} \tag{5-23}$$

式中，m_i 是观测值 i 的中误差；m_o 是任意给定的常数。从上述定义式可以看出：

（1）观测值的权与中误差的平方成反比，精度较高的观测值权较大，反之权较小。

（2）由权的比例关系式可知：

$$p_1:p_2:\cdots:p_n=\frac{m_o^2}{m_1^2}:\frac{m_o^2}{m_2^2}:\cdots:\frac{m_o^2}{m_n^2}=\frac{1}{m_1^2}:\frac{1}{m_2^2}:\cdots:\frac{1}{m_n^2} \tag{5-24}$$

可见，随着常数 m_o 的不同，权也不同，即权不是唯一的，但是一组观测值权之间的比值是唯一的，与常数 m_o 无关。

由于一组观测值权之间的比值是唯一的，所以权能够作为一种数字指标，衡量观测值的“重要性”，以便在平差中对不同精度观测值区别对待。这里需要指出的是，对于一组观测值，作为参照标准的常数 m_o 必须是唯一的，否则各观测值的权不再具有可比性，也就失去了相对精度指标的意义。

二、观测值权的确定方法

1. 水准测量高差的权

设水准测量中每公里路线长度的观测高差相同，为 m_{km}。又知一组水准测量高差观测值为 h_1，h_2，…，h_n，其对应的水准测量路线长度为 S_1，S_2，…，S_n。根据式（5—20）知，$m_i = m_{km}\sqrt{S_i}$。令 $m_0 = m_{km}\sqrt{C}$，即取路线长度为 C 的高差中误差为任意常数 m_0，其中 C 可以是实际存在的高差观测值路线长度，也可以是不存在的高差观测值路线长度。由权的定义式（5—23）知，高差观测值 h_i 的权为：

$$p_i = \frac{C}{S_i} \tag{5—25}$$

即水准测量高差的权，与水准测量路线长度成反比。

2. 同精度观测值算术平均值的权

设有一组观测值 L_1，L_2，…，L_n，分别是 N_1，N_2，…，N_n 次同精度观测值的平均值。由算术平均值精度公式（5—22）知，设单次观测值中误差为 m，则 N_i 次算术平均值的中误差为 $m_i = \frac{m}{\sqrt{N_i}}$。设常数 m_0 是 C 次同精度观测值的算术平均值的中误差，即 $m_0 = \frac{m}{\sqrt{C}}$，根据权的定义式（5—23）就有：

$$P_i = \frac{N_i}{C} \tag{5—26}$$

即由不同次数同精度观测值所计算得到的算术平均值，权与观测次数成正比。

3. 光电测距观测值的权

在平面控制网中常常有两类不同性质的观测值，分别是角度（方向）观测值和边长观测值。由于角度（方向）观测值的精度与角度大小、距离远近没有直接的联系，所以可将所有角度（方向）观测值视为等精度观测值，根据仪器的标称精度、观测条件和实践经验，确定中误差。若令其为权定义式中的常数 m_0，则所有角度（方向）观测值的权均为 1。确定光电测距观测值的权，一般先根据测距仪的标称精度确定观测中误差，例如设某观测边长度为 S_i，则其中误差为 $m_i = A + BS_i$。式中 A 称固定误差，是与距离无关的误差；B 称为比例误差，与距离成正比，A、B 均是仪器标称精度。在确定了两类观测值的中误差估值后，就可以直接按权的定义式 $p_i = \frac{m_0^2}{m_i^2}$ 确定边长观测值的权。这里需要指出的是，在观测值均属同一类型时，权是无单位的，而存在两种类型的观测值时，权有单位。对于本例，权的单位通常是秒^2/厘米^2。

4. 加权平均值的权

设对某一观测量 X 进行了 n 次不等精度的观测，得到观测值 L_1，L_2，…，L_n，其相应的中误差为 m_1，m_2，…，m_n，权为 p_1，p_2，…，p_n。设 x 为 X 的最优估值，则 x 为各观测值的加权平均值，公式为：

$$x = \frac{p_1L_1 + p_2L_2 + \cdots + p_nL_n}{[p]} \tag{5—27}$$

对（5－27）式应用误差传播定律，得到：

$$m_x^2=\frac{p_1^2m_1^2+p_2^2m_2^2+\cdots+p_n^2m_n^2}{[p]^2}$$

顾及到权的定义式 $p_i=\frac{m_o^2}{m_i^2}$，可得：

$$\frac{m_o^2}{p_x}=\frac{p_1^2\frac{m_o^2}{p_1}+p_2^2\frac{m_o^2}{p_2}+\cdots+p_n^2\frac{m_o^2}{p_n}}{[p]^2}$$

从而有

$$\frac{1}{p_x}=\frac{p_1+p_2+\cdots+p_n}{[p]^2}=\frac{1}{[p]},\ p_x=[p] \tag{5-28}$$

即加权平均值的权，为各不等精度观测值权的累加。

由以上实例可知，权可以根据一定的条件，在不知道中误差确切值的情况下予以确定，也可以根据观测条件对精度指标作出估计后，直接由定义式确定。在测量平差中，权作为一个衡量观测值精度的相对指标，作用是为消除不符值而对观测值加改正数时，同等条件下，使权较小的观测值分到较大的改正数。

通常情况下，一个控制网的观测值都是不等精度的，因此平差前必须确定权。而事实上，平差结果对权的变化不十分敏感，所以权并非一个需要非常精确的参数。某些情况下定权需要知道观测值中误差，就可以根据观测条件估算，所得中误差值称为“先验”精度指标。与之对应，通过严密平差后所得到的中误差值，则称为验后“精度指标”。

三、权倒数传播定律

设有观测值 L_i（$i=1$，2，…，n）的线性函数：

$$y=a+a_1L_1+a_2L_2+a_3L_3+\cdots+a_nL_n$$

根据误差传播定律及权的定义公式，可得出：

$$\frac{1}{p_y}=a_1^2\frac{1}{p_1}+a_2^2\frac{1}{p_2}+\cdots+a_n^2\frac{1}{p_n} \tag{5-29}$$

公式表达了观测线性函数的权 p_y 与各观测值权 p_1 之间的关系式，由于公式中权以倒数形式出现，所以称为权倒数传播律，它实质上只是误差传播定律的另一种表现形式。

第九节　单位权中误差

如前所述，在权的定义式 $p_i=\frac{m_o^2}{m_i^2}$中，若选择某一实际存在观测值的中误差作为常数 m_o，则这个观测值的权必为 1；或者说，权等于 1 的观测值，其中误差值必等于权定义式中的常数 m_o。由此，m_o 被称为单位权中误差，相应的观测值称为单位权观测值。

由于 m_o 是可以任意选定的一个常数，所以实际上可能并不存在一个观测值的中误差等于 m_o。但是即使不存在一个权为 1 的真实观测值，m_o 仍然被称为单位权中误差，并且它在测量平差中具有极其重要的作用。由权的定义式知，若知道了单位权中误差 $m_。$和某估算参数的权倒数 $1/p_i$，则参数的中误差为

$$m_i = m\sqrt{1/p_i}$$

设某控制网有一组不等精度观测值 L_i（$i=1, 2, \cdots, n$），其权分别为 p_i，平差消除不符值后，各观测值平差值为 $\hat{L}_i = L_i + v_i$，利用改正数求单位权中误差的公式为：

$$m_{\circ} = \sqrt{\frac{[pvv]}{r}} \tag{5-30}$$

第十节　测量平差原理

一、测量平差的任务

当观测值中存在多余观测时，观测值之间必然构成一定的函数关系。例如，闭合路线的各段高差 Δh 的累加值 $\sum \Delta h = 0$，多边形各观测内角之和应满足 $\sum L_i - (n-2) \times 180° = 0$ 等。但实际上由于观测值存在误差，这些函数一般不能满足，代入观测值后结果不为 0，而等于一个被称为不符值或闭合差的小量。当存在不符值时，推算结果会因路线不同而异，从而存在多值现象，这是不允许的。所以，测量平差的任务就是运用误差理论的原理，消除不符值，求未知量的最优估值并评定其精度。

二、消除不符值的条件方程式

根据几何或物理条件，建立观测值的平差值（消除了不符值的观测值）应满足的函数式。设观测值为 L_1，L_2，…，L_n，平差值应满足的函数关系数为 $r=n-t$，式中 n 是观测值数，t 是必要观测数，r 是多余观测数。其一般形式是：

$$f(L_1, L_2, \cdots, L_n) = 0 \tag{5-31}$$

式（5－31）称为条件方程式，也可以参数形式表示。若设有 t 个函数独立的参数，则每一个观测值的平差值都可以表示为 t 个待定常数的函数，函数形式为：

$$\hat{L}_i = f_i(x_1, x_2, \cdots, x_t) \qquad (i=1,2,\cdots,n) \tag{5-32}$$

式（5－32）实际上是参数形式的条件方程式，但习惯称它为误差方程式。因为每一个观测值均可列一个误差方程式，所以误差方程个数为 n。凡是满足（5－31）式或（5－32）式的观测值 $\hat{L}_i$（$i=1, 2, \cdots, n$），就是消除了不符值的平差值。但是两式共同的特点是，方程数少于未知数的数目，因而没有唯一解。

三、最优估值条件

由于条件方程或误差方程式数少于方程中未知数个数而没有唯一解，所以只能在附加一定条件下求得特解。设观测值与其平差值的关系为 $\hat{L}_i = L_i + v_i$，理论上可以证明，附加

$$\sum p_i v_i^2 = [pvv] = \min \tag{5-33}$$

的条件，所求得的观测值平差值特解能满足最优估值的条件。$[pvv]=\min$ 称为最小二乘条件，也是最优估值条件。

四、间接平差方法

根据消除不符值的条件采用（5－31）式或（5－32）式，相应的平差方法称为条件平差法和间接平差法。其中间接平差方法由于算法规范，适合计算机程序设计，目前已经成为主要采用的方法。下面就间接平差法作一简要介绍。

1. 误差方程线性化

对于误差方程式 $\hat{L}_i = f_i\ (x_1, x_2, \cdots, x_t)\ (i=1, 2, \cdots, n)$，在求得未知参数近似值 $\overset{\circ}{x}_i$ 后，将未知参数 x_i 表示为近似值与其改正数之和，即：$x_i = \overset{\circ}{x}_i + \delta x_i$，将误差方程在 $\overset{\circ}{x}_1$，$\overset{\circ}{x}_2$，…，$\overset{\circ}{x}_t$ 处展开为泰勒级数，只取一次项可得：

$$\begin{aligned}\hat{L}_i &= L_i + v_i \\ &= f_i(\overset{\circ}{x}_1, \overset{\circ}{x}_2, \cdots, \overset{\circ}{x}_t) + \left(\frac{\partial f}{\partial x_1}\right)_{\circ} \delta x_1 + \left(\frac{\partial f}{\partial x_2}\right)_{\circ} \delta x_2 + \cdots + \left(\frac{\partial f}{\partial x_t}\right)_{\circ} \delta x_t + \cdots \text{二次以上的项}\end{aligned}$$

令 $l_i = f\ (\overset{\circ}{x}_1, \overset{\circ}{x}_2, \cdots, \overset{\circ}{x}_t) - L_i$，$\left(\frac{\partial f}{\partial x_1}\right)_{\circ} = a_i$，$\left(\frac{\partial f}{\partial x_2}\right)_{\circ} = b_i$，…，$\left(\frac{\partial f}{\partial x_t}\right)_{\circ} = t_i$

则线性化的误差方程为：

$$v_i = a_i\,\delta x_1 + b_i\,\delta x_2 + \cdots + t_i\,\delta x_t + l_i \quad (i=1, 2, \cdots, n) \tag{5-34}$$

$$\text{令}\quad \boldsymbol{V} = \begin{bmatrix} v_1 \\ v_2 \\ \vdots \\ v_n \end{bmatrix}, \quad \boldsymbol{B} = \begin{bmatrix} a_1 & b_1 & \cdots & t_1 \\ a_2 & b_2 & \cdots & t_2 \\ \vdots & \vdots & & \vdots \\ a_n & b_n & \cdots & t_n \end{bmatrix}, \quad \boldsymbol{l} = \begin{bmatrix} l_1 \\ l_2 \\ \vdots \\ l_n \end{bmatrix}$$

误差方程的矩阵形式为：

$$\boldsymbol{V} = \boldsymbol{B}\delta x + \boldsymbol{l} \tag{5-35}$$

2. 引入最小二乘条件求平差值

将误差方程 $\boldsymbol{V} = \boldsymbol{B}\delta x + \boldsymbol{l}$ 与最小二乘条件式 $[pvv]=\min$ 联立，组成线性方程组：

$$\boldsymbol{N}\delta x + \boldsymbol{U} = 0 \tag{5-36}$$

式（5－36）称为法方程，其中

$$\boldsymbol{N} = \boldsymbol{B}^{\mathrm{T}} \boldsymbol{p} \boldsymbol{B},\ \boldsymbol{U} = \boldsymbol{B}^{\mathrm{T}} \boldsymbol{p} \boldsymbol{l},\ \boldsymbol{p} = \begin{vmatrix} p_1 & & & \\ & p_2 & & \\ & & \ddots & \\ & & & p_n \end{vmatrix}$$

是观测值权阵。

解算线性方程组式（5－36），从中可以求得未知数改正数 δx。由于平差实践中通常设未知点坐标、高程改正数为待定参数，所以这实际上已求得待定的坐标或高程平差值：$x_i = \overset{\circ}{x}_i + \delta x_i$。求得了未知参数 x_1，x_2，…，x_i，回代入误差方程式（5－35），就可求得各

观测值改正数 v_i，从而可以求得观测值平差值 $\hat{L}_i = L_i + v_i$。

3. 精度评定

(1) 单位权中误差：求得了观测值改正数，则单位权中误差 $m_0 = \sqrt{\frac{[pvv]}{r}}$。

(2) 未知参数平差值中误差：测量平差最终目的是求未知点的平面坐标（或高程）平差值，因而所关心的也是这些参数的精度指标，而观测值平差值本身的精度指标并不是所要关心的内容。对于间接平差而言，法方程系数阵逆阵 $\boldsymbol{N}^{-1}$ 的主对角线元素（左上右下对角线），就是未知参数的权倒数。所以，未知点平面坐标中误差及点位中误差分别为：

$$m_{i_x} = m_0 \sqrt{\frac{1}{p_{i_x}}},\ m_{i_y} = m_0 \sqrt{\frac{1}{p_{i_y}}},\ m_i = \sqrt{(m_{i_x}^2 + m_{i_y}^2)} \tag{5-37}$$

式中，m_{i_x}，m_{i_y}，m_i 分别是第 i 个待定点的 x、y 坐标中误差及点位中误差。

第十一节　误差理论基础应用实例

例 5－1　设三角形三内角的观测值 α、β、γ 的观测精度相同，三角形闭合差 $w=(\alpha+\beta+\gamma)-180°$。将闭合差反号平均分配到各观测角后，得到改正后的各角度观测值，

$$\hat{\alpha} = \alpha - \frac{1}{3}w,\ \hat{\beta} = \beta - \frac{1}{3}w,\ \hat{\gamma} = \gamma - \frac{1}{3}w$$

试求 $\hat{\alpha}$、$\hat{\beta}$、$\hat{\gamma}$ 的权倒数。

解：将 $w=(\alpha+\beta+\gamma)-180°$ 代入 $\hat{\alpha} = \alpha - \frac{1}{3}w$，得

$$\hat{\alpha} = \alpha - \frac{1}{3}w = \frac{2}{3}\alpha - \frac{1}{3}\beta - \frac{1}{3}\gamma + 60°$$

由于 $\hat{\alpha}$ 是观测值 α、β、γ 的线性函数，所以直接应用误差转播定律即得：

$$\frac{1}{p_{\hat{\alpha}}} = \frac{4}{9}\frac{1}{p_\alpha} + \frac{1}{9}\frac{1}{p_\beta} + \frac{1}{9}\frac{1}{p_\gamma}$$

由于观测值等精度，因而

$$p_\alpha = p_\beta = p_\gamma = p,\ \frac{1}{p_{\hat{\alpha}}} = \frac{4}{9p} + \frac{1}{9p} + \frac{1}{9p} = \frac{2}{3p}$$

例 5－2　设已知点 A、B 间有一条单一附合水准路线，路线长度为 L，每公里水准测量高差中误差为 m，试求水准路线中哪一点精度最弱？

解：设最弱点是 i 点，它距 A 点的距离是 S km，距 B 点的距离是 $(L-S)$ km。设 A 点已知高程为 H_A，A 到 i 点的高差为 h_{Ai}，则由 A 点推得 i 点高程值为：$h_i' = H_A + \Delta h_{Ai}$。若以 1 km 水准高差观测值为单位权观测值，高程 h_i' 的权 $p' = \frac{1}{S}$，同理可得由 B 点所得高程：$h_i'' = H_B + \Delta h_{Bi}$，权 $p'' = \frac{1}{L-S}$。由于 i 点与 A、B 点间的距离不等，所以 h_i'、h_i'' 是不等

精度值，平差值应为 h_i'、h_i'' 的加权平均值，即 $h_i=\dfrac{p'h_i'+p''h_i''}{p'+p''}$。

根据式（5−28）知，加权平均值 h_i 的权为 $p_i=p'+p''=\dfrac{L}{S(L-S)}$。路线中精度最弱点的中误差最大，则权 p_i 应为最小，在 L 为常数的条件下，$S(L-S)$ 应取得最大值。令 $\dfrac{\mathrm{d}S(L-S)}{\mathrm{d}S}=L-2S=0$，得 $S=L/2$，所以结论是，单一水准路线中间的点是最弱点。

例 5−3 对同一量 X 进行 n 次不等精度测量，观测值为 L_1，L_2，…，L_n，证明其最优估值是加权平均值。

解：本问题只有一个待定量，根据一个未知量需要一个独立观测值的原则，必要观测数为 1。设 x 是未知量，则所有的观测值平差值都可以表示为 x 的函数（误差方程）：

$$\left.\begin{aligned} v_1&=x-L_1\\ v_2&=x-L_2\\ &\cdots\cdots\\ v_n&=x-L_n \end{aligned}\right\}$$

由于方程数目为 n，而未知数数目为 n 个 v 和 1 个 x，方程数少于未知数个数，所以没有唯一解。引入最小二乘条件 $[pvv]=\min$ 求特解，得

$$[pvv]=[p(x-L)^2]=\min$$

以 x 为自变量，对 $[pvv]$ 求一阶导数，并令其为 0，就有：

$$\frac{\mathrm{d}[pvv]}{\mathrm{d}x}=2[p(x-L)]=0\Rightarrow [p]x-[pL]=0\Rightarrow x=\frac{[pL]}{[p]}$$

由于按最小二乘条件求得的估值满足最优估值条件，所以加权平均值是 X 的最优估值。

例 5−4 设测定了已知点 A 与待定点 P 间的距离 S 和坐标方位角 α，则

$$\left.\begin{aligned} x_P&=x_A+S\cos\alpha\\ y_P&=y_A+S\sin\alpha \end{aligned}\right\}$$

其中，$S=360.440\ \mathrm{m}\pm0.03\ \mathrm{m}$，$\alpha=60°24'30''\pm16''$。试求 P 点的点位中误差。

解：对 p 点坐标的表达式求全微分，得到：

$$\left.\begin{aligned} \mathrm{d}x_P&=\cos\alpha\mathrm{d}S-S\sin\alpha\mathrm{d}\alpha\\ \mathrm{d}y_P&=\sin\alpha\mathrm{d}S+S\cos\alpha\mathrm{d}\alpha \end{aligned}\right\}$$

应用误差传播定律得：

$$\left.\begin{aligned} m_{P_x}&=\sqrt{\cos^2\alpha m_S^2+(S\sin\alpha)^2\frac{m_\alpha^2}{\rho^2}}\\ m_{P_y}&=\sqrt{\sin^2\alpha m_S^2+(S\cos\alpha)^2\frac{m_\alpha^2}{\rho^2}} \end{aligned}\right\},$$

点位中误差为：

$$m_P=\sqrt{m_{P_x}^2+m_{P_y}^2}=\sqrt{m_S^2+\left(S\frac{m_\alpha}{\rho}\right)^2} \tag{5−38}$$

式中，m_S 是距离中误差对点位误差的影响项，称为纵向误差；$S\frac{m_\alpha}{\rho}$是方位角中误差对点位中误差的影响项，称为横向中误差。由（5－38）式可见，点位误差平方等于坐标平面上任意两个相互垂直方向中误差的平方和。将 $m_S=\pm 0.03$ m，$m_\alpha=\pm 16''$代入式（5－38），就得：$m_{P_x}=\pm 0.028$ mm，$m_{P_y}=\pm 0.030$ mm，$m_P=\pm 0.041$ mm。

例 5－5 有水准网如图 5.4 所示，图中 A、B、C 为已知点，P_1、P_2 为待定点。已知高程为 $H_A=8.500$ m，$H_B=7.000$ m，$H_C=12.500$ m。观测高差为：$h_1=1.241$ m，$h_2=2.738$ m，$h_3=3.001$ m，$h_4=2.500$ m，$h_5=0.256$ m。设各水准路线长度相等，试按间接平差法求：

（1）P_1、P_2 两点高程的平差值；（2）平差后 P_1、P_2 两点高程平差值的中误差。

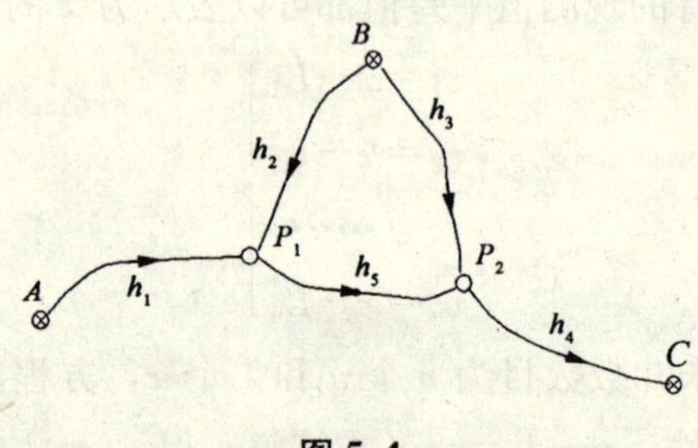

图 5.4

解：（1）由于水准网中有两个待定点，所以必要观测数是 2。设未知参数为待定点高程，求其近似高程为：$x_1^0=h_{p_1}=9.741$ m，$x_2^0=h_{p_2}=10.001$ m。由于观测值与未知参数间的函数关系是线性关系，所以直接按（5－34）式列出误差方程为：

$$\left.\begin{aligned} v_1&=\delta x_1\\ v_2&=\delta x_1+3\\ v_3&=\delta x_2\\ v_4&=\delta x_2-1\\ v_5&=-\delta x_1+\delta x_2+4 \end{aligned}\right\}$$

则误差方程系数阵 $\boldsymbol{B}=\begin{bmatrix}1&0\\1&0\\0&1\\0&1\\-1&1\end{bmatrix}$，常数阵 $\boldsymbol{l}=\begin{bmatrix}0\\3\\0\\-1\\4\end{bmatrix}$，

由于各水准路线长度相等，所以权都取为 1，权阵是一单位阵。按式（5－36）组成法方程，得

$$\begin{bmatrix}3&-1\\-3&3\end{bmatrix}\begin{bmatrix}\delta x_1\\ \delta x_2\end{bmatrix}+\begin{bmatrix}-1\\3\end{bmatrix}=0$$

求解得：

$$\delta x_1=0.0\ \text{m},\ \delta x_2=-0.001\ \text{m},\ x_1=9.741\ \text{m},\ x_2=10.000\ \text{m}$$

（2）将未知数 δ_{x_1}、δ_{x_2} 代入误差方程，求得改正数为：

$v_1=0$ mm，C_2m$=3$ mm，$v_3=1$ mm，C_4m$=2$ mm，C_5m$=3$ mm，

单位权中误差：

$$m_{\circ}=\sqrt{\frac{[pvv]}{n-t}}=\sqrt{\frac{23}{3}}=\pm 2.77\ \text{mm}。$$

法方程系数阵逆阵 $\begin{bmatrix}3 & -1\\ -3 & 3\end{bmatrix}^{-1}=\frac{1}{8}\begin{bmatrix}3 & 1\\ 1 & 3\end{bmatrix}$，$P_1$，$P_2$ 两待定点高程平差值的权倒数是法方程系数阵逆阵主对角线上的元素，即 $\frac{1}{p_{P_1}}=\frac{1}{p_{P_2}}=\frac{3}{8}$，所以两点的高程中误差相同，等于

$m_{P_1}=m_{P_2}=m_{\circ}\sqrt{\frac{1}{p_{P_1}}}=\pm 4.5$ mm。

第六章　高斯投影简介

第一节　概　述

野外测量是在形状极其复杂的地球表面上进行的，这样的不规则自然表面是不能作为测量成果计算的基准面的。研究表明，地球表面近似为一个椭球面，因而可以选择一个与地球表面非常接近，而又能以较简单的数学公式表达的椭球面作为测量计算的基准面。所以，作为大范围测量工作定位的参照系统，大地测量控制网是以一个非常接近地球表面的旋转椭球面作为控制测量计算的基准面的。这个旋转椭球面所包含的几何体，就称为地球椭球。

椭球面上的计算是相当繁琐而复杂的，并且对于工程应用而言，椭球面上的坐标系统也不适合，所以工程测量上均是采用平面坐标系统，并为此建立控制范围较小、相对独立于大地控制网的平面坐标系统。对于面积较大的区域，地球表面不能视为平面，将在近似椭球面的地球表面上测得的观测值处理到平面上，需要进行一系列的换算，在地图学中称为投影。投影的方法很多，我国采用的投影方法是高斯投影，本章讨论椭球面元素与平面元素相互转化的高斯投影问题。

第二节　地球椭球的基本元素及其相互关系

一、地球椭球的基本元素

由一个椭圆绕其短轴旋转而成的椭球面叫做旋转椭球面。图 6.1 表示以地心 O 为中心的旋转椭球面，NS 是旋转轴。过旋转轴的平面称为子午面，子午面与旋转椭球面所截得的椭圆，称为子午圈；垂直于旋转轴的平面与旋转椭球面截得的圆，称为平行圈。特别地，过中心 O 的平行圈，称为赤道。

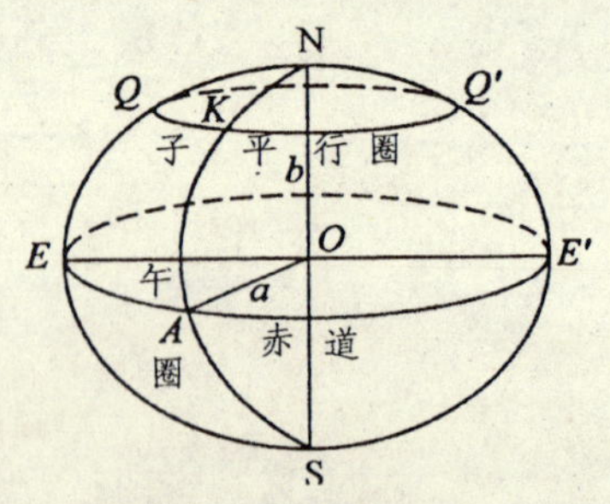

图 6.1　旋转椭球体

地球椭球是一旋转椭球面，所以决定其形状和大小的参数，实际上就是决定平面上椭圆形状的参数。地球椭球参数的选择理论上应以能使椭球表面与实际地球表面尽可能接近为佳，但由于地球表面的复杂和不规则性，全球范围内整体符合程度较高的椭球面，在某一局部不一定是符合最好的。所以，各国为了减少野外观测值归算到椭球面时的变形，及受技术困难局限两方面的原因，最初往往采用与自己国土范围内地球表面吻合程度最好的椭球面，称为参考椭球面。20世纪60年代以来，空间大地测量学的兴起与发展，为研究地球形状开辟了新的途径。随着测量技术的飞速发展及全球范围内测量资料的运用，椭球参数不断地得到优化，许多国家都采用了国际测量组织推荐的国际椭球参数，例如，我国的80国家大地坐标系统就是采用1975国际椭球参数。下面将我国使用的3个椭球参数列于表6—1中。

表6—1　常用椭球体参数

	克拉索夫斯基椭球体	1975国际椭球体	WGS84椭球体
a	6 378 245.000 000 000 0（m）	6 378 140.000 000 000 0（m）	6 378 137.000 000 000 0（m）
b	6 356 863.018 773 047 3（m）	6 356 755.288 157 528 7（m）	6 356 752.314 2（m）
c	6399 698.901 782 711 0（m）	6 399 596.651 988 010 5（m）	6 399 593.625 8（m）
α	1/298.3	1/298.257	1/298.257 223 563
e^2	0.006 693 421 622 966	0.006 694 384 999 588	0.006 694 379 901 3
e'^2	0.006 738 525 414 683	0.006 473 950 181 947 3	0.006 739 496 742 27

二、地球椭球各元素间相互关系

决定地球椭球的形状和大小，只需要知道表6—1中5个椭圆参数中的两个就可以了，但其中必须有一个长度元素，如a或b，通常采用a、e，a、e'或者a、α来表示，目的是包含一个小于1的量，便于级数展开。5个参数中，长半轴a、短半轴b是两个基本参数，其余参数均可表示为这两个参数的函数，函数式为：

椭圆第一偏心率：$e^2=\dfrac{a^2-b^2}{a^2}$　　(6—1)

椭圆第二偏心率：$e'^2=\dfrac{a^2-b^2}{b^2}$　　(6—2)

椭圆扁率：$\alpha=\dfrac{a-b}{a}$　　(6—3)

第三节　椭球面上的坐标系统——大地坐标系统

如前所述，图6.2中过旋转轴NS的平面称为子午面，子午面在椭球面上截得的椭圆，称子午圈。若指定过椭球面上某一点G的子午面NGS为起始子午面，则过P点的子午面NPS与起始子午面所形成的二面角L，称为P点的大地经度。规定由起始子午面起算，向东为东经，向西为西经。国际上采用过原英国格林威治天文台某点的子午面，作为起始子午面，相应的子午圈就是起始子午圈。规定了起始子午圈，任一子午圈的位置可由其所在的经度来确定，所以子午圈又称为经圈，子午线称为经线。

经度仅仅确定了P点所在的子午线，要确定P点在子午线上的位置，则需用大地纬度B。大地纬度B的定义是，过P点的法线P_n与赤道面的交角，由赤道面起算，向北称为北纬，向南称为南纬。过P点的法线是指过 P 点，并且垂直于 P 点切平面的直线。

由于 P 点不一定在椭球面上，所以确定空间一点还需一个参数，称为大地高，用 H 表示。其定义为：由 P 点沿法线到椭球面的距离。

大地坐标系是整个椭球体上统一的坐标系，是世界上普遍采用的、公认最方便的坐标系统。大地坐标系属于三维空间坐标系统，其坐标值不仅取决于起始子午面，还和椭球形状有关，因而，采用不同的椭球参数，大地坐标值会有所不同。

我国位于北半球，并且由子午面向东距离较近，所以大地坐标采用东经、北纬，一般不加说明以（L，B，H）表示。

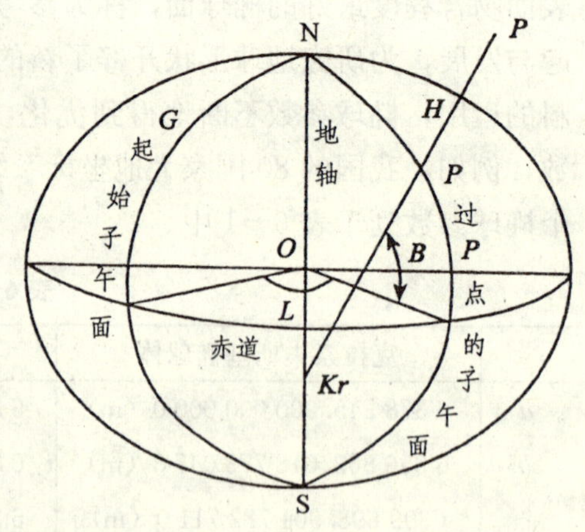

图 6.2　大地坐标系统

第四节　高斯投影概述

在大地坐标系统中，根据两点坐标确定其椭球面上距离和方位角；或者由一点坐标及到另一点的大地线（椭球面上两点间最短距离）长和大地方位角，确定另一点坐标，都是非常复杂的计算工作，所以，大地坐标系统在工程应用中极不方便。此外，工程建设规划、设计都是在平面上进行，事实上，在测区面积不大的前提下，近似地将地球表面视为平面，精度完全能达到要求，所以工程测量采用平面坐标系统，一方面符合人们的习惯，使测量计算工作变得极其简单；另一方面，也能满足工程实践需要。

对于各种为工程建设目的建立的，独立并且控制范围较小的平面坐标系统而言，往往将地球表面视为平面，观测值视为平面上的观测值，观测数据不作处理并直接按平面计算公式计算。而要在较大范围建立平面坐标系统，由于地球曲率不可忽略，椭球面元素就需要按统一的数学法则换算到平面上，这称为地图投影，简称投影。投影方法很多，我国采用的投影方法是由德国数学家高斯在 1820 年左右首先研究并运用，后由德国大地测量学家克吕格于 1912 年详细阐明并提出了实用公式，因而被称为高斯-克吕格投影，简称为高斯投影，相应的投影平面称为高斯平面。

椭球面上的图形本质上是不可展的，要将其转化为平面上的图形变形不可避免。变形可分为角度变形、长度变形、面积变形三种，采用不同的投影方法，变形也就不同，因此投影又分等角投影、等距投影和等积投影等。高斯投影属于等角投影，又称正形投影，投影后角度无变形，但是长度与面积存在变形。

投影变形对于工程测量来说是非常不利的，例如，由于高斯投影存在长度变形（变长），因而根据两控制点已知坐标反算的平面距离，理论上就要比两点间实测的水平距离长，在定位测量等精密测量工程中，必须要考虑对应的处理措施。一般而言，选择投影方法时，原则是控制投影变形，使其能满足不同建设项目对测量资料的要求。

投影实质上就是建立椭球面元素与投影平面元素之间的函数关系式，例如，椭球面上点大地坐标与投影平面上点平面坐标的关系式为：

$$\left.\begin{aligned} x &= F_1(L,B) \\ y &= F_2(L,B) \end{aligned}\right\} \quad (6-4)$$

根据这个公式还可以导出椭球面上角度、长度值归算到投影平面的公式。当然公式(6—4)仅仅是一个定义公式，需要将其具体化。根据具体化时给出的法则不同，就得出了各种不同的投影方法。高斯投影方法运用的法则是：

(1) 投影后角度不变。

(2) 投影后在有限范围内，投影平面上图形与椭球面上图形相似。

性质1使得角度观测值在投影后不变，免去了大量的角度观测值的投影归算工作。性质2则在范围不大的前提下，使地图上图形与椭球面上原形保持相似，给地形图的识别与使用带来很大方便。

一个国家、一个地区理论上应建立一个单一的平面直角坐标系统，但这对于一个幅员辽阔的国家或地区来说，投影变形将会是巨大的。从理论上讲，任何投影变形都能计算出来，并加以改正，但是若要进行大量复杂的纠正计算，将使测量成果的使用极其不便，甚至使得投影失去意义。所以，实践中的做法是，按统一的数学法则建立椭球参数相同、以子午线为联系纽带，能够相互转换的一系列平面坐标系统。

第五节　高斯投影原理

如图 6.3 所示，设想有一椭圆柱面横套在椭球体外，并与一子午线相切，椭圆柱轴心通过椭球中心。与椭圆柱相切的子午线称为中央子午线，将中央子午线两侧一定范围内的元素投影(归算) 到椭球柱面上，由于椭球柱面是可展曲面，将其纵向剖开，即展开为高斯投影平面。

投影面上中央子午线与赤道线是两条正交的直线，分别成为直角坐标系的纵横坐标轴。我国位于北半球，x 坐标均为正，而 y 坐标位于中央子午线西侧时为负，所以为使 y 坐标不出现负值，我国统一在其值上加 500 km，并在前面冠以带号。由于位于投影带边缘的元素可能分属两个坐标系统而使用不便，所以规定每个投影带要有一定的重叠度，以便边缘地区图形元素能位于同一坐标系统，也方便地形图的拼接、使用。

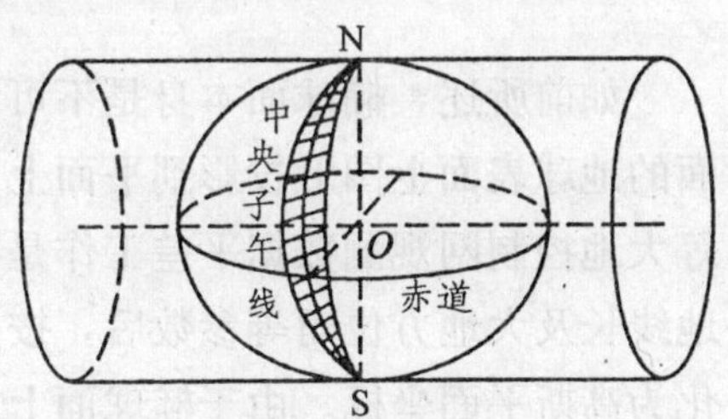

图 6.3　高斯投影

投影时中央子午线与椭球柱面相切，所以投影后长度没有变形，而两侧的子午线则变长，并且据中央子午线越远，变形越大。如图 6.4 所示，投影前南北极之间的各子午线长度相同，投影后，中央子午线是一直线，长度不变，而其余子午线成为凹向中央子午线的曲线，并收敛于两极，离中央子午线越远，曲线曲率越大，即长度变形越大。

由图 6.4 还可看出，与中央子午线经差相同的两条子午线，相对于中央子午线互为镜像，也就是经线变形对称于中央子午线。赤道投影后是直线，其他的纬圈投影后是凹向两极的曲线，并且椭球面上对称与赤道的纬圈，投影后仍然为对称于赤道线的曲线。

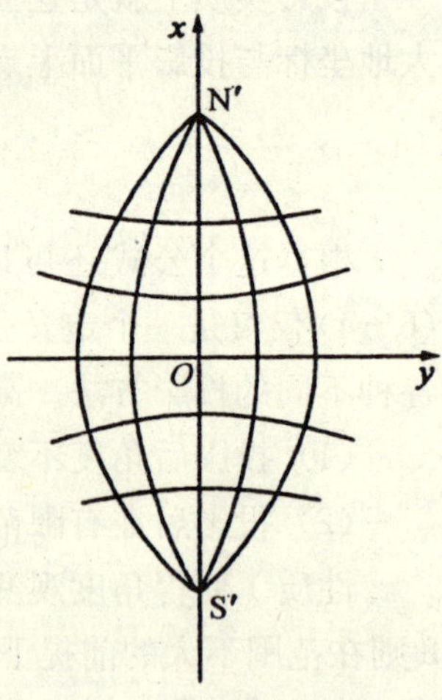

图 6.4　高斯投影变形

为了控制投影变形，必须要控制投影区域的范围。我国规定按经差 6 度或 3 度进行投影分带，6 度带自格林威治子午线起，自西向东起，每隔 6 度为一带，3 度带是从东经 1.5 度起，每隔 3 度为 1 带。设带号用 n（n'）表示，6 度带中央子午线经度为：$L_0=6n-3$，3 度带中央子午线经度为：$L'=3n'$。

位于投影带边缘地区的控制点，可能分属于两个坐标系统，将其统一到同一坐标系统的工作称为投影换带。另外城市测量、工程测量为减小投影变形，常常不采用国家统一的分带投影，而是采用任意经线为中央子午线的投影方法，为了将国家统一分带的控制点成果，转换到工程控制网坐标系统，也要进行投影换带计算。将中央子午线为 L_1 的投影带内高斯平面坐标 $(x,\ y)_{L_1}$ 转换为中央子午线为 L_2 的投影带内高斯平面坐标 $(x,\ y)_{L_2}$，步骤为：

(1)
$$\left.\begin{aligned}B&=\varphi_1\ (x,\ y)\\L&=\varphi_2\ (x,\ y)\end{aligned}\right\}\qquad(6-5)$$

高斯反算公式，由高斯平面坐标求大地坐标。

(2)
$$\left.\begin{aligned}x&=F_1\ (L,\ B)\\y&=F_2\ (L,\ B)\end{aligned}\right\}\qquad(6-6)$$

高斯正算公式，按新的中央子午线重新投影计算。

第六节　观测值的归算投影及处理

如前所述，椭球面本身是不可展的曲面。在一个国家或地区的广大区域内，将近似椭球面的地球表面上图形投影到平面上，投影变形巨大是不难想象的。所以，我国大范围的一二等大地控制网观测数据平差工作是在椭球面上进行的，在求得各大地控制点的大地坐标、大地线长及大地方位角等参数后，按分带投影的原则，通过高斯投影正算公式，将大地坐标转化为高斯平面坐标。由于椭球面上的数据处理工作是极其复杂的，因此，对于较小范围的国家三、四等控制网及各类城市控制网、工程控制网，实践中的做法是，应用高斯投影公式，将观测值投影到高斯平面上来，然后在高斯平面上完成观测数据的平差处理工作。

观测值的投影主要有以下工作：

一、将实测水平边长归算到椭球面上

野外电磁波测距所测的各水平边实质上仅仅是垂直于所在地铅垂线，距旋转椭球面高度

各不相同的空间直线，所以首先需要将其归算到同一个椭球面——参考椭球面上来。设由第一点向第二点观测得到水平边为 D，相应的椭球面上边长为 S，两端点大地高分别为 H_1、H_2，如图 6.5 所示。令 $H_m=(H_1+H_2)/2$，$\Delta h=H_2-H_1$，则归算公式为：

$$S=\sqrt{D^2-\Delta h^2}\left(1-\frac{H_m}{R_A}\right)+\cdots \tag{6-7}$$

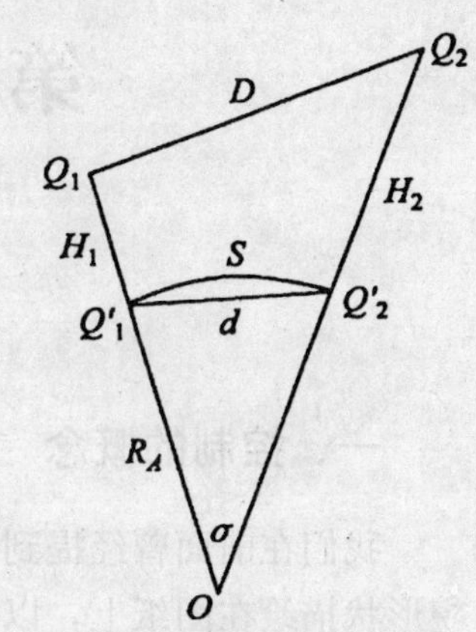

图 6.5 电磁波测距边归算

式中，R_A 是第一点到第二点方向的曲率半径，由于工程测量一般边长较短，所以 R_A 直接采用椭球的平均曲率半径即可。

工程测量实践中，有时为了减少归算变形，也可能不采用参考椭球面，而是采用测区的平均高程面作为归算面。具体的做法是：公式（6－7）中的大地高平均值 H_m，用归算边相对于平均高程面的水准高差 h_m 代替。

二、将椭球面上边长投影到高斯平面上

设椭球面上边长为 S，相应的高斯平面边长为 d，则两点间关系式为：

$$d=S\left(1+\frac{y_m^2}{2R_m^2}\right) \tag{6-8}$$

式中，R_m 是 S 两端点曲率半径平均值，在工程测量中可用地球平均半径代替。y_m 是两端点高斯横坐标平均值，由于 R_m^2 是一很大的量，所以对 y_m 精度要求很低，实用上直接用未做任何处理的观测边计算近似坐标，单位取到米就可以了。

三、方向改化

将椭球面上曲面三角形投影到高斯平面上后，三角形的边是曲线，用两顶点间的弦线代替曲线边，将内角改化为高斯平面上直线三角形内角，各方向均要加方向改正数（曲率改正）。

设用 a、b 点间的弦线代替投影后的曲线，方向改正值为 δ_{ab}，则：

$$\left.\begin{aligned}\delta_{ab}&=\frac{\rho''}{2R^2}y_m\ (x_a-x_b)\\ \delta_{ba}&=-\frac{\rho''}{2R^2}y_m\ (x_a-x_b)\end{aligned}\right\} \tag{6-9}$$

对一工程测量而言，采用独立中央子午线，边长一般不超过 2 km，因而这一项改正值量较小，可以忽略不计。

第七章　小区域控制测量

第一节　控制测量概述

一、控制的概念

我们在前面曾经提到，工程测量学的任务有两个：一是测绘，它是将地面上的物体和地貌形状描绘在图纸上，以供经济建设和国防建设的规划设计使用；二是测设，它是将图纸上设计好的建筑物放样到地面上，使其经过施工变为实体。无论何种工作，其实质都是确定一系列点的位置。而任何点位的确定都不可避免地会带有误差，为了使前一个点位的误差不积累到下一个点位上，以保证测绘或测设点位的精度，测量工作必须遵循“从整体到局部”和“先控制后碎部”的原则来组织实施。

所谓控制，就是先在测区范围内的适当位置选择一些点，并埋设标桩，然后用较精密的测量仪器和精确的测量方法，确定出它们的平面位置和高程，再以这些点为基础，测定其他碎部点的位置。这些高精度的点称为控制点；测定它们相对位置的工作称为控制测量。控制测量是进行其他细部测量工作的基础，又具有全局控制性的作用，可以限制测量误差的传播和积累，因此对待控制测量工作一定要认真细致，否则会严重影响整个测量结果。

控制测量按工作内容可分为平面控制测量和高程控制测量两类。

（1）平面控制测量通常有导线测量、三角测量、三边测量、边角测量和 GPS 测量等形式。

（2）导线测量是把地面上选定的控制点连接成折线或多边形（见图 7.1），测量出边长和相邻边的夹角，在给定起始点和方向的基础上，即可确定这些控制点的平面位置。由于控制点连接方式称为导线，因而控制点称为导线点，控制形式称导线控制。

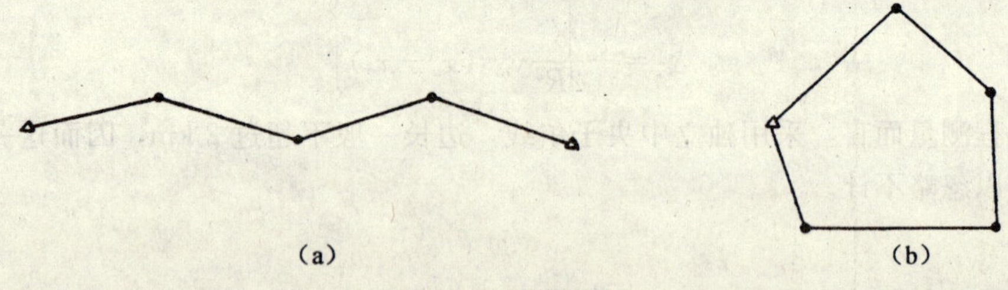

图 7.1　导线测量

三角测量是使控制点成为三角形的顶点，并且各三角形组成相互连接的三角网。对于三角网，测量出三角形的各个内角，只要有一条起算边，即可由已知点坐标推算出待定点坐标。由于只需测定必要的起算边即可解算，因此在光电测距仪广泛应用于测量领域前，三角网是控制测量的主要网型。

由于全站仪的广泛使用，测边工作变得非常容易，也可以通过测量三角网的边长确定控制点的平面位置，这种形式称为三边网。若既量边又测角，则称为边角网。高程控制测量的任务是在测区内建立若干高程控制点，精确地测出它们的高程。高程测量路线的布设形式，可以布设为单独的路线，亦可布设成环状闭合路线，其形状类似图7.2。高程控制测量的方法主要是水准测量，在困难地区或精度要求不太高的情况下，亦可采用三角高程测量方法。

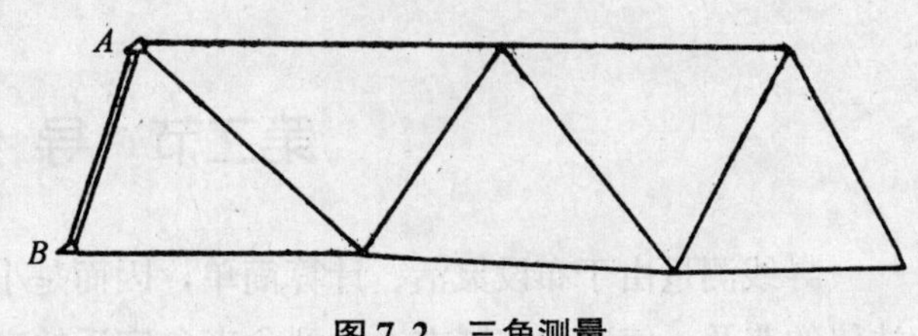

图 7.2 三角测量

二、国家控制测量概念

在全国范围内建立的平面控制网和高程控制网，总称国家基本控制网。由于我国幅员辽阔，不可能用最高的精度和较大的密度一次布满全国，必须采用“从整体到局部”和“由高级到低级”的逐级控制原则。

在全站仪和 GPS 接收机普及以前，国家平面控制网主要是采用三角测量的方法建立的，称为国家三角网。按其精度可分四个等级，一等精度最高，二、三、四等逐级降低。一等三角网基本是沿着经线和纬线的方向布设，而二、三、四等则是在上一级网的控制下加密得到，各级网的精度及技术指标如表 7—1 所示。有些地区若不利于三角网的布设，可以用精密导线网来代替。

表 7—1 三角测量的等级与技术指标

等级	平均边长 (km)	测角中误差 (km)	三角形最大闭合差 (km)	起始边相对中误差
一	20～25	±0.7	±2.5	1/350 000
二	13	±1.0	±3.5	1/250 000
三	8	±1.8	±7.0	1/150 000
四	2～6	±2.5	±9.0	1/100 000

由于三角测量对控制点之间的通视条件要求高，在选点和外业观测方面存在较大的局限性。近年来随着高精度 GPS 接收机的普及，使得 GPS 测量成为进行平面控制测量的主要技术手段。

国家高程控制网分为一、二、三、四共四个等级，其中一等和二等采用精密水准测量的方法建立，三等和四等采用普通水准测量的方法建立。一等水准网是布设成周长约为 1 500 km 的环形路线；二等水准网布设在一等水准环内，形成周长为 500～750 km 的闭合环线；三等和四等均是与高一级水准点相连而形成附合路线。

国家控制网是全国各种比例尺测图和工程建设的基本控制，并为研究地球形状和大小、地震预报等科学工作提供重要依据。

小地区控制网是为小区域的大比例尺测图或工程测量所建立的控制网，它可以国家控制点作为高级点来进一步加密，亦可在测区内形成独立的控制网。

第二节 导线测量

导线测量由于布设灵活、计算简单，因而是小区域平面控制的主要方法，尤其是近年来全站仪的普及，使这种控制方法得到愈来愈广泛的应用。导线既可以用于国家控制网的进一步加密，亦常用于小范围的独立控制网。

一、导线的布设形式

1. 闭合导线

如图 7.3 所示，导线从一已知高级控制点 A 开始，经过一系列的导线点 2、3、…，最后又回到 A 点上，形成一个闭合多边形。在无高级控制点的地区，A 点也采用同级导线点进行独立布设，闭合导线多用于高级控制点在测区范围以外的情况。

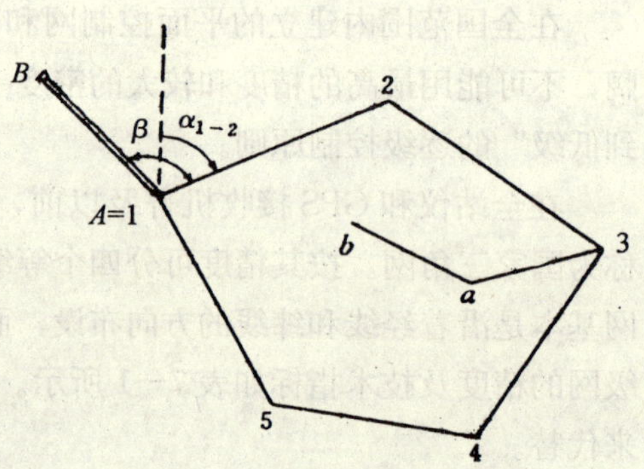

图 7.3 闭合导线和支导线

2. 附合导线

布设在两个高级控制点之间的导线称为附合导线。如图 7.4 所示导线从已知高级控制点 A 开始，经过 2、3、4，…导线点，最后附合到另一高级控制点 C 上。附合导线主要用于带状地区的控制，如铁路、公路、河道的测图控制。

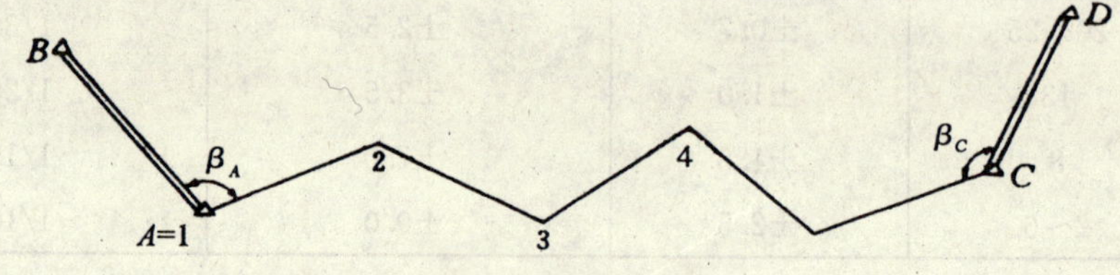

图 7.4 附合导线

3. 支导线

导线从一个已知控制点出发，既不附合至另一控制点，也不回到起始点，这种形式称支导线，如图 7.3 中的 3—a—b 所示。由于支导线缺乏检核条件，可靠性差，故测量规范对支导线的点数有一定限制。在精度要求不高的情况下，采用支导线方式补充一些临时控制点，在实践中是常用的方法。

二、导线测量的外业工作

导线测量的外业工作包括：选点、埋设标志桩、测边、测角。

1. 选点及埋标

在选点之前，应尽可能地收集测区范围及其周围的已有地形图、高级平面控制点和水准点等资料。若测区内已有地形图，应先在图上研究，初步拟定导线点位，然后再到现场实地踏勘，根据具体情况最后确定，并埋设标桩。现场选点时，应根据不同的需要，掌握以下几点原则：

(1) 相邻导线点间应通视良好；

(2) 避免相邻导线点间夹角过大或过小；

(3) 导线边通过的地方要考虑避开折光影响较大的地形；

(4) 导线点应选在视野开阔的位置，以便于使用和扩展；

(5) 导线各边长应大致相等；

(6) 导线点应选在点位牢固、便于观测且不易被破坏的地方。

导线点位置确定之后，临时性的控制点，以桩顶面边长为 4～5 cm、长 30～35 cm 的方木桩作为标志。木桩打入地面后，桩顶应高出地面 2 cm 左右，顶面钉一铁钉作为点位中心。

永久性的导线点，要埋设混凝土标石。为便于以后使用时寻找，应作“点之记”，即将导线桩与其附近的地物关系量出绘记在草图上，如图 7.5 所示。

2. 量　边

导线边长目前普遍使用光电测距仪（全站仪）测量。

用光电测距仪测边时，对于精度要求较高的一、二级导线，应往返观测取平均值。

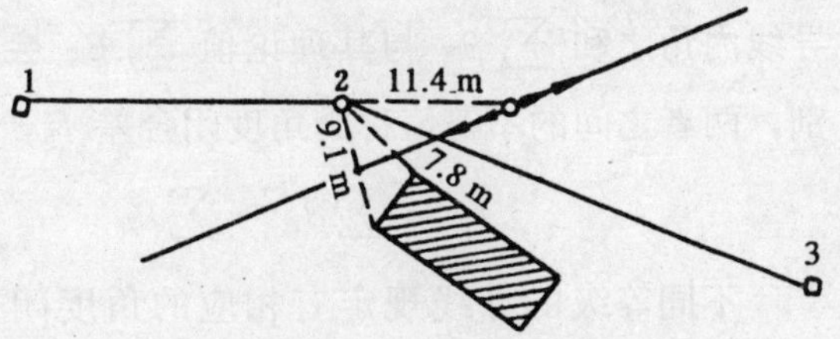

图 7.5　点之记

3. 测　角

导线的转折角按照导线前进的方向，在导线左侧的角称为左角，在导线右侧的角称为右角，一般规定闭合导线测内角，附合导线在铁路系统习惯测右角，其他系统多测左角。

导线角一般用测回法进行观测，一个测回的上、下半测回角值较差要求是，6 秒级仪器不大于 30″，2 秒级级仪器不大于 20″。

各级导线的主要技术要求见表 7—2。

表 7—2　各级导线的主要技术要求

导线等级	附合导线长度（km）	平均边长（m）	相对闭合差	测角中误差（″）	边长较差相对误差	测回数		角度闭合差（″）
						J_6	J_2	
一级	2.4	200	1/10 000	±6	1/20 000	4	2	$\pm12\sqrt{n}$
二级	1.2	100	1/5 000	±12	1/10 000	2	1	$\pm24\sqrt{n}$
图根	0.6	不大于最大视距 1.5 倍	1/2 000	±20	1/2 000	1		$\pm40\sqrt{n}$

4. 导线的定向与联测

为了计算导线点的坐标，必须知道导线各边的坐标方位角，因此应测定导线始边的方位角。若导线起讫点附近有国家控制点时，则应与控制点联测连接角，如图 7.4 所示的 β_A、β_C，再推算导线各边方位角。

三、导线测量的内业工作

导线测量的内业工作，是计算出各导线点的坐标（x、y）。在进行计算之前，首先应对外业观测记录和计算的资料检查核对，同时亦应对抄录的起算数据进一步复核，当资料没有错误和遗漏，而且精度符合要求时，方可进行导线的计算工作。

下面分别介绍闭合导线和附合导线的计算方法与过程。

（一）闭合导线的计算

1. 角度闭合差的计算与调整

闭合导线规定测内角，而多边形内角总和的理论值为：

$$\sum \beta_{理} = (n-2) \times 180° \qquad (7-1)$$

式中，n 为内角的个数，图 7.6 中 $n=5$。

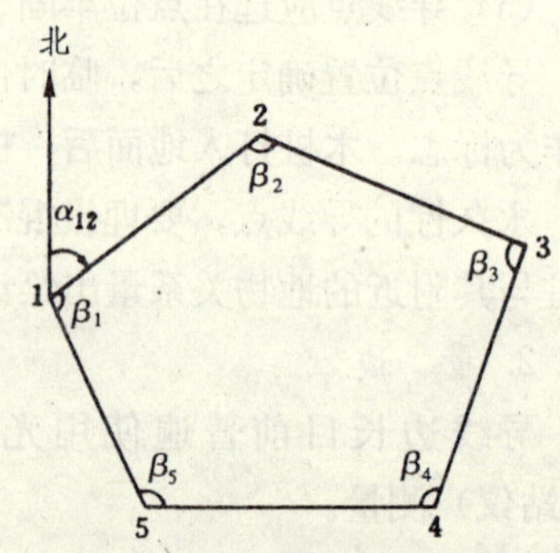

图 7.6　闭合导线角度闭合差的计算

测量过程中，误差是不可避免的，实际测量的闭合导线内角之和 $\sum \beta_{测}$ 与其理论值 $\sum \beta_{理}$ 会有一定的差别，两者之间的不符值称为角度闭合差 f_β，即

$$f_\beta = \sum \beta_{测} - \sum \beta_{理} \qquad (7-2)$$

不同等级的导线规定有相应的角度闭合差容许值 $f_{\beta容}$，见表 7.2。若 $f_\beta \leqslant f_{\beta容}$，因各角都是在同精度条件下观测的，故可将闭合差按相反符号平均分配到各角上，即改正数为：

$$v_\beta = -\frac{f_\beta}{n} \qquad (7-3)$$

当 f_β 不能被 n 整除时，余数应分配在含有短边的夹角上。若 $f_\beta > f_{\beta容}$，即角度闭合差超出规定的容许值时，则应查找原因，必要时应进行返工重测。

2. 坐标方位角的计算

当已知一条导线边的方位角后，其余导线边的坐标方位角，是根据已经经过角度闭合差配赋后的各个内角依次推算出来的。

如图 7.7 中，假设已知 12 边的坐标方位角为 α_{12}，则 23 边的坐标方位角 α_{23} 可按式(3－41)计算。

坐标方位角值应在 0°～360°之间，它不应该为负值或大于 360°的角值。当计算出的坐标方位角出现负值时，则应加上 360°；当出现大于 360°之值时，则应减去 360°。最后应该重复计算出起始边12的坐标方位角，若与原来已知值相符合，则说明计算正确无误。

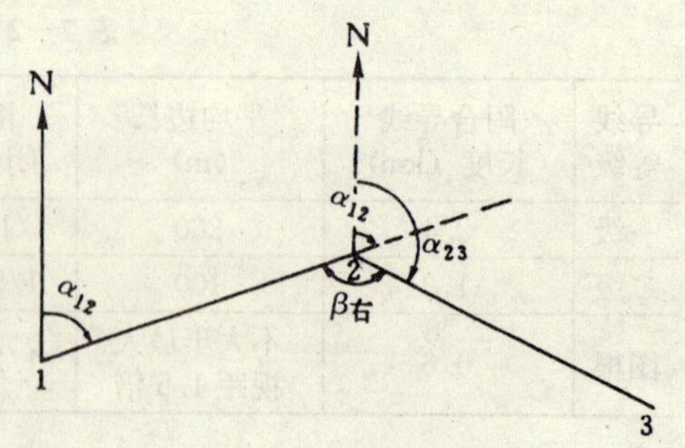

图 7.7　导线边方位角的推算

3. 坐标增量初算值的计算

在平面直角坐标系，两导线点的坐标之差称坐标增量。它们分别表示为导线边长在纵横坐标轴上的投影，如图 7.8 中的 Δx_{12}、Δy_{12}。

当知道了导线边长 D 及坐标方位角 α，就可以计算出两导线点之间的坐标增量。坐标增量可按下式计算：

$$\left.\begin{aligned}\Delta x_{12}=x_2-x_1=D\cos\alpha_{12}\\ \Delta y_{12}=y_2-y_1=D\sin\alpha_{12}\end{aligned}\right\} \tag{7-4}$$

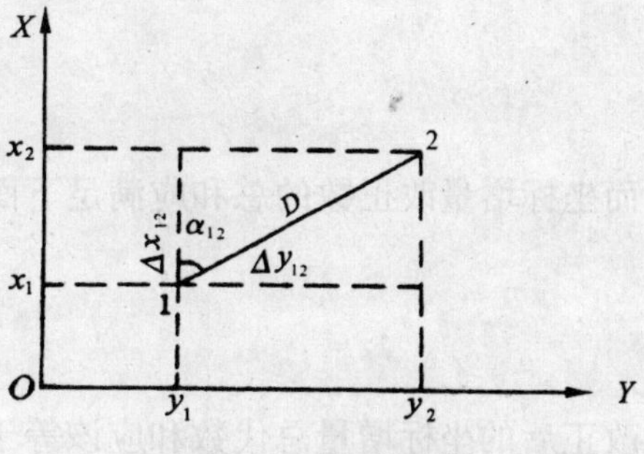

图 7.8　坐标增量

坐标增量有正、负之分：Δx 向北为正，向南为负；Δy 向东为正，向西为负。

4. 坐标增量闭合差的计算与调整

闭合导线的纵、横坐标增量代数和，在理论上应该等于零，即

$$\left.\begin{aligned}\sum\Delta x_{理}=0\\ \sum\Delta y_{理}=0\end{aligned}\right\} \tag{7-5}$$

量边和测角中都会含有误差，故计算出的纵横坐标增量其代数和往往不等于零，其数值 f_x、f_y 分别为纵横坐标增量的闭合差，即

$$\left.\begin{aligned}f_x=\sum\Delta x_{测}\\ f_y=\sum\Delta y_{测}\end{aligned}\right\} \tag{7-6}$$

由图 7.9 中看出，由于坐标增量闭合差的存在，使闭合导线在起点 1 处不能闭合，而产生闭合差 f_D。f_D 称为导线全长闭合差，即

$$f_D=\sqrt{f_x^2+f_y^2} \tag{7-7}$$

导线全长闭合差 f_D 可以认为是由量边误差的影响而产生的，导线愈长则闭合差的累积愈大，故衡量导线的测量精度应以闭合差 f_D 与导线全长 $\sum D$ 之比 K 来表示：

$$K=\frac{f_D}{\sum D}=\frac{1}{\sum D/f_D} \tag{7-8}$$

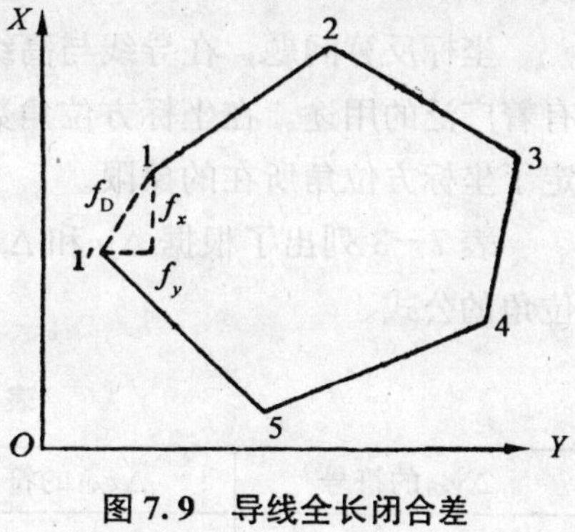

图 7.9　导线全长闭合差

式中，$\sum D$ 为导线总长，即一条导线所有导线边长之和；

K 通常化为用分子为 1 的形式表示。

各级导线的相对精度应满足表 7.2 中的要求，否则应重测。若导线相对闭合差在容许范围内，则可进行坐标增量的调整。调整的方法是：将坐标增量闭合差反号后以边长成比例分配（或者简单地平均分配）即：

$$\left.\begin{aligned} v_{\Delta x_{ij}} &= \frac{-f_x}{\sum D} D_{ij} \\ v_{\Delta y_{ij}} &= \frac{-f_y}{\sum D} D_{ij} \end{aligned}\right\} \tag{7-9}$$

而坐标增量改正数的总和应满足下面条件：

$$\left.\begin{aligned} \sum v_{\Delta x_{ij}} &= -f_x \\ \sum v_{\Delta y_{ij}} &= -f_y \end{aligned}\right. \tag{7-10}$$

改正后的坐标增量总代数和应该等于零，这可作为对计算正确与否的检核。

5. 坐标的计算

坐标的计算分坐标正算和坐标反算两种情况。

根据调整后的各个坐标增量，从一个已知坐标的导线点开始，可以依次推算出其余点的坐标。在图 7.9 中，若已知 1 点的坐标 x_1、y_1，则其余点的坐标计算过程为：

$$\left.\begin{aligned} x_2 = x_1 + \Delta x_{12},\ & y_2 = y_1 + \Delta y_{12} \\ x_i = x_{i-1} + \Delta x_{i-1,i},\ & y_i = y_{i-1} + \Delta y_{i-1,i} \end{aligned}\right\} \tag{7-11}$$

已知点的坐标，既可以是高级控制点的，亦可以是独立测区中的假定坐标。

上述计算坐标的方法称坐标正算。

若已知两点的坐标，据此来求算两点之间的距离或方位角，则称为坐标反算。假若已知图 7.9 中 1、2 两点的坐标，则

$$\tan\alpha_{12} = \frac{y_2 - y_1}{x_2 - x_1} = \frac{\Delta y_{12}}{\Delta x_{12}} \tag{7-12}$$

$$D_{12} = \frac{y_2 - y_1}{\sin\alpha_{12}} = \frac{x_2 - x_1}{\cos\alpha_{12}} \tag{7-13}$$

或

$$D_{12} = \sqrt{(x_2 - x_1)^2 + (y_2 - y_1)^2} \tag{7-14}$$

坐标反算问题，在导线与高级控制点的联测中使用得很普遍，在测量工作的其他方面也有着广泛的用途。在坐标方位角数值的计算中，要特别注意 Δy 和 Δx 的符号，因为符号决定了坐标方位角所在的象限。

表 7—3 列出了根据 Δy 和 Δx 的符号来确定坐标方位角所在的象限，从而反算出坐标方位角的公式。

表 7—3　由坐标反算方位角的公式

Δy_{AB} 的符号	Δx_{AB} 的符号	α_{AB} 的大小	α_{AB} 计算公式
+	+	0°～90°	$\arctan\frac{\Delta y_{AB}}{\Delta x_{AB}}$
+	－	90°～180°	$180°+\arctan\frac{\Delta y_{AB}}{\Delta x_{AB}}$
－	－	180°～270°	
－	+	270°～360°	$360°+\arctan\frac{\Delta y_{AB}}{\Delta x_{AB}}$

6. 算　例

表 7－4 为一个五边形闭合导线计算过程。

表 7－4　闭合导线计算表

测站	右角观测值	改正后右角	坐标方位角	边长(m)	坐标增量初算值 Δx	坐标增量初算值 Δy	改正后坐标增量 Δx	改正后坐标增量 Δy	坐标 x	坐标 y
1	2	3	4	5	6	7	8	9	10	11
1									200.00	200.00
			335°35′00″	231.30	+0.06 +210.31	−0.05 −96.29	+210.37	−96.34		
2	−11″ 90°07′02″	90°06′51″							410.37	103.66
			65°17′09″	200.40	+0.06 +83.79	−0.04 +182.04	+83.85	+182.00		
3	−11″ 135°49′12″	135°49′01″							494.22	258.66
			109°28′08″	241.00	+0.07 −80.32	−0.05 +227.22	−80.25	+227.17		
4	−10″ 84°10′18″	84°10′08″							413.97	512.38
			205°18′00″	263.40	+0.07 −238.14	−0.05 −112.57	−238.07	−112.62		
5	−10″ 108°27′18″	108°27′08″							224.10	400.21
			276°50′52″	201.60	+0.06 +24.04	−0.05 −200.16	+24.10	−200.21		
1	−10 121°27′02″	121°26′52″							200.00	200.00
			335°24′00″							
2										
$\sum$	540°00′52″	540°00′00″		1137.70	$f_x=-0.32$	$f_y=+0.24$	0	0		

$\sum \beta_{理}=(5-2)\times 180°=540°00'00''$

$f_\beta=\sum\beta_{测}-\sum\beta_{理}$

$=540°00'52''-540°00'00''$

$=+52''<f_{\beta容}$

合　格

$f_{\beta容}=\pm 30''\sqrt{n}=\pm 67''$

$f_D=\sqrt{(-0.32)^2+(0.24)^2}=0.40$

$K=\dfrac{f}{p}=\dfrac{0.40}{1\,137.70}=\dfrac{1}{2\,840}<\dfrac{1}{2\,000}$

合　格

---

(1) 角度闭合差的计算与调整：观测内角之和与理论角值之差 $f_\beta=+52''$，按图根导线容许角度闭合差 $f_{\beta容}=\pm 30''\sqrt{5}=\pm 67''$，$f_\beta<f_{\beta容}$，说明角度观测质量合格。将闭合差按相反符号平均分配到各角上后，余下的 2″则分配到最短边 2～3 两端的角上各－1″。

(2) 坐标增量闭合的计算与导线精度的评定：坐标增量用改正后的角值按式（6－7）计算，最后得到闭合差 $f_x=-0.32$，$f_y=+0.24$，则导线全长闭合差 $f_D=0.40$ m。用此计算导线全长的相对闭合精度 $K=1/2\,840$，它小于＜1/2 000，故导线测量精度合格。

(3) 坐标计算：在角度闭合差、导线全长相对闭合差合格的条件下，方可按式（7－13）计算各点的坐标。

（二）附合导线的计算

附合导线的计算过程与闭合导线的计算过程基本相同，它们都必须满足角度闭合条件和纵横坐标闭合条件。但附合导线是从一已知边的坐标方位角 α_{AB} 闭合到另一条已知边的坐标方位角 α_{CD} 上的，同时还应满足从已知点 B 的坐标推算出 C 点坐标时，与 C 点的已知坐标相吻合，见图 7.10。因而在角度闭合差和坐标增量闭合差的计算与调整方法上，与闭合导线稍有不同，以下仅指出两类导线计算中的区别。

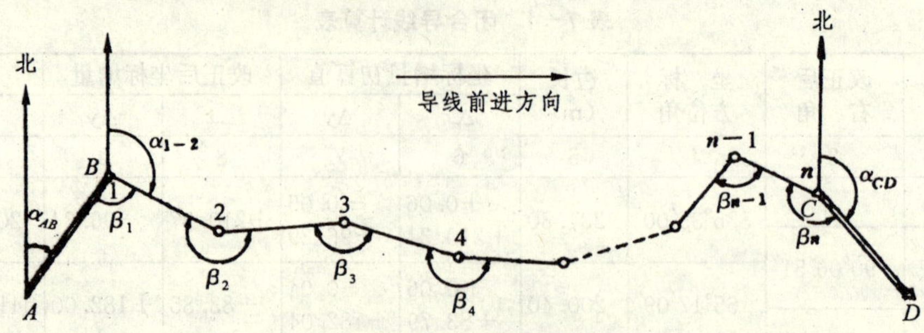

图 7.10 附合导线的计算

1. 角度闭合差的计算

图 7.10 中，A、B、C、D 是高级平面控制点，因而四个点的坐标是已知的，AB 及 CD 的坐标方位角亦是已知的。β_i 是导线观测的右角，故可依下式推算出各边的坐标方位角：

$$\alpha_{12}=\alpha_{AB}+180°-\beta_1$$

$$\alpha_{23}=\alpha_{12}+180°-\beta_2$$

$$\cdots\cdots$$

$$\alpha'_{CD}=\alpha_{(n-1),n}+180°-\beta_n$$

将以上各式等号两边相加，消去两边相同项可得：

$$\alpha'_{CD}=\alpha_{AB}+n\cdot 180°-\sum_{i=1}^{n}\beta_i$$

由此可以得出推导终边坐标方位角的一般公式如下。

若观测右角，则

$$\alpha'_{终}=\alpha_{始}+n\cdot 180°-\sum_{i=1}^{n}\beta_i \tag{7-15}$$

若观测左角，则

$$\alpha'_{终}=\alpha_{始}-n\cdot 180°+\sum_{i=1}^{n}\beta_i \tag{7-16}$$

由于存在误差，推算值 $\alpha'_{终}$ 与已知值 $\alpha_{终}$ 不相等，产生了附合导线的角度闭合差，即

$$f_\beta=\alpha'_{终}-\alpha_{终} \tag{7-17}$$

角度闭合差的调整，原则上与闭合导线相同，但需注意：当用右角计算时，闭合差应以相同符号平均分配在各角上；当用左角计算时，闭合差则以相反符号分配。

2. 坐标增量闭合差的计算

附合导线各边坐标增量的代数和，理论上应该等于终点与始点已知坐标之差值，即：

$$\left.\begin{aligned}\sum\Delta x_{理}&=x_{终}-x_{始}\\ \sum\Delta y_{理}&=y_{终}-y_{始}\end{aligned}\right\} \tag{7-18}$$

由于测量误差的不可避免性，使二者之间产生不符值，这种差值即称为附合导线坐标增

量的闭合差，即：

$$\left.\begin{aligned} f_x &= \sum \Delta x_{测} - (x_{终} - x_{始}) \\ f_y &= \sum \Delta y_{测} - (y_{终} - y_{始}) \end{aligned}\right\} \tag{7-19}$$

坐标增量闭合差的分配办法同闭合导线。

3. 算例

表 7—5 中为一附合导线计算例题。

表 7—5　附合导线计算表

测站	右角观测值	改正后右角	坐标方位角	边长(m)	坐标增量		改正后增量		坐标	
					Δx	Δy	Δx	Δy	x	y
1	2	3	4	5	6	7	8	9	10	11
Ⅱ—90										
			317°52′06″							
Ⅱ—90	−05″ 267°29′58″	267°29′53″							4028.53	4006.77
			230°52′31″	133.84	−0.02 −85.37	−0.05 −103.08	−85.39	−103.13		
1	−04″ 203°29′46″	203°29′42″							3943.14	3903.64
			206°52′31″	154.71	−0.03 −138.00	−0.07 −69.94	−138.03	−70.01		
2	−05″ 184°29′36″	184°29′31″							3805.11	3833.63
			202°23′00″	80.70	−0.02 −74.66	−0.03 −80.75	−74.68	−30.78		
3	−05″ 179°16′06″	179°16′01″							3730.43	3802.86
			203°06′59″	148.93	−0.03 −136.97	−0.06 −58.47	−137.00	−58.53		
4	−04″ 81°16′52″	81°16′48″							3593.43	3744.32
			301°50′11″	147.16	−0.03 +77.63	−0.06 −125.02	+77.60	−125.08		
Ⅱ—89	−05″ 147°07′34″	29″ 147°07′29″							3671.03	3619.24
			334°42′42″							
Ⅱ—88										
∑	1063°09′52″	540°00′00″		665.33	−357.37	−387.26				

$\alpha'_{终} = 317°52'06'' + 6 \times 180° - 1063°09'52'' = 334°42'14''$

$f_\beta = \alpha'_{终} - \alpha_{终} = 334°42'14'' - 334°42'42'' = -28'' < f_{\beta 容} = \pm 30''\sqrt{6} = \pm 73''$　　合格

$f_x = +0.13$

$f_y = +0.27$

$f_D = \sqrt{0.13^2 + 0.27^2} = 0.30\ \text{m}$

$K = \dfrac{f_D}{\sum D} = \dfrac{0.30}{665.33} = \dfrac{1}{2\,200} < \dfrac{1}{2\,000}$　　合格

第三节　交会定点

当测区内布设的控制点密度还不能满足测图或施工放样的要求时，可采用交会定点的方法来加密。常用的方法有前方交会、侧方交会、后方交会、距离交会等。

一、前方交会

图 7.11 中，A、B 为已知坐标的控制点，P 为待求点。用经纬仪测得 α、β 角，则根据 A、B 点的坐标，即可求得 P 点的坐标，这种方法称测角前方交会。

按照坐标正、反算公式，由图 7.11 可得：

$$\alpha_{AB}=\arctan\frac{y_B-y_A}{x_B-x_A}$$

$$x_P=x_A+S_{AP}\cos\alpha_{AP}$$

式中

$$\alpha_{AP}=\alpha_{AB}-\alpha$$

$$S_{AP}=S_{AB}\frac{\sin\beta}{\sin(\alpha+\beta)}$$

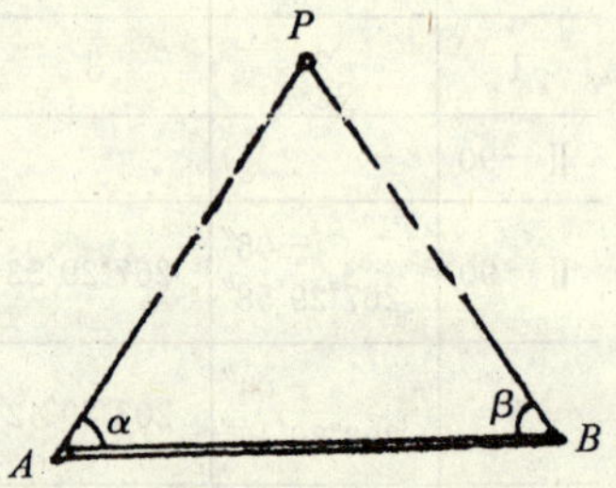

图 7.11　前方交会

故

$$x_P=x_A+S_{AB}\frac{\sin\beta}{\sin(\alpha+\beta)}\cos(\alpha_{AB}-\alpha)$$

$$=x_A+S_{AB}\frac{\sin\beta}{\sin(\alpha+\beta)}(\cos\alpha_{AB}\cos\alpha+\sin\alpha_{AB}\sin\alpha)$$

因

$$\cos\alpha_{AB}=\frac{x_B-x_A}{S_{AB}},\qquad \sin\alpha_{AB}=\frac{y_B-y_A}{S_{AB}}$$

代入上式得：

$$x_P=x_A+S_{AB}\frac{\sin\beta}{\sin(\alpha+\beta)}\left(\frac{x_B-x_A}{S_{AB}}\cos\alpha+\frac{y_B-y_A}{S_{AB}}\sin\alpha\right)$$

$$=x_A+\frac{(x_B-x_A)\sin\beta\cos\alpha+(y_B-y_A)\sin\beta\sin\alpha}{\sin\alpha\cos\beta+\cos\alpha\sin\beta}$$

$$=x_A+\frac{(x_B-x_A)\cot\alpha+(y_B-y_A)}{\cot\beta+\cot\alpha}$$

整理得 / 同理得

$$\left.\begin{aligned}x_P&=\frac{x_A\cot\beta+x_B\cot\alpha+(y_B-y_A)}{\cot\beta+\cot\alpha}\\ y_P&=\frac{y_A\cot\beta+y_B\cot\alpha+(x_B-x_A)}{\cot\beta+\cot\alpha}\end{aligned}\right\}\qquad(7-20)$$

在使用式（7－20）时要注意，$\triangle ABP$ 以逆时针编号，否则公式中的加、减号将有改变。为了检核，一般要求由三个已知坐标点来向 P 点观测，组成两组前方交会；交会角不小于 30°，亦不应大于 150°。

表 7－6 为前方交会计算实例。

表 7—6　前方交会计算

示意图		野外图		备注	
示意图	P, A, B, C, α_1, β_1, α_2, β_2	野外图	$B(F_{21})$, $A(F_{11})$, $C(F_0)$, $P(F_{10})$, α_1, β_1, α_2, β_2	备注	

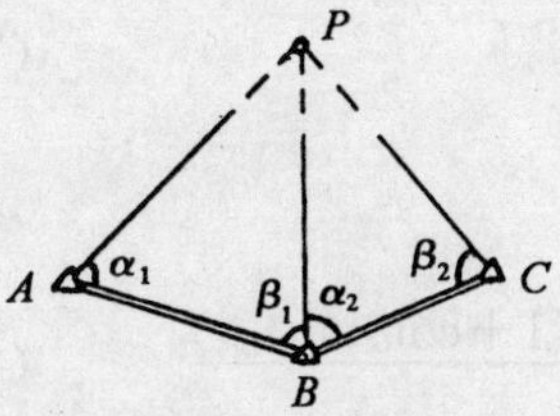

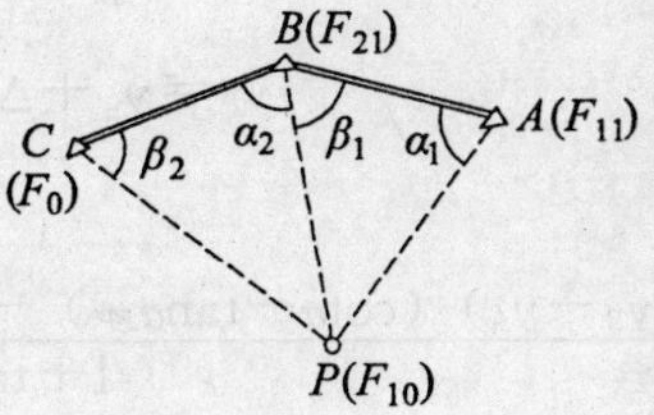

点名		观测角		角之余切		坐标值 x		坐标值 y	
P	F_{10}			$\cot\alpha_1$	1.162 641	x_P	37 194.57	y_P	16 226.42
A	F_{11}	α_1	40°41′57″	$\cot\beta_1$	0.262 024	x_A	37 477.54	y_A	16 307.24
B	F_{21}	β_1	75°19′02″	$\sum$	1.424 665	x_B	37 327.20	y_B	16 078.90
						x_P	37 194.53	x_P	16 226.42
P	F_{10}			$\cot\alpha_2$	0.596 284	x_B	37 327.20	x_B	16 078.90
B	F_{21}	α_2	59°11′35″	$\cot\beta_2$	0.381 730	x_C	37 163.69	x_C	16 046.65
C	F_6	β_2	69°06′24″	$\sum$	0.978 014	中数 x_P	37 194.55	中数 y_P	16 226.42
校核	$\delta_x=0.06$ m　$\delta_y=0.00$ m $\Delta D=\sqrt{\delta_x^2+\delta_y^2}=0.06$ m $\Delta D_{容}=2\times0.1M=2\times0.1\times1\,000=200$ mm$=0.2$ m								

二、侧方交会

分别在已知点 A 和待求点 P 上安置仪器，测出 α、γ 角，并由此推算出 β 角后，用前方交会公式（7—20）求出 P 点坐标（见图 7.12）。侧方交会与前方交会都是测出三角形的两个内角，P 点坐标计算方法相同。为了检核，它亦需要测出第三个已知点 C 的 ε 角。

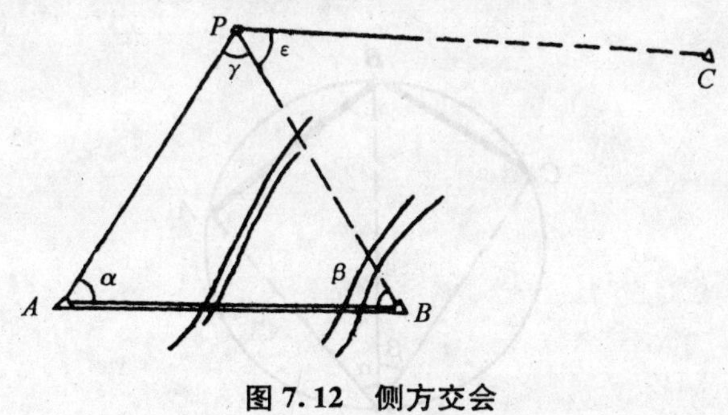

图 7.12　侧方交会

三、后方交会

如图 7.13 所示，后方交会是在待求点 P 上安置仪器，观测三个已知点 A、B、C 之间

的夹角α、β；然后根据已知点的坐标，按下式计算P点的坐标，即

$$\left.\begin{aligned} x_P &= x_B + \Delta x_{BP} \\ y_P &= y_B + \Delta y_{BP} \end{aligned}\right\} \tag{7—21}$$

式中

$$\Delta x_{BP} = \frac{(y_B - y_A)(\cot\alpha - \tan\alpha_{BP}) - (x_B - x_A)(1 + \cot\alpha \tan\alpha_{BP})}{1 + \tan^2\alpha_{BP}} \tag{7—22}$$

$$\Delta y_{BP} = \Delta x_{BP} \tan\alpha_{BP} \tag{7—23}$$

$$\tan\alpha_{BP} = \frac{(y_B - y_A)\cot\alpha + (y_B - y_C)\cot\beta + (x_A - x_C)}{(x_B - x_A)\cot\alpha + (x_B - x_C)\cot\beta - (y_A - y_C)} \tag{7—24}$$

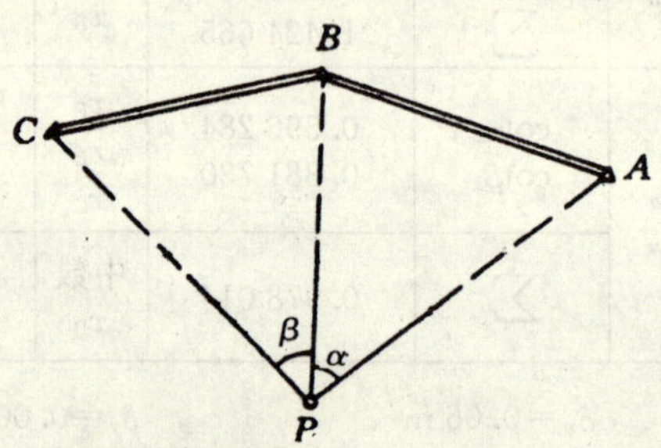

图 7.13　后方交会

在计算时，应将点号P、A、B、C按逆时针方向排列，为了检核，在实际工作中往往要求观测 4 个已知点，组成两个后方交会图形。

由于后方交会只需在待求点上设站，因而外业工作量较前方交会、侧方交会的少。

后方交会法中，若P、A、B、C位于同一个圆周上，则P点虽然在圆周上移动，而由于α、β值不变，故使x_P、y_P值不变，因而P点坐标产生错误，这一个圆称为危险圆（图 7.14）。P点应该离开危险圆附近，一般要求α、β和B点内角之和不应为 160°～200°。

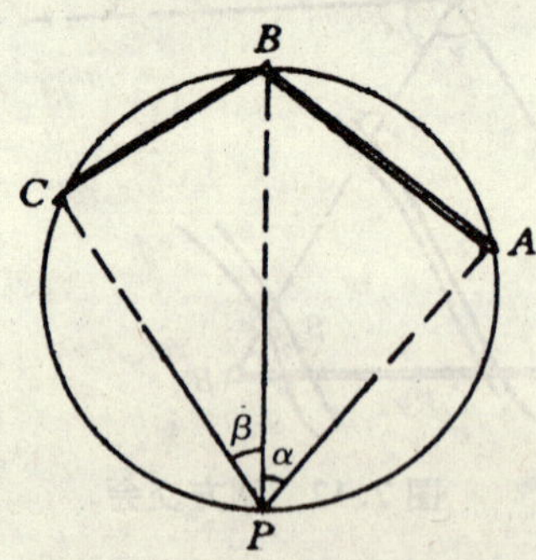

图 7.14　后方交会的危险圆

表 7—9 为后方交会计算实例。

表 7—7　后方交会计算

示意图				野外图	
x_A	1 432.566	y_A	4 488.226	α	79°25′24″
x_B	1 946.723	y_B	4 463.519	β	216°52′04″
x_C	1 923.556	y_C	3 925.008	γ	63°42′32″
x_A-x_B	−514.157	y_A-y_B	24.707	α_{BA}	177°14′55.8″
x_B-x_C	23.167	y_B-y_C	538.511	α_{CB}	87°32′11.9″
x_A-x_C	−490.990	y_A-y_C	563.218	α_{CA}	131°04′50.0″
∠A	46°10′05.8″	P_A	1.29 315		
∠B	90°17′16.1″	P_B	−0.747 128	x_P	1 644.555
∠C	43°32′38.1″	P_C	1.79 171	y_P	4 064.458
∑	180°00′00.0″	∑	2.33 773		

四、距离（测边）交会

由于全站仪的普及，现在也常常采用距离交会的方法来加密控制点。

图 7.15 中，已知 A、B 点的坐标及 AP、BP 的边长，如 S_b、S_a，求待定点 P 的坐标。

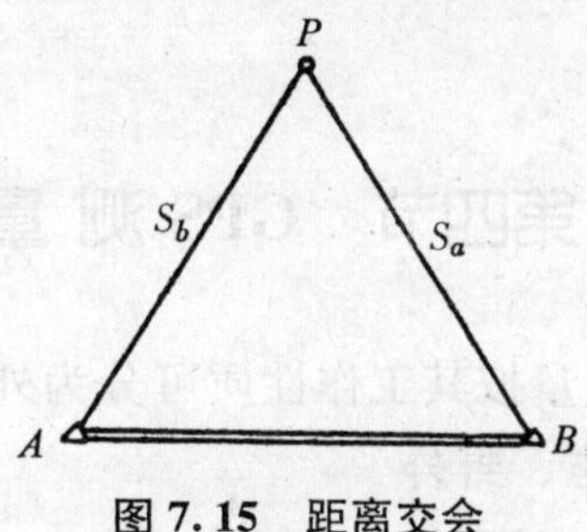

图 7.15　距离交会

根据余弦定律：

$$S_a^2=S_{AB}^2+S_b^2-2S_{AB}S_b\cos A$$

故

$$\cos A=\frac{S_{AB}^2+S_b^2-S_a^2}{2S_{AB}S_b} \tag{7—25}$$

同理可得

$$\cos B=\frac{S_{AB}^2+S_a^2-S_b^2}{2S_{AB}S_a} \tag{7—26}$$

当利用边长求出 A、B 角之后，即可利用前方交会公式（7—20）来解算 P 点坐标 x_P、y_P。

表 7—8 为距离交会计算实例。

表 7—8　距离交会计算

x_A	64 374.87	y_A	66 564.14	a	565.658
x_B	65 144.96	y_B	66 083.07	b	487.299
x_C	64 512.97	y_C	65 541.71	c	551.926
x_B-x_A	770.09	y_B-y_A	−481.07	S_1	908.002
x_B-x_C	631.99	y_B-y_C	541.36	S_2	832.155
α_{AB}	328°00′26″	α_{CB}	40°35′00″		
$\angle A$	−) 28°00′09″	$\angle C$	+) 34°12′37″		
α_{AP}	300°00′17″	α_{CP}	74°47′37″		
x_A	64 374.87	x_C	64 512.97		
$a\cos\alpha_{AP}$	+) 282.87	$c\cos\alpha_{CP}$	+) 144.77	中数 x_P	64 657.74
x_p	64 657.74	x_P	64 657.74		
y_A	66 564.14	y_C	65 541.71		
$a\sin\alpha_{AP}$	+) −489.85	$c\sin\alpha_{CP}$	+) 532.60	中数 y_P	66 074.30
y_P	66 074.29	y_P	66 074.31		
算式	$\cos\angle A=\dfrac{S_1^2+a^2-b^2}{2S_1a}$, $\cos\angle C=\dfrac{S_2^2+c^2-b^2}{2S_2c}$	略图			
校核	$\delta_x=0$,　$\delta_y=0.02\ \text{m}$ $\Delta D=\sqrt{\delta_x^2+\delta_y^2}=0.02\ \text{m}$ $\Delta D_{容}=2\times0.1\ \text{m}=2\times0.1\times1\,000=200\ \text{mm}=0.2\ \text{m}$				

第四节　GPS 测量

与常规测量相类似，GPS 测量按其工作性质可分为外业工作和内业工作两大部分。外业工作主要包括选点、建立标志、野外观测作业等；内业工作主要包括 GPS 控制网技术设计、数据处理和技术总结等。考虑到 GPS 载波相位静态差分定位是当前控制测量普遍采用的方法（见图 7.16），本节主要介绍小区域城市与工程 GPS 控制测量的工作程序与方法。

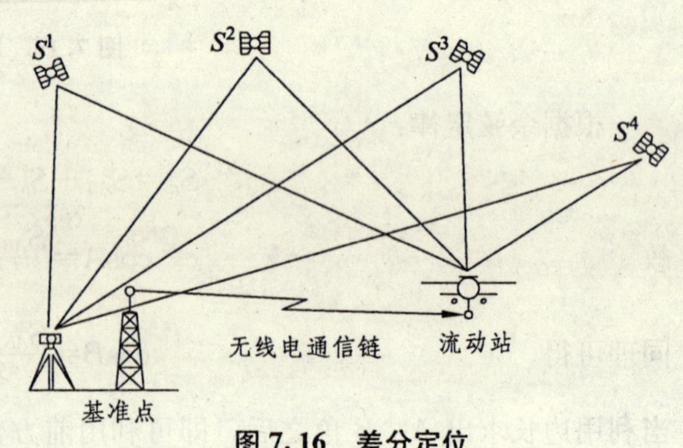

图 7.16　差分定位

一、GPS控制网的技术设计

GPS控制网的技术设计是进行GPS定位的基础，它依据国家有关规范（规程）、GPS网的用途和用户的要求来进行，其主要内容包括精度指标的确定和网形设计等。

1. GPS测量精度指标

GPS测量的精度指标通常是以网中相邻点之间的距离中误差来表示，其形式为：

$$\delta = \pm\sqrt{a^2 + (b \cdot d)^2}$$

式中 δ——距离中误差（mm）；

a——固定误差（mm）；

b——比例误差（ppm）；

d——相邻点间距离（km）。

国家测绘局2001年颁布的《全球定位系统（GPS）测量规范》（GB/T18314－2001）将GPS控制网分为A、B、C、D、E五级，各级控制网的精度指标见表7－9所示。其中A、B两级为国家GPS控制网，C、D、E三级是针对局域性GPS网规定的。此外各部委根据本部门GPS工作的实际情况也制定了其他的GPS规程或细则。

表7－9 GPS相对定位精度指标

级别	固定误差 a（mm）	比例误差 b（ppm）	相邻点距离（km）
A	≤5	≤0.1	100～2 000
B	≤8	≤1	15～250
C	≤10	≤5	5～40
D	≤10	≤10	2～15
E	≤10	≤20	1～10

由于精度指标直接影响GPS网的布设方案及GPS作业模式，因此，在实际设计中应根据用户的实际需要及设备条件慎重确定。控制网可以分级布设，也可以越级布设或布设同级全面网。

2. 网形设计

常规测量中，控制网的图形设计是一项重要的工作。而在GPS测量时，由于不要求测站点间通视、点位精度与网型关系不大，因此其图形设计具有较大的灵活性。GPS网的图形设计主要考虑网的用途、用户要求、经费、时间、人力及后勤保障条件等，同时还应考虑所投入的接收机的类型和数量等条件。

根据用途不同，GPS网的基本构网方式有点连式、边连式、网连式和边点混合连接四种。

（1）点连式：如图7.17（a）所示，是相邻的同步图形（即接收机同步观测卫星所获基线构成的闭合图形，又称同步环）之间仅用一个公共点连接。这种方式所构成的图形几何强度很弱，一般不单独使用。

（2）边连式：如图7.17（b）所示，是指相邻同步环（同步观测基线构成的闭合环）之间由一条公共基线连接。这种布网方案中，复测的边数较多，网的几何强度、可靠性均优于点连式。非同步观测基线也可以构成闭合，称为异步环。异步环常用于检查观测成果的质量。

(3) 网连式：是指相邻同步图形之间由两条以上的公共边连接，它的几何强度和可靠性更高，但作业效率较低。当相邻两测段之间公共测点等于或大于3时，所构成的网型属于网连式。

(4) 边点混连式：是指将点连式与边连式结合起来组成GPS网，如图7.17 (c) 所示。这种方式既能保证网的几何强度、提高网的可靠性，又能减少外业工作量，降低作业成本，因而是一种较为理想的布网方法。

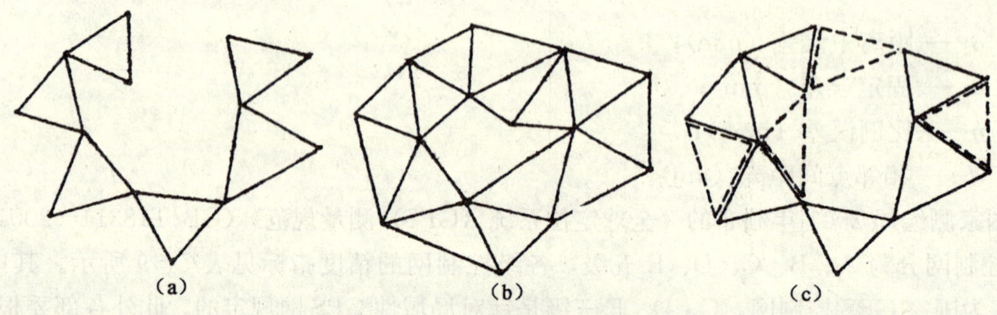

图 7.17 GPS网的基本构网方式

对于低等级的GPS测量或碎部测量，也可采用图7.17所示的星形布设。这种图形的主要优点是观测中只需要两台GPS接收机同步观测，作业模式简单。但由于直接观测边之间不构成任何闭合图形，没有检查和发现粗差的能力，所以这种方式仅 限于要求较低的快速定位作业。

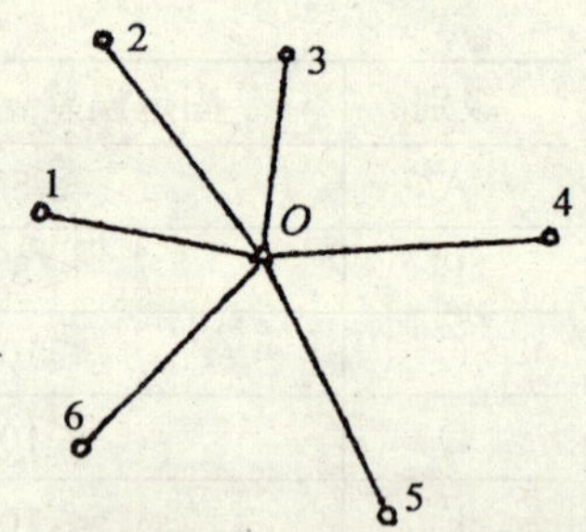

图 7.18 GPS网的星形布设

进行网形设计时，还需注意以下几个问题：

(1) GPS网必须由非同步独立观测边构成若干个闭合环或附合路线：以构成检核条件，提高网的可靠性。

(2) 尽管GPS测量不要求相邻测站点之间通视，但为了今后便于用常规测量方法联测或扩展，要求每个控制点应有一个以上的通视方向。

(3) 为了可靠确定GPS网与原有地面控制网之间的坐标转换参数，要求至少有3个GPS控制点与原控制点重合。

(4) GPS网应有3～6个点与水准点相重合，或联测水准，以便将大地高转换为正常高。

二、选点与建立标志

由于GPS测量测站之间不要求通视，而且网的图形结构比较灵活，故选点工作较常规测量简便。但GPS测量又有其自身的特点，因此选点时应满足以下要求：点位应选在交通方便，易于安置接收设备的地方，且视场要开阔；GPS点应避开对电磁波有干扰的物体，如高压线、电视台、微波站、大面积水域等。

点位选定后，按要求埋置标石，并绘制点之记。

三、外业观测

GPS外业观测工作主要包括天线安置、观测作业和观测记录等，下面分别进行介绍。

1. 天线安置

天线的相位中心是GPS测量的基准点，所以妥善安置天线是实现精密定位的重要条件之一。天线安置的内容包括对中、整平、量测天线高。

进行静态相对定位时，天线应架设在三角架上，并安置在标志中心的上方直接对中，天线基座上的圆水准气泡必须居中（对中与整平方法与经纬仪安置相同）。天线高是指天线的相位中心至观测点标志中心的垂直距离，用钢尺在互为120°的方向量3次，要求互差小于3 mm，满足要求后取三次结果平均值记入测量手簿中。

2. 观测作业

观测作业的主要任务是捕获GPS卫星信号并对其进行跟踪、接收和处理，以获取所需的定位信息和观测数据。

GPS接收机具体的操作步骤和方法，随接收机的类型和作业模式不同而异，在随机的操作手册中都有详细的介绍。事实上，GPS接收机的自动化程度很高，一般仅需按动若干功能键（有的甚至只需按一个电源开关键），即能顺利地完成测量工作。观测数据由接收机自动接收记录，并以文件形式保存在接收机存储器中。作业人员只需定期查看接收机的工作状况并做好记录。观测过程中接收机不得关闭并重新启动；不得更改有关设置参数；不得碰动天线或阻挡信号；不准改变天线高。观测站的全部预定作业项目，经检查均已按规定完成，且记录与资料完整无误后方可迁站。

3. 观测记录

观测记录的形式一般有两种。一种是由接收机自动形成，并保存在接收机存储器中供调用和处理，这部分内容主要包括：GPS卫星星历和卫星钟差参数；伪距和载波相位观测值；实时绝对定位结果；测站控制信息及接收机工作状态信息。

另一种是测量手簿，由观测人员填写，内容包括天线高、气象数据测量结果、观测人员、仪器及时间等，同时对于观测过程中发生的重要问题、问题出现的时间及处理方式也应记录。观测记录是GPS定位的原始数据，也是进行后续数据处理的唯一依据，必须要真实、准确，并妥善保管。

四、成果检核与数据处理

观测成果应进行外业检核，这是确保外业观测质量和实现预期定位精度的重要环节。观测任务结束后，必须在测区及时对观测数据的质量进行检核，对于外业预处理成果，要按《规范》要求严格检查、分析，以便及时发现不合格成果，并根据情况采取重测或补测措施。

成果检核无误后，即可进行内业数据处理。内业数据处理过程大体可分为：预处理，平差计算，坐标系统的转换或与已有地面网的联合平差。GPS接收机在观测时，一般每隔15～20 s自动记录一组数据，故其信息量大，数据多。同时，数据处理时采用的数学模型和算法形式多样，使数据处理的过程相当复杂。实际应用中，一般是借助计算机通过相关软件来完成数据处理工作，限于篇幅，数据处理方法这里不再详细介绍，读者请参阅有关书籍。

第八章　地形图的测绘和应用

第一节　地形图的基本知识

一、地形图的概念

地形图是将地表的地物和地貌经综合取舍，按比例缩小后用规定的符号和一定的表示方法描绘在图纸上的正形投影图。在地形图上既表示出了各种地物的平面位置，又反映出地面的高低起伏形态。

地物是指地面上各种固定性物体，如河流、湖泊、森林、草地、独立岩石等属自然地物，而房屋、道路、各种管线设施、沟渠、桥梁、塘堰水库等是人类在进行自然改造和生产活动中产生的位于地表的永久性固定物体，属人工地物。地形图上地物的表示方法一般是把它在投影面（高斯平面或一般水平面）的形状（地物轮廓线）和大小按比例相似地缩绘在图面确定的位置上，并保证地物间的相对位置关系正确。对于不能按比例表示的地物，则以其中心位置为定位点，用专用地图符号表示。

地球表面高低起伏、凹凸不平的自然形态称为地貌。地球表面典型的地貌形态有平原、丘陵、高山、陡坎、深谷、悬崖峭壁及雨裂冲沟等，地形图上往往借助高程注记和一些特定的地貌符号，如等高线、陡坎、斜坡等来表示地表的高低起伏情况。

地球表面近似为一椭球面，椭球面是不可展曲面，将椭球面上的图形绘制在平面上，变形不可避免。大比例尺地形图，反映的测区范围较小，可不考虑地球曲率，将地表当做平面，直接将地形、地物投影到水平面上缩绘成图即可。而中小比例尺地形图，一般要反映较大区域（如超过 100 km^2）的地形情况，必须考虑地球曲率。一方面各图幅要实现无缝连接，一方面又要将变形限制在可以接受的范围内，在具体作业时，是采用分带投影的方法来限制变形。关于投影的理论与方法，具体内容见第六章高斯投影简介。

地形图若以成图方法来划分，有在实地施测而用线划描绘的线划图，如直接用于工程建设的各种大比例尺地形图都属这一类；但在有的地区用线划图表示不够明确，如沙漠、沼泽等，则用彩色像片以其色彩影像来表示的影像地图。比较多的影像地图是采用在黑白像片的影像上再加上线划的某些符号，它是影像和线划的一种结合图。地形图以其内容来分，除了普通地形图外还有各种专题图，如地质图、森林分布图等。这类图包括一般地形图所具有的主要内容，并加上专题所需的内容。

二、地形图的内容

地形图是用来表示地表上各种地物的位置、大小及其相互关系和地面的高低起伏的，它所包含的信息量十分丰富。地形图一般四周都有图框，测量上将图的边框称为图廓。图廓线有内图廓线和外图廓线之分：内图廓线限定了本幅地形图的范围，用细实线绘出，在内图廓线外围用粗实线绘出外图廓线。在图廓线的四角标注有角点坐标，根据角点坐标也可以读出本幅地形图居于所在坐标系统的确切位置。地形图上的方向，通常规定为上北下南，左西右东，如果不是这样，就应在图上绘出指北的方向。

1. 图廓外要素

一幅地形图的许多重要信息记录于图廓周围，包括图名、图号、接图表、比例尺、测图时间、坐标系统、高程系统及测图方法、图式版式、测图单位及人员等。图 8.1 表示了地形图图廓外要素的内容。

（1）图名和编号。图名往往以一幅地形图所在区域内比较明显的地物、地名或重要单位来命名，图名和编号（见下节地形图的分幅与编号）位于图廓的上方中部。

（2）比例尺。比例尺标注在图廓的正下方，有的地形图还绘有图示比例尺（见后续内容）；

（3）接图表。图廓的左上角绘有接图表，接图表的中央框内用斜线填充，代表本幅图的位置，上、下、左、右及四角的小框分别代表与之相邻的北、南、西、东等方位的图幅，并标注相应的图名或图号，以方便查找。

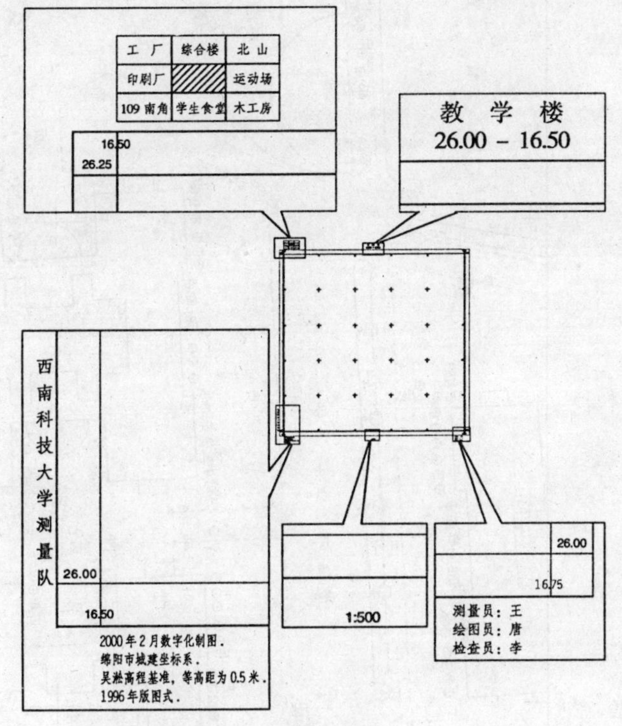

图 8.1 图廓外要素

另外，图廓右下角标有测图日期、成图方法、坐标系统、高程系统、所采用的图式版式等内容，再加上左侧下方的测图单位及右下角测图人员等信息，构成了一幅地形图的重要基本信息。

2. 图廓内要素

图廓内要素主要由数学要素和地理要素构成，诸如坐标网格、图廓经纬线及投影方式等为数学要素。矩形图幅的图廓内绘有 10 cm 间隔互相垂直交叉的短线，称为坐标格网；如 1∶1万地形图的坐标格网间隔为 1 km。梯形图幅图廓线为经纬线，因投影后在平面上各子午线并不相互平行，所以，经纬线方向与坐标网格方向不一致。

地理要素则由自然要素和社会经济要素构成：自然要素包括地貌、水系、土壤、植被等；社会经济要素包括居民地、独立地物、道路、管线设施、行政区划界线等。地理要素又可统分为地物、地貌两大类。图 8.2 是以地物为主的 1∶1 000 比例尺城市地形图的一部分，地面的起伏情况主要用高程注记来反映；而图 8.3 是反映丘陵地区地形情况的 1∶1 000 比例尺地形图的一部分，在这类地面起伏较大的地区，除了要体现居民地、道路、管线、塘堰

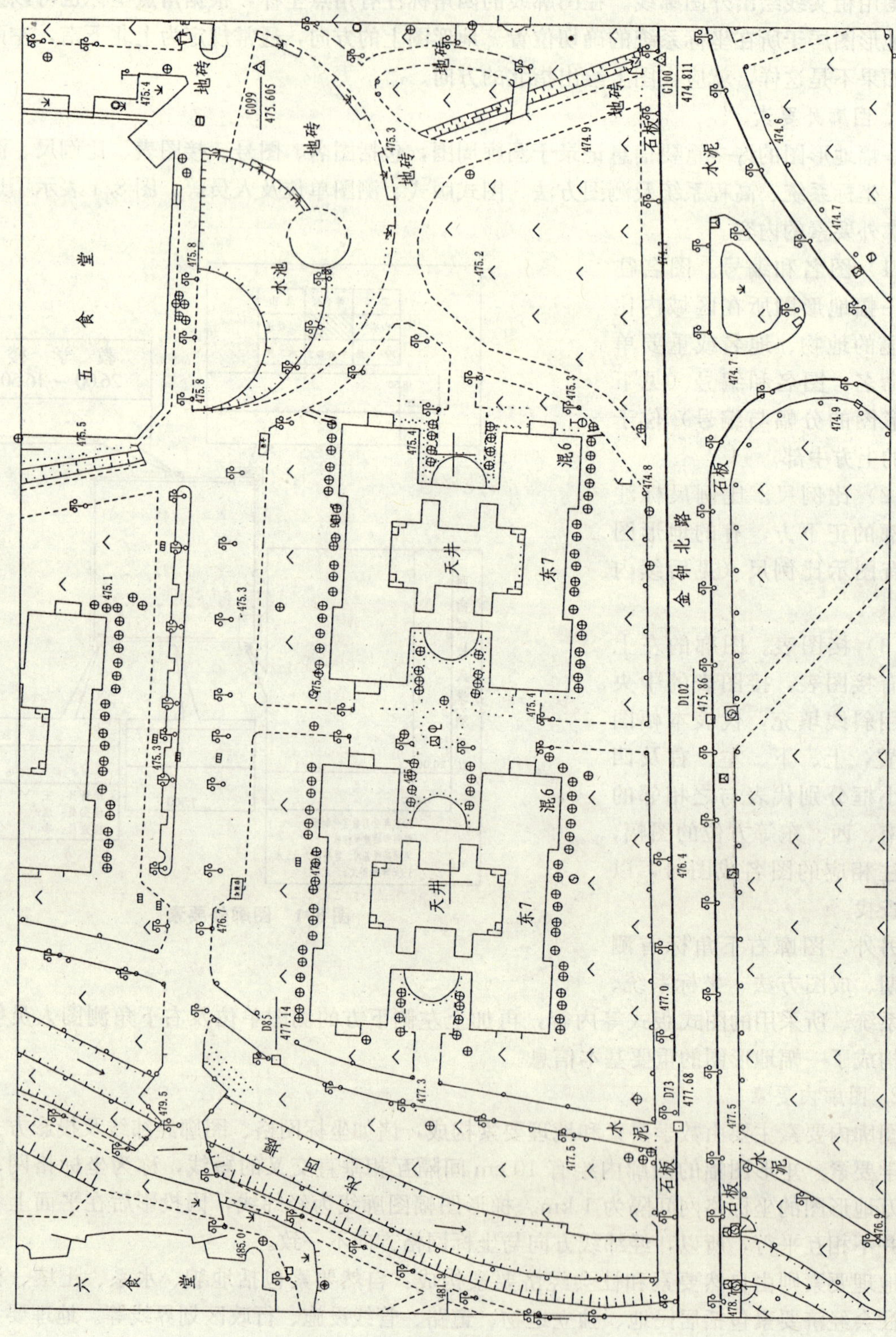

图 8.2　大比例尺城市地形图（1）

沟渠及一些独立地物外，还要用特定的地貌符号来表示地面的起伏情况，如图 8.3 中的等高线。等高线是表示地面起伏的一种常用符号，不便用等高线表示的局部地貌，常用陡坎、斜坡等符号配合高程注记表示。

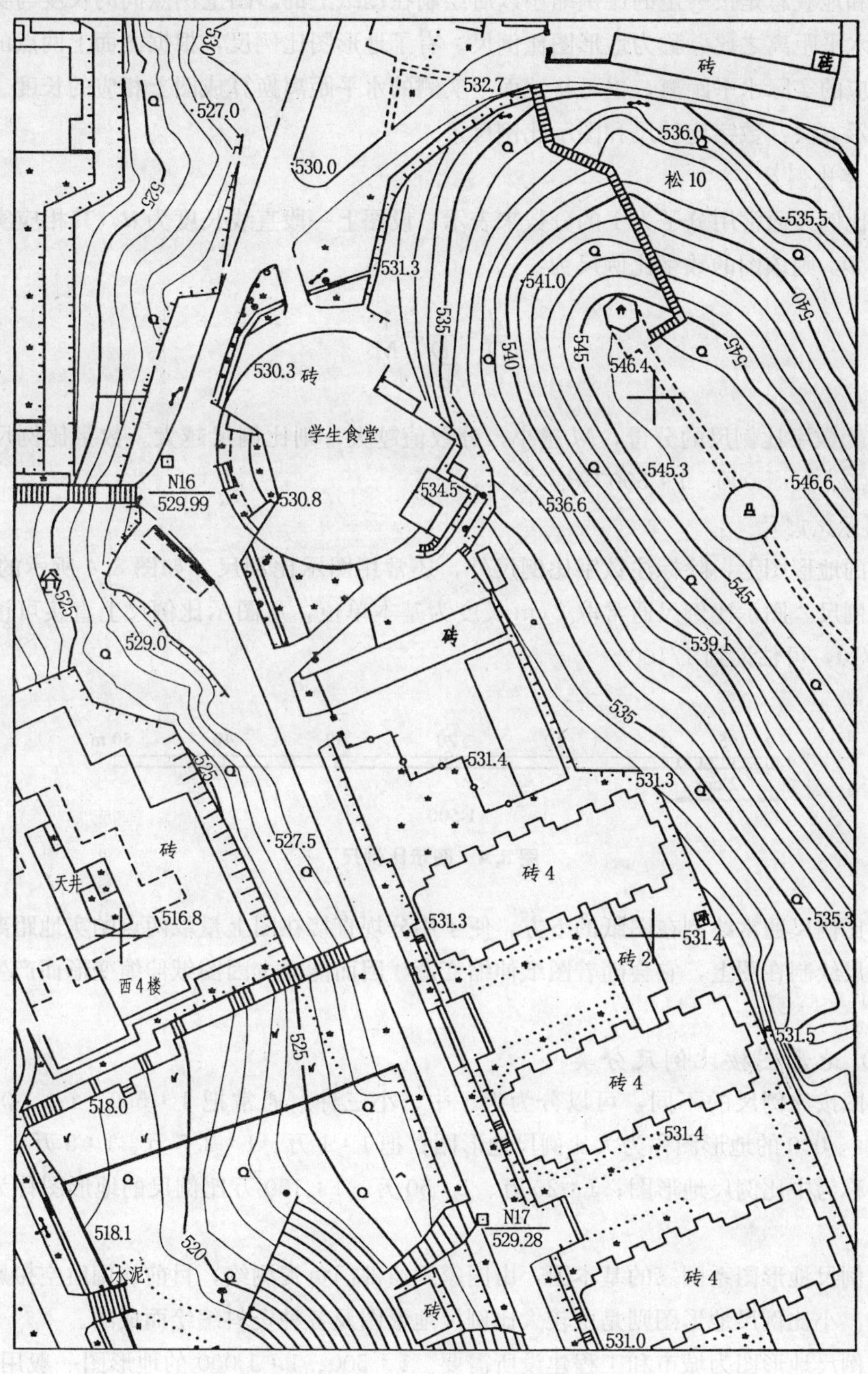

图 8.3　大比例尺城市地形图（2）

三、地形图的比例尺

（一）比例尺的表示方法

地物和地貌总是按一定的比例缩小以后绘制在图纸上的。图上两点间的长度与实际对应点之间的水平距离之比，称为地形图比例尺。有了地形图比例尺，根据图面上两点的长度可换算出相应的实际水平距离，也可将地面上实测的水平距离换算成图上相应的长度。比例尺有两种表示方法：数字比例尺和图示比例尺。

1. 数字比例尺

数字比例尺通常用分子为 1 的分数来表示。设图上一段直线长度为 d，其相应实地的水平距离为 D，则该图的数字比例尺为：

$$\frac{d}{D}=\frac{1}{\frac{D}{d}}=\frac{1}{M}$$

式中，M 为数字比例尺的分母，M 越小，分数值越大，则比例尺越大。数字比例尺一般写成 1∶2 000、1∶1 000、1∶500 等形式。

2. 图示比例尺

在有的地形图上，除标注数字比例尺外，还常用图示比例尺，如图 8.4 所示的 1∶500 的图示比例尺。图示比例尺通常取 2 cm 长度为基本单位，从图示比例尺上直接可读到基本单位的 1/10，可估读到 1/100。

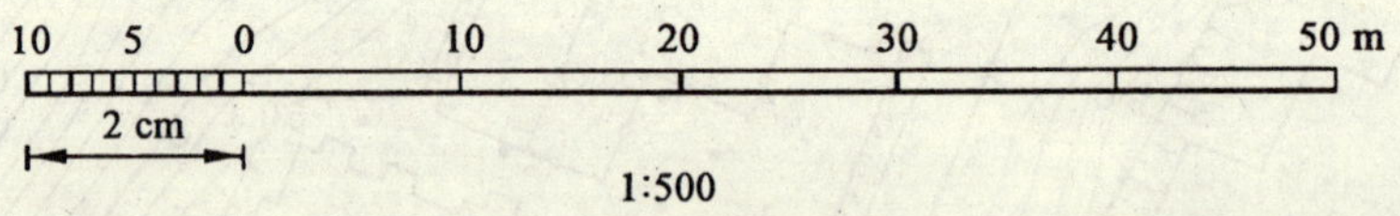

图 8.4　图示比例尺

图示比例尺通常绘制在图纸的下方，便于用分规直接在图上量取两点的实地距离。因为图示比例尺绘制在图上，它会随着图纸伸缩变形，因而能减少因图纸伸缩变形而产生的图上量距误差。

（二）地形图按比例尺分类

地形图按比例尺的不同，可以分为大、中、小三种。通常把 1∶500、1∶1 000、1∶2 000、1∶5 000 的地形图称为大比例尺地形图；把 1∶1 万、1∶2.5 万、1∶5 万、1∶10 万的地形图称为中比例尺地形图；1∶20 万、1∶50 万、1∶100 万比例尺的地形图称为小比例尺地形图。

中比例尺地形图系国家的基本图，由国家测绘部门负责测绘，目前均用航空摄影测量的方法成图。小比例尺地形图则是由较大比例尺地形图及各种资料编绘而成的。

大比例尺地形图为城市和工程建设所需要。1∶500、1∶1 000 的地形图一般用平板仪、经纬仪或全站仪等直接测绘成图；比例尺为 1∶2 000、1∶5 000 的地形图一般由更大比例尺地形图缩绘而成，也可由航空摄影测量方法成图，其中 1∶2 000 的地形图也可直接测绘成图。

（三）地形图比例尺的选用

地形图比例尺的不同，其表达的地形详细程度、测图的工作量和费用相差很大。一般以用图需要作为决定的主要因素，即根据在图上需要表示出的最小地物有多大，点的平面位置或两点间的距离要精确到什么程度作为选择比例尺的标准。一般来说，1∶10 000和 1∶5 000的比例尺地形图主要用于城市总体规划、厂址选择、区域布置及方案比较等；1∶2 000 的比例尺地形图主要用于城市详细规划及工程项目初步设计；1∶1 000 及1∶500 比例尺地形图主要用于建筑设计、城市详细规划、工程施工设计及竣工图。

（四）比例尺精度

由于人眼分辨角值为 60″，在明视距离（25 cm）内辨别两条平行线间距为 0.1 mm，区别两个点的能力为 0.15 mm。因此，通常将 0.1 mm 称为人眼分辨率，而将地形图上 0.1 mm所表示的实地水平长度，称为地形图的比例尺精度。

地形图的比例尺精度与量测关系如下：① 根据地形图比例尺确定实地量测精度，如在比例尺为 1∶500 的地形图上测绘地物，量距精度只需达到±5 cm 即可；② 可根据用图需要表示地物、地貌的详细程度，确定地形图的比例尺。如要求测量能反映出量距精度为±10 cm 的图，应选比例尺大于或等于 1∶1 000 的地形图。

四、地形图图式

地形图表示地形、地貌采用了一套规范的专业符号，这些符号统称为地形图图式。图式是由国家测绘局统一制定颁布的，它是测绘和使用地形图的专用语言。

地形图的图式符号分三类：地物符号、地貌符号和注记。

1. 地物符号

地物符号分为比例符号、非比例符号和半比例符号：可以按测图比例尺缩小的地物符号，称为比例符号；有些地物轮廓较小，如控制点、井盖、电杆等，无法按比例缩小在图上绘出，只能用特定的符号表示它的中心位置，这类地物符号称为非比例符号；对于那些线状地物，如铁路、公路、管线、围墙等，其长度可以按比例缩绘，但其宽度不能按比例表示，这类符号称为半比例符号。

2. 地貌符号

在地形图上通常用等高线表示较大范围的地面高低起伏，所以等高线是常见的地貌符号。对于梯田、峭壁、冲沟等局部特殊地形，不便用等高线表示时，可根据情况绘注相应的地形符号。

3. 注　记

还需配合一定的文字和数字对地物的名称及属性等信息加以说明，这些文字和数字就是注记，如房屋的结构和层数、地名、路名、单位名、等高线高程和测点的高程、控制点点名及高程等。

图 8.5、8.6 所示为常见的大比例尺地形图图式符号。

(1) 龙山 554.521 三角点
(2) I16 403.74 导线点
(3) II02 508.506 水准点
(4) N017 515.23 图根点
(5) G016 404.984 GPS点
(6) 加油站
(7) 变电室
(8) 独立坟
(9) 避雷针
(10) 路标
(11) 消防栓
(12) 水井
(13) 泉
(14) 电信入孔
(15) 探井
(16) 山洞
(17) 石堆
(18) 文 学校
(19) 医院
(20) 路灯
(21) 一般房屋
(22) 特种房屋
(23) 简单房屋
(24) 建 建设中房屋
(25) 破 破坏房屋
(26) 棚房
(27) 过街天桥
(28) 厕 厕所
(29) 露天体育场
(30) 独立树(阔叶)
(31) 独立树(果树)
(32) 开采小矿井
(33) 陡崖(土质)
(34) 陡崖(石质)
(a)
(b)

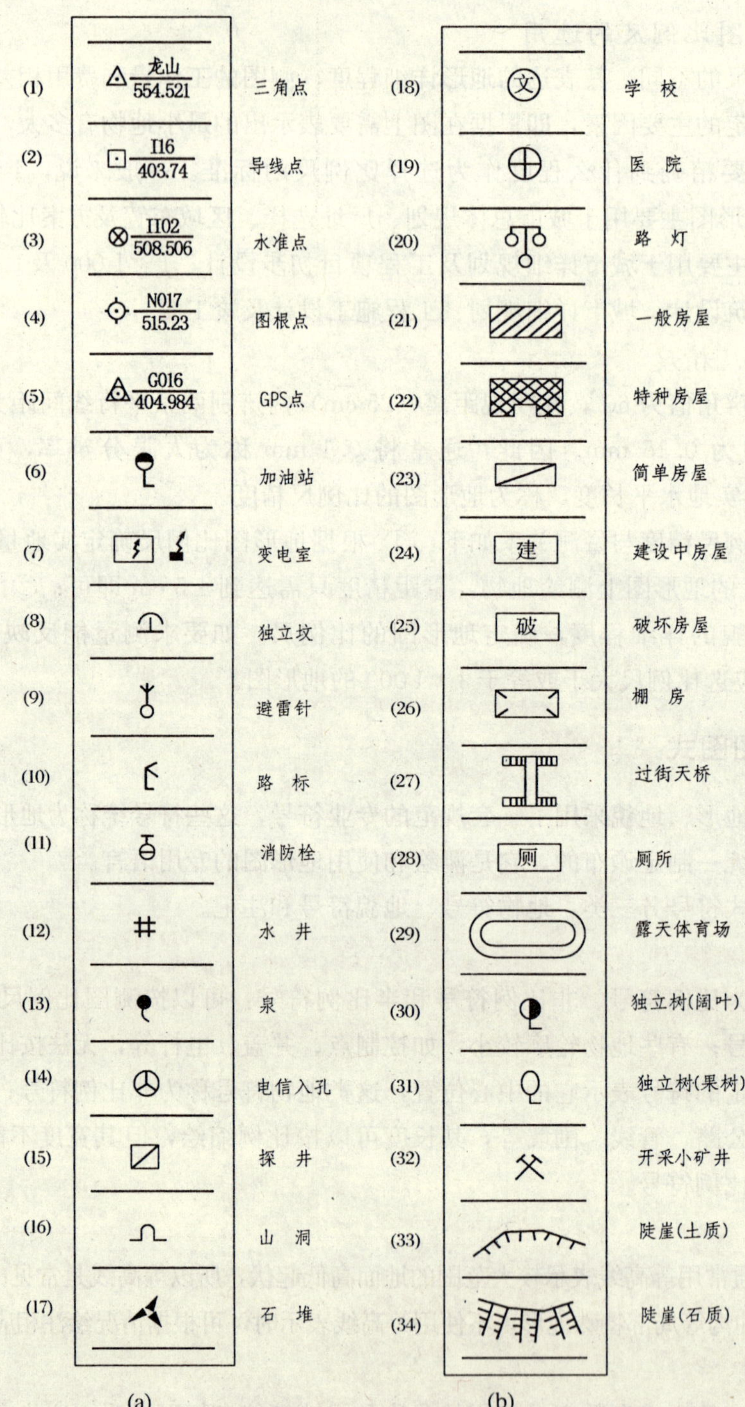

图 8.5　地形图图式（1）

五、等高线

1. 等高线的原理

等高线是地面上高程相同的相邻点依次连接起来的一条闭合光滑曲线。如图 8.7 所示，设想一座小岛在湖泊中，开始时水面高程为50 m，则水面与山体的交线即为50 m的等高线；若湖泊水位不断升高，达到51 m时，山体与水面的交线为51 m的等高线；依此类推，直到水位上升到53 m时，只剩山顶部分而得到53 m的等高线。然后把这些实地的等高线沿铅垂方向投影到水平面上，并按规定的比例尺缩绘到图纸上，得到与实地形状相似的等高线。显然，图上的等高线形态取决于实地地形情况，坡陡则等高线密集，坡缓则等高线稀疏。所以，可以从图上等高线的形状及分布来判断实地地貌的形态。

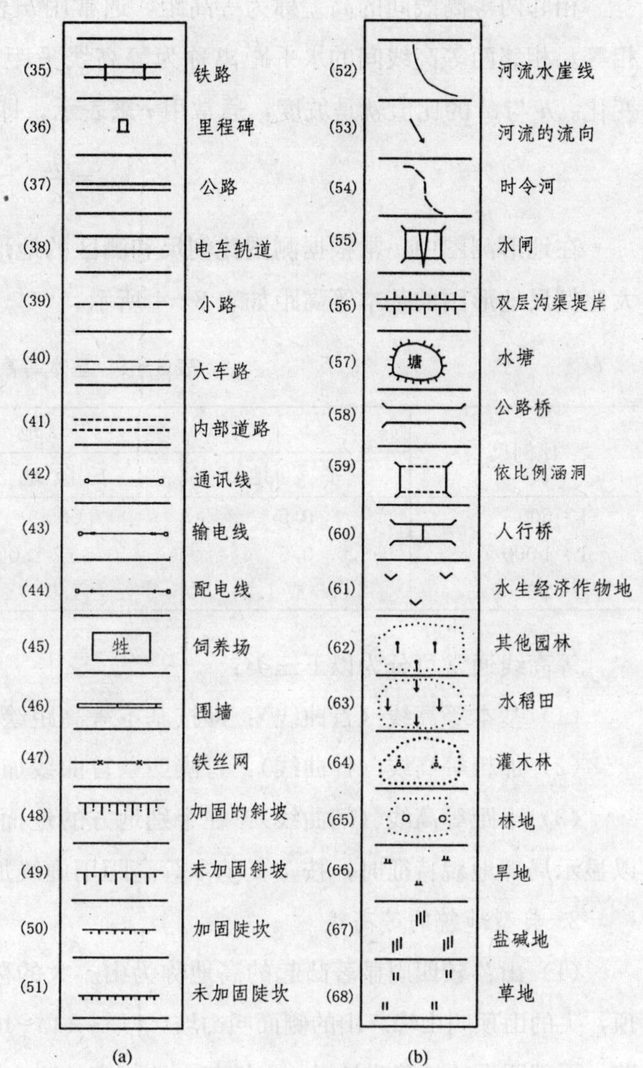

图 8.6 地形图图式（2）

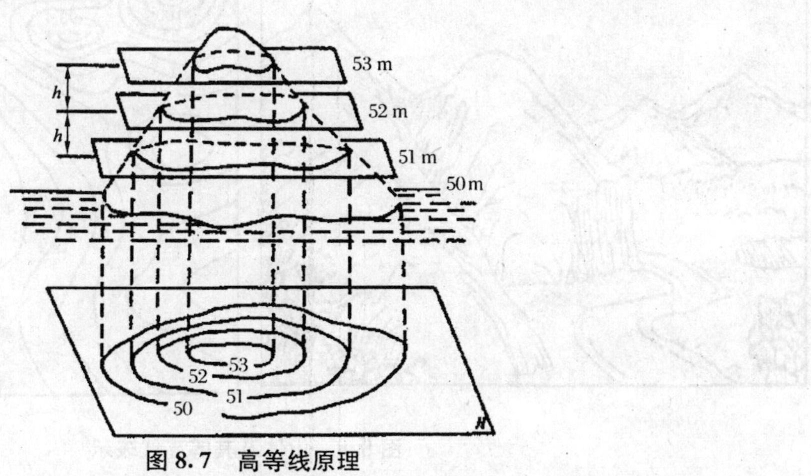

图 8.7 高等线原理

相邻两等高线间的高差称为等高距，通常用 h 表示，在同一幅地形图上各处的等高距应相等。相邻两等高线间的水平距离称为等高线平距，通常用 d 表示，它随实地地面起伏而变化。h 与 d 的比值就是坡度，通常用 i 来表示，即

$$i=\frac{h}{d} \tag{8-1}$$

在地形测图中，常根据测图比例尺和测区的地形类别，来选择基本等高距 h 值，常用的大比例尺地形图的基本等高距如表 8-1 所示。

表 8-1　基本等高距表　　单位：m

比例尺	地形类别			
	平　地	丘陵地	山　地	高山地
1∶500	0.5	0.5	0.5 或 1.0	1.0
1∶1000	0.5	0.5 或 1.0	1.0	1.0 或 2.0
1∶2000	0.5 或 1.0	1.0	2.0	2.0

等高线通常可分为以下三类：

(1) 基本等高线（首曲线）：即按基本等高距绘制的等高线。

(2) 加粗等高线（计曲线）：每隔四条首曲线加粗一条等高线，并在其上注记高程。

(3) 半距等高线（间曲线）：在个别地方的地面坡度很小，用基本等高距的等高线不足以显示局部地貌特征时，按 1/2 基本等高距用虚线加绘半距等高线。

2. 典型地貌的等高线

(1) 山：较四周显著凸起的高地称为山。大的称为山岳，小的叫山丘。山的最高点叫山顶，尖的山顶叫山峰。山的侧面叫山坡，倾斜 20°～45°的山坡叫陡坡，几乎成竖直形态的叫峭壁，下部凹入的峭壁叫悬崖，山坡与平地相交处叫山脚。山体及其等高线表示如图 8.8 所示。

图 8.8　山体及其等高线表示

（2）山脊：山的凸棱称为山脊。山脊最高的棱线称为山脊线，雨水以山脊为界流向两侧坡面，故山脊线又称分水线。图 8.9 所示为山脊线和其等高线。

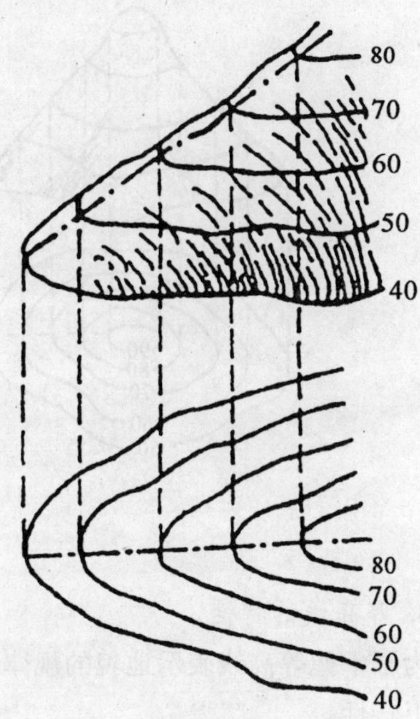

图 8.9 山脊及其等高线表示

（3）山谷：两山脊之间的凹部称为山谷。山谷是沿着一个方向延伸下降的洼地，两侧称谷坡。两谷坡相交部分叫谷底；山谷中最低点连成的谷底线称为山谷线或集水线；谷地与平地相交处称谷口。山谷如图 8.10 所示。

（4）鞍部：相对的两个山丘间的低洼地，形状类似“马鞍”，因而称为鞍部（又称垭口）。图 8.11 所示为鞍部的形状及其等高线。

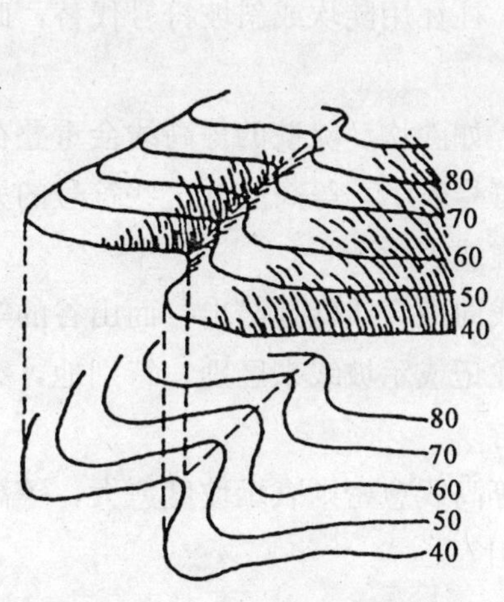

图 8.10 山谷及其等高线表示

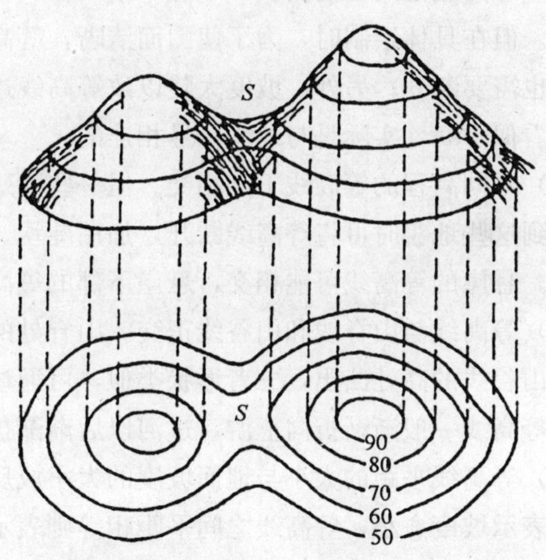

图 8.11 鞍部及其等高线表示

（5）盆地：四周高而中间低的地形叫盆地，最低处称盆底。如图 8.12（a）为山峰的等高线，8.12（b）为盆地的等高线，盆地等高线与山峰的等高线很相像，都在图的局部形成闭合的曲线，但盆地的等高线越到内圈高程越小，与山峰的等高线高程变化正相反，为了便于区分是盆地还是山峰，往往通过等高线注记或用示坡短线来表示坡度降低的方向，图 8.12 中的短横线即为示坡线。

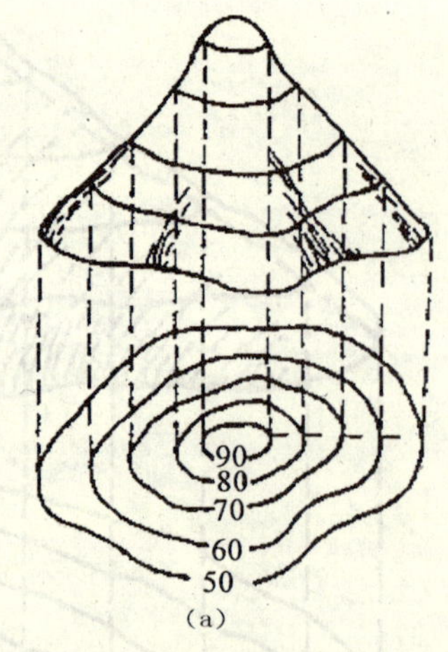

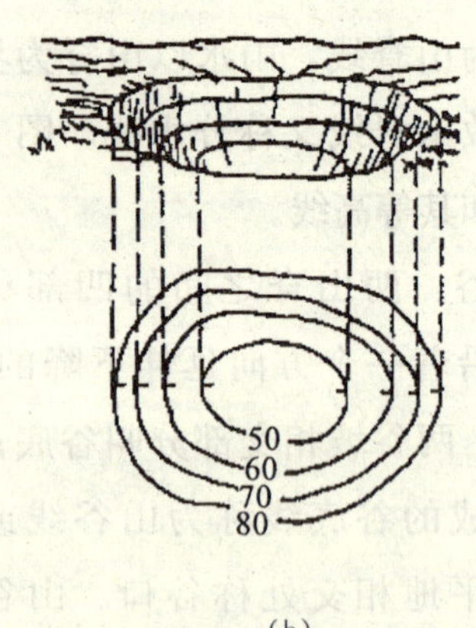

图 8.12　山峰与盆地

3. 等高线的特性

为了掌握等高线表示地貌的规律，便于绘制等高线，有必要了解等高线的特性。等高线有如下特性：

（1）在同一条等高线上各点的高程相等。

（2）等高线是闭合的曲线，不能中断，在一幅图中未能闭合时，则必定跨越邻幅或多幅后闭合。但在具体绘制时，为了使图面清晰，等高线遇到房屋、公路、某些工业设施及文字注记时也需要断开；另外，坡度太陡以致等高线过密时，往往用陡坎或斜坡符号代替，此时等高线看似中断，实际是与地貌符号相连的。

（3）不同高程的等高线不能相交。但一些特殊地貌，如陡坎、陡壁的等高线会重叠在一起，遇到这些地貌时可将等高线断开，加用陡坎、陡壁符号表示，等高线从这些符号的另一端穿出。悬崖的等高线可能相交，悬崖下部的等高线用虚线表示。

（4）等高线与山脊线和山谷线正交。山脊处的等高线向山脊线低处凸出，而山谷的等高线则向山谷线的高处凸出，二者形状类似，可通过高程注记或示坡线来区别。特别地，穿越河流的等高线一般渐渐折向上游，过河以后渐渐折向下游。

（5）等高线平距的大小与地面坡度的大小成反比。等高线愈密则表示坡度愈大，等高线愈稀则表示坡度愈小，等高线之间平距相等则表示坡度相等。

六、地形图的分幅与编号

为了便于测绘、管理和使用地形图，需要将大区域内的各种比例尺的地形图进行统一的分幅和编号。地形图的分幅方法有两种：一种是国家基本图的分幅，是按经度、纬度划分的梯形分幅法；另一种是用于工程建设上的大比例尺地形图的分幅，按坐标网格划分的正方形或矩形分幅法。

（一）梯形分幅与编号

地形图的梯形分幅又称为国际分幅，由国际统一规定的经线为图幅的东西边界，统一的纬线为图幅的南北边界。由于子午线收敛于南、北两极，所以整个图幅呈梯形，其编号方法随比例尺不同而不同。

1. 1∶100 万比例尺地形图的分幅与编号

1∶100 万比例尺地形图的分幅编号采用国际统一的规定。做法是将整个地球表面用子午线分成 60 个 6°的纵列，由经度 180°起，自西向东用阿拉伯数字 1～60 编列号数。同时，由赤道起分别向南向北直至纬度 88°止，以每隔 4°的纬度圈分成许多横行，这些横行用大写的拉丁字母 *A*、*B*、*C*……*V* 标明。以两极为中心，以纬度 88°为界的圆，用 *Z* 标明。图 8.13 为北半球 1∶100 万比例尺地形图的分幅与编号。图 8.14 为我国领域内的 1∶100 万比例尺地形图的分幅与编号情况。在北半球和南半球的图幅，分别在编号前加 N 或 S 予以区别。我国领域全部位于北半球，故省注 N。

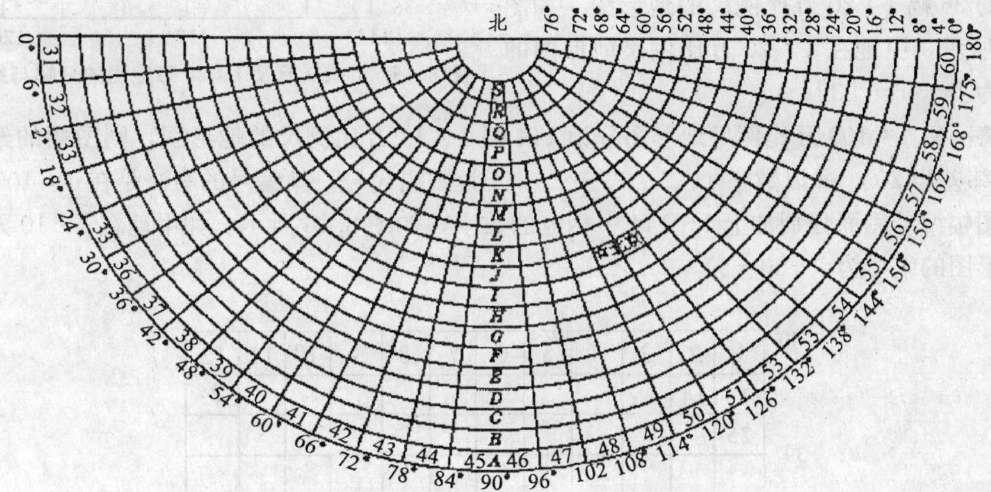

图 8.13　1∶100 万地图的分幅与编号

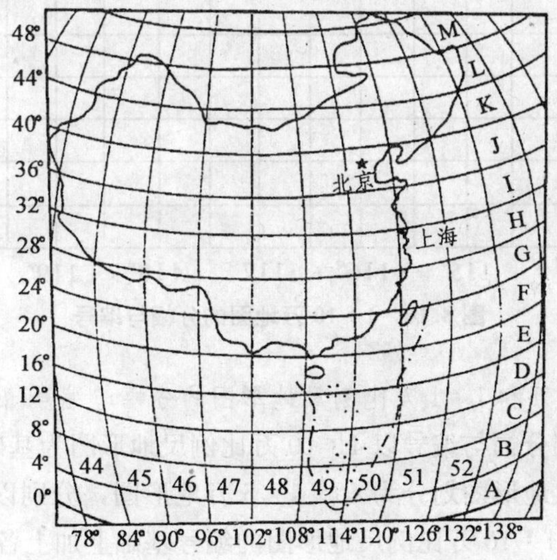

图 8.14　中国境内 1∶100 万地图的分幅与编号

一张 1∶100 万比例尺地形图，是由纬差 4°的纬线和经差 6°的子午线所围成的梯形。每一幅 1∶100 万比例尺的梯形图图号是由横行的字母与纵列的号数组成，如甲地的纬度为北纬 39°56′23″，经度为东经 116°22′53″，其所在 1∶100 万比例尺的图幅编号为 J—50。

2. 1∶50 万、1∶20 万和 1∶10 万比例尺地形图的分幅与编号

将一幅 1∶100 万比例尺地形图分为四幅，则图幅的经差为 3°，纬差为 2°，构成以 *A*、*B*、*C*、*D* 为代号的 1∶50 万比例尺地形图，如图 8.15 中 J—50—A。

将一幅 1∶100 万比例尺地形图分为 36 幅，则图幅的经差为 1°，纬差为 40′，构成以带括号的数字［1］、［2］、［3］、…、［36］为代号的 36 幅 1∶20 万比例尺的地形图。如图 8.15 所示，甲地在 1∶20 万比例尺地形图的编号为 J—50—［3］。

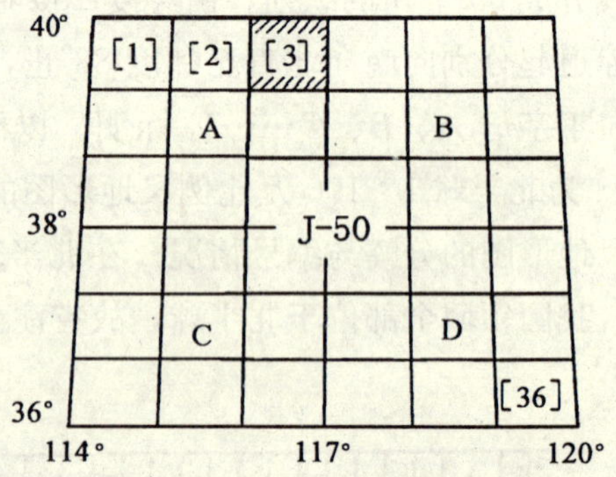

图 8.15　1∶50 万及 1∶20 万地图的分幅与编号

将一幅 1∶100 万比例尺地形图分为 144 幅 1∶10 万比例尺的地形图，则图幅的经差为 30′，纬差为 20′，并以数字 1、2、3、…、144 为图幅代号。其编号的写法是在 1∶100 万比例尺图幅编号后面分别加上 1～144 中相应的数字，如图 8.16 所示。如甲地在 1∶10 万比例尺地形图的编号为 J—50—5。

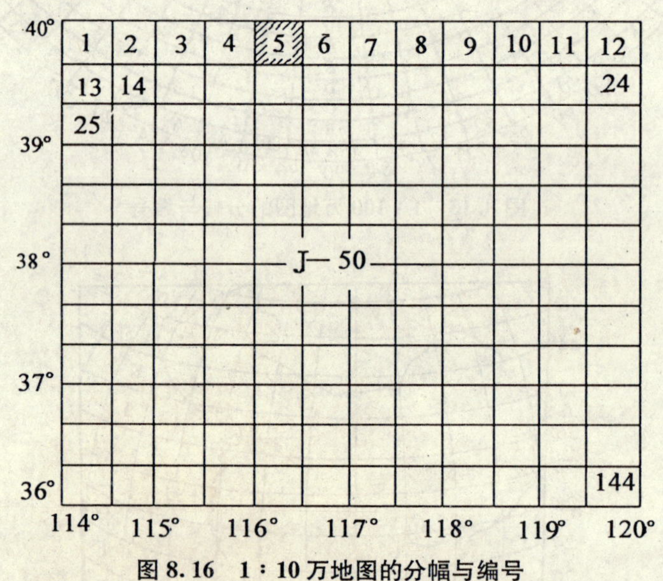

图 8.16　1∶10 万地图的分幅与编号

3. 1∶5 万、1∶2.5 万和 1∶1 万比例尺地形图的分幅与编号

这三种比例尺地形图分幅与编号以 1∶10 万比例尺地形图为基础。

每幅 1∶10 万比例尺地形图划分为 4 幅 1∶5 万地形图，分别以 A、B、C、D 表示，如图 8.17 所示。编号是在 1∶10 万比例尺地形图的编号基础上加上各自的代号所组成，例如，甲地所在 1∶5 万比例尺地形图的编号为 J—50—5—B。

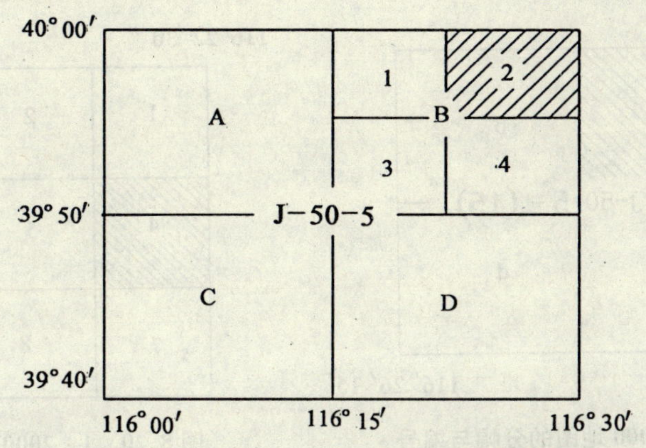

图 8.17　1∶5 万及 1∶2.5 万地图的分幅与编号

1∶2.5 万比例尺地形图则是将 1∶5 万图幅分成四幅，并分别在 1∶5 万比例尺地形图的编号后加以数字 1，2，3，4 进行编号，如图 8.17 中甲地所在地的 1∶5 万地形图编号为 J—50—5—B—2。

每幅 1∶10 万比例尺地形图划分为 8 行、8 列，共 64 幅 1∶1 万比例尺地形图，分别以 (1)、(2)、(3)、(4)、… (64) 表示，如图 8.18 所示。每幅 1∶1 万地图形的纬差是 2′30″，经差为 3′45″，其编号是在 1∶10 万比例尺地形图的编号基础上加上各自的代号所组成。例如，甲地所在 1∶1 万比例尺地形图的编号为 J—50—5— (15)。

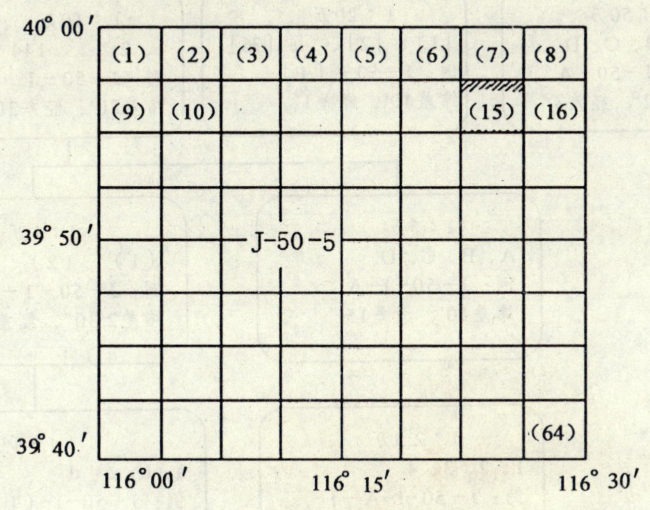

图 8.18　1∶1 万地图的分幅与编号

4. 1∶5 000、1∶2 000 地形图的分幅与编号

1∶5 000、1∶2 000 地形图的分幅与编号是在 1∶1 万比例尺地形图的基础上进行的。每幅 1∶1 万比例尺地形图分成四幅 1∶5 000 地形图，每幅图纬差为 1′15″，经差为 1′52.5″，如图 8.19 所示，其编号是在 1∶1 万图幅编号后加小写英文字母 a、b、c、d。

每幅 1∶5 000 比例尺地形图又分成 9 幅 1∶2 000 比例尺地形图，如图 8.20 所示。其纬差为 25″，经差为 37.5″，其编号是在 1∶5 000 图幅编号后再分别加上数字 1、2、…、9。

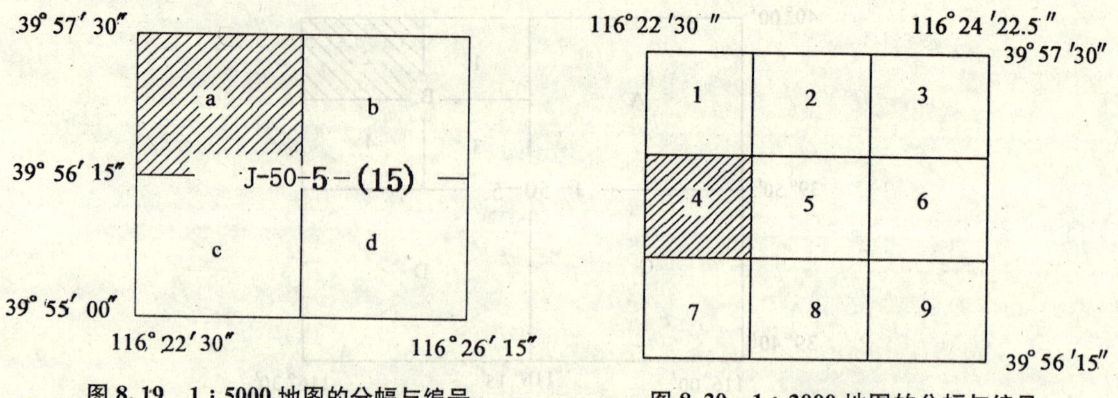

图 8.19　1∶5000 地图的分幅与编号　　**图 8.20　1∶2000 地图的分幅与编号**

综上所述，地形图梯形分幅与编号可用图 8.21 来说明：

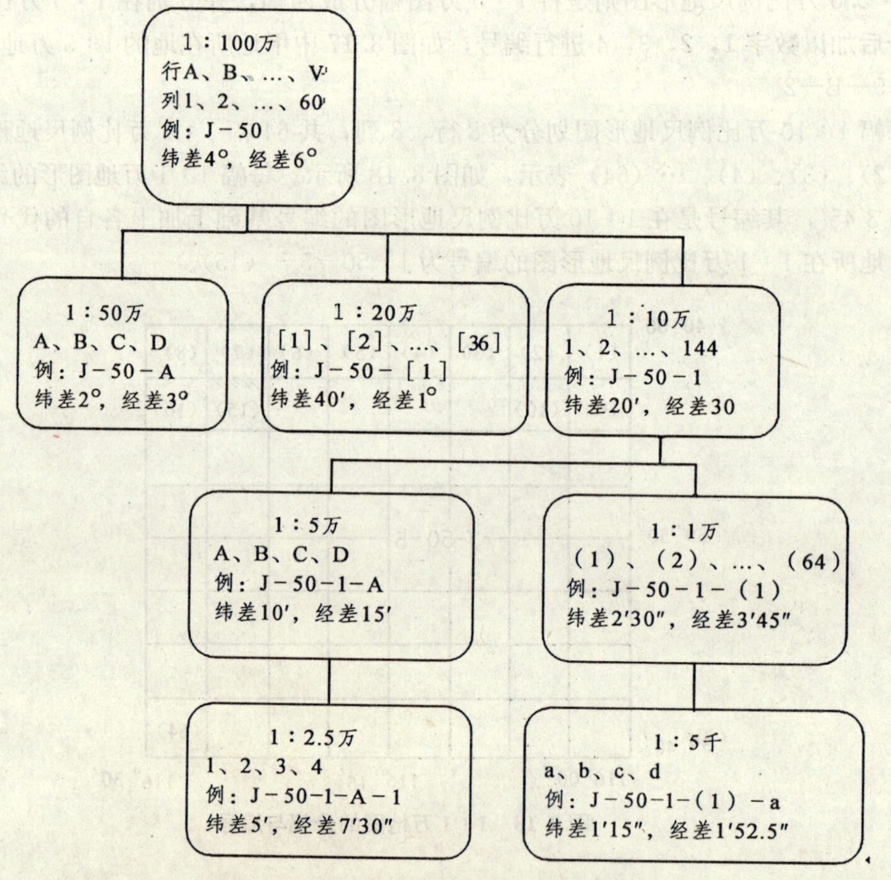

图 8.21　地形图梯形分幅与编号关系图

（二）梯形分幅与编号新标准

我国 1993 年 12 月发布了《国家基本比例尺地形图新的分幅与编号》（GB/T13989－1992）的国家标准，自 1993 年 3 月起实施。新测和更新的基本比例尺地形图，均须按照此标准进行分幅和编号。新的分幅编号对照以前有以下特点：

（1）1∶5 000 地形图列入国家基本比例尺地形图系列，使基本比例尺地形图增至 8 种。

（2）分幅虽仍以 1∶100 万地形图为基础，经纬差也没有改变，但划分的方法不同，即全部以 1∶100 万地形图为基础加密划分而成。此外，过去的列（纬）、行（经）现在改称行、列。

（3）编号仍以 1∶100 万地形图编号为基础，后接比例尺的代码，再接相应比例尺图幅的行（纬）、列（经）所对应的代码。因此，所有 1∶5 000～1∶50 万地形图的图号均由五个元素 10 位代码组成。编码系列统一为一个根部，编码长度相同，计算机处理和识别十分方便。

1. 地形图的分幅

1 幅 1∶100 万地形图分成较大比例尺地形图的情况如表 8—2 所示。

表 8—2　1∶100 万的地形图划分情况

比例尺	1∶100 万	1∶50 万	1∶25 万	1∶10 万	1∶5 万	1∶2.5 万	1∶1 万	1∶5 000
×	1×1	2×2	4×4	12×12 144	24×24	48×48	96×96	192×192
图幅数	1	4	16	144	576	2304	9216	36864
经　差	6°	3°	1°30′	30′	15′	7′30″	3′45″	1′52. 5″
纬　差	4°	2°	1°	10′	10′	5′	2′30″	1′15″

2. 地形图的编号

（1）1∶100 万地形图新的编号方法，除行号与列号改为连写外，不作改动，如北京所在地 1∶100 万地形图的图号由 J—50 改写为 J50。

（2）1∶50 万至 1∶5 000 地形图的编号，均以 1∶100 万地形图编号为基础，采用行列式编号法，将一幅 1∶100 万地形图按各种大中比例尺地形图的经纬差划分成相应的行和列，横行自上而下，纵列从左到右，行列号均按顺序用阿拉伯 3 位数字表示。凡不足 3 位数的，则在其前面以 0 补位。

各大中比例尺地形图编号均由五个元素 10 位代码组成。从左向右，第一个元素占 1 位代码，内容为所在 1∶100 万图幅行号字符码；第二个元素占 2 位代码，内容为所在 1∶100 万图幅列号数字码；第三个元素占 1 位代码，表示编号地形图比例尺的字符码（表 8—3）；第四个元素占 3 位代码，为编号地形图图幅行号数字码；第五个元素占 3 位代码，为编号地形图图幅列号数字码；各元素均连写，如表 8—4 及图 8.22 所示。

表 8—3　比例尺代码

比例尺	1∶50 万	1∶25 万	1∶10 万	1∶5 万	1∶2. 5 万	1∶1 万	1∶5 000
代　码	B	C	D	E	F	G	H

表 8—4　10 位代码的构成

字符码 1 位	数字码 2 位	字符码 1 位	数字码 3 位	数字码 3 位
英文字符 行代码	2 位数字 列代码	英文字符 比例尺代码	3 位数字 行代码	3 位数 列代码

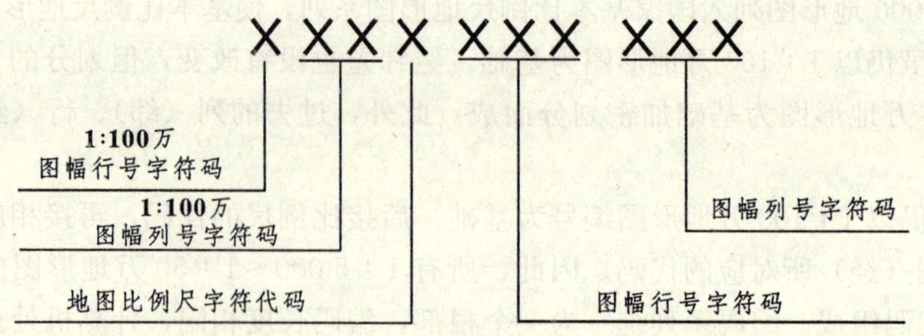

图 8.22　地形图编号构成

3. 地形图的查询

（1）已知某地地理坐标经纬度（x，y），按下列步骤计算其所在某比例尺地形图编号。

① 按下列公式求出基础图 1∶100 万图幅的图号：

$$h=\text{int}\ (y/\Delta y)\ +1 \tag{8-2}$$

$$l=\ [x/\Delta x]\ +31 \tag{8-3}$$

式中，y 表示纬度，Δy 表示一幅 1∶100 万地图的纬差；x 表示经度，Δx 表示一幅 1∶100万地图的经差。h、l 分别表示所求 1∶100 万地图的行列号。

② 按下式计算所求比例尺地形图的行号和列号：

$$h'=\text{int}\ (\ (B_N-y)\ /\Delta y')\ +1 \tag{8-4}$$

$$l'=\text{int}\ (\ (x-L_W)\ /\Delta x')\ +1 \tag{8-5}$$

式中，$\Delta y'$、$\Delta x'$ 表示所求比例尺图幅的纬差与经差；h' 表示行号；l' 表示列号；L_W、B_N 为所在 1∶100 万地形图图廓西北角的经纬度。

③ 计算的结果加入地形图的比例尺代码，按图号构成规律，写出所求的图号。

如北京某地的地理坐标为（114°33′45″，39°22′30″），则该地所在 1∶10 万地形图的图号为：J50D002002。

（2）已知地形图编号，按下列公式计算该图幅的西北角经纬度：

$$B=h\Delta y-\ (h'-1)\ \Delta y' \tag{8-6}$$

$$L=(\ l-31)\ \Delta x+(l'-1)\ \Delta x' \tag{8-7}$$

式中，B，L 分别表示已知编号图幅西北角的纬度与经度。

（三）地形图的矩形分幅与编号

大比例尺地形图的图幅通常采用矩形分幅，一般规定 1∶5 000 比例尺地形图采用纵、横各 40 cm，即实地为 2 km 的分幅，每个小方格为 10 cm，每幅图 16 格；1∶2 000、1∶1 000、1∶500 比例尺地形图图幅纵横各 50 cm，实地幅宽分别为 1 km、500 m、250 m，每幅图共 25 格，以整公里（或百米）坐标进行分幅。以上为标准分幅，如果测区为狭长带状，为了减少图幅和接图，也可采用任意分幅。

各种比例尺地形图的图号，均用该图图廓西南角的坐标以公里为单位表示。如某1∶2 000 比例尺地形图的图幅，其西南角的坐标为 $x=26\ 000$（26 km）、$y=17\ 000$（17 km），则其图幅编号为 26—17。反之，根据图号，可查出该图幅的西南角图廓坐标，如某 1∶1 000 比例尺地形图的图号为 26.5—17.5，因此该图幅的西南角图廓坐标为$x=26\ 500$，$y=17\ 500$。

某些工矿企业和城镇的面积较大，而且编绘几种不同比例尺的地形图，编号时是以比例尺为 1∶5 000 的地形图为基础，并作为在本幅图内的较大比例尺图幅的基本图号。某1∶5 000图幅西南角的坐标值 $x=20$ km，$y=10$ km，则其图幅编号为 20－10，该图幅内 1∶2 000比例尺图幅编号是在 1∶5 000 图号的末尾分别加上罗马数字Ⅰ、Ⅱ、Ⅲ、Ⅳ；在1∶2 000图幅编号的末尾分别再加上Ⅰ、Ⅱ、Ⅲ、Ⅳ，就是 1∶1 000图幅的编号。在1∶1 000比例尺的图号末尾加上Ⅰ、Ⅱ、Ⅲ、Ⅳ，就是 1∶500 图幅的编号。

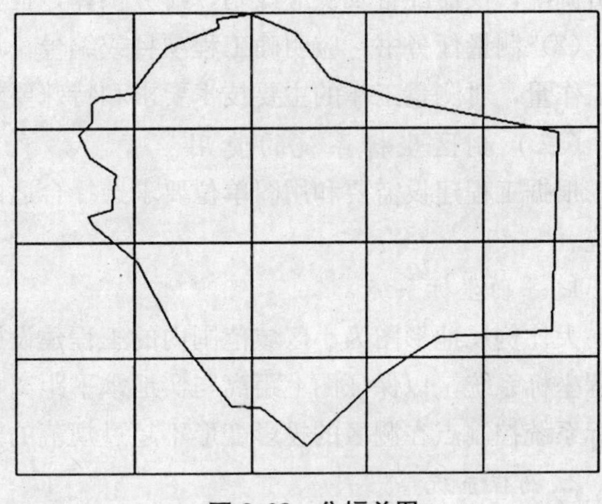

图 8.23　分幅总图

如测区的范围较大，整个测区需要测绘几幅甚至几十幅图，这时应画一张分幅总图，图 8.23 为某测区 1：1 000 比例尺测图时的分幅图。该测区有整幅图 4 幅及不满整幅的破幅图 16 幅。

第二节　大比例尺地形图测绘

地形图的测绘应遵循“由整体到局部”、“先控制后碎部”的原则，在测区内建立平面及高程控制，然后根据控制点进行碎部测量，以保证测图精度，将测区的地物、地貌真实地测绘到图纸上。

一、大比例尺测图的技术设计

测绘工作是进行各项基本建设的先行步骤，制定大比例尺测图技术设计是为了保证测量工作在技术上合理、可靠，在经济上节省人力、物力，开展工作有计划、有步骤，能够及时提交准确的地形资料，满足工程设计与建设的需要。

（一）设计书的编写依据

根据上级下达的测量任务书和有关部门颁发的测量规范与细则，并依据所收集的资料，其中包括测区踏勘等资料来编制技术计划。

在编制技术设计之前，应预先搜集并研究测区内及测区附近已有测量成果资料，扼要说明其测量单位、施测年代、等级、精度、比例尺、规范依据、范围、平面和高程坐标系统、投影带号、标石保存情况及可利用的程度等。

（二）技术设计的主要内容

(1) 技术计划的主要内容：任务概述，测区情况，已有资料及其分析，技术实施方案与人员调配，仪器配备及供应计划，财务预算，检查验收计划，以及安全措施等。

(2) 测量任务书：应明确工程项目或编号，设计阶段以及测量目的，测区范围（附图）及工作量，对测量工作的主要技术要求和特殊要求，以及上缴资料的种类和日期等内容。

（三）测区坐标系统的使用

根据工程建设需要和用图单位要求选择合适的测区平面和高程坐标系统或建立独立坐标系统。

1. 平面坐标系统

大比例尺地形图为小区域范围内的工程建设服务，通常采用独立中央子午线和投影面的工程坐标系统，以保证图上距离与实地水平距离相符。若测区内或附近有国家控制点，国家坐标系统控制点在测区的投影变形不超过规范的要求时，也可使用国家坐标系统。

2. 高程系统

应采用当地使用的高程系统，若是新建坐标系统，则应采用国家高程系统，即 1985 国家高程基准或 1956 黄海高程系。

（四）技术设计的编制

1. 实地踏勘

凡影响到测量工作安排和进展的问题，应到测区进行实地调查，其中包括人文风俗、自然地理条件、交通运输、气象情况等。踏勘时还应核对旧有的标石和点之记，初步考虑地形控制网（图根控制网）的布设方案和必须采取的措施。

2. 地形控制方案设计

根据收集的资料及现场踏勘情况，拟订地形控制的布设方案，可在旧有地形图（或小比例尺地形图）上进行并做必要的精度估算。有时需要提出若干方案进行技术要求与经济核算方面的比较。对地形控制网的图形、施测、点的密度和平差计算等因素进行全面的分析，并确定最后采用的方案。实地选点时，在满足技术规定的条件下还允许对方案进行局部修改。

3. 注意事项

在测量工作的各个生产环节（野外踏勘、选点、埋石、观测）中要首先保障作业人员的人身安全，并爱护仪器设备，防止人为损坏，确保安全生产。测量人员要熟悉仪器操作方法，执行安全规则，严格遵守规范细则，注意防病、防火，以保证和提高作业效率。

二、地形控制（图根控制）测量

（一）图根控制的作用

测区的高级控制点一般不可能满足大比例尺测图的需要，这时应布置适当数量的地形控制点，称为图根点，作为测图控制用。图根点最终是用来作为测站、安置仪器进行碎部测量工作的，因此要求图根点应选在视野开阔、观察地物和地貌清楚、工作方便的地方。

（二）图根控制的方法

可根据测区的条件和具备的技术手段选择适当的控制方法，既要保证精度，又要提高作业效率。导线测量选点灵活，布设方便，但图根导线相邻边的边长不宜相差太大，转折角应尽量避免 30°以下的小角。随着测距仪和全站仪的普遍使用，导线测量是目前采用最多的控制方法。在全数字化碎部测量过程中，还可根据需要随时用支导线形式增设测站点。有条件的单位也可使用动态全球定位系统（RTK）进行图根控制测量。

地形控制点的密度，应根据测区地形的复杂程度和通视情况而决定。在常规白纸测图中，一般平坦而开阔的地区，每平方公里范围内，对于 1∶2 000 比例尺测图应不少于 5 个，1∶1 000 比例尺则不少于 50 个，1∶500 比例尺为 150 个。新技术条件下数字化大比例尺地形测图对图根控制点的个数要求可大大减少。

三、测图前的准备工作

图根控制结束之后，即可以开展大比例尺地形图测绘工作。在此之前需要做以下准备工作：① 仪器的检验和校正；② 测图板的准备。这里着重介绍测图板的准备工作，它包括图纸的准备、绘制坐标方格网和展绘控制点。

（一）图纸的准备

常规测图已广泛地采用聚酯薄膜代替图纸进行测图。这种打毛后的聚酯薄膜的优点是：伸缩性小、无色透明、牢固耐用、化学性能稳定、质量轻、不怕潮湿，便于携带和保存。清绘的聚酯薄膜原图可不必经过照相而直接制版印刷成图。

聚酯薄膜易燃、易折，应注意防火和接触高温。使用时，用胶带纸或铁夹平整固定在测图板上。

（二）坐标格网（方格网）的绘制

控制点是根据其直角坐标的 x、y 值，先展绘在图纸上，然后到野外测图。为使控制点位置绘得比较准确，则需在图纸上先绘制直角坐标格网，又称方格网，通常采用如下方法绘制：

1. 坐标仪或绘图仪法

市面上用于测图的聚酯薄膜一般都用坐标仪或绘图仪绘制有图框及坐标格网，将绘图仪或坐标仪校准后绘制的坐标格网精度高，速度快。

2. 方眼尺（格网尺）法

方眼尺是一根金属直尺，如图 8.24 所示。其上每隔 10 cm（或 8 cm）有一孔，每孔有一斜边，起始孔的斜边是一直线，其上划有一细线表示零点，其他各孔及尺子末端的斜边均以零点为圆心，如五四型以 10、20、…、50 及 70.711 为半径的短弧线。五四型方眼尺可展绘 40 cm×50 cm，50 cm×50 cm 的正方形，以及 10 cm×10 cm 的方格网，具体做法可参见图 8.25 所示。

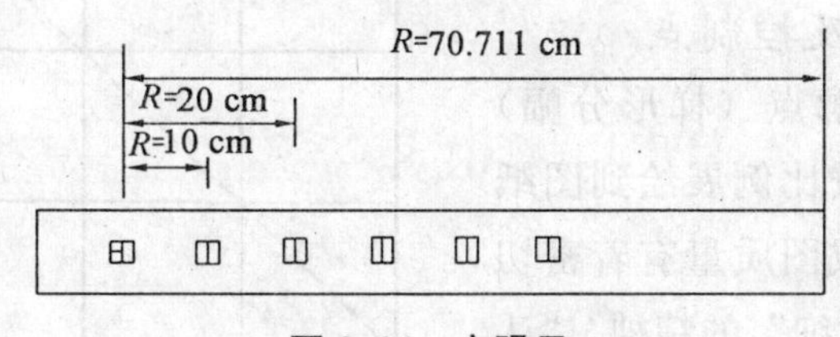

图 8.24　方眼尺

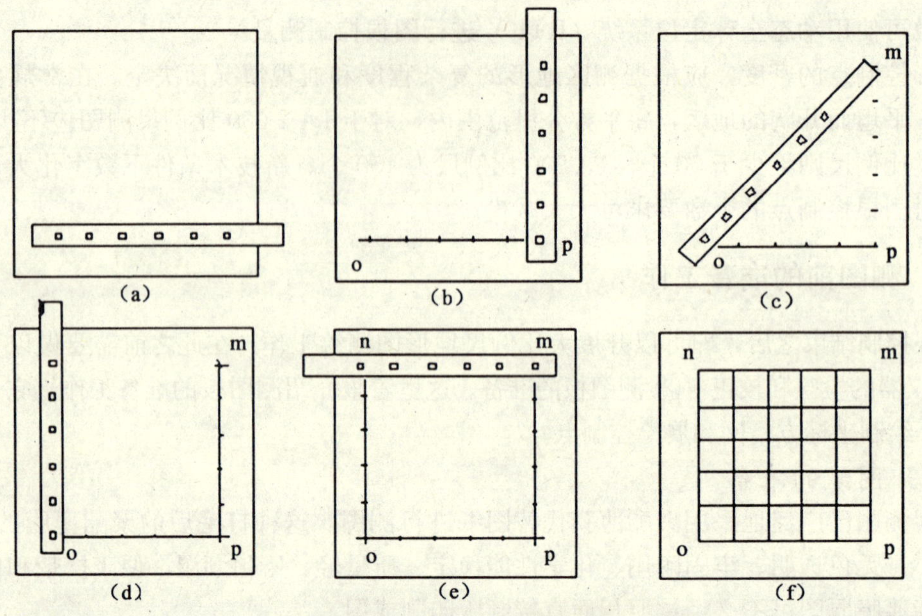

图 8.25　方眼尺法绘制坐标格网

3. 对角线法

如图 8.26 所示，对应图纸四角用标准直尺绘出两条对角线（长于 80 cm）交于 O 点，从 O 点在对角线上量取 OA、OB、OC、OD 四段相等的长度得出 A、B、C、D 四点，并连线得矩形 $ABCD$。从 A、B 两点起沿 AD、BC 方向每隔 10 cm 截取一点，再从 A、D 起沿 AB、DC 方向每隔 10 cm 截取一点，然后连接对应各点即得到 10 cm 见方的坐标格网。

4. 方格网的检查

方格网绘制的正确性直接影响到解析展点的精度，因此，无论用什么方法绘制的方格网都必须加以检查。

用直尺检查各方格网的交点是否在同一直线上，其偏差值应小于 0.2 mm。用标准直尺检查方格网线段的长度与理论值相差不得超过 0.2 mm。方格网对角直线长度误差应小于 0.3 mm，如超过规定的限差应重新绘制。

（三）展绘图廓点及控制点

点的展绘就是把图廓点（梯形分幅）及控制点的坐标位置，按比例展绘到图纸上。展点质量的好坏与成图质量有着密切的关系，因此应本着“过细”的精神，“认真”地对待。

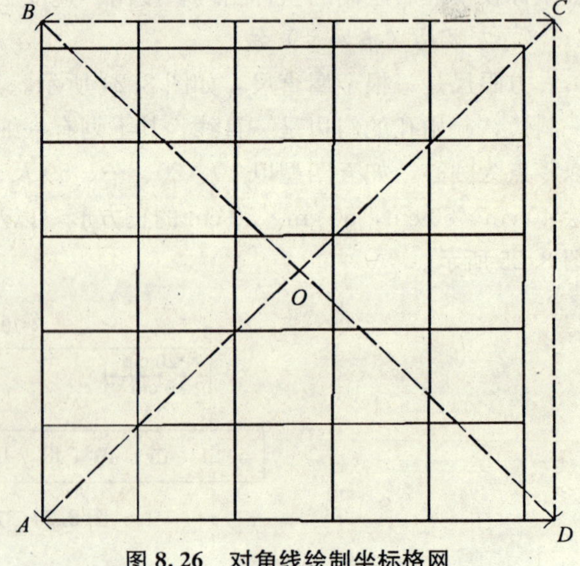

图 8.26　对角线绘制坐标格网

展绘控制点前，先将控制点按图幅编辑成册，核对有关图幅内控制点的点号、坐标、高程、等级及与相邻点间的距离等，用来进行展点并留作测图时检查之用。

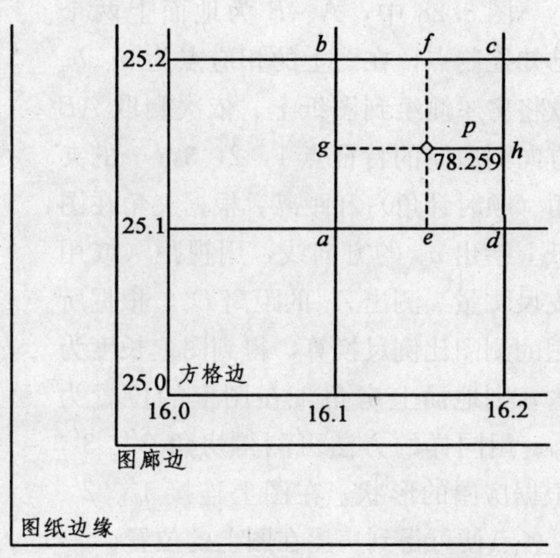

图 8.27　控制点展绘

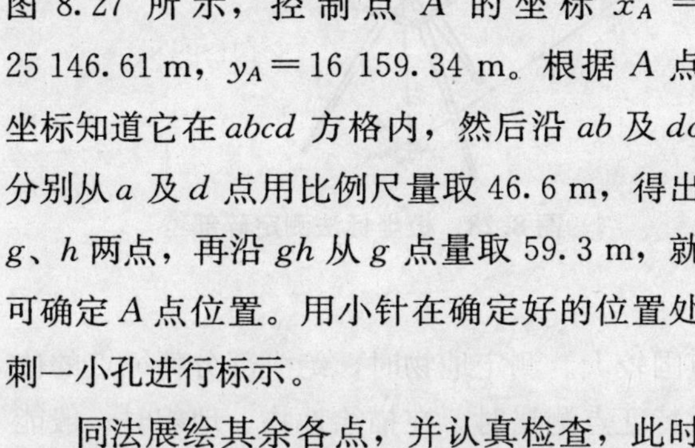

展点时，先确定控制点所在的方格。如图 8.27 所示，控制点 A 的坐标 $x_A=25\,146.61$ m，$y_A=16\,159.34$ m。根据 A 点坐标知道它在 $abcd$ 方格内，然后沿 ab 及 dc 分别从 a 及 d 点用比例尺量取 46.6 m，得出 g、h 两点，再沿 gh 从 g 点量取 59.3 m，就可确定 A 点位置。用小针在确定好的位置处刺一小孔进行标示。

同法展绘其余各点，并认真检查，此时可用比例尺在图上量取各相邻控制点之间的距离，和已知的边长相比较，其最大误差在图纸上不得超过 0.3 mm，否则应重新展绘。

当控制点的平面位置绘在图纸上后，还应标注点号和高程。一般应标在点的正右方，上面写点名，下面写高程，中间用短横线隔开。

四、碎部测量

准备工作完成后，就可以进行野外测图。测绘地物和地貌的工作，又称为碎部测量，碎部测量就是利用平板仪、经纬仪或全站仪等在某一测站点上测绘各种地物、地貌的平面位置和高程的工作。

为了在测站上测绘地物、地貌，首先必须确定这些地物、地貌的特征点（又称碎部点），如房角、道路交叉口、山顶、鞍部、山谷等在图上的位置和高程。在测定足够数量碎部点的基础上，根据这些碎部点对照实地情况，以相应的符号在图上描绘各种地物、地貌。因此，碎部测量的主要工作包括两个过程：① 测定碎部点的平面位置和高程；② 在图上描绘地物、地貌。这两个过程在碎部测量中是互相配合的，一面测定碎部点，一面随即描绘地物符号、地形线、地貌符号，这样可以避免错误和遗漏。

（一）测定碎部点的方法

1. 极坐标法

极坐标法是根据测站点上的一个已知方向，测定已知方向与所求点方向的角度和量测测站点至所求点的距离，以确定所求点位置的一种方法。这里的已知方向，就是指测站所在的控制点与展绘于图上的另一个相邻控制点连线所在的方向，两点在实地要求通视以便于定向。这是大比例尺测图最主要的方法。

图 8.28 中，A、B 为地面上两个已知控制点，在图上的相应点为 a、b。欲将房屋测绘到图纸上，依次测取 AB 方向到房屋的特征点 1，2，3，…的夹角（顺时针角）和距离。根据夹角在图纸上绘出 a'_1 的方向线，用视距（或用皮尺丈量）测出 A_1 的距离 D_1，根据所用的测图比例尺换算，得到图上长度为 d_1，则地面上房角 1 在图上的位置为 $1'$。用同样的方法可测得房角 $2'$、$3'$，根据房屋的形状，在图上连接 $1'$、$2'$、$3'$各点便可得到房屋在图上的位置。

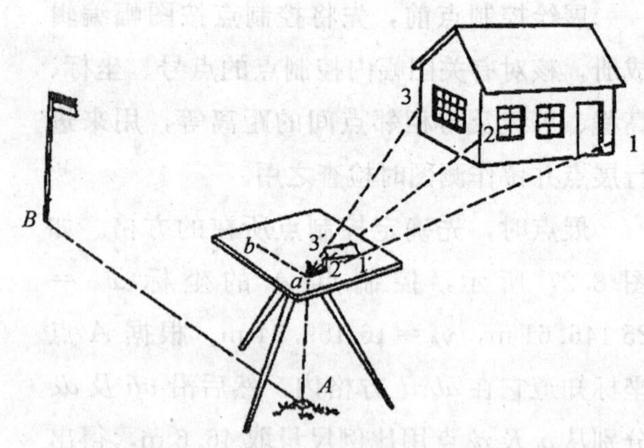

图 8.28　极坐标法测定碎部

此法适用于通视良好的开阔地区，施测的范围较大。测定地物时，绝大部分特征点的位置都是独立测定的，不会产生误差的累积。少数特征点测错时，在描绘地物、地貌时一般能从对比中发现，便于现场改正。

2. 方向交会法

方向交会法又称角度交会法，是分别在两个已知测点上对同一个碎部点进行方向交会以确定碎部点位置的一种方法。

如图 8.29 所示，A、B 为地面上两个已知测站点，在图上的相应点为 a、b。欲测河流对岸的特征点 1、2、3，可置仪器于 A 点，经整平、对中，以 ab 线定向（同上）后，依次测取 AB 方向到特征点 1、2、3 的夹角（顺时针角）。根据夹角在图纸上绘出 a_1、a_2、a_3 的方向线，然后将仪器搬至 B 点，经整平、对中，以 ba 线定向后，用同样的方法瞄准 1、2、3 各点，测出其夹角，根据夹角在图板上可绘出 b_1、b_2、b_3 方向线。由 a_1、a_2、a_3 与 b_1、b_2、b_3 分别相交得到图上 1、2、3 各点，即为实地上河流对岸特征点在图板上的位置。

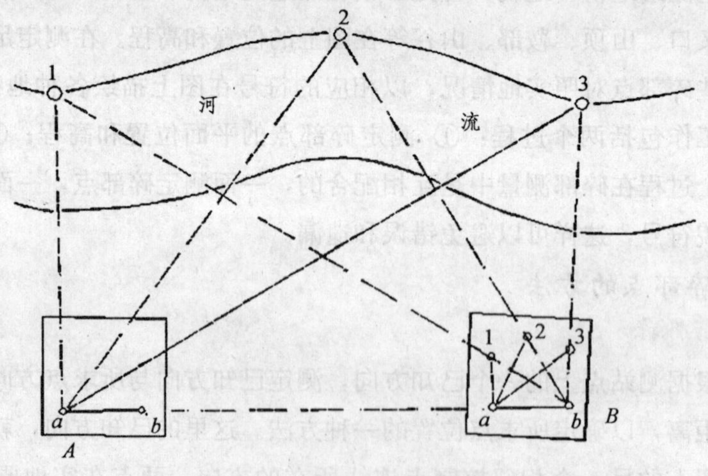

图 8.29　方向交会法测定碎部点

该法常用于测绘目标明显，距离较远，易于瞄准的碎部点，如电杆、水塔、烟囱等地物。优点是可不测距离而求得碎部点的位置，若使用恰当，可节省立尺点的数量，提高作业速度。极坐标法和方向交会法常常互相配合使用。

以上只讲到平面位置的确定，若要测出碎部点的高程，则需要测出测站点至碎部点的垂直角 α，用极坐标法测定碎部点平面位置的同时，用视距测量中介绍的方法计算碎部点的高差主值 h，然后再计算碎部点的高程 H：

$$H=H_0+h+i-v \tag{8-8}$$

式中 H_0——测站高程；

i——仪器高；

v——碎部点目标高。

方向交会法是不读视距的，距离值 D 可由图上量取（水平距离），按测图比例尺化算至地面上的实际水平距离，然后按下式计算：

$$H=H_0+D\times\tan\alpha+i-v \tag{8-9}$$

施测完碎部点的平面位置和高程后，应立即在碎部点右旁注记碎部点的高程。如“·53.2”或“·48.78”等，字头朝北，其位数根据比例尺确定，高程应以米为单位。

3. 测定碎部点的其他方法

测定碎部点的方法还有多种，例如，距离交会法、直角坐标法、方向距离交会法、延长法等，要根据测区的具体情况灵活应用。

距离交会法是指从两个控制点或已测好的地物点量取至某一地物点的距离，然后在图上根据两段按比例尺缩小后的距离交会出该地物点。如图 8.30 所示，用已测好的房角 1、2 分别量取至另外两个与测站不通视的房角点 M、N 的距离，就可在图上交会出 M、N 两点来。

直角坐标法是指从一已定线段，确定另一地物点的垂足，再从垂足分别量取至该地物点的支距及已知线段一端的距离，就可在图上确定出该地物点，如图 8.31 所示。

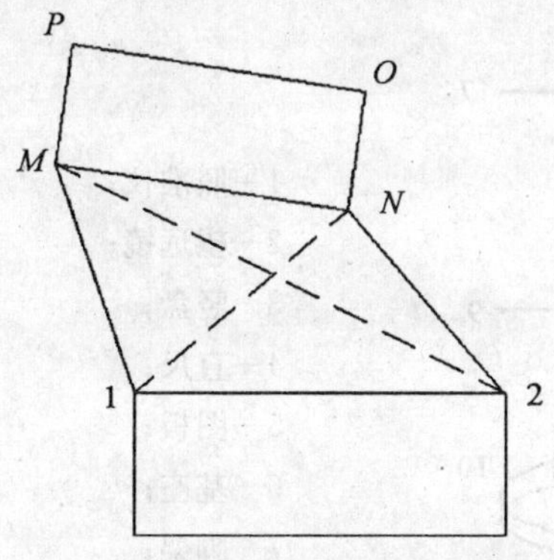

图 8.30 距离交会测定碎部点

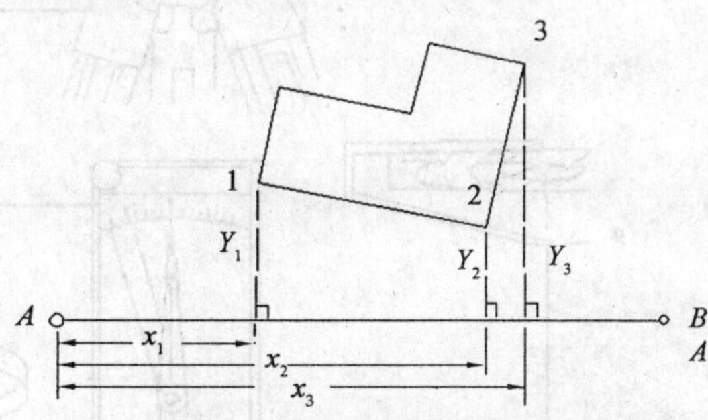

图 8.31 直角坐标法测定碎部点

方向距离交会法适用于以下情况：有些地物点不能从测站点直接测出距离，但可通视，可从测站点描出该点的方向，距离则从图上已测定的地物点来量取，用这一距离按比例缩小后与从测站来的方向线交会，经过判断得出待测定的地物点，如图 8.32 所示。

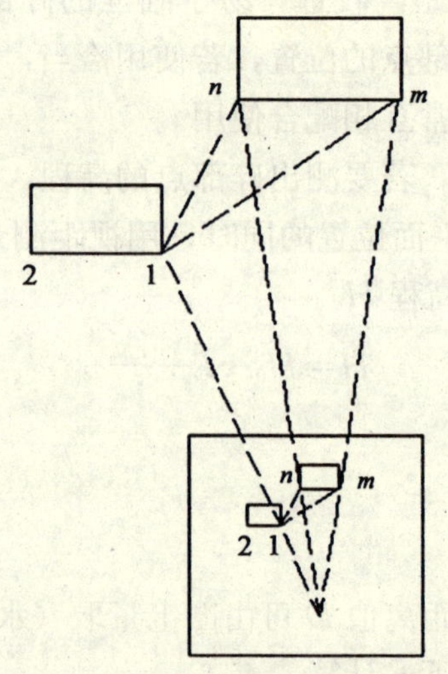

图 8.32　方向距离交会法测定碎部点

(二) 碎部测图的方法

1. 平板仪测图

平板仪是碎部测图常用的一种仪器。平板仪有大平板与小平板之分，此处只介绍大平板仪。

(1) 大平板仪的主要构成。大平板仪的主要构成部分为平板和照准仪，另外还备有附件，如图 8.33 所示。

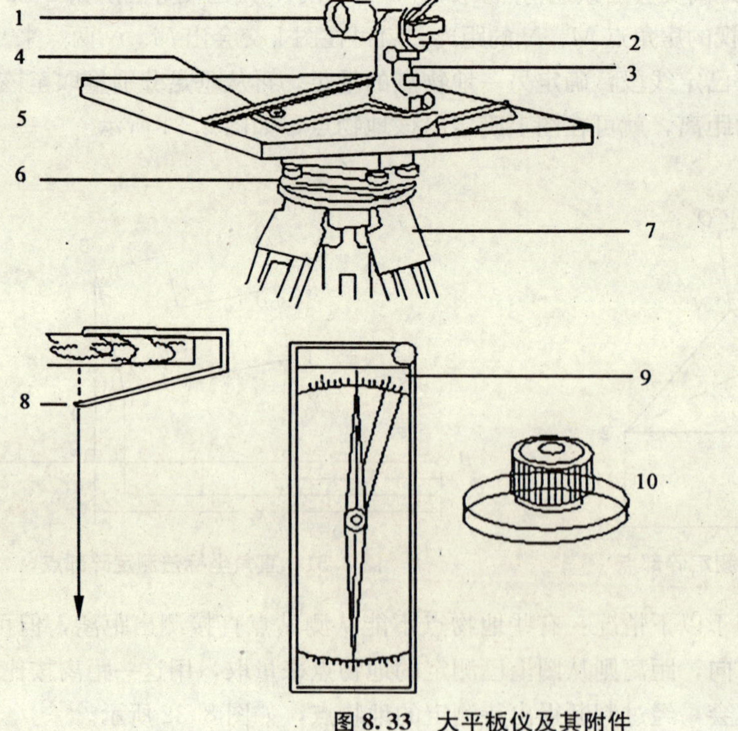

1—照准仪；
2—望远镜；
3—竖盘；
4—直尺；
5—图板；
6—基座；
7—脚架；
8—对点器；
9—定向罗盘；
10—圆水准器

图 8.33　大平板仪及其附件

① 平板：平板由测板、基座和三脚架构成。

测板是用风干的木料制成的边长为 60 cm 的正方形，其厚度为 2～4 cm。各种不同结构的平板，其主要区别在于它的基座，基座有金属的、木质的和球窝状的。金属基座与经纬仪的基座很相似，其上部为一金属圆盘，在圆盘的边缘有三个螺旋，利用这三个螺旋把基座和测板连接在一起。圆盘中心的下面是竖轴，插在基座内，并可在其中旋转。其他如制动螺旋、微动螺旋、中心螺旋及脚螺旋的作用均与经纬仪上的一样。平板的三脚架与经纬仪或水准仪的三脚架大致相同。

② 照准仪：照准仪是用来瞄准目标、画方向线、测定视距和竖角的，这是大平板仪中最主要的组成部分。它由望远镜、竖盘、支柱和直尺所组成，其整个作用和经纬仪的照准部分相似，只是没有水平度盘，而以一支用作画方向线的直尺来代替。

③ 附件：包括对点器、定向罗盘和水准器等。对点器是用来进行平板仪对中的，利用它可使地面点与图上相应点位于同一铅垂线上。定向罗盘用来粗定测图板方向。水准器用来整平平板，有的是水准管，有的是圆水准器。

(2) 平板仪的安置。平板仪测量是以相似图形为依据的，所以在一个测站上平板仪的安置工作不仅要对中和整平，而且要进行定向；对中就是使地面点和测图板上的相应点位于同一铅垂线上，整平是使测图板成水平位置；定向则是使测图板上的直线与相应的地面线重合或互相平行。这三项工作都是相互影响的，因此不能一次就把平板仪安置好，必须按下列次序分两次进行。

① 初步安置：

先以目估将测板定向；接着移动脚架，目估使测图板大致水平；然后移动整个测图板进行大概对中，此时应尽可能不破坏前面的定向与整平。

② 精确安置：

对中：平板仪对中的精度要求与测图比例尺的大小是相关的，比例尺越大，精度要求越高。

整平：测图板的精确整平，是利用直尺上的水准器来进行的。方法与经纬仪的整平相同，并且也要重复进行数次。

定向：测图板的最后定向，可以根据测图板上的已知直线来进行。具体方法是：设在测图板上有 a、b 两点，对应于地面的 A、B 两点，今欲按测图板上的 ab 线定向，设测图板放在 A 点，经过对中和整平后，将照准仪直尺的斜边切于图上的 ab 线，旋转测图板使照准仪的望远镜瞄准地面上的 B 点，此时测图板的定向达到一定的精度。当没有已知直线可利用时，也可用罗盘来定向。

虽然测图板依已知直线定向较用定向罗盘定向精确，但是要达到一定的精度，还必须考虑到其他几项对定向有影响的因素。依直线定向的精度与定向时所用直线的长度有关，定向所用的直线愈长，定向就愈精确；平板的对中误差也会影响定向的精度；平板整平的误差、照准误差和画方向线的误差等也会影响定向的精度。以正确的方法操作测图板，直线定向的极限误差可不超过 $4'$，即定向中误差不超过 $\pm 2'$。另外测板的旋转中心与测站点铅锤中心不重合也会影响碎部点的定位精度，但对精度要求较低的碎部测量其影响可忽略不计。

(3) 平板仪测图在一站上的工作：

安置好仪器，量取仪器高，准备工作就绪后，就可进行采点测图了。

① 用照准仪瞄准碎部点上的视距尺，使照准仪的直尺边正确地通过图板上测站点的刺孔，读取测站至标尺的视距和竖角，计算平距和碎部点的高程。

② 按测图比例尺计算图上的距离，利用直尺的刻划将碎部点刺于图板上，在点位旁注记高程。

③ 重复上述 2、3 步骤，将测站四周所要测的全部碎部点测完为止。

④ 根据所测的碎部点，按规定的图式符号描绘地物、地貌，并随时注意和实地进行对照检查，发现错误立即改正。必须经检查后，方可迁至下一测站工作。

2. 经纬仪测图

采用经纬仪与半圆仪（见图 8.34）配合进行碎部测图，优点是使用灵活方便，照准观测与绘图分开进行，速度和精度均能达到一定的要求。如图 8.35 所示，观测时先将经纬仪安置在测站上，绘图板安置于测站旁，用经纬仪测定碎部点的方向与已知方向之间的夹角、测站点至碎部点的距离和碎部点的高程。然后根据测定数据用半圆仪和比例尺把碎部点的位置展绘于图纸上，并在点的右侧注明其高程，再对照实地连线成图、描绘地形。操作步骤如下：

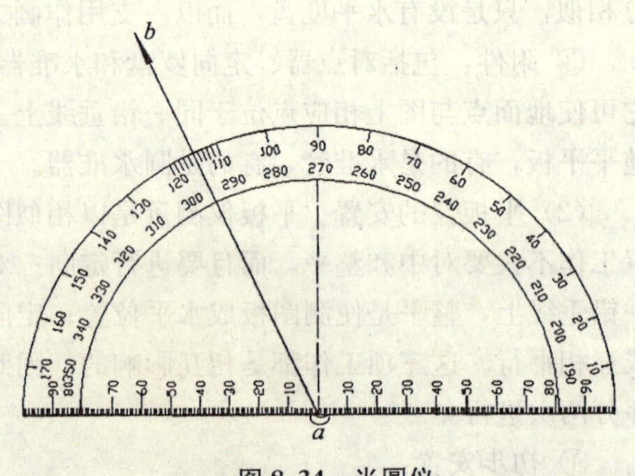

图 8.34 半圆仪

图 8.35 经纬仪测图

① 安置仪器，量取仪器高 i，填入记录手簿。

② 定向：后视另一控制点 B，置水平度盘读数为 $0°00'00''$。

③ 立尺：立尺员依次将尺立在地物、地貌特征点上。

④ 观测：转照准部，瞄准标尺，读视距间隔 l、中丝读数 v、竖盘读数 L 和水平角 β。

⑤ 将测得的视距间隔、中丝读数、竖盘读数和水平角依次填入手簿。作业流程熟练后可省去记录。

⑥ 计算：依据视距 Kl，竖盘读数 L 或竖直角 α，计算出碎部点的水平距离和高程。

⑦ 展绘碎部点：用细针将半圆仪的圆心插在图上测站点处，转动半圆仪，将等于 β 角值的刻划线对准起始方向线，此时半圆仪的零方向便是碎部点 C 的方向，然后用测图比例尺按测得的水平距离在该方向上定出点 C 的位置，并在点的右侧注明其高程。

上述极坐标展点测图的水平距离是用普通视距测量进行的。测站点至碎部点的距离受到视距精度的限制而不太长，若将轻便的小型光电测距仪安置于经纬仪上，则施测碎部点的距离可大大加长，这对于充分发挥测站点的作用是很有利的。但若仍用半圆仪按极坐标展点，半圆仪的角度精度对长距离的碎部点在图上的位置将会引起较大的移动，从而影响测图精度。解决这一问题的办法是采用直角坐标展点。

为了直接由经纬仪读出测站点至碎部点的坐标方位角，经纬仪在照准已知点 B 定向时应将度盘配置成 AB 的坐标方位角 α_{AB}，这样，在经纬仪照准碎部点 P 时的读数就直接是 AP 的坐标方位角 α_{AP} 了。

按坐标正算公式：

$$x_P = x_A + D_{AP}\cos\alpha_{AP}$$
$$y_P = y_A + D_{AP}\sin\alpha_{AP}$$

式中，D_{AP}、α_{AP} 分别为 AP 方向的水平边长和坐标方位角。

计算出 P 点坐标，然后在图板上按 P 的坐标用特制的展点器直接展绘出 P 点的平面位置。

（三）地物的测绘

1. 测绘地物的一般原则

如前所述，地物一般可分为自然地物和人工地物两大类。地物的表示原则是：能依比例尺表示的地物，则将它们水平投影的几何形状（轮廓线）相似地描绘在地形图上，如房屋、双线河流、运动场等。或者是将它们的边界位置表示在图上，边界内再绘上相应的地物符号，如森林、草地、沙漠等。对于不能按比例表示的地物，在地形图上是以相应的地物符号，地物的中心位置表示，如水塔、烟囱、纪念碑、单线道路、单线河流等。

测绘地物必须根据规定的测图比例尺，按规范和图式的要求，经过综合取舍，将各种地物表示在图上。国家测绘局和有关的勘测部门制定的各种比例尺的规范和图式，是测绘地形图的依据，必须遵守。

地物测绘主要是将地物的形状特征点测定下来，例如，地物轮廓的转折点、交叉点、曲线上的曲率变化点、独立地物的中心点等。连接这些特征点，便得到与实地相似的地物形状。

2. 居民地的测绘

居民地房屋的排列形式很多，农村中以散列式即不规则的排列房屋较多，城市中的房屋排列比较整齐。测绘居民地根据测图比例尺的不同，在综合取舍方面也不一样。对于居民地的外围轮廓，都应准确测绘，其内部的主要街道以及较大的空地应区分出来。对散列式的居民地、独立房屋应分别测绘，同时房屋应注记其层数和结构。

测绘规则的房屋时，一般只需要测出能确定房屋位置的一条边，再结合丈量数据即可确定整个房屋的位置、大小。

3. 道路的测绘

(1) 铁路。铁路符号按图式规定表示。测绘铁路时，标尺应立于铁轨的中心线上。对于1∶2 000或更大比例尺测图时，可测定下列点位：

① 路堤：铁路中心线、路堤的路肩、路堤的坡底或边沟。铁路线的高程是铁轨面的高程，测出铁轨面的高程后注记在中心线上。

② 路堑：中心线、路肩、边沟、路堑的上边缘。

铁路的直线部分立尺点可稀，曲线及道岔部分应密，这样才能正确地表达铁路的实际位置。铁路两旁的附属建筑物，如信号灯、扳道房、里程碑等，都应按实际位置测出。

(2) 公路。公路的测定方法有中心线法、边线法等。公路的直线部分两侧边线可按平行线处理，具体施测时可沿其中一侧或中心线采集碎部点，另一侧或与之平行的附属设施，如边沟、绿化带等可根据平行关系用相应符号表示。公路弯道部分由于有加宽和超高，最好两侧分别采点施测。所有路面均应注明铺设材料，公路的一些附属设施应根据实际情况绘出，如收费站、边坡、高速公路的栅栏及铁丝网等。

农村中比较宽的大车路，有的能通行汽车，未铺设路面或简单处理，宽度不均匀时，可取其基本宽度。小路主要是指居民地之间来往的通道，田间劳动的小路一般不测绘，上山小路应视其重要程度选择测绘，如该地区道路稀少则应保留，人行小路若与田埂重合应绘小路不绘田埂。

4. 管线的测绘

架空管线、在转折处的支架塔柱应实测，位于直线部分的支架塔柱间距一致时可根据挡距长度在图上以图解法确定。塔柱上有变压器时，变压器的位置按其与塔柱的相应位置绘出。电线和管道用规定符号表示，在城镇的电力线和通讯线之间的连线可不表示，地下光缆按规定符号和需要表示。

5. 水系的测绘

(1) 水系的界线。水系包括河流、渠道、湖泊、池塘等地物，通常无特殊要求时均以岸边为界，如果要求测出水涯线（水面与地面的交线）、洪水位（历史上最高水位的位置）及平水位（常年一般水位的位置）时，应按要求在调查研究的基础上进行测绘。

(2) 湖泊的边界。湖泊的边界经人工整理、筑堤、修有建筑物的地段是明显的，在自然耕地的地段大多不甚明显，测绘时要根据具体情况和用图单位的要求来确定以湖岸或水涯线为准。在不甚明显地段确定湖岸线时，可采用调查平水位的边界或根据农作物的种植位置等方法来确定。

(3) 水系的定位。河流的两岸一般不太规则，在保证精度的前提下，对于小的弯曲和岸边不甚明显的地段可进行适当取舍。对于在图上只能以单线表示的小沟，不必测绘其两岸，只要测出其中心线位置即可。渠道比较规则，有的两岸有堤，测绘时可以参照公路的测法。对那些田间临时性的小渠不必测出，以免影响图面清晰度。

6. 植被的测绘

(1) 植被的测绘。测绘植被是为了反映地面的植被情况，所以要测出各类植被的边界，用地类界符号表示其范围，再加注植被符号和说明。

(2) 边界的重叠。如地类界与道路、河流、栅栏等实地地物界线重合时，则可不绘出地类界，但与境界、电力线、通讯线等实地地面上没有的地物界线重合时，地类界应移位绘出。

（四）地貌的测绘

测绘地貌与测绘地物一样，首先需要确定地貌特征点，然后连接地性线，得到地貌整个骨干的基本轮廓，按等高线的性质，再对照实地情况描绘等高线。

1. 测定地貌特征点

不管地貌怎样复杂，实际上都可以把地面看成是由向着各个不同方向倾斜和具有不同坡度的面组成的多面体。山脊线、山谷线、坡脚线（山坡和平地的交界线）等可以看做是多面体的棱线，这些棱线可以统称为地性线。测定这些棱线的空间位置、地貌的轮廓也就确定下来了。因此，这些棱线的转折点，见图 8.36，诸如山脊线和山谷线的坡度变换点、山坡上的坡度变换点以及山脚与平地相交点等就是地貌特征点。地貌特征点还包括山顶、鞍部、坑洼底部等。

图 8.36　地貌特征点

对这些特征点，采用极坐标法或交会法测定其在图纸上的平面位置，用小点表示，并在小点的旁边注记高程。

2. 连接地性线

测定了地貌特征点后，不能马上描绘等高线，必须先连成地性线。通常以实线连接成山脊线，以虚线连成山谷线，如图 8.37 所示。地性线连接情况与实地是否相符，直接影响到描绘等高线的逼真程度，应充分注意。地性线应该随着碎部点的陆续测定而随时连接，不要等到所有的碎部点测完后再去连接地性线，以免连错点，使等高线不能如实地反映实地地貌的形态。

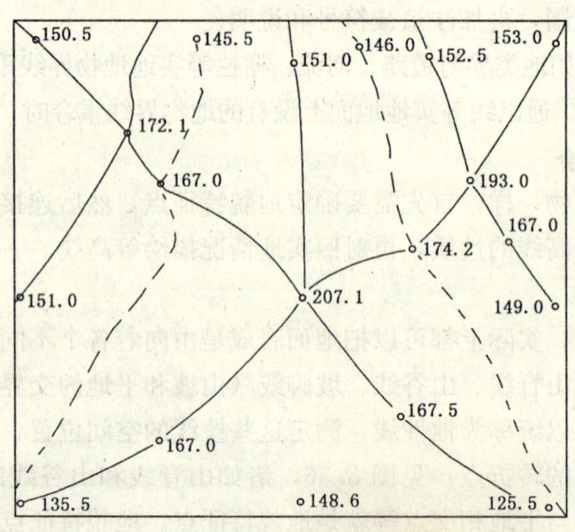

图 8.37　地性线连接

3. 求等高线的通过点

完成地性线的连接工作后，即可在同一坡度的两相邻点之间，内插出每整米高程的等高线通过点。如图 8.38 所示，在同一坡度上有相邻的 a、b 两点，其高程分别为 62.6 m 和 66.2 m，从这两个点的高程可以断定在 ab 直线上能够找出 63、64、65、66 m 等高线所通过的点位。ab 间的坡度是均匀的，且 a 和 b 点间的高差为 3.6 m，ab 线长（图上平距）为48 mm，由 a 点到 63 m 等高线的高差为0.4 m，由 b 点到 66 m 等高线的高差为0.2 m，则由 a 点到 63 m 等高线及由 b 点到 66 m 等高线的线长 x_1 和 x_2 可以根据相似三角形原理得式：

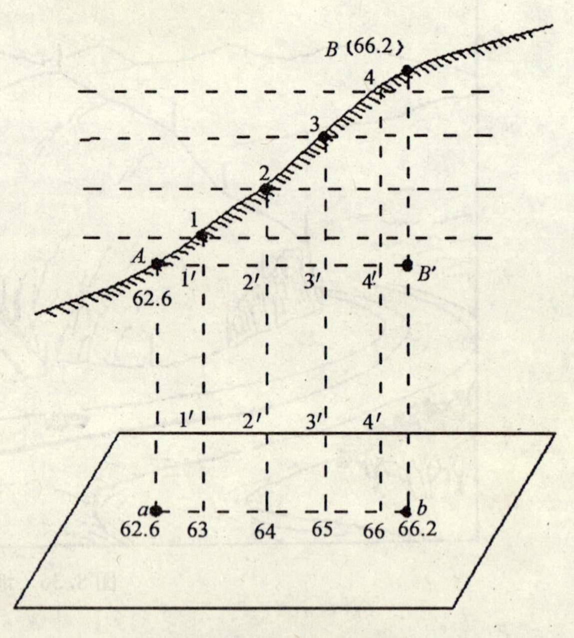

图 8.38　等高线内插定点

$$\frac{x_1}{0.4}=\frac{48}{3.6},\quad \frac{x_2}{0.2}=\frac{48}{3.6},$$

可得　$x_1=5.3\ \text{mm}$，$x_2=2.7\ \text{mm}$。

根据 x_1 和 x_2 的长度在 ab 直线上截取 63 m 和 66 m 等高线所通过点 1 和 4，然后再将 1、4 两点之间的距离分为 3 等份，就得到 64、65 m 等高线所通过的点位 2、3。

用同样的方法，可以内插得出在同一坡度上的其他相邻点间等高线的通过点，如图 8.39（a）所示。

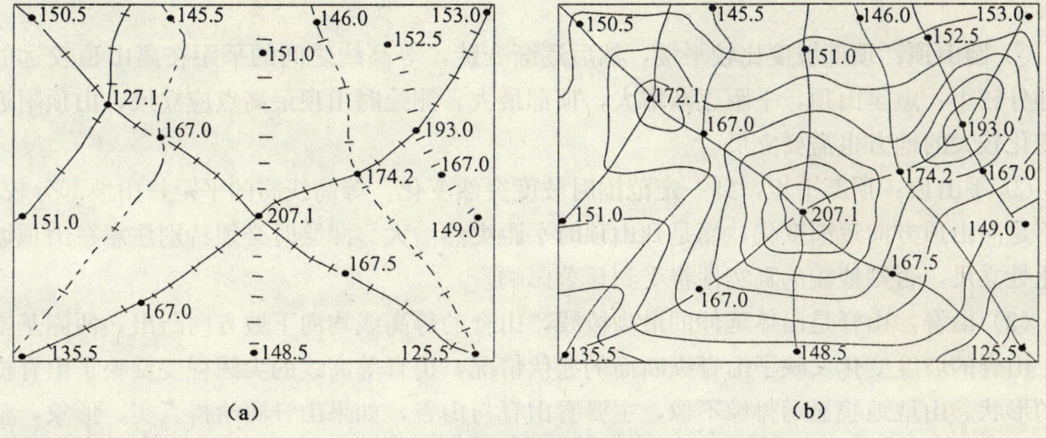

图 8.39　等高线勾绘

碎部测图中，由于同一坡度上的相邻两碎部点在图上的间隔比较近，所以也常用目估内插法来确定等高线通过的点。这种做法简单、方便，也能得到比较正确的位置。

4. 勾绘等高线

在地性线上求得等高线的通过点以后，即可根据等高线的特性，把相邻的相等高程的点连起来，即为等高线，如图 8.39（b）所示。

在两相邻地性线之间求出等高线通过点之后，应立即根据实地情况，将同高的点连起来，不要等到把全部等高线通过点都求出后再勾绘等高线。应一边求等高线通过点，一边勾绘等高线。勾绘时，要对照实地情况来描绘等高线，这样才能逼真地显示出地貌的形态。

5. 各种地貌的测绘

（1）山顶。山顶是山的最高部分，山顶要按实地形状描绘。山顶的形状很多，有尖山顶、圆山顶、平山顶等。各种形状的山顶，等高线的表示都不一样，如图 8.40 所示。

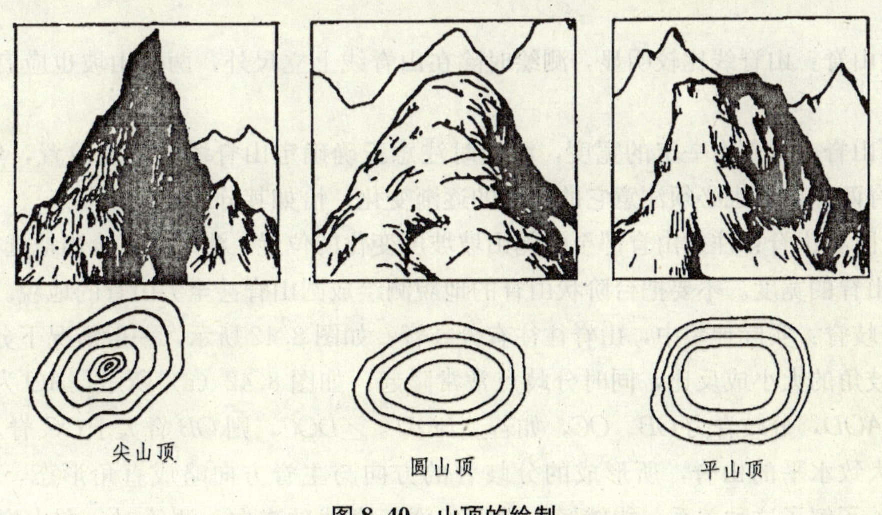

图 8.40　山顶的绘制

① 尖山顶：山顶附近倾斜比较一致，尖山顶的等高线之间的平距大小相等，即使在顶部，等高线之间的平距也没有多大的变化。测绘时标尺点除立在山顶外，其周围适当立一些就够了。

② 圆山顶：顶部坡度比较平缓，然后逐渐变陡，等高线之间的平距在离山顶较远的山坡部分较小，愈至山顶，平距逐渐增大，顶部最大。测绘时山顶最高点应立尺，山顶附近坡度变化较大的地方也需要立尺。

③ 平山顶：顶部平坦，到一定范围时坡度突然变化。等高线间的平距，山坡部分较小，但不是向山顶方向逐渐变化，而是到山顶时平距突然增大。测绘时必须特别注意在山顶坡度变化处立尺，否则地貌的真实性将受到显著影响。

(2) 山脊。山脊是山体延伸的最高棱线，山脊的等高线均向下坡方向凸出，两侧基本对称，山脊的坡度变化反映了山脊纵断面的起伏情况，山脊等高线的尖圆程度反映了山脊横断面的形状。山地地貌显示得像不像，主要看山脊与山谷，如果山脊测绘得真实、形象，整个山形就比较逼真。测绘山脊要真实地表现其坡度和走向，特别是大的分水线倾斜变换点和山脊、山谷转折点，应形象地表示出来。

山脊的形状可分为尖山脊、圆山脊和台阶状山脊。它们都可通过等高线的弯曲程度表现出来，如图 8.41 所示。尖山脊的等高线依山脊延伸方向呈尖角状；圆山脊的等高线依山脊延伸方向呈圆弧形；台阶状山脊的等高线依山脊延伸方向呈疏密不同的方形。

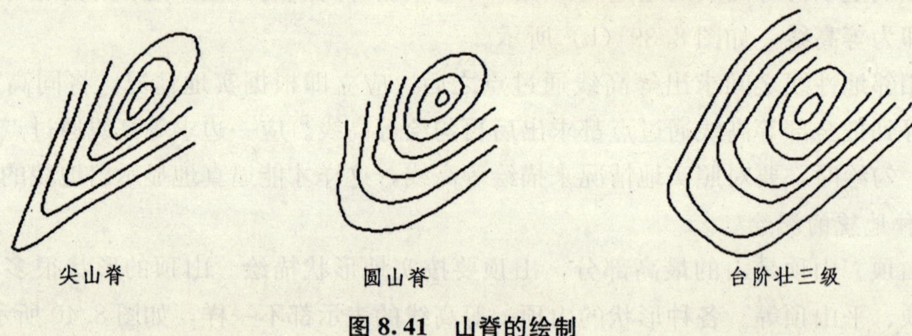

图 8.41　山脊的绘制

① 尖山脊：山脊线比较明显，测绘时除在山脊线上立尺外，两侧山坡也应有适当的立尺点。

② 圆山脊：脊部有一定的宽度，测绘时注意正确确定山脊线的实地位置，然后立尺。此外对山脊两侧山坡也必须注意它的坡度的逐渐变化，恰如其分地选定立尺点。

③ 台阶状山脊：注意由脊部至两侧山坡坡度变化的位置，测绘时，恰当地选择立尺点，才能控制山脊的宽度。不要把台阶状山脊的地貌测绘成圆山脊甚至尖山脊的地貌。

④ 分歧脊：实际地貌中，山脊往往有分歧脊。如图 8.42 所示，一般情况下分歧脊的大小与其分歧角的大小成反比，同时分歧点常常隆起。如图 8.42 (a) 所示，AO 为主脊，主脊方向为 AOD，分歧脊为 OB、OC，如若 $\angle BOD < \angle DOC$，则 OB 脊大于 OC 脊。

主脊大致水平的山脊，所形成的分歧脊的方向与主脊方向略成直角形态，如图 8.42 (b) 所示。了解了这种关系，能较好地掌握山脊等高线的走向。测绘时，在山脊分歧处必

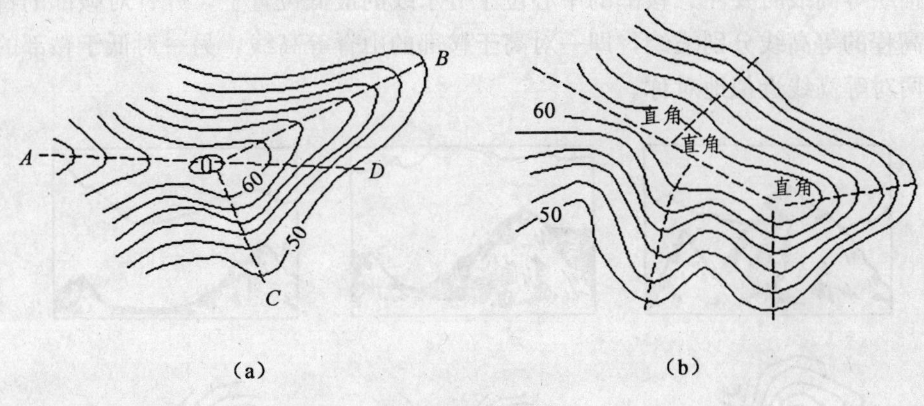

图 8.42　分歧脊

须立尺，以保证分歧山脊的正确位置。

(3) 山谷。山谷等高线表示的特点与山脊等高线所表示的相反。山谷的形状也可分为尖底谷、圆底谷和平底谷，如图 8.43 所示。

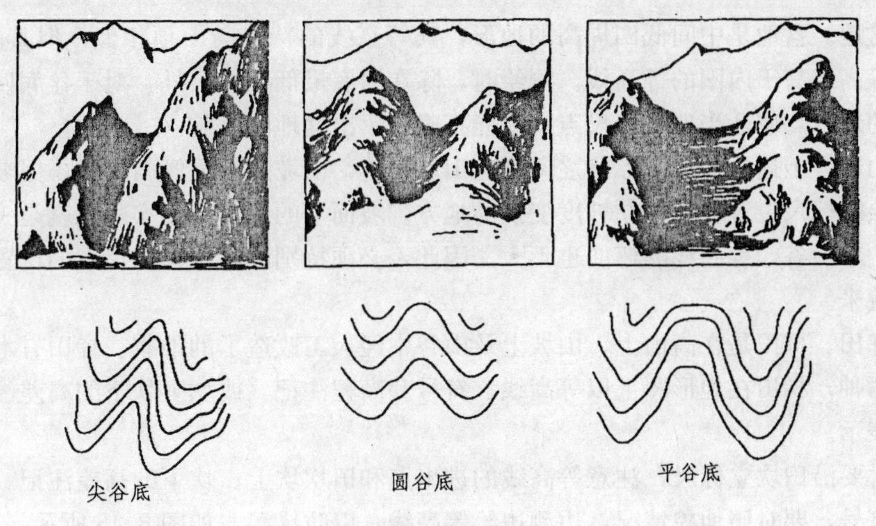

图 8.43　山谷的绘制

① 尖底谷：底部尖窄，等高线通过谷底时呈尖状。其下部常常有小溪流，山谷线较明显。测绘时，标尺点应选择在山谷线上等高线的转弯处。

② 圆底谷：底部近于圆弧状，等高线通过谷底时呈圆弧状。圆底谷的山谷线不太明显，所以测绘时应注意山谷线的位置和谷底形成的地方。

③ 平底谷：谷底较宽，底坡平缓，两侧较陡，等高线通过谷底时在其两侧近于直角状。平底谷多系人工开辟耕地之后形成的，测绘时，标尺点应选择在山坡与谷底相交的地方，这样才能控制住山谷的宽度和走向。

(4) 鞍部。鞍部是相邻两个山顶之间呈马鞍形的地方，如图 8.44 所示，可分为窄短鞍部、窄长鞍部和平宽鞍部。鞍部往往是山区道路通过的地方，有重要的方位作用。测绘时在鞍部的最低点必须有立尺点，以便使等高线的形状正确。鞍部附近的立尺点应视坡度变化情况选择。描绘等高线时要注意鞍部的中心位于分水线的最低位置上，并针对鞍部的特点，抓住两对同高程的等高线分别描绘，即一对高于鞍部的山脊等高线，另一对低于鞍部的山谷等高线，这两对等高线近似地对称。

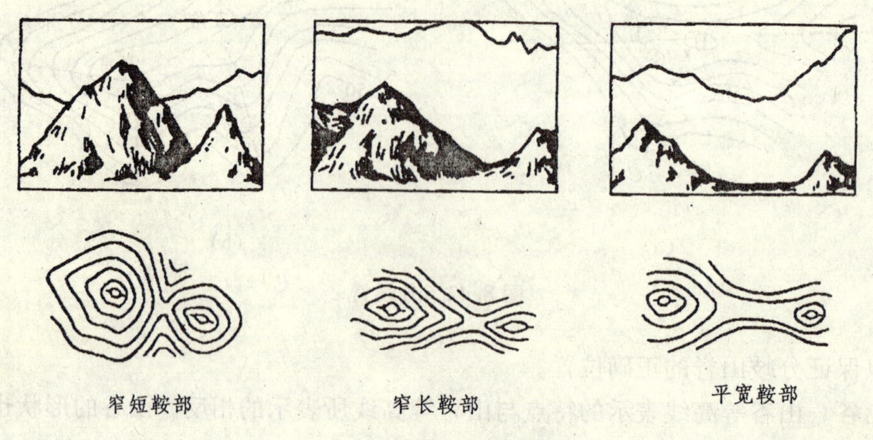

图 8.44 鞍部的绘制

(5) 盆地。盆地是中间低四周高的地形，其等高线的特点与山顶相似，但其高低相反，即外圈的等高线高于内圈的等高线。测绘时，除在盆底最低处立尺外，对于盆底四周及盆壁地形变化的地方均应适当选择立尺点，才能正确显示出盆地的地貌。

(6) 山坡。上述几种地貌形状之间都有山坡相连，山坡虽都是倾斜的面，但坡度是有变化的。测绘时标尺位置应选择在坡度变换的地方。坡面上的地形变化实际也就是一些不明显的小山脊、小山谷，等高线的弯曲也不大。因此，必须特别注意选择标尺点的位置，以显示出微小地貌来。

(7) 梯田。梯田是在高山上、山坡上及山谷中经人工改造了的地貌。梯田有水平梯田和倾斜梯田两种，梯田在地形图上以等高线、符号和高程注记（或坎上坎下的高差注记）结合的形式来表示。

测绘时要沿田坎立标尺，注意等高线的进出点和田坎坎上、坎下的高差注记。描绘时应先绘田坎符号，要对照地貌情况，边测边绘等高线，以防错漏，如图 8.45 所示。

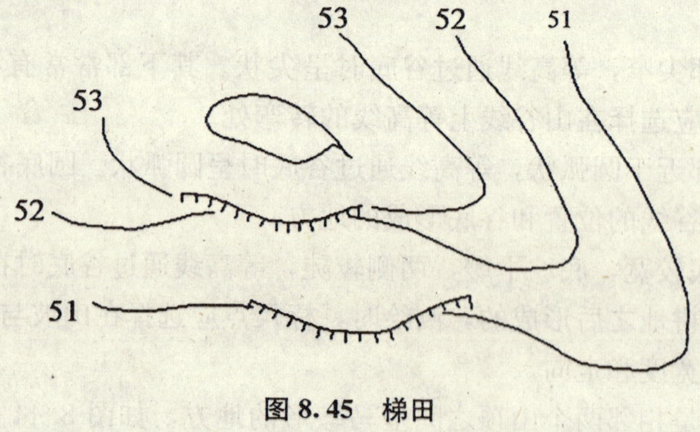

图 8.45 梯田

(8) 不用等高线表示的地貌。除了用等高线表示的地貌外，还有些地貌，如雨裂、冲沟、悬崖、陡壁、砂崩崖、土崩崖等都不能用等高线表示。这些地貌可用测绘地物的方法测绘其轮廓位置，用图式规定的符号表示。注意这些符号与等高线的关系不要发生矛盾。

以上所述是用等高线表示几种基本地貌的测绘方法。实地的地貌是复杂的，是各种地貌要素的综合体，测绘时应取舍得当，主次分明。找出主要的地貌要素，用等高线逼真地表示。

测绘时立尺点的选择十分重要，在一个测站上要有统筹考虑，全盘计划。测点太密，影响图面清晰，增加工作量；测点太稀，不能真实地反映地貌形状。

地形图的测绘是集体工作，其中每一个环节都很重要，互相之间要配合好，立尺员和绘图员之间要密切合作，每个立尺点的作用以及点子之间的联系，双方都要清楚，必要时，测绘一段时间之后立尺员应回到测站上向绘图员讲明情况，然后再继续工作。

（五）碎部测图时应注意的事项

(1) 施测碎部时，首先注意正确选定地物点、地貌点。作业员对测站周围的地貌特征应进行分析：总的地貌是什么？细小的变化在哪里？先测什么后测什么？这样观测立尺认识统一，心中有数。能按比例尺表示的地物，应选在地物轮廓的变换点上；不能按比例尺表示的地物，如土堆、涵洞等，应选在地物的中心位置上。而地形点应选择在地形特征点上。

(2) 碎部测图中，立尺员跑点应有次序，不要东跑西跑。观测员要尽可能测完一个地物再测另外一个，并立即绘出其轮廓线。地形点应边测边连，测完后地性线也连出来了，以免遗漏弄错。

(3) 碎部测图时，观测员和立尺员应充分利用旗语、摆动标尺等约定的联络信号。否则，观测员和立尺员失去联络，测站上无法指挥立尺员，就会影响碎部测图的顺利进行。立尺员在跑尺过程中，应注意调查地理名称和量测陡坎、冲沟等比高，以供图上描绘和注记。对本测站上无法测绘的局部隐蔽地区的地形，立尺员要向观测员介绍，以便研究处理的方法。

(4) 测图过程中，测站上每测量一定数量的地形点之后，应重新瞄准零方向检查定向。还要及时检查图上碎部点之间的相对位置与实地有无矛盾，描绘的图形是否与实地一致等。对重要碎部点的观测数据，应记入碎部点记录手簿以备查考。本测站所测绘的地物、地貌，特别是与相邻测站所测的地物、地貌的衔接情况，要全面对照实地检查一遍，立尺员要根据所看到的碎部点的地形情况，参加对图上描绘的地物、地貌的检查，以防错误或遗漏。

(5) 为了避免漏测或重复，两测站所测的范围应以人工的或天然的地面线作为分界，如道路、河流、山脊等。对分界线上的地物点、地貌特征点必须在两个测站上分别测定，以作检查。

五、地形图的拼接、检查与整饰

（一）图的拼接

地形图是分幅施测的，为了保证相邻图幅的互相拼接，每幅图的四边一般均应测出图廓外 5 mm，对地物应测完其主要角点，为了测出电杆等直线形地物的方向，应多测出一些距离。对于聚酯薄膜图纸，只需将相邻图幅的边缘重叠，对齐坐标格网线，就可检查接边处的地物和等高线的符合情况。

规范规定，一般地物的测绘中要求误差小于图上的 0.8 mm，重要地物的测绘中误差小于图上的 0.6 mm，以一般地物为例，接边时地物错位距离容许值应为 $2\times0.8\sqrt{2}\approx2.2$ mm。

对于等高线，其位置中误差与地面坡度有关。一般规定：等高线表示的高程中误差，平地不大于基本等高距的 1/3；丘陵不大于 2/3；山地不大于 1 个等高距。设基本等高距为 1 m，平坦地区的接图容许最大误差为 $2\times\sqrt{2}/3\approx0.9$ m。

当两幅图的接图误差合乎要求后，可取地物和等高线的平均位置作为最终的正确位置。改正后的地物地貌，还应注意保持它们的合理走向。

除了接边，还应接角。接角涉及四幅图纸，可与接边同法两两分别进行。

（二）地形图的检查与验收

测绘工作是十分细致而复杂的工作。为了保证成果的质量，测量人员必须具有严肃认真的工作态度和熟练的操作技术，同时还必须有合理的质量检查制度。测量人员除了平时对所有观测和计算工作进行充分的检核外，还要在自我检查的基础上建立逐级检查制度。技术检查工作的主要依据是技术计划和测量技术规范。

1. 自　检

自检是保证测绘质量的重要环节。自检的内容包括：所使用的仪器工具是否定期检验并符合精度要求；地形控制测量的成果及计算是否充分可靠；图廓、坐标格网及控制点的展绘是否正确，以及图根控制点的高程是否与成果表相符等。测图开始前应选择一个通视良好的测站点设站，先以一远处清晰目标定向，还至少以另一方向检查，并检查高程无误后始能测图。每站测完后，应对照实地地形，查看地物有无遗漏，地貌是否相像，符号应用是否恰当，线条是否清晰，注记是否齐全正确等。当确认图面完全正确无误后，再搬迁至下一测站进行测绘。测图员要做到随测随画，要做到当站工作当站清，当天工作当天清，一幅测完一幅清。

2. 全面检查

测图结束后，先由作业员对地形图进行全面检查，而后组织互检和由上级领导组织的专人检查。检查的方法分室内检查、野外巡视检查和野外仪器检查。

室内检查的内容有：① 资料检查。观测和计算手簿的记载是否齐全、清楚和正确，各项限差是否符合规定，也可视实际情况重点抽查其中的一部分。② 原图检查。格网及控制点展绘是否合乎要求，图上地形控制点及埋石点数量是否满足测图要求，图面地形点数量及分布能否保证勾绘等高线的需要，等高线与地形点高程是否适应，综合取舍是否合理，符号应用是否合乎要求，图边是否接合等。

巡视检查应根据室内检查的重点按预定的路线进行。检查时将原图与实地对照，查看原图上的综合取舍情况、地貌的真实性、符号的运用、名称注记是否正确等。

仪器检查是在内业检查和外业巡视检查的基础上进行的。除将检查发现的重点错误和遗漏进行补测和更正外，对发现的怀疑点也要进行仪器检查。检查方法有二：① 散点法。在测站周围选择一些地形点，测定其位置和高程，检查时除对本站所测地形点重新立尺进行检查外，并注意检查其他测站点所测地形点是否正确。② 断面法。沿测站的某一方向线进行，测定该方向线上各地形特征点的平面位置和高程，然后再与地形图上相应的物点、等高线通过点进行比较。

在检查过程中，对所发现的错误和缺点，应尽可能予以纠正。如错误较多，应按规定退回原测图小组予以补测或重测。测绘资料经全面检查认为符合要求，即可予以验收，并按质量评定等级。

检查验收工作是对成果成图进行的最后鉴定。通过这项工作，不仅要评定其质量，而更重要的是最后消除成图中可能存在的错误，保证各项测绘资料的正确、清晰、完整，真实地反映地物地貌。

（三）地形图的清绘与整饰

对铅笔原图，按地形图图式进行着墨描绘，称为地形图的清绘。清绘时要注意地物地貌的位置、内容和种类均不得更改和增减。清绘时可按以下顺序进行：内图廓、坐标格网、控制点、地形点符号及高程注记，独立物体及各种名称、数字的绘注，居民地等建筑物，各种线路、水系等，植被与地类界，等高线及各种地貌符号等。

图廓的整饰包括外图廓线、坐标网、经纬度、图幅名称及图号等。线条粗细、采用字体、注记大小等均应依照地形图图式的规定。

第三节　数字测图概述

随着科学技术的进步，电子计算技术的迅猛发展及其向各专业的渗透以及电子测量仪器的广泛应用，地形测量也开始向自动化和数字化方向发展。地形测量从图解法测图改进为数字化测图是一种根本性的变革，测量成果不单是可以绘制在图纸上的地形图（即以图纸为载体的地形信息），而主要是以计算机磁盘为载体的地形信息，其提交的成果是可供计算机处理、远距离传输、各方共享的数字化地形图。数字化测图是一种全解析的机助成图方法，与图解法测图相比，具有明显的优越性和广阔的发展前景，它将成为迈向信息化时代不可缺少的地理信息系统（GIS）的重要组成部分。

一、数字测图系统

数字测图系统是以计算机为核心，连接测量仪器的输入输出设备，在硬件、软件的支持下对地形空间数据进行采集、输入、编辑、成图、输出、绘图、管理的测绘系统。

用全站仪在地面测站进行数字化测图，又称地面数字测图。由于用全站仪直接测定地物点和地形点的精度很高，所以，地面数字测图是几种数字测图方法中精度最高的一种，也是目前城市大比例尺地形图最主要的测图方法。

若测区已有地形图，则可利用数字化仪或扫描仪将其数字化，然后再利用数字测图系统将其修测或更新，得到与现状相符的数字地形图；也可先将已有地形图按常规的方法进行修测或更新，再将其数字化，得到所需的数字地形图。

对于大面积的测图，通常可采用航测方法或数字摄影测量方法，通过解析立体测图仪或数字摄影测量系统得到数字地形图。

地面数字测图系统主要有两种模式，即数字测记法模式和电子平板模式。

数字测记法模式为：野外测记，室内成图。用全站仪测量，电子手簿记录，同时配以人工画草图和编码系统，到室内将野外测量数据从电子手簿直接传输到计算机中，再配以成图软件，根据编码系统以及参考草图编辑成图。使用的电子手簿可以是与全站仪配套的专用电子手簿，也可以是袖珍计算机 PC－1500 或 PC－E500 改装的电子手簿，或者利用全站仪具有的存储器和存储卡直接记录。测记法成图的软件也有多种，并日趋完善。

电子平板模式为：野外测绘，实时显示，现场编辑成图。所谓电子平板测量，即将全站仪与装有成图软件的便携机联机，在测站上全站仪实测地形点，计算机屏幕现场显示点位和图形，并可对其进行编辑（修改、补充、删除等），满足要求后，将其存盘。这样，相当于在现场就得到一张平板仪测绘的地形图，因此无需画草图，并可在现场和实地相对照，如果有错误和遗漏，也能得到及时纠正。

二、数字测图系统的基本设备

在数字测图系统中，主要用外业测量仪器进行野外数据采集，或用数字化仪采集纸质地形图上的数据，然后用计算机完成数据处理和编辑成图。数字测图系统的基本设备由以下几部分组成：

1. 外业测量仪器

外业测量仪器是获取地形信息的基本设备，目前，最先进的为电子全站仪，也可以是电子经纬仪加测距仪（合称半全站仪），或光学经纬仪加测距仪。

2. 电子计算机

电子计算机是进行数据采集、储存、处理和自动成图的基本设备。

3. 数字化仪

数字化仪用于纸质地形图的数字化，在各种数字测图系统中，数字化仪也是一种重要的图形输入设备。数字化仪可分为手扶跟踪式、半自动跟踪式和自动扫描式。由于手扶跟踪式数字化仪操作简单、价格低，且其图形输入的精度能够满足地形图精度的要求，因此，这一类数字化仪在数字测图系统中被广泛使用，目前通常指的数字化仪即为手扶式数字化仪。

4. 扫描仪

扫描仪可以快速地将原有图件数字化，其速度可比手工数字化快 5～10 倍，其缺点是扫描仪价格昂贵，扫描的数据量大，且对于噪声和中间色调像元的处理较难，以及难以提取文字信息等。扫描仪分为栅格扫描仪和矢量扫描仪，栅格扫描仪扫描得到的数据为栅格数据，再利用转换程序将其转变为矢量数据；矢量扫描仪可直接跟踪原图上的直线和曲线，并直接产生矢量数据。

5. 绘图仪

绘图仪用于图的绘制，它能将计算机中编辑好的图形绘制到纸质介质上。常用的绘图仪分为滚筒式和平台式两类。

三、数字测图图形信息的采集和输入

各种数字测图系统必须首先获取图形信息，地形图的图形信息包括所有与成图有关的各种资料，如测量控制点资料、解析点坐标、各种地物的位置和符号、各种地貌的形状、各种注记等。常用的图形信息采集和输入方式有以下几种：

1. 地面测量仪器数据采集

应用全站仪或其他测量仪器在野外对地形信息直接进行采集，采集的数据载体为全站仪的存储器和存储卡，例如，全站仪 SET2000 即配备相应的存储器和存储卡，也可为各种袖珍计算机及便携机，如 PC－1500，PC－E500 等。采集的坐标数据及图形信息可通过电缆由全站仪或电子手簿直接传输到计算机中。

2. 人机对话键盘输入

对于测量成果资料、文字注记资料等，可以通过人机对话方式由键盘输入计算机之中。

3. 数字化仪输入

利用数字化仪对收集的已有图形资料进行数字化，也是获取图形信息的一个重要途径。数字化仪主要以矢量数据形式输入各类实体的图形数据，即只需输入实体的坐标。除矢量数据外，数字化仪与适当的程序配合也可在数字化仪选择的位置上输入文本和特殊符号。数字化有两种基本方式，即点方式和流方式。点方式为选择最有利于表示图形特征的特征点逐点进行数字化；流方式为以等时间间隔或 X 和 Y 方向等距离间隔对图形进行数字化，其缺点是：不能得到地形特征点，使图形数字化后误差较大，另一方面是许多不必要的点也被数字化了，造成存储量增加以及以后处理时必须删除这些多余点。因此，对原有地形图，用点方式来数字化较为恰当。

4. 扫描仪输入

对已有的纸质地形图，可以利用扫描仪进行图形输入，由专门程序把扫描获得的栅格数据转换成矢量数据，从中提取图形的点、线、面信息，然后再进行编辑处理。采用激光扫描仪扫描等高线地形图是最有效的方法，因为等高线地形图绘制精细，并且有许多闭合圈而没有交叉线，故用激光扫描仪扫描时，只要将激光束引导到等高线的起点，激光束会自动沿线移动，并记录坐标，碰到环线的起始点或单线的终点就自动停止，再进行下一条等高线的数字化。其最大优点是能很快地扫描完一条线，几乎是一瞬间就完成扫描，同时，扫描得到的数据直接变成符合比例尺要求的矢量数据。

5. 航测仪器联机输入

利用大比例尺航摄像片，在航测仪器上建立地形立体模型，通过接口直接把航测仪器上量测所得的数据输入计算机；也可以利用数字摄影测量系统直接得到测区的数字影像，再经过计算机处理直接得到数字地形图。

6. 由存储介质输入

对于已存入磁盘、磁带、光盘中的图形信息，可通过相应的读取设备进行读取。

四、图形信息的分层存放

对图形信息进行分类，存放在不同的“层”上，这样会给图形信息的处理带来很大的方便。一方面，在图形信息输入时，按层次进行可以使操作简单；在图形显示时，也可以只显示必要的层次，从而加快图形的处理速度。另一方面，通过关闭某些不需要的层次，可以突出某些图形要素，得到各种专题图。此外，还有利于图的缩放。总之，图形分类按层存放就好像把图按内容分别绘制在许多张透明纸上一样，某些内容在某种图上不要，就可以把绘有该内容的透明纸抽掉，而把需要的若干张透明纸重叠在一起。不同的成图系统对不同地形要素分层管理情况不尽相同。

在数字测图系统实施时，可以根据地形要素及其层次进行地形编码设计，如三位整数编码或四位整数编码。例如，四位编码的第一位为地形要素的大类别号，第二、三位为顺序号，即地物符号在某大类中的序号，与地形图图式中的序号一致，符合测图人员作业习惯及便于记忆。由于地形编码与图式符号一一对应，这样就便于计算机进行自动识别，并自动提取相应的图式符号，最后存放到规定的层中去。第四位为连线信息，指定地物点之间的连线。

五、图形信息的符号注记

地形图图面上的符号和注记在手工制图中是一项繁重的工作。用计算机成图就不需要逐个绘制每一个符号，而只需先把各种符号按地形图图式的要求预先定制，并按地形编码系统建立符号库，存放于计算机中。使用时，只需按位置调用相应的符号，使其出现在图上指定的位置，如此进行符号注记，快速简便。对于地面的植被、地类等可按图式规定绘制一定的代表性符号均匀分布在图上该范围内。这种绘图作业可以由绘图软件的相应功能来完成，图上的文字注记可通过人机对话交互方式进行，文字的式样、大小可进行编辑和修改。

六、用全站仪进行数字测图

用全站仪配合计算机进行地面数字测图是目前最常用的大比例尺数字化地形测图方法。下面介绍用带存储内存的索佳全站仪 SET610 作为野外数据采集工具的数字测图系统。

1. 野外数据采集

根据测区地形情况建立合适的测量控制网，一般为在高级控制点下布设导线网。用全站仪进行三维导线测量（同时测定导线点的坐标和高程）是很方便的，在进行碎部点测量过程中可根据需要随时用支导线的形式建立测站。在全站仪的“内存”模式下选取文件，建立测区坐标管理文件，手工键入或用传输电缆从微机输入控制点（已知点）坐标，准备就绪，就可到野外进行碎部点数据采集了。

把全站仪安置在测站上，在仪器的程序模式下调用“坐标测量”菜单项，开始设置测站信息和进行后视定向。选择“测站坐标”选项，输入测站点号，仪器即自动从工作文件中调出该点坐标并显示在屏幕上，按屏幕提示输入仪器高，检查输入数据无误后，按 OK 软键确认。然后回到上一级菜单项选择“后视定向”，输入后视点号，瞄准后视点，输入目标高，确认无误后，按 OK 软键，此时可以开始地形的细部测量。

进行细部测量时，瞄准细部点的棱镜中心，按“测量”键，输入细部点代码和目标高，即可得到细部点的坐标和高程，按屏幕提示输入细部点点号进行记录及确认，则细部点的观测数据及代码等被存储于当前工作文件中。然后又显示细部测量屏幕，可继续进行下一细部点的观测。对于目标点的顺序编号，可以预先设置好其起始编号，以后随着观测的进行，仪器会自动进行编号。

在进行细部点测量时，应尽可能按地物的类别进行，这样便于观测人员的输入编码、对细部点的坐标及代码记录。

2. 数据通讯

利用数据传输电缆可将存储于全站仪中的野外测量数据传入微机中，以便利用数字化成图软件进行图形的编辑和绘制。

3. 地形图图形编辑与绘制

利用成图软件，如南方测绘仪器公司开发的地形地籍成图系统 CASS，调用野外测量数据，生成编码文件（编码法），或直接运用软件相应功能按点号、代码或高程方式展点，通过人机交互的方式根据现场绘制的草图（测记法）完成数字地形图的编绘成图工作。CASS 成图系统是在 Autocad 基础上开发的，其图形编辑功能强大，包括碎部点的展点、图形编辑、文字注记、等高线绘制、数字图工程应用、数字化图分幅等众多模块，是目前地形图测绘广泛使用的绘图软件。

第四节 航空摄影测量简介

航空摄影测量是利用航空摄影像片测绘地形图的一种方法，与手工常规测图相比，它不仅可将大量外业测量工作改到室内完成，还具有成图速度快、精度均匀、成本低、不受气候季节限制等优点。因此，国家测绘部门采取这种方法测绘 1∶1 万～1∶10 万国家基本图，工农业部门也用它来测绘 1∶2 000、1∶5 000 等大比例尺地形图，并编制像片平面图供工程规划设计使用。

一、航空像片与地形图的区别和影像地图

1. 投影方法不同

地形图是地面的垂直投影（正射投影），航空像片是地面的中心投影。因此，利用航空像片测制地形图时，必须消除倾斜误差和限制投影误差，统一像片上各处比例尺，使中心投影的航空像片转化为垂直投影的地形图。

2. 表示方法和表示内容不同

在表示方法上，地形图是按成图比例尺所规定的地形图符号来表示地物和地貌的，而像片则是反映实地的影像，它是由影像的大小、形状、色调来反映地物和地貌的。在表示的内容上，地形图上常用注记符号对地物符号和地貌符号作补充说明，而这些在像片上是表示不出来的。另外，地形图是经过综合取舍，而所有地物在像片上均有影像，因此，对航空像片必须进行航测外业的调绘工作。所谓像片判读，就是在航空像片上根据物体的成像规律和特征，识别出地面上相应物体的性质、位置和大小。

二、航测成图过程简介

（一）航空摄影

摄影前，需做一系列的准备工作，如制定飞行计划，在地图上标出航线，检验摄影仪

等。然后，进行空中摄影，摄取地面的影像，由航空像片制成地形图是根据地面影像的立体像来再现地表的三维景观，因此要求相邻的航拍像片应达到规定的重叠度（航向60%以上，旁向30%左右），经过显影、定影、水洗和晒干等工序获得底片，晒印成正片后，供各种作业部门使用。

（二）控制测量与调绘

把像片制成地形图是以地面的控制点为基础的，因此用像片制图时，必须具有足够数量的控制点。这些控制点，应该在已有的大地控制点的基础上进行加密，其步骤分为野外控制测量和室内控制加密。

1. 野外控制测量

携带仪器和航空像片到野外，根据已知大地控制点，用地形测量中的控制测量方法，测定像片控制点的平面坐标和高程，并对照实地将所测点的位置精确地刺到像片上去，这项工作也称像片连测。

2. 室内控制加密

由于野外测定的控制点数量还不够，需要在室内进一步加密，这可利用像片上野外测定的像片控制点，用解析法、图解法等进行。近年来，又因应用了电子计算机技术，已采用解析法空中三角测量进行室内加密控制点的工作。

3. 像片调绘

就是利用航空像片进行调查和绘图。具体来说，就是利用像片到实地识别像片上各种影像所反映的地物、地貌，根据用图的要求进行适当的综合取舍，按图式规定的符号将地物、地貌的元素描绘在相应的影像上。

（三）测　图

由于各地区地形和测图的要求不同，目前采用以下三种主要成图方法：

1. 综合法

地物的平面位置在室内利用航空像片确定，其名称和类别等通过外业调绘确定，等高线则在野外用平板仪测绘。它综合了航测和地形测量两种方法，故称综合法，适用于平坦地区作业。

2. 微分法

在野外控制测量和调绘工作完成后，在室内进行控制点的加密工作。然后，在室内用立体测量仪测定等高线，再通过分带投影转绘确定地物、地貌的平面位置。因为立体测量仪的解算公式是建立在微小变量的基础上，所以称为微分法。又因为确定平面位置和高程分别在不同的仪器上进行，故又称为分工法。微分法采用的仪器比较简单，受仪器限制，此法一般适用于丘陵地区。

3. 全能法

在完成野外控制测量和像片调绘后，将具有重叠的航空像片，在全能型的仪器（如多倍仪和各种精密的立体测图仪等）上建立地形立体模型，并在模型上作立体观察，测绘地物和地貌，经着墨、整饰而得地形图。此法适用于山区或高山区，所用的仪器比较精密，成图质量比较高，但仪器价格比较昂贵。

三、航测成图方法新进展

常规的航摄像片为黑白像片，影像分辨率低，且不能全天候作业。目前的航空摄影已应用彩色摄影、红外摄影、雷达摄影、光谱摄影及数字摄影等新技术。红外线对云雾和工业烟尘有较强的穿透力；雷达摄影度不受气候条件影响，日夜均能工作，这就为摆脱天气的影响，进行全天候摄影创造了条件；彩色摄影能加强像片的表达能力，可判读出更多的地形、地质及其他方面的信息；光谱摄影能反映出用一般摄影方法难于发现的内容，适合于航摄像片的综合应用。

解析摄影测量使用数字投影代替物理投影。所谓物理投影，就是指光学投影和机械的模拟投影；数字投影就是利用计算机技术实时地进行共线方程的解算，从而交会出被摄物体的空间位置，制作成电子数字地图。解析摄影测量的主要仪器是解析立体测图仪，它是精密立体坐标仪与计算机相结合的仪器，连接上自动绘图桌后，可进行自动绘图。

数字摄影测量是基于数字影像和摄影测量的基本原理，应用计算机技术、数字影像处理技术、影像匹配、模式识别等多学科的理论和方法，提取所摄对象用数字方式表达的几何信息和物理信息。它处理的原始信息主要是数字影像或数字化影像，以计算机视觉代替人眼的立体观测，因而计算机技术，特别是图形工作站的发展为数字摄影测量的发展提供了广阔的前景，其产品是以数字形式记录的多种信息，常见的为数字地形图，而数字地形图在各种工程建设中具有广阔的应用前景。

第五节　地形图的应用

一、地形图应用概述

在进行工程建设的规划设计阶段，首先要对规划区域的情况作系统周密的调查研究，不同比例的地形图是根据用图需要经过综合取舍的，能比较全面地、客观地反映地面情况的可靠资料。从地形图上可以获取居民点、交通、水系、通讯、电力、管线、农林等地物信息及地貌信息，因此地形图广泛应用于国土整治、资源勘测、城乡建设、交通规划、土地利用、环境保护、工程设计、矿藏采掘、河道整理等领域。在国防和科研方面，也具有重要用途。

对照地形图，可以确定地面点位、点与点之间的距离和直线的方位并定向；可以获取点的高程及两点间的高差；可以在图上勾绘出分水线和集水线，标示出洪水线和淹没线；可以从图上计算出面积和体积，从而能确定出用地面积、土石方量、蓄水量、矿产量等；可以从图上了解到各种地物、地类、地貌等的分布情况，统计出村庄、树林、农田等的数据，获取房屋数量、质量、层次等信息；可以在图上完成规划设计，获取施工放样数据；可从地形图上截取断面，绘制断面图，也可以以地形图为底图，编绘各种专题图，如地质图、水文图、农田水利规划图、土地利用图、建筑平面图、城市交通图和地籍图等。

要用好图，首先要识好图。在认识图的过程中，要充分运用地形图的基本知识，全面、准确地了解一幅地形图的重要内容。除了了解认识本幅图图廓内的地物、地貌信息，对图廓外的信息也要仔细判读，如图名、图号、接图表、比例尺、坐标系统和图廓坐标及高程系统、采用图式及等高距、测图时间等有关图的基本信息，对正确认识一幅地形图具有重要作用。

目前，数字化地形图已使地形图在管理和使用上体现出纸质地形图所无法比拟的优越性。本节以纸质地形图为基础来介绍地形图应用的基本内容。

二、地形图应用的基本内容

1. 点位的坐标量测

如图 8.46 所示，欲求图上 A 点坐标，可先过 A 点作坐标格网的平行线 ef、gh，再按测图比例尺量出 eA 和 gA 的长度，则有：

$$x_A = x_a + eA \tag{8-10}$$

$$y_A = y_a + gA \tag{8-11}$$

式中，x_a、y_a 为该点所在方格西南角的坐标，图中 $x_a = 57\,100$ m，$y_a = 18\,100$ m。

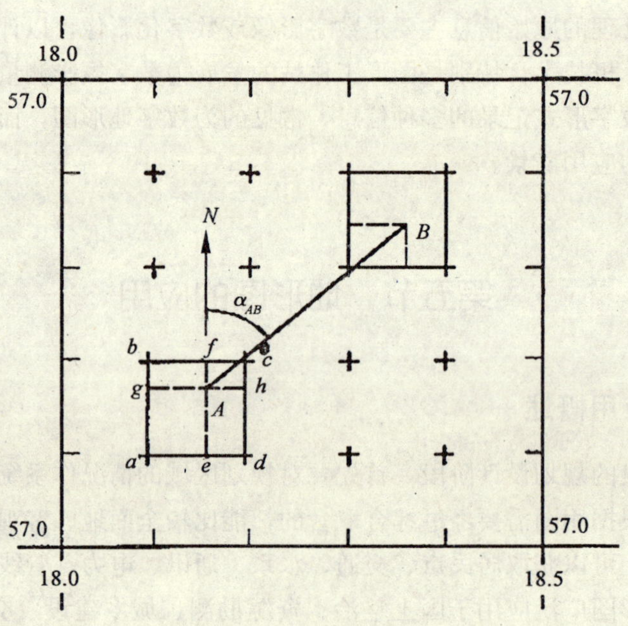

图 8.46　点位的坐标量测

如果在检验方格的长度时发现不等于标准长度 100 mm，则需按下式计算 A 点坐标：

$$x_A = x_0 + \frac{100}{ef} \times eA \tag{8-12}$$

$$y_A = y_0 + \frac{100}{gh} \times gA \tag{8-13}$$

式中，ef 与 gh 的单位为毫米。

2. 两点间的水平距离量测

当量测距离精度要求不高时，可以用比例尺直接在图上量取。也可根据已求得的 A、B

两点的坐标值 x_A、y_A 和 x_B、y_B 用解析法求距离：

$$D_{AB}=\sqrt{(x_B-x_A)^2+(y_B-y_A)^2} \tag{8-14}$$

3. 直线的方位角量测

可根据已求得的 A、B 两点的坐标值 x_A、y_A 和 x_B、y_B 计算直线 AB 的方位角：

$$\alpha_{AB}=\arctan\frac{y_B-y_A}{x_B-x_A} \tag{8-15}$$

计算 α_{AB} 时可根据 AB 的实际走向判断 α_{AB} 的象限，当精度要求不高时，可以通过 A 点作平行于坐标纵轴的正北方向线，再用量角器直接量取 AB 的方位角，参见图 8.46 所示。

4. 点位的高程及两点间坡度量测

如果所求点恰好位于某一根等高线上，则等高线的高程就是该点的高程。如果所求点位于两条等高线之间，则可按比例关系求得其高程。如图 8.47 中 B 点位于 50 m 和 51 m 两条等高线之间，可通过 B 点作垂直于两等高线的直线，交点为 m、n，设等高距为 h，则 B 点的高程为：

$$H_B=H_m+\frac{mB}{mn}\times h \tag{8-16}$$

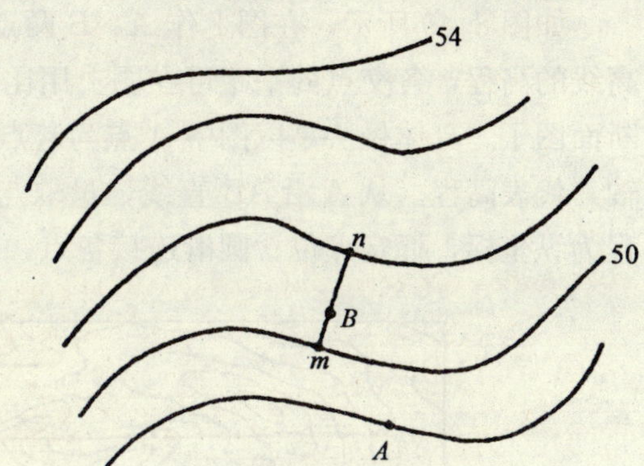

图 8.47 点位的高程量测

也可根据等高线目估 B 点的高程。

在图上求得两点间的水平距离 D 和高差 h 后，可按下式计算两点间的坡度：

$$i=\frac{h}{D}=\frac{h}{d\cdot M}\times 100\% \tag{8-17}$$

式中 d——图上距离；

M——图的比例尺分母。

（五）确定指定坡度的最短路径

在山地或丘陵地区进行道路或管线工程设计时，往往要求在不超过某一坡度的条件下选定一条最短路线，如图 8.48 所示，需从 A 点到高地 B 点定出一条路线，要求坡度限制在 3.3%。图 8.48 中，等高距为 1 m，图的比例尺为 $1:M$。若 $M=1\,000$，按上式求出的符合坡度要求的等高线平距为：

$$d\geqslant\frac{h}{0.033\cdot M}=\frac{1}{0.033\cdot M}\times 1\,000\ \text{mm}=30\ \text{mm}$$

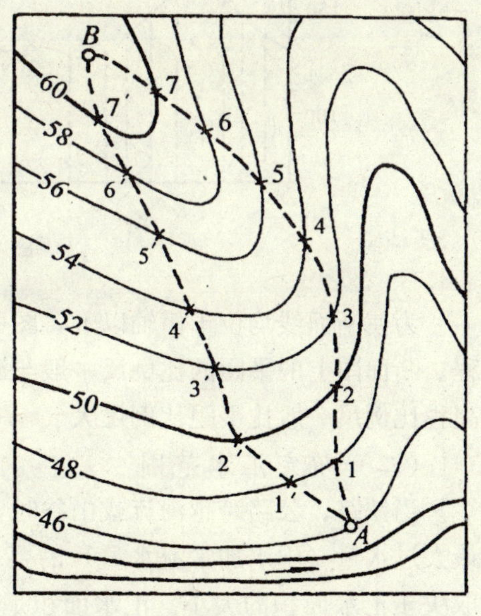

图 8.48 确定指定坡度的最短路径

当相邻两根等高线之间的图上距离 $d\geqslant 30$ mm 时，地面坡度 $i\leqslant 3.33\%$，则直接作两等高的垂线求得交点就可满足要求；若两根等高线之间的图上距离小于 30 mm，则以前一根等高线交点为圆心，

用两脚规取半径 $r=d=30$ mm 去交下一根等高线，依此类推，得到交点 1，2，…，直至 B 点；然后将相邻点连接，便得到满足 3.3%坡度的路线，由于每次可能产生两个交点，一般可以选出两条或多条满足坡度要求的上山路径，进行方案比选，确定一条最短最优路线。

三、工程建设中的地形图应用

（一）绘制指定方向的断面图

在进行道路、隧道、管线等工程的纵坡设计、边坡设计、土石方量计算等时，需要了解两点之间的地面起伏情况，可根据图上的等高线沿指定方向绘制断面图。

如图 8.49 所示，在图上作 A、B 两点的连线与各等高线相交，各交点的高程即为各等高线的高程，各交点的平距可在图上用比例尺量出。有了平距和高程，就可在方格纸上绘制断面图了。具体做法是以图中 A 点为起点，直线 AB 方向为横轴，代表水平距离；AH 为纵轴，代表高程。从 A 沿 AB 直线，量取与各等高线交点的水平距离标于横轴；取各点的高程为纵坐标，标定点位；圆滑连接各点，即为 AB 线处的断面图。

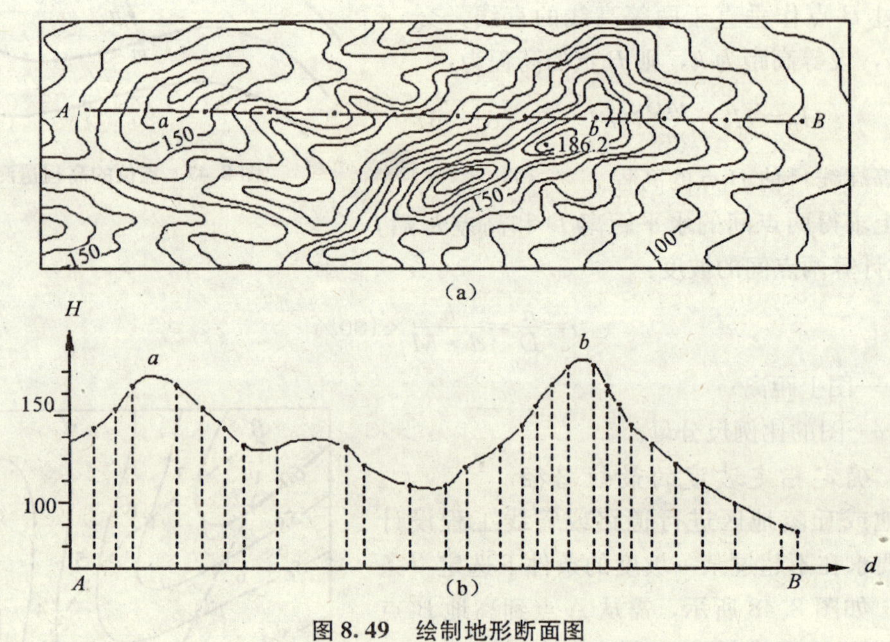

图 8.49 绘制地形断面图

为使断面线均位于横轴以上，图中纵轴起始处的高程宜低于该直线所经过的最低点的高程。断面图上的平距的比例尺一般与测图比例尺一致，为了突出显示地面的高低起伏情况，高程比例尺一般比平距比例尺大 5～10 倍。

（二）确定汇水范围

当铁路、公路跨越河流或山谷时，需要建造桥梁或涵洞。桥梁和涵洞的孔径大小应满足最大过水量（雨水加常流水量）的要求，一般来说，常流水量为常数，因此水流量的大小取决于汇水面积的大小。汇水面积是指地面上经由同一桥涵断面排泄的雨水所占区域的面积。雨水在地面是以山脊线为界而汇入不同的山谷或河流中，因此，汇水面积可由地形图上的山脊线来求得，如图 8.50 所示，用虚线连接的山脊线所包围的面积就是过桥 A 的汇水面积。

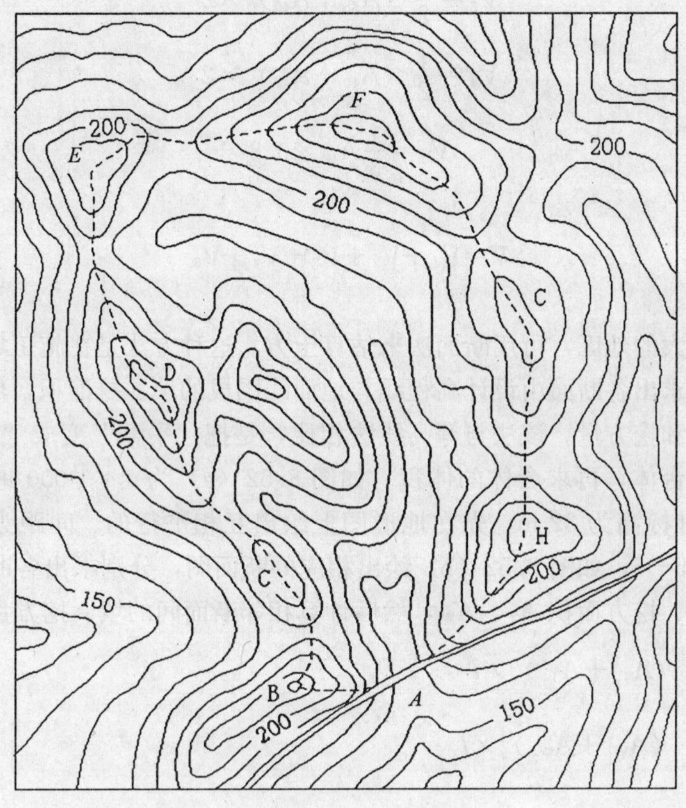

图 8.50 确定汇水范围

（三）应用地形图估算土方

1. 等高线法

基本思路是将施工区域划分为以相邻等高线分别所围的范围为上下底、以等高距为高的台体，再计算各台体的体积。如图 8.51 所示，先量出各等高线所包围的面积，两相邻等高线包围的面积平均值乘以等高距，就是两等高线间的体积（即土方量）。因此，可从施工场地的设计高程的等高线开始，逐层求出各相邻等高线间的土方量再求和，即为总的土方量。图中等高距为 2 m，施工场地的设计高程为 35 m，图中虚线即为设计高程的等高线。分别求出 35 m、36 m、38 m、40 m、42 m 五条等高线所围成的面积 A_{35}、A_{36}、A_{38}、A_{40}、A_{42}，则每一层的土方量为：

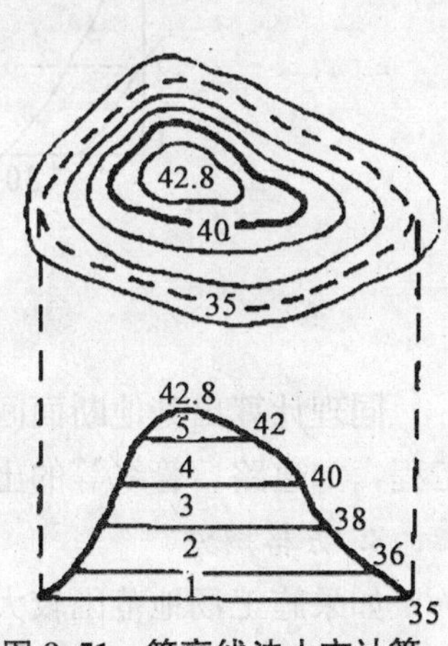

图 8.51 等高线法土方计算

$$V_1=\frac{1}{2}\left(A_{35}+A_{36}\right)\times 1$$

$$V_2=\frac{1}{2}\ (A_{36}+A_{38})\ \times 2$$

$$V_3=\frac{1}{2}\ (A_{38}+A_{40})\ \times 2$$

$$V_4=\frac{1}{2}\ (A_{40}+A_{42})\ \times 2$$

$$V_5=\frac{1}{3}A_{42}\times 0.8$$

总的土方量为

$$V=V_1+V_2+V_3+V_4+V_5 \tag{8-18}$$

2. 断面法

在地形起伏较大的地区，可用断面法来估算土方。这种方法是在施工场地内，以一定的间隔绘出断面图，求出各断面由设计高程线与地面线围成的填、挖面积，然后分别计算出相邻断面间的填方量和挖方量。该法与等高线法相比，是把“平截”变成“竖截”，其原理都是将施工区分解为台体，再求台体的体积。如图 8.52（a）为 1∶1 000 地形图，等高距为 1 m，施工场地设计标高为 32 m，先在地形图上绘出互相平行的、间距为 l 的断面方向线 1—1、2—2、…、5—5，如图 8.52（b）绘出相应的断面图，分别求出各断面的设计高程与地面线所包围的填、挖方面积 A_T、A_W，然后计算相邻断面间的填、挖方量：

填土：$V_T=\frac{1}{2}\ (A_{T_1}+A_{T_2})\ \times l$

挖土：$V_W=\frac{1}{2}\ (A_{W_1}+A_{W_2})\ \times l$

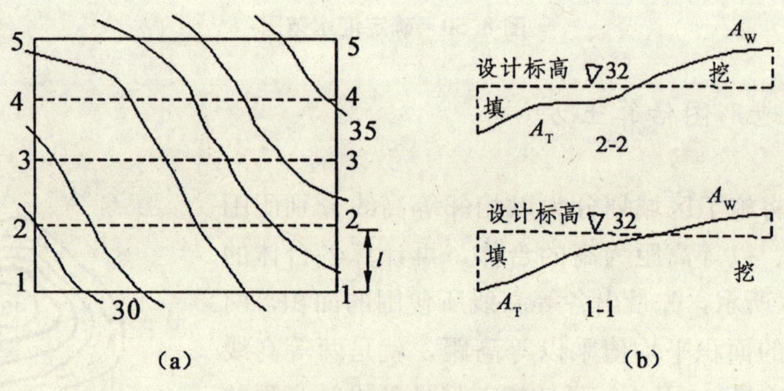

图 8.52　断面法土方计算

同理计算出其他断面间的土方量，再分别累加，求得总的填、挖方量。该法适用于线状工程，如道路、管线等的土方计算。

3. 方格网法

如果施工场地范围较大，地面起伏较小，坡度变化规律较明显，宜采用方格网法进行土方计算。

（1）整理成水平场地：

① 打方格。在拟施工范围的地形图内打上方格，方格的边长取决于地形变化的大小和

要求估算土方的准确度，一般取 5 m×5 m、10 m×10 m、20 m×20 m 等。

② 根据等高线确定各方格顶点的高程，并注记在各顶点的上方。

③ 如果已给定平场高度，可直接进行下一步。但一般来说，大型的土石方工程都需要尽量做到填、挖平衡，以减少运距，避免从其他地方取土或弃土。因此需要计算整个施工场地的平均高程，以它作为平场高度，可达到填、挖平衡的目的。具体做法是将每一方格四个顶点的高程相加除以 4 得到每一方格的平均高程，再把各方格的平均高程加起来，除以方格数，即可得到设计高程。由图 8.53 按上述计算过程不难看出，角点 A_1、A_6、C_6、D_1、D_4 在计算中用到一次，边点 A_2、A_3、…、D_3 等的高程用到两次拐点 C_4 的高程用到三次，中间各点的高程用到四次，因此设计高程的计算公式可表示为：

$$H_{设} = \frac{\sum H_{角} \times 1 + \sum H_{边} \times 2 + \sum H_{拐} \times 3 + \sum H_{中} \times 4}{4n} \qquad (8-19)$$

式中　n——方格总数。

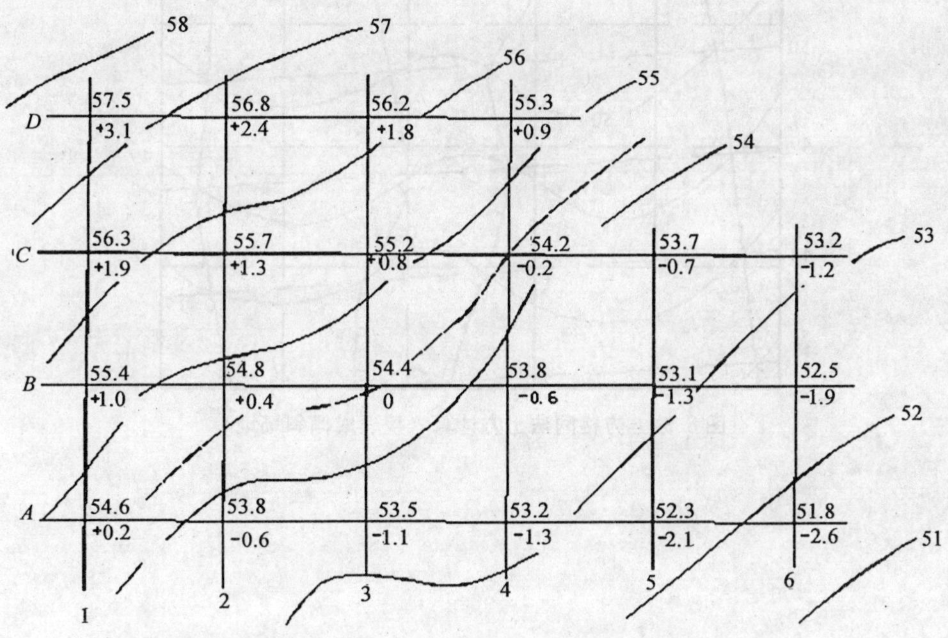

图 8.53　方格网法土方计算（整理成水平场地）

将图 8.53 中的高程数据代入上式，求出设计高程为 54.4 m，在地形图中按内插法绘出 54.4 m 的等高线（图中的虚线），它就是填挖分界线。

④ 计算填挖高度 h：

$$h = H_{地} - H_{设} \qquad (8-20)$$

⑤ 计算填挖方量：填挖方量按各自区域分别用下式计算，以填方为例，有：

$$W_{填} = \sum h_{角} \times \frac{1}{4}A + \sum h_{边} \times \frac{1}{2}A + \sum h_{拐} \times \frac{3}{4}A + \sum h_{中} \times A \qquad (8-21)$$

(2) 整理成一定坡度的倾斜面。图 8.54 所示是某一地区的地形图，现要求将原地貌改造成某一坡度的倾斜场地。具体计算过程如下：

① 绘制设计倾斜面等高线，如图中平行虚线；

② 确定填挖边界线（相同高程的原地面等高线与设计等高线交点的连线），如图中带方向的虚线；

③ 在地形图上绘小方格（与整理成水平场地同）；

④ 计算方格顶点的填挖值（与整理成水平场地同）；

⑤ 计算每格填、挖土方量；计算填、挖土方总量。

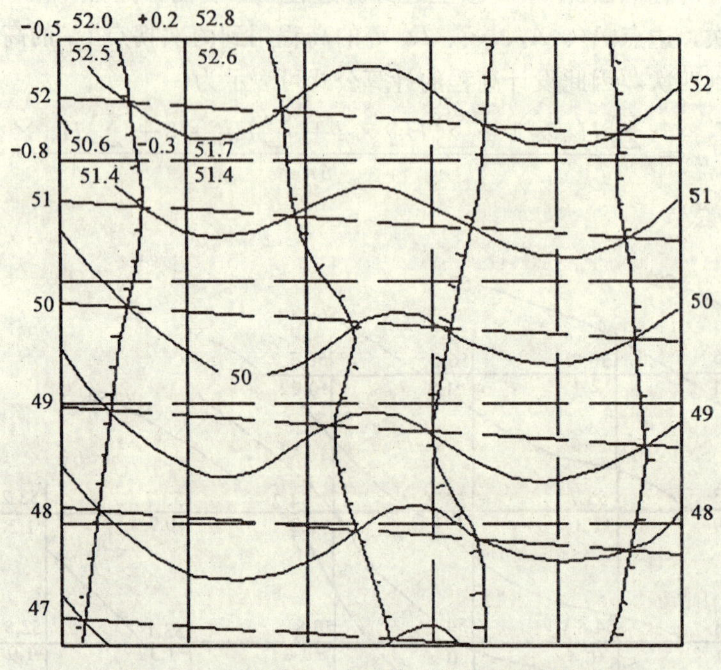

图 8.54 方格网法土方计算（整理成倾斜场地）

第九章　建筑工程施工测量

第一节　概　述

任何建筑工程在确定了设计方案后，都需要把设计的方案标定到实地，这就涉及测绘中的另一个问题——施工放样。

施工测量是把建筑物、构筑物的设计平面位置和高程，按设计要求以一定的精度测设在地面上，作为施工的依据，并在施工过程中进行一系列的测量工作，以衔接和指导各工序间的施工。这种把点位和主要的轴线在实地进行标定的过程称为施工放样。

施工测量贯穿在整个施工过程中。从场地平整、建筑物平面位置和高程放样、基础施工和室内外管线工程施工，到建筑物结构的安装等，都需要进行施工测量；某些工程竣工后，为了便于管理、维修和扩建，还必须编绘竣工图。有些高大的建筑物和特殊的构筑物，在施工期间和建成后，还要进行变形观测，以便控制施工进度、积累资料、掌握规律，为工程建筑的安全施工、维护和使用提供数据。

在施工现场，由于各种建筑物和构筑物的分布面较广，为了保证各个建筑物和构筑物在平面和高程上都能满足测设要求和保证整体位置及相互关系正确，施工测量与测绘地形图一样，也是遵循“由整体到局部”和“先控制后细部”的原则。即先在施工现场建立统一的平面控制网和高程控制网，然后以此为参照系统，测设出各个建筑物或构筑物的细部。

施工测量的精度要求取决于建筑物或构筑物的大小、材料、用途和施工方法等因素。其精度要求可视测设对象的定位精度和施工现场的面积大小，并参照有关测量规范加以规定。一般来说，建筑物内细部相对关系的测设精度，应高于各建筑物之间相对位置的测设精度；而建筑物内细部相对关系测设精度，按建筑物类型分类，则高层建筑物的测设精度应高于低层建筑物，钢结构厂房的测设精度应高于钢筋混凝土结构厂房，装配式建筑物的测设精度应高于非装配式建筑物。总之，一个合理的设计方案，必须通过精心施工付诸实现，故应根据测量对象所要求的精度进行测设，并随时进行必要的校核，以免产生错误。

建筑物的施工放样与测图比较，放样的精度要求较高，因为放样的误差将直接地影响建筑物的位置、尺寸和形状。

第二节　施工控制网的建立

一、施工控制网概述

建筑施工控制测量的任务是建立施工控制网。在勘测阶段所建立的测图控制网，由于各种建筑物的设计位置未定，无法考虑满足施工测量的要求；施工现场做土地平整时，大量土方的填挖，使原来布置的控制点损坏很多。因此，在建筑施工时，大多必须重新建立施工控制网。

在一般情况下，新建的大中型建筑场地上，施工控制网一般布置成正方形或矩形的格网，称为建筑方格网。对于面积不大又十分复杂的建筑场地，常平行于主要建筑物的轴线布置一条或几条基线，作为施工测量的平面控制，称为建筑基线。在使用全站仪放样的条件下，也可以直接布设导线网作为施工控制网。

建筑施工通常采用建筑坐标系，亦称建筑施工坐标系。其坐标轴与建筑物主轴线相一致或平行，便于设计和施工放样。因此，建筑坐标系与测量坐标系往往不一致，在建立施工控制网时，常需要进行建筑坐标系与测量坐标系的换算。

如图 9.1 所示，设 XOY 为测量坐标系，$X'O'Y'$ 为建筑坐标系，$O'(x_0, y_0)$ 为建筑坐标系的原点在测量坐标系中的坐标，α 为建筑坐标系的纵轴在测量坐标系中的方位角。设已知 P 点的建筑坐标为(x'_P, y'_P)，可按下式将其换算为测量坐标(x_p, y_p)：

$$\left.\begin{aligned} x_p &= x_0 + x'_P\cos\alpha - y'_P\sin\alpha \\ y_p &= y_0 + x'_P\sin\alpha + y'_P\cos\alpha \end{aligned}\right\} \tag{9-1}$$

如已知 P 点的测量坐标为 (x_p, y_p)，则可将其换算为建筑坐标 (x'_P, y'_P)：

$$\left.\begin{aligned} x'_P &= (x_p - x_0)\cos\alpha + (y_p - y_0)\sin\alpha \\ y'_P &= -(x_p - x_0)\sin\alpha + (y_p - y_0)\cos\alpha \end{aligned}\right\} \tag{9-2}$$

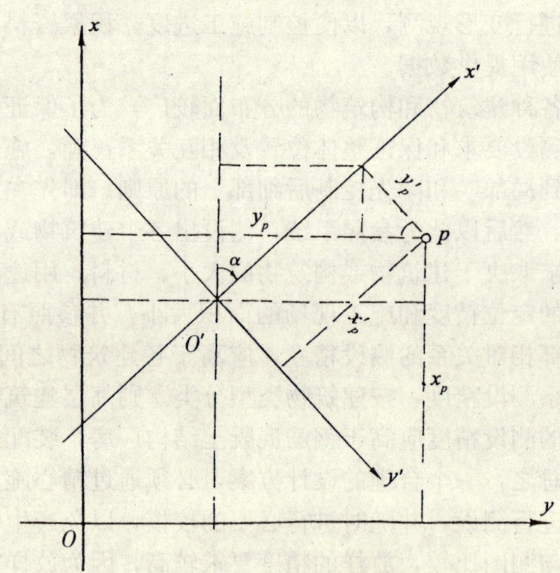

图 9.1　建筑坐标和测量坐标的换算

二、平面施工控制网

（一）建筑基线

建筑基线的布置要根据建筑物的分布、场地的地形和原有控制点的状况而定，一般而言，应靠近主要建筑物，并与其轴线平行，以方便采用直角坐标法进行测设。根据建筑物的设计坐标和附近已有的测量控制点，在图上选定建筑基线的位置，求算测设数据，并在地面上测设出来。

通常，建筑基线可布置成如图 9.2 所示形式：(a) 三点直线形；(b) 三点直角形；(c) 四点丁字形；(d) 五点十字形。

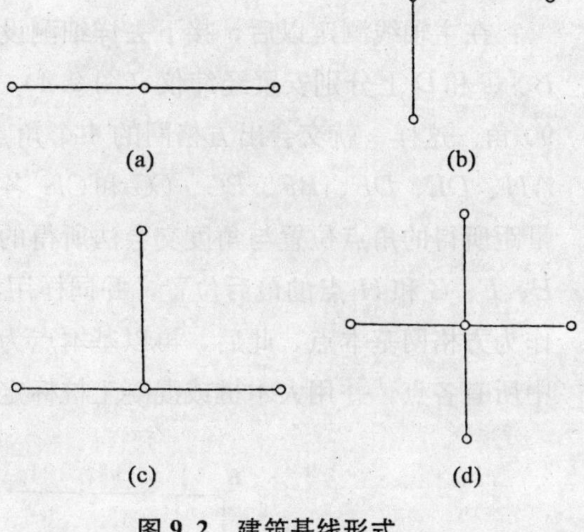

图 9.2　建筑基线形式

(二) 建筑方格网

1. 建筑方格网的布置

建筑方格网的布置是根据建筑设计总平面图上各建筑物、构筑物和各种管线的布设，并结合现场的地形情况拟订的。布置时首先确定建筑方格网的主轴线（图 9.3 中 *AOB*，*COD*），然后在此基础上进行。方格网形式可为正方形或矩形，当场区面积较大时，可分级布设，先建立“十”字形、“口”字形或“田”字形的首级格网，然后根据需要来加密。场区面积不大时，则尽量一次布置完成。方格网布置时，应注意以下几点：

(1) 方格网的主轴线应布设在整个建筑区的中部，并与总平面图上所设计的主要建筑物的基本轴线相平行；

(2) 方格网的转折角应严格成 90°；

(3) 方格网的边长一般为 100～200 m，边长的相对精度视工程要求而定，一般为 1/10 000～1/20 000；

(4) 桩点位置应选在不受施工影响并能长期保存之处。

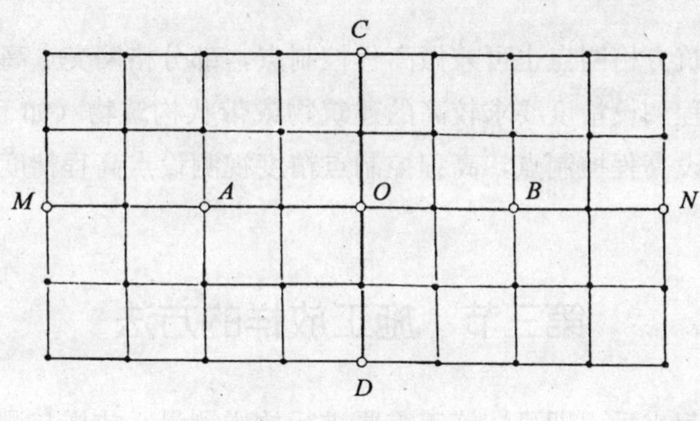

图 9.3　建筑方格网

2. 建筑方格网主轴线的测设

主轴线的定位是根据测量控制点来测设的，故首先应将主轴线点的坐标换算成测量坐标，再依据附近的测量控制点，用适当的测设点的平面位置的方法，测设出主轴线点 *A*、*O*、*B*。在 *O* 点上安置经纬仪，精确地测量∠*AOB* 的角值，由于测量误差，测设的 3 个主轴线点一般不在一条直线上，因此，如果它与 180°之差超过有关规定，则应进行调整。

3. 建筑方格网的详细测设

在主轴线测定以后，接下去详细测设方格网。具体做法如下：在主轴线的 4 个端点 A、B、C 和 D 上分别安置经纬仪（图 9.4），每次都以 O 点为起始方向，分别向左、向右测设 90°角。这样，就交会出方格网的 4 个角点 E、F、G 和 H。为了进行校核，还要量出 AE、AH、DE、DF、BF、BG、CG 和 CH 各段距离。量距精度要求与主轴线的相同。如果根据量距所得的角点位置与角度交会法所得的角点位置不一致时，则可适当地进行调整，以确定 E、F、G 和 H 点的最后位置，并同样用混凝土桩标定，以上述构成“田”字形的各方格点作为方格网基本点。此后，再以基本点为基础，按角度交会方法或导线测量方法测设方格网中所有各点，并用大木桩或混凝土桩标定。

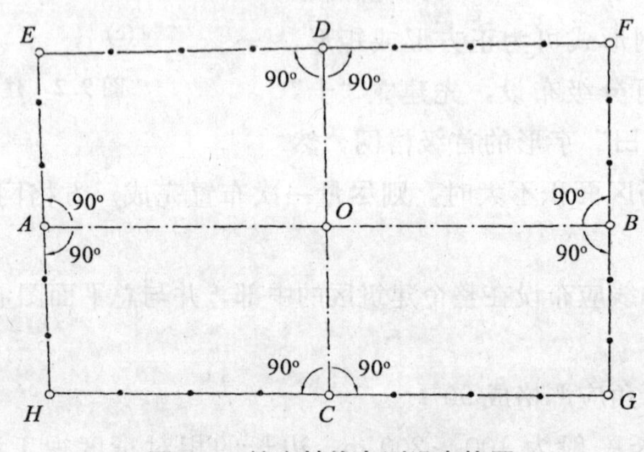

图 9.4　按主轴线点测设方格网

三、高程施工控制网

一般情况下，建筑方格网点也可兼做高程控制点，部分格网交点高程值采用四等水准测量精度测定。对于高程测设精度要求较高的建筑物或带状构筑物（如下水管道项目）测设，则应沿高程测设点布设高程控制点，高程控制点精度视测设点高程精度要求而定。

第三节　施工放样的方法

施工控制网建立起来后，即可按施工需要进行放样测量。放样与测图相反，它是将设计的建筑物的位置、形状、大小与高低，在实地上标定出来。

一、方向（角度）、距离的放样

（一）方向（角度）放样

测设设计的水平角时，是按已知的水平角值和地面上已有的一个已知方向，把该角的另一个方向测设到地面上。测设的方法如下：

1. 正倒镜分中法

如图 9.5 所示，设在地面上已有 AB 方向，要在 A 点以 AB 为起始方向向右测设出指定的水平角 β。为此，将经纬仪安置在 A 点，用盘左瞄准 B 点，读取度盘读数；松开照准部向右旋转，当度盘读数增加 β 角值时，在视线方向上定出 C' 点。然后倒转望远镜（盘右），用同上步骤再在视线方向上定出另一点 C''，取 C'、C'' 的中点，则 $\angle BAC$ 就是要测设的 β 角。

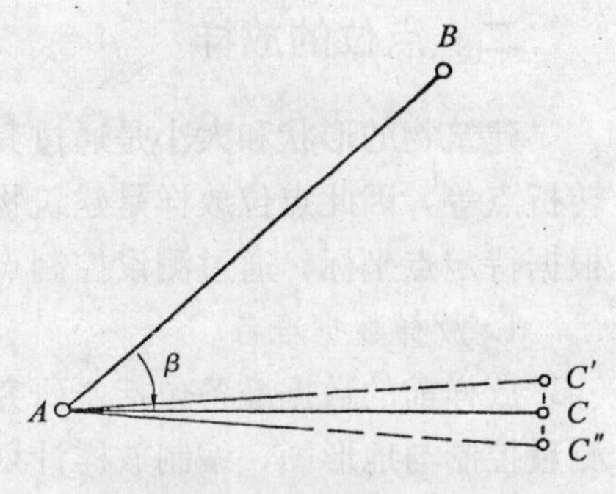

图 9.5　正倒镜分中法

2. 多测回修正法

如图 9.6 所示，在 A 点安置经纬仪，先用上述一般的方法，测设出角 β，在地面上定出 C_1 点；再用多次测回法较精确地测出 $\angle BAC_1=\beta_1$，设 β_1 角比需要测设的 β 角值小了 $\Delta\beta$，即可根据 AC_1 的长度和小角值 $\Delta\beta$ 计算出垂直距离 C_1C 为：

$$C_1C=AC_1\tan\Delta\beta=AC_1\times\frac{\Delta\beta}{\rho} \qquad (9-3)$$

式中，$\rho''=206\ 265''$。

例如，设求得 $\Delta\beta=12''$，$AC_1=100.00$ m，则

$$C_1C=100\times\frac{12}{206\ 265}=0.006\ \text{m}$$

然后过 C_1 点作 AC_1 的垂线，再从 C_1 点沿垂线方向向外量 6 mm，定出 C 点，则 $\angle BAC$ 为要测设的 β 角。

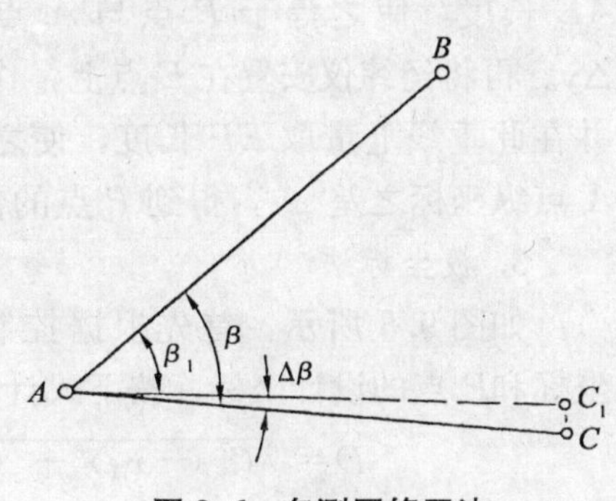

图 9.6　多测回修正法

（二）距离放样

从一个已知点开始沿已标定的方向，按设计的直线长度确定待定点的位置，称为距离放样。

1. 钢尺法

测量地面上一段直线的长度时，应先量出两端点间的长度 D'，再计算尺长、温度和倾斜改正数，以求得此直线正确的水平长度 D（见前面章节）。而放样已知（设计）长度的一段直线时，其程序正好相反，应先按所用钢尺的尺长改正值，并测定地面的倾斜（两端的高差），预计或当场测定丈量时的地面温度，预先计算出上述三项改正，按设计的水平长度 D 和三项改正求出在实地应量的长度 D'。

2. 测距仪法

用测距仪测设水平长度时，由于可以直接测得水平距离，并且可以预先设置改正值，因此比钢尺法更为简便。测设时，在 A 点安置仪器（装于经纬仪上的测距仪或电子全站仪），按施测当时的气温、气压在仪器上设置改正值，瞄准 AC 方向，指挥棱镜前后移动（移动的距离可根据初次测得的距离计算），直至测得的水平距离（已经过仪器的乘常数、加常数和

气象改正）为设计所指定的数值，即可定出 B 点，使 AB 的长度符合设计要求。

二、点位的放样

建筑物的形状和大小是通过其特征点在实地表示出来的，如建筑物的中心、4 个角点、转折点等，因此点位放样是建筑物放样的基础。放样工作是在有两个以上控制点的基础上，根据待定点坐标，通过测设控制点与待定点间的距离或方向来实施的。

1. 放样数据准备

放样前的数据准备包括：研究待放样建筑物的技术设计与施工图，收集建筑场地已有的测量控制与地形图，编制放样计划，准备放样数据和放样工作图以及相应的仪器设备等。

2. 直角坐标法

当建筑场地的施工控制网为方格网或建筑基线形式时，采用直角坐标法较为方便。如图 9.7 所示，A、B、C、D 为方格控制点，要在地面上测设一点 P。施测方法是沿 AB 边量取 AE 长度，使之等于 P 点与 A 点横坐标之差 Δy。再将经纬仪安置在 E 点上，作 AB 的垂线，并在此垂线上量取 EP 长度，使之等于 P 点与 A 点纵坐标之差 Δx，得到 P 点的位置。

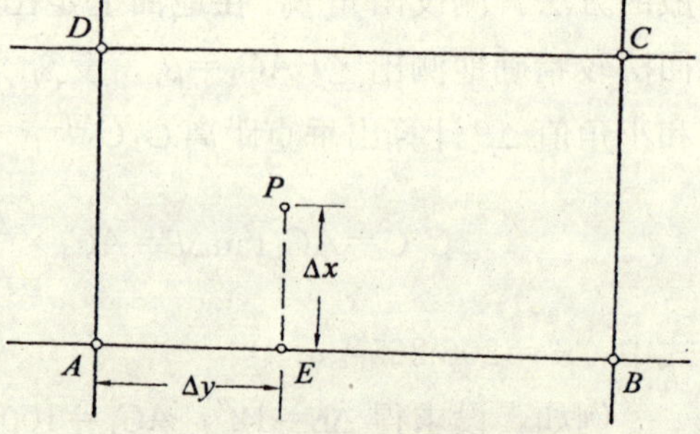

图 9.7　直角坐标法

3. 极坐标法

如图 9.8 所示，首先根据控制点 A、B 的坐标和 P 点的设计坐标，按下式计算测设数据：

$$D=\sqrt{(x_P-x_A)^2+(y_P-y_A)^2} \qquad (9-4)$$

$$\alpha_{AP}=\arctan\frac{y_P-y_A}{x_P-x_A} \qquad (9-5)$$

$$\beta=\alpha_{AP}-\alpha_{AB} \qquad (9-6)$$

式中　D——测站至测设点的水平距离；

α——方位角；

β——水平角。

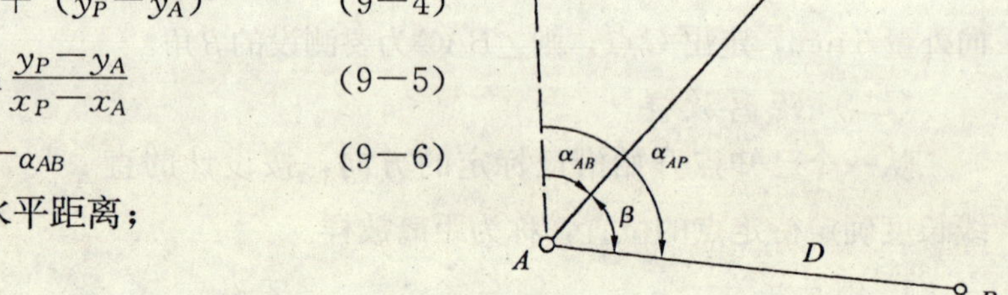

图 9.8　极坐标法

将经纬仪安置于 A 点，测设水平角 β，得到 AP 方向，然后在此方向上测设水平长度 D，即可确定 P 点的位置。AP 方向也可以直接根据方位角来确定：在 A 点瞄准另一已知点 B 时，将水平度盘读数设置成 α_{AB} 的数值，然后转动经纬仪照准部，使水平度盘读数为 α_{AP}，此时，视准轴的方向即为 AP 方向。

如果用全站仪按极坐标法测设点位，则更为方便，因为全站仪都有按设计点位的坐标进行点位测设的功能。如图 9.9 所示，把全站仪安置于 A 点，输入测站点 A、后视点 B 及测设点 P 的坐标，调用仪器中放样功能程序，即能自动计算测设数据。先瞄准后视点 B，进行度盘定向；然后水平转动照准部，屏幕显示当前方位角、测设点的方位角与两者之差，据此可使照部转至 AP 方向上，指挥棱镜在此方向上前、后移动，需移动的距离也会在屏幕上显示，直至距离为 D，即可确定 P 点的位置。

4. 角度交会法（方向交会法）

当不便量距或测设的点位远离控制点时，采用角度交会法较为适宜。如图 9.10 所示，先根据控制点 A，B 的坐标及持定点 P 的设计坐标，计算出测设数据水平角 α，β 的角值。然后将经纬仪分别安置于 A、B 两个控制点上，测设 α、β 角，方向线 AP、BP 的交点即为所求的 P 点。角度交会法又称方向交会法。

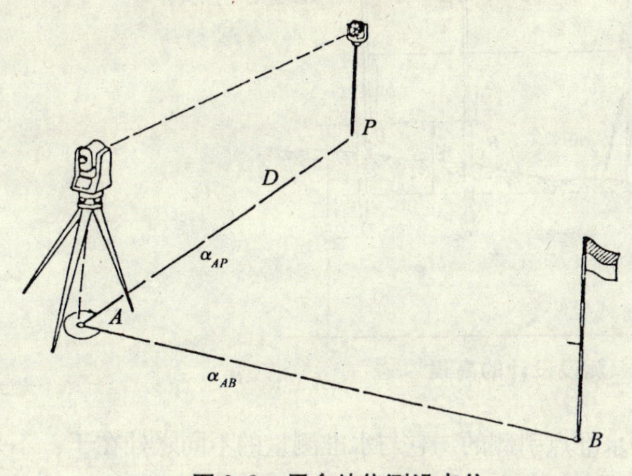

图 9.9　用全站仪测设点位

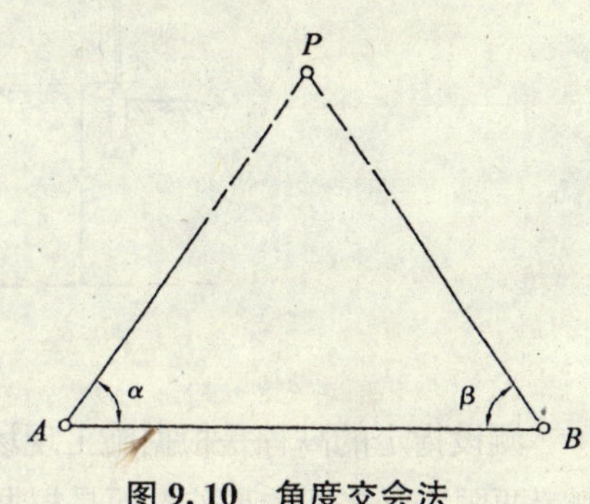

图 9.10　角度交会法

5. 距离交会法（长度交会法）

用距离交会法测设点位的方法如图 9.11 所示。从两个控制点 A、B 向同一待测设点 P 用钢尺拉两段由坐标反算而得的距离 D_1、D_2，相交处即为测设的点位 P。距离交会法适用于场地平坦、便于用钢尺量距的地区，且控制点到待测设点的距离以不超过一尺段为限。

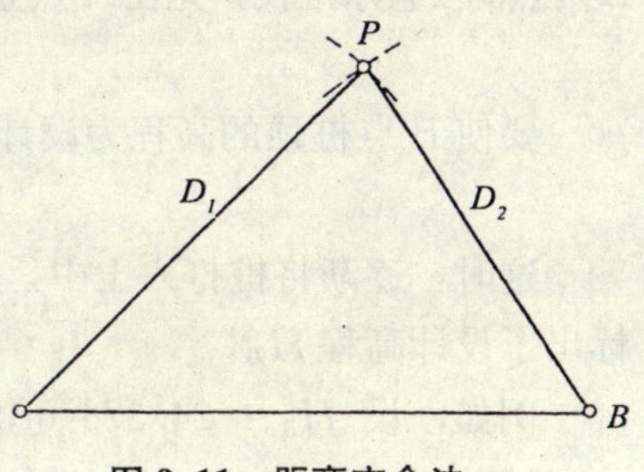

图 9.11　距离交会法

6. 自由设站法

自由设站法是指根据设计点测设方便原则，在施工放样场地内任意位置架设仪器，通过测定与 2～3 个已知点间的距离和夹角后，计算出设站点的坐标，进而按极坐标法测定设计点的方法。

如图 9.12 所示，A、B、C 为建筑场地外围的原有控制点，S 为自由设站点，P_1、P_2 为待测设的设计点。确定 S 点的坐标，是在 S 点架设仪器，对 A、B、C 三点做方向观测，或对其中任意两点观测方向和距离，然后按后方交会公式计算。

根据 S 和 P_1，P_2 点的坐标，计算以 S 为测站的测设数据，以 A、B、C 三点中的任一点为后视点，测设设计点位 P_1 和 P_2。

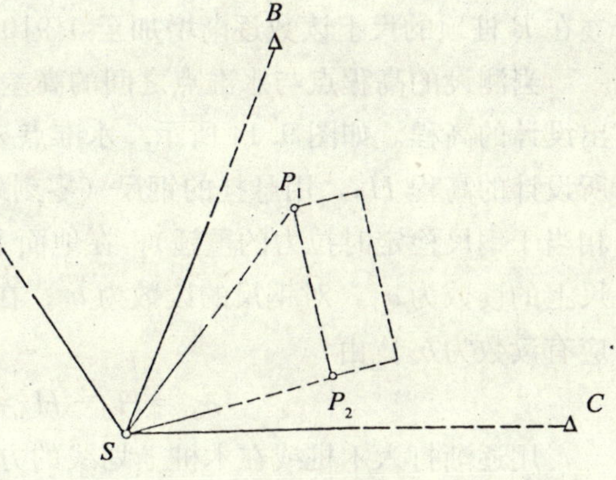

图 9.12　自由设站法

三、高程的放样

在工程建筑施工中，需要测设由设计所指定的高程，例如在平整场地、开挖基坑等场合。

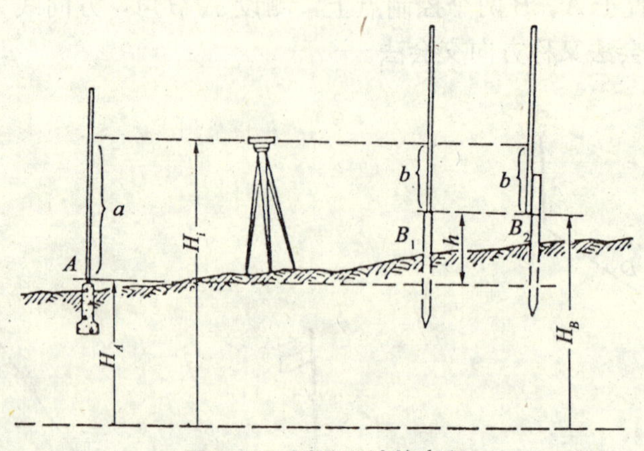

图 9.13 测设设计的高程

测设指定的高程是根据施工现场已有的水准点引测的。它与水准测量的不同之处在于：不是测定两固定点之间的高差，而是根据一个已知高程的水准点，测设另一点的高程为设计所指定的数值。如图 9.13 所示，设水准点 A 的高程为 H_A，今要测设 B 桩，使其高程为 H_B。为此，在 A、B 两点间安置水准仪，先在 A 点立水准尺，读得尺上读数为 a，由此得到仪器高程为：

$$H_i = H_A + a \tag{9-7}$$

要使 B 点桩顶的高程为设计高 H_B，则竖立在桩顶的尺上读数应为：

$$b = H_i - H_B \tag{9-8}$$

这时，逐渐将桩打入土中，使立在桩顶的尺上读数逐渐增加到 b，这样，在 B 点桩顶就标出了设计高程 H_B。

例如，设 $H_A = 24.376$ m，欲测设的高程 $H_B = 25.000$ m。A 点上水准尺的读数 $a = 1.534$ m，按式（9－7）得仪器高程 $H_i = H_A + a = 24.376\text{ m} + 1.534\text{ m} = 25.910\text{ m}$。按式（9－8）计算出 $b = H_i - H_B = 25.910\text{ m} - 25.000\text{ m} = 0.910\text{ m}$。若将 B 桩逐渐打入土中，使立在 B 桩顶的尺上读数逐渐增加至 0.910 m，这样 B 点桩顶即为设计高程 25.000 m。

当测设的高程点与水准点之间的高差很大时，可以用悬挂的钢卷尺来代替水准尺，来测出设计的高程。如图 9.14 所示. 水准点 A 的高程 H_A 是已知的，为了要在深基坑内测设出所设计的高程 H_B，用悬挂的钢尺（零刻划在下端）代替一根水准尺（尺子下端挂一个重量相当于钢尺检定时拉力的重锤），在地面上和坑内各放一次水准仪。设地面放仪器时对 A 点尺上的读数为 a_1，对钢尺的读数为 b_1；在坑内放仪器时对钢尺读数为 a_2。则对 B 点尺上的应有读数为 b_2。由

$$h_{ab} = H_B - H_A = (a_1 - b_1) + (a_2 - b_2) \tag{9-9}$$

用逐渐打入木桩或在木桩上划线的方法，使立在 B 点的水准尺上读数为 b_2，这样，就可以使 B 点的高程符合设计的要求。

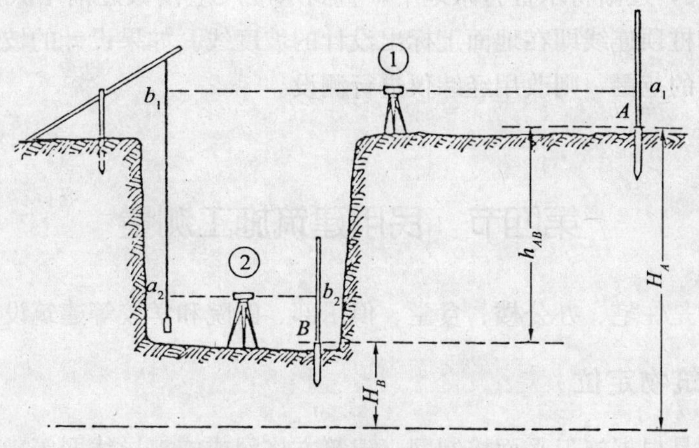

图 9.14 测设深坑内的高程

在建筑工地上，为了使设计高程与设计图纸上的竖向尺寸相配合，一般以建筑物底层（地面层）的地坪标高为±0.000 m，称为±0 标高（标高是一种假定高程）。该标高零点的实际高程在建筑物设计中另有规定。在地坪以上，设计标高为正值；在地坪以下，设计标高为负值，如基础、地下室等建筑标高均为负值。

因为全站仪可以在已知点上测定待定点的三维坐标——平面直角坐标 x，y 和高程 H，因此，用全站仪按极坐标法测设设计点的平面点位时，也可以测设高程。此时，在仪器中除了输入已知点待测设点的坐标以外，同时输入已知点的高程和待测设点的设计高程，另外，再输入仪器高和目标高（待测设点的棱镜杆高度）。全站仪照准目标后，能自动计算出需要抬高或降低的数值，使测设点符合设计高程。

四、设计坡度的测设

在铺设管道、修筑道路路面等工程中，经常需要在地面上测设设计的坡度线。测设设计的坡度线时，一般采用水准仪，具体做法如下：

如图 9.15 所示，设在地面上 A 点的设计高程为 H_A，A、B 两点间的水平距离为 D，设计坡度为−1%，则 B 点的设计高程应为 $H_B = H_A - 0.01D$。首先按上述的测设设计高程的方法，把 A、B 两点的设计高程测设在地面上，然后把水准仪安置在 A，并使其基座上的一只脚螺旋放在 AB 方向线上（另两只脚螺旋的连线与 AB 方向垂直）。量出仪器高 i，用望远镜瞄准位于 B 点上的水准尺，并转动在 AB 方向上的那只脚螺旋，使十字丝的中横丝对水准尺上的读数为仪器高 i，这时，仪器的视线平行于所设计的坡度线。随后在 AB 的中间各点 1，2，

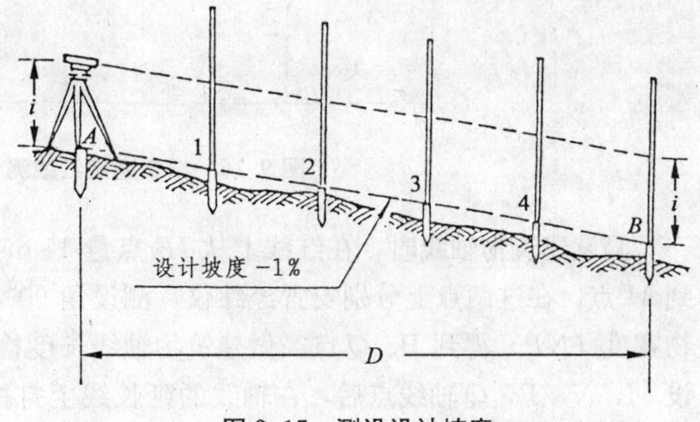

图 9.15 测设设计坡度

3，…的木桩上立尺，逐渐将木桩打入地下，直到水准尺上读数逐渐增大到等于仪器高 i 为止。这样，各桩的桩顶连线即在地面上标出设计的坡度线。如果设计的坡度很大，超出水准仪脚螺旋所能调节的范围，则改用经纬仪进行测设。

第四节　民用建筑施工测量

民用建筑指的是住宅、办公楼、食堂、俱乐部、医院和学校等建筑设施。

一、民用建筑物定位

建筑物定位就是根据施工平面控制网（建筑方格网或施工导线网等）或地面上原有建筑物将拟建的建筑物基础轴线或边线测设在地面上，然后根据这些点进行房屋细部测设。

建筑物轴线的测设方法，依施工现场情况和测设条件不同，一般有以下两种方法：

1. 根据规划道路红线测设建筑物轴线

规划道路的红线点是城市规划部门所测设的城市道路规划用地与单位用地的界址线，新建筑物的设计位置与红线的关系应得到政府规划部门的批准。因此，靠近城市道路的建筑物设计位置应以城市规划道路红线为依据。

如图 9.16 所示 A、BC、MC、EC、D 为城市规划道路红线点，其中，$A-BC$，$EC-D$ 为直线段，BC 为圆曲线起点，MC 为圆曲线中点，EC 为圆曲线终点，IP 为两直线段的交点，设交角为 90°，M、N、P、Q 为设计高层建筑物的轴线（外墙中线）交点，规定 $M-N$ 轴线应离道路红线 $A-BC$ 为 12 m，且与红线相平行；$N-P$ 轴线离道路红线 $D-CE$ 为 15 m。

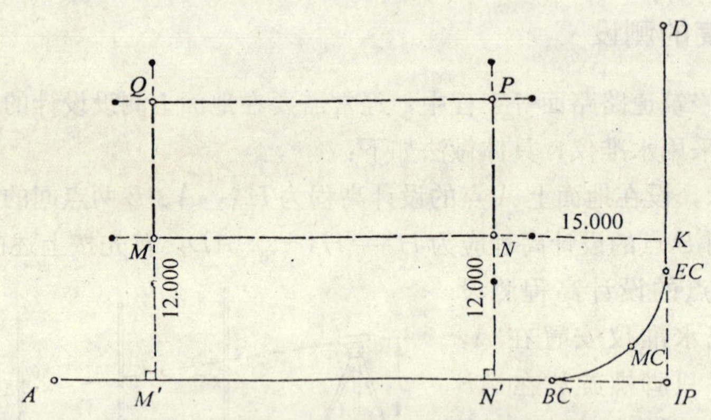

图 9.16　根据道路红线测设建筑物轴线

测设建筑物轴线时，在红线上从 IP 点量 15 m 得到 N' 点，再量建筑物长度（MN）得到 M' 点。在这两点上分别安置经纬仪，测设角 90°，并量 12 m，得到 M、N 点，延长建筑物宽度（NP）得到 P、Q 点。做建筑物轴线长度检验和矩形检验，必要时作适当调整。测设 M，N，P，Q 轴线点后，在轴线的延长线上打控制桩（图中黑圆点），以便在开挖基槽后作为恢复轴线的依据。

2. 根据已有建筑物关系测设建筑物轴线

在原有建筑群中增建房屋应考虑与原有建筑物的关系，测设设计建筑物轴线时，可根据原有建筑物来定位。在图 9.17 中，画有斜线的为原有建筑物，未画斜线的为设计建筑物。图（a）中的 MN 轴线应在 AB 的延长线上，应先作 AB 边的平行线 $A'B'$。为此，将 CA 和 DB 向外延至 $A'B'$，$A'B'$ 延长线上根据设计所给的 BM、MN 尺寸，用钢尺量距，依次得 N 和 N'，如图 9.17（b）所示；按上法测出 R 点后，作垂线并量距，从而得轴线 PQ。如图 9.17（c）所示，拟建建筑物的主轴线平行于已有道路中心线，则先找出路中线，然后用经纬仪测设垂线和量距，即可得建筑物轴线。

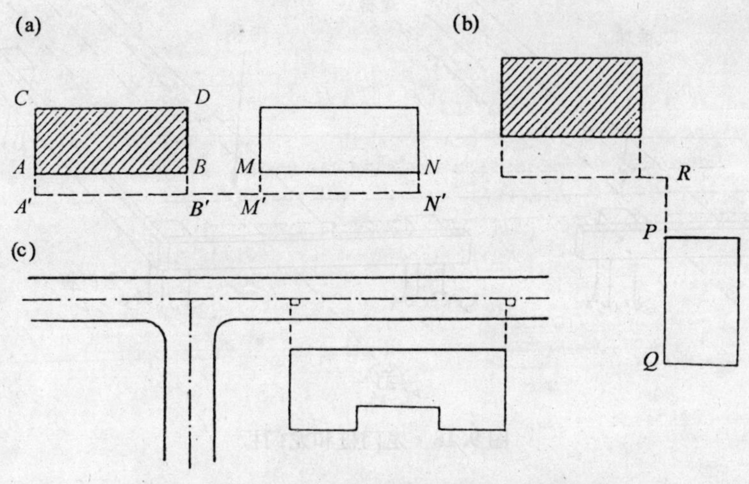

图 9.17　根据现有建筑物测设建筑物轴线

二、施工控制桩和龙门板的测设

建筑物的主轴线测好后，即可详细测设建筑物各轴线的交点位置，并以桩顶钉一小钉的木桩作为标志（称为中心桩），测设后，检查房屋轴线距离，其误差不得超过 1/2 000，最后，根据中心轴线，用石灰在地面上撒出基槽开挖边线。

由于施工时中心桩会被挖掉，因此，在基槽外各轴线的延长线上，测设轴线的施工控制桩，作为开槽后各施工阶段恢复轴线位置的依据。

在多层楼房施工中，控制桩同样是向上投测轴线的依据。控制桩一般钉在槽边外 2～4 m 的地方，如系多层建筑物，为了便于向上引点，可设在较远的地方，如附近有固定建筑物，最好把轴线投到建筑物上。为了保证控制桩的精度，在施工中控制桩与中心桩一起测设，有时也可先测控制桩，再测设中心桩。

在一般民用建筑中，为了施工方便在基槽外一定距离处钉设龙门板（如图 9.18 所示），钉设龙门板的步骤和要求如下：

（1）在建筑物四角和隔墙两端基槽开挖边线以外的 1～1.5 m 处（根据土质情况和挖槽深度确定）钉设龙门桩，龙门桩要钉得竖直、牢固，木桩侧面与基槽平行；

（2）根据建筑场地的水准点，在每个龙门桩上测设±0.000 m 标高线，在现场条件不许可时，也可测设比±0.000 m高或低一定数值的线；

(3) 在龙门桩上测设同一高程线，钉设龙门板，这样，龙门板的顶面标高就在一个水平面上了，龙门板标高测定的存许误差一般为±5 mm；

(4) 根据轴线桩，用经纬仪将墙、柱的轴线投到龙门板顶面上，并钉上小钉标明，称为轴线投点，投点容许误差为±5 mm；

(5) 用钢尺沿龙门板顶面检查轴线钉的间距，检核合格后，以轴线钉为准，将墙宽、基槽宽划在龙门板上，最后根据基槽上口宽度拉线，用石灰标出开挖边线。

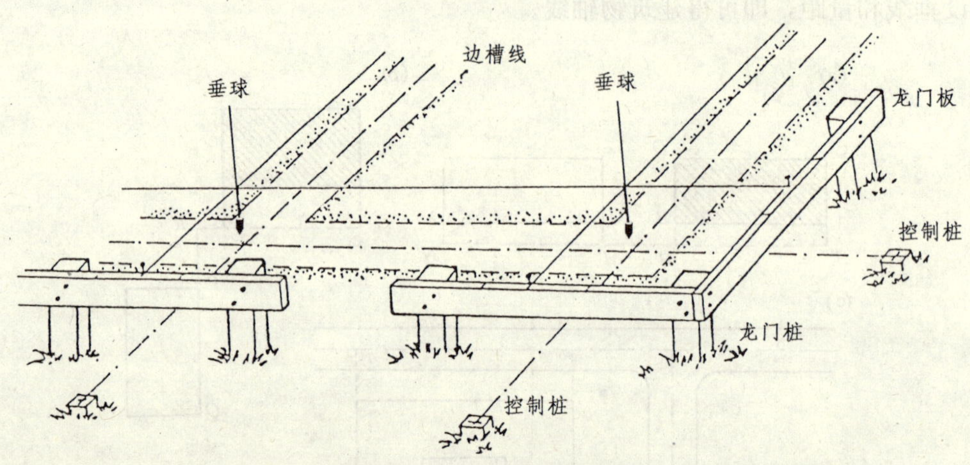

图9.18 龙门桩和龙门板

三、基础槽施工测量

(一) 基槽挖土的放线和抄平

根据轴线控制桩（或龙门板）的轴线位置和基础宽度，并顾及到基础挖深应放坡的尺寸，在地面上用白灰标出基槽边线（基础开挖线）。

当基槽挖到离槽底0.3～0.5 m时，用水准仪在槽壁上每隔2～3 m和拐角处钉一个水平桩，用以控制挖槽深度及作为清理槽底和铺设垫层的依据。

土方挖完后，根据控制桩或龙门板，复核基槽宽度和标高，合格后，方能进行垫层施工。建筑施工中的水准测量和高程测设一般称为抄平。

(二) 基础施工的放线和抄平

1. 垫层施工

基槽挖土完成以后，在槽底敷设垫层，并在垫层上投设墙基轴线。轴线投设方法一般是在两头控制桩的顶上的铁钉处系上细线，然后用重锤挂在细线上，往下垂到槽底，根据需要投设若干点，并用小钉打入土内，作临时标志，以平行线推移法定出垫层边线。在建筑物精度要求较高时，可用经纬仪投点。

垫层标高可以在槽壁弹线，或者在槽底钉入小木桩加以控制。如垫层需要支模板以直接在模板上弹出标高控制线。

2. 基础施工

基础施工时，轴线投设方法与垫层施工相同，但应按设计尺寸严格复核。可根据垫层的使用材料不同，采用不同色彩的醒目标志。如系混凝土垫层，可用墨斗弹线，若为沥青、砂浆垫层，则以红白土粉标示。标高控制如系混凝土基础，就以木模板控制。

四、楼层轴线投测

投测轴线的最简便方法是吊垂线法，其垂准的相对精度约为 1/1 000，即 1 m 高差大约有 1 mm 的偏差。将垂球加重，可以提高垂准精度。

在垂直高度不大且有开阔场地的情况下，也可以用两架经纬仪，在平面上相互垂直的两个方向上，利用整平后仪器的视准轴上下转动形成铅垂平面，垂直相交而得到铅垂线。

五、楼层高程传递

使用高程上下传递法，用水准仪和钢尺将地面上水准点高程传递到楼层上，在各层上设立临时水准点，然后以此为依据，测设各层细部的设计标高。

第五节　工业厂房施工测量

一、厂房柱子安装测量

1. 柱子安装前的准备工作

柱子安装前，应对基础纵横轴线和标高线进行复核，复核无误后，弹以墨线。在柱子上的三个侧面，弹出柱子中心线，并根据牛腿面设计标高，利用钢尺量出柱下平线的标高线，如图 9.19 所示。然后用柱子上弹的标高线与杯口内的标高线比较，以确定每一杯口内的找平层厚度。过高时，应凿去一层，用水泥砂浆找平；过低时，用细石混凝土补平。最后再用水准仪进行检查，其容许误差为±3 mm。

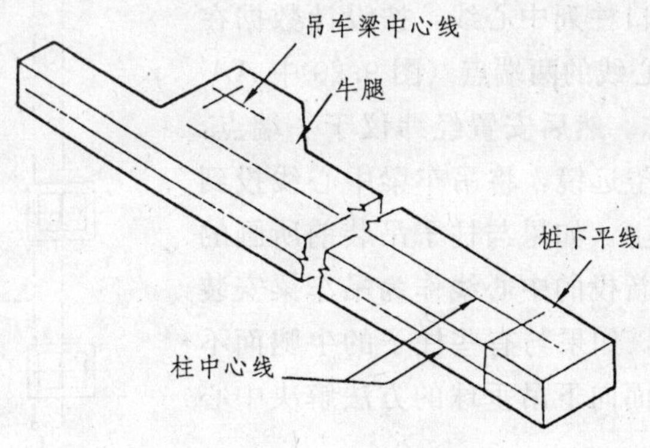

图 9.19　预制厂房柱子的弹线

2. 柱子安装测量

柱子安装时，应保证其平面位置、高程及柱身的垂直度符合设计要求。预制的钢筋混凝土柱子插入杯形基础的杯口后，应使柱子三面的中心线与杯口中心线对齐吻合（容许误差为±5 mm），用木楔作临时固定，然后用两台经纬仪安置在距离约 1.5 倍柱高的纵、横两条轴线附近，同时进行柱身的竖直校正。

用经纬仪作柱子竖直校正是利用置平后的经纬仪视准轴绕横轴上、下转动成一竖立平面的特点进行的。具体操作如下：先用纵丝瞄准柱子根部的中心线，制动照准部，缓缓抬高望远镜，观察柱子偏离纵丝的方向，指挥用钢丝绳拉立柱子，直至从两台经纬仪中都观测到柱子中心线从下而上都与十字丝纵丝重合为止。然后在杯口与柱子的隙缝中浇入混凝土，以固定柱子的位置。

校正柱子用的经纬仪应在使用前进行各轴系的检验校正；安置经纬仪时，应使平盘水准管的气泡严格居中。因为经纬仪的轴系误差以及纵轴的不铅垂（由于气泡未严格居中），都会使视准轴上、下转动时不成为一个竖直平面，从而在校正柱子时影响其垂直度。

二、吊车梁安装测量

预制混凝土吊车梁安装时应满足以下设计要求：梁顶标高应与设计标高一致、梁的上下中心线应和吊车轨道的设计中心线在同一竖直面内。具体做法如下：

1. 牛腿面标高抄平

用水准仪根据水准点检查柱子上所画±0 标高标志的高程，其误差不得超过±5 mm。如果误差超限，则以检查结果作为修平牛腿面或加垫块的依据。并改正原测定±0.000 m 标高位置，重新画出该标志。

2. 吊车梁中心线投点

根据控制桩或杯口柱列中心线，按设计数据在地面上测出吊车梁中心线的两端点（图 9.20 中 AA' 和 BB'），打木桩标志。然后安置经纬仪于一端点，瞄准另一端点，抬高望远镜，将吊车梁中心线投到每个柱子的牛腿面边上。如果与柱子吊装前所画的中心线不一致，则以新投的中心线作为吊车梁安装定位的依据。投点时，如果与有些柱子的牛腿面不通视，可以用从牛腿面向下吊垂球的方法解决中心线的投点问题。

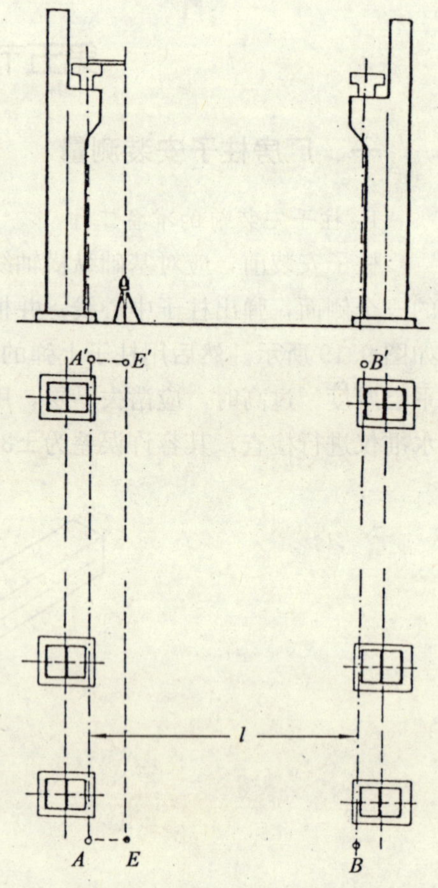

图 9.20 吊梁及轨道安装测量

3. 吊车梁安装时的竖直校正

第一根吊车梁就位时，用经纬仪或垂球线校直，以后各根就位，可根据前一根的中线用直接对齐法进行校正。

三、吊车轨道安装测量

当吊车梁安装以后，再用经纬仪从地面把吊车梁中心线（即吊车轨道中心线）投到吊车梁顶，如果与原来画的梁顶几何中心线不一致，则按新投的点用墨线重新弹出吊车轨道中心线作为安装轨道的依据。

由于安置在地面中心线上的经纬仪不可能与吊车梁顶面通视，因此，一般采用中心线平移法。如图 9.20 所示，在地面上平行于 AA'轴线、间距为 1 m 的直尺端正好与纵丝相切，则直尺的另一端即为吊斗轨道中心线上的点。

然后用钢尺检查同跨两中心线之间的跨距，与其设计跨距之差不得大于 10 mm，经过调整后，用经纬仪将中心线方向投到特设的角钢或屋架下弦上，作为安装时用经纬仪校直轨道中心线的依据。

在轨道安装前，应该用水准仪检查梁顶的标高。每隔 3 m 在放置轨道垫块处测一点，以测得结果与设计数据之差作为加垫块或抹灰的依据。为此，可用水准仪和钢尺沿柱子竖直量距的方法，从附近水准点把高程传递到吊车梁顶上，并设置固定的水准点标志，作为轨顶标高检查和生产期间检修校正的依据。

在轨道安装过程中，根据梁上的水准点，用水准仪按测设已知高程的方法，把轨顶安装在设计标高线上，然后进行一次轨道中心线、跨距和轨顶标高的全面检查，以保证能安全架设和使用吊车。

第六节　高层建筑施工测量

在高层建筑施工测量中，由于地面施工部分场地较小，测量工作条件受限制，并且容易受到施工干扰，所以施工测量的方法和所用的仪器与一般建筑施工测量有所不同。

一、高层建筑物施工测量特点

(1) 根据建筑物的总体布局与结构特点，考虑施工场地的实际条件，一般要建立外控制网和内控制网相结合的施工控制网。如图 9.21 所示，某大厦有 63 层，高 200.18 m，呈外筒套内筒形。外控制网沿轴线布设了 A、B、C、D 和 1、2、3、4 共 8 个控制点。在±0 层面沿轴线布设了若干个内控制点，其中 E、F、G、H 为将内控制网向各层面传递的主要控制点。内外控制网连成一体并统一在建筑坐标系下。

在高程控制上，至少要埋设 3 个水准点组成点组。平面和高程均要与城市控制网联测，以确定城市坐标系和建筑坐标系间的转换参数。外控制点如 A、B 到建筑物应有足够的长度，以便测设和做变形观测，同时亦可作基准点。

(2) 高层建筑物各层面的竖直度是建筑质量的重要标准。为了保证高层建筑物的竖直度，要进行竖向测量，以便将内控制网点传递到各施工层面上。

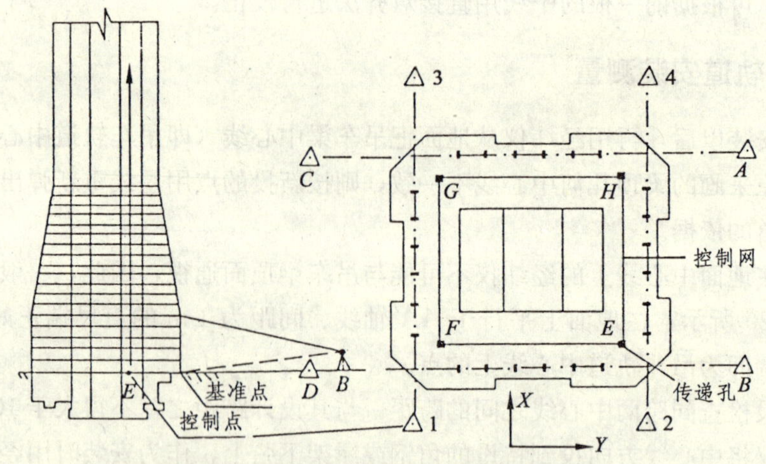

图 9.21　高层建筑的场地外控制与内控制示意图

(3) 内控制网是各层面细部点放样的依据，每层施工完成后，仍要依据内控制网点检测各放样点与设计坐标的偏差，进而计算该层形心与设计中心的偏差、层间的相对偏差以及竖直度。

(4) 高层建筑从施工开始到竣工以及竣工后的使用阶段，都要进行变形观测。变形观测主要是沉降观测。

二、平面控制点的垂直投影

1. 经纬仪引桩投测法

用经纬仪作平面控制点的垂直投影时，与工业厂房施工中柱子的垂直校正相类似，将经纬仪尽可能安置于远离建筑物的点上，盘左瞄准地坪层的平面控制点后水平制动，抬高视准轴、将方向线投影至上层楼板上；盘右同样操作，盘左、盘右方向线取其中线（正倒镜分中）；然后在大致垂直的方向上安置经纬仪，同样用正倒镜分中法得到上一楼层的另一方向线。两方向线的交点即为垂直投影至上层的控制点点位。当建筑楼层增加至相当高度时，在经纬仪上加装直角目镜以便于向上观测，或将经纬仪置于临近建筑物上，以减少瞄准时视准轴的倾角。用经纬仪做控制点的垂直投影，一般用于10层以下的高层建筑。

使用该方法时应注意：① 经纬仪一定要经过严格检校才能使用，尤其是照准部水准管轴应严格垂直于竖轴，作业时要仔细整平。② 为了减小外界条件（如日照和大风等）的不利影响，投测工作应在阴天和无风天气进行为宜。

2. 激光铅垂仪投测法

垂准仪可以用于各种层次的平面控制点的垂直投影。平面控制点的上方楼板上，应设有垂准孔（又称预留孔，面积为 30 cm×30 cm），如图 9.21 所示；垂准仪安置于底层平面控制点上，精确置平仪器上的两个水准管气泡后，仪器的视准轴即处于铅垂线位置，在上层垂准孔上，用压铁拉两根细麻线，使其焦交点与垂准仪的十字丝相重合，然后在垂准孔旁楼板面上弹墨线标记。

三、高程传递

高层建筑施工中，要从地坪层测设的一米标高线逐层向上传递高程（标高），使上层的楼板、窗台、梁、柱等在施工时符合设计标高，高程传递有以下一些方法：

1. 钢卷尺垂直丈量法

用水准仪将底层一米标高线联测至可向上层直接丈量的竖直墙面或柱面，用钢卷尺沿墙面或柱面直接向上至某一层，量取两层之间的设计标高差，得到该层的一米标高线（离该层地板的设计结构标高的高差为＋1.000 m），然后再在该层上用水准仪测设一米标高线于需要设置之处，以便于该层各种建筑结构物的设计标高的测设。

2. 全站仪天顶测距法

高层建筑中的垂准孔（或电梯井等）为光电测距提供了一条从底层至顶层的垂直通道，利用此通道，在底层架设全站仪，利用专用的转向棱镜，并在各层的垂直通道上安置反射棱镜，即可测得全站仪与反射棱镜间的折线距离。折线距离加上仪器高，减去全站仪与转向棱镜间距离，就是所需要的高差。

3. 吊锤投影法

用直径 0.5～0.8 mm 的钢丝悬吊 10～20 kg 的特制重锤，在±0.0 首层面上以建筑物 4 个角上的轴线点（内控制点）为准，构成铅锤基准线逐层向上投点，以控制建筑结构的竖向偏差。该法属于机械法，适用于 50～100 m 的高层建筑。

四、建筑结构细部测设与框架结构吊装测量

高层建筑各层上的建筑结构细部有外墙、承重墙、立柱、电梯井筒、梁、楼板、楼梯等及各种预埋件，施工时，均需按设计要求测设其平面位置和高程（标高）；根据各层的平面控制点，用经纬仪和钢卷尺按极标法、距离交会法、直角坐标法等测设其平面位置；根据一米标高线用水准仪测设其标高。

高层建筑中，有的采用中心筒体为钢筋混凝土结构，而其周边框架均采用钢结构。这些预制构件在建筑场地进行吊装时，应配合进行吊装测量，进行构件的定位、垂直和水平校正。其中主要的是柱子的定位和校正，其方法基本上与工业厂房的定位校正相同，但难度更高，操作时应注意以下各点：

(1) 对每根柱子随着工序的进展和荷载变化、需重复多次校正和观测垂直偏移值。先是在起重机脱钩以后、电焊以前对柱子进行初校。在吊装梁和楼板后，柱上增加了荷载，尤其是在荷载不对称时，柱的偏移更加明显，都应进行观测。对数层一节的长柱，在每层梁、板吊装前后，也必须观测柱子的垂直位移值。总之，要使柱的最终偏移值控制在容许范围内。

(2) 多节柱分节吊装时，要力求下节柱子位置正确，否则，可能会导致上层形成无法矫正的累积偏差。当下节柱经校正后，虽其偏差在容许范围内但仍有偏差，上节柱的底部在就位时，应对准标准定位中心与下柱中心的中点，而在校正上节柱的顶部时，仍应以标准定位中心线为准。吊装时，以此法向上进行观测校正。

(3) 由于阳光照射，多层装配式结构细长柱的各垂直面的阴面与阳面产生温度差，当温

度差较大时，柱子会向阴面弯曲、使柱顶产生较大的偏移，从而影响校正精度和结构的质量，所以对于高层建筑和柱子垂直度有严格控制的工程，宜在阴天、早晨或夜间无阳光影响时进行校正。

第七节　竣工总平面图的编绘

竣工测量是指建筑工程在竣工验收时所进行的测量工作。竣工总平面图是设计总平面图在施工后实际情况的全面反映。新建的企业竣工总平面图的编绘，最好是随着工程的陆续竣工相继进行编绘。

一、竣工测量

对于工业厂房与一般建筑物来说，竣工测量对象包括房角坐标，各种管线进出口的位置和高程，并附房屋编号、结构层数、面积和竣工时间等资料。

二、竣工总平面图的编绘

竣工总平面图上一般应包括建筑方格网点、水准点、厂房、辅助设施、生活福利设施等建筑物或构筑物的坐标和高程，以及厂区内空地和未建区的地形。有关建筑物、构筑物的符号应与设计图例相同，有关地形图的图例应使用国家地形图图示符号。

竣工总平面图应包括下列内容：

(1) 现场保存的测量控制点和建筑方格网、主轴线、矩形控制网等平面及高程控制点位；

(2) 地面及地下建筑物的平面位置及高程；

(3) 给水、排水、电讯、电力及热力管线的位置及高程；

(4) 交通线路及设施的平面位置及高程；

(5) 室外场地、室外工程及绿化区的位置及高程。

竣工总平面图的编绘工作应在整个施工过程中进行，应随时积累有关资料，随时施测，不能全部留到竣工后再着手收集；对隐蔽工程（地下管线等）要及时验收和测绘。

三、竣工总平面图的测绘

一般包括室外实测和室内编绘两方面工作。

(一) 室外实测（又称竣工测量）

1. 细部坐标测量

对于较大的主要厂房，至少要测 3 个房角坐标。对于小型房屋，可测其长边的两个房角坐标，并量其房宽注于图上。对于圆形建筑物，应测算其中心坐标，在图上注明半径长度。对于道路交叉点等重要特征点，要测算出坐标。

2. 地下管线测绘

地下管线应在回填土前准确测出其起点、终点和转折点的坐标。对于上水道的管顶、下水道的管底，须测量其高程。

关于主要建筑物的室内地坪、道路变坡点等，可用水准仪测出其高程。对于一般地物和地貌，可按地形测图要求测绘。

（二）室内编绘

室内编绘是按竣工测量资料编绘竣工总平面图。一般采用建筑坐标系统，并尽可能绘在一张图纸上。对于重要细部点，按坐标展绘并编号，以便与细部点坐标、高程明细表对照。

地面起伏一般用高程注记方法表示，如果内容太多，可另绘分类图，如给排水系统图等。

竣工总平面图的比例尺，一般用 1∶1 000。工程密集部分可用 1∶500。图纸编绘完毕，附必要的说明及图表，连同原始地形图、地质资料、设计图纸文件、设计变更资料、验收记录等合编成册。

第八节　建筑限差及施工放样的精度

一、建筑限差与观测误差

工程建筑物的建筑限差是指建筑物竣工后实际位置相对于设计位置的极限偏差，设其为 Δ，并认为它是建筑物放样点偏离其设计位置容许误差 δ 的 2 倍（这样理解偏于安全），即：

$$\delta=\frac{\Delta}{2} \tag{9-10}$$

一般容许误差为两倍点位中误差 m，即：

$$m=\frac{\delta}{2}=\frac{\Delta}{4} \tag{9-11}$$

总地说，点位中误差 m 主要由测量误差 m_1，设计工艺计算的误差 m_2 以及建筑安装误差 m_3 组成，设这些误差相互独立，则有：

$$m^2=m_1^2+m_2^2+m_3^2 \tag{9-12}$$

在设计中通常给出建筑物的容许误差 δ 值。上述误差之间的比例关系应根据不同建筑物的结构特征确定。考虑到目前的测量技术水平，一般取 m_1 等于 m 的 1/2、1/3、1/5，故有：

$$m_1=\frac{m}{2}=\frac{\delta}{4}=0.25\delta \tag{9-13}$$

m_1 又包括控制测量的误差 $m_{控}$ 和放样角度、距离或点位的放样误差 $m_{放}$，即有：

$$m_1^2=m_{控}^2+m_{放}^2 \tag{9-14}$$

$m_{控}$ 与 $m_{放}$ 之间的关系可按等影响原则处理。

正确制定放样的容许误差十分重要，限差过宽，可能影响工程质量，反之则浪费人力、物力和时间。

二、工程建筑物放样的精度要求

（一）精度标准

1. 建筑物主轴线对周围物体相对位置的精度

周围物体包括建筑物的自然条件以及近旁的其他建筑物。若为新建工程，则只需考虑建筑区的地形与地质情况。

2. 建筑物各部分之间及各部分相对于主轴线的精度

建筑物各部分若有一定的几何联系，或由于连续作业的需要，或各部分之间存在着装配关系以及从美观的角度出发的要求，这时对放样的精度要求往往很高。

（二）建筑物施工放样的主要技术要求

我国《工程测量规范》对工业与民用建筑物的施工放样的主要技术要求如表 9—1 所示。

表 9—1　建筑物施工放样的主要技术要求

建筑物结构特征	测距中误差	测角中误差（″）	在测站上测定高差中误差（mm）	根据起始水平面在施工水平面上测定高程中误差（mm）	竖向传递轴线点中误差（mm）
金属结构、装配式钢筋混凝土结构、建筑物高度 100～120 m 或跨度 30～36 m	$\frac{1}{20\,000}$	5	1	6	4
15 层房屋、建筑物高度 60～100 m 或跨度 12～30 m	$\frac{1}{10\,000}$	10	2	5	3
5～15 层房屋、建筑物高度 15～60 m 或跨度 6～18 m	$\frac{1}{5\,000}$	20	2.5	4	2.5
5 层房屋、建筑物高度 15 m 或 60 m 跨度以下	$\frac{1}{3\,000}$	30	3	3	2
木结构、工业管线或公路、铁路专用线	$\frac{1}{2\,000}$	30	5		
土工建筑（竖向整平）	$\frac{1}{1\,000}$	45	10		

注：① 对于具有两种以上特征的建筑物，应取要求高的中误差值。
② 特殊要求的工程项目，应根据设计对限差的要求，确定其放样精度。

柱子、或梁的安装测量容许偏差不超过表 9—2 的规定。

表 9—2　柱子、桁架或梁安装测量容许偏差

测 量 内 容	容许偏差（mm）
钢柱垫板标高	±2
钢柱±标高检查	±2
混凝土柱（预制）±0 标高	±3
混凝土柱、钢柱垂直度	±3
桁架和实腹梁，桁架和钢架的支承结点间相邻高差的偏差	±5
梁间距	±3
梁面垫板标高	±2

注：当柱高大于 10 m 或一般民用建筑的混凝土柱、钢柱垂直度，可适当放宽。

构件预装测量的容许偏差不应超过表 9—3 的规定。

表 9—3　构件预装测量容许偏差

测 量 项 目	测量容许偏差（mm）
平台面抄平	±1
纵横中心线的正交度	$\pm 0.8\sqrt{l}$
预装过程中的抄平工作	±2

注：l 为自交点起算的横向中心线的长度米数。不足 5 m 时，以 5 m 计。

附属构筑物的安装测量容许偏差不应超过表 9—4 的规定。

表 9—4　附属构筑物的安装测量容许偏差

测 量 内 容	测量容许偏差（mm）
栈桥和斜桥中心线投点	±2
轨面标高	±2
轨道跨距丈量	±2
管道构件中心线定位	±5
管道标高测量	±5
管道垂直度测量	$\frac{H}{1\,000}$

注：H 为管道垂直部分的长度。

设备安装过程中的测量应符合如下要求：

基础竣工中心线必须进行复测，两次测量的较差不应大于 5 mm，埋设有中心标板的重要设备基础，其中心线由施工中心线引测同一中心标点的偏差不应超过±1 mm。纵横中心线应进行垂直度检查，并调整横向中心线。同一设备基准中心线平行误差或同一生产中心线的直线精度不应超过±1 mm。

第十章　道路工程测量

第一节　道路工程测量概述

铁路与公路、石油与燃气管道、输电与通讯线路及架空索道等线性工程的勘察设计、施工安装与运营管理等阶段所进行的测量工作统称为线路工程测量，这些国家基础建设工程，对国民经济发展和改善人民生活都有非常重要的意义，是工程测量为国民经济建设服务的重要方面。本章以道路测绘方法为例对线路工程测量的基本方法进行介绍。

道路的路线以平、直最为理想，但实际上，由于地形及其他原因的限制，道路有转折和上、下坡。为选择一条经济、高效、合理的线路，必须进行道路勘测。道路勘测一般分为初测和定测两个阶段。

（1）初测阶段的任务：在沿着道路可能经过的范围内收集沿线地质、水文等资料，布设导线，测量路线带状地形图和纵断面图，作纸上定线；编制比较方案，为初步设计提供依据，选定某一方案，便可转入道路的定测工作。

（2）定测阶段的任务：在选定设计方案的线路上进行中线测量、纵断面和横断面测量以及局部地区的大比例尺地形图的测绘等，为道路纵坡设计、工程量计算等提供详细的测量资料。

初测和定测工作称为线路勘测设计测量。

根据勘测资料，设计出道路中线的平面、纵面线型，横断面等数据，即可用于道路施工。施工过程中，需要恢复中线、测设路基边桩和竖曲线等。当工程逐项结束后，还应进行竣工验收测量，为工程竣工后的使用、养护提供必要的资料。这些测量工作称为线路施工测量。

第二节　道路中线测量

一、道路线型的概念

（一）道路线型几何学

道路是一条空间曲线，研究这条空间曲线的几何特征（包括：几何构成、几何形状、几何元素关系等）和各种线型特性的一门学科叫线型几何学。线型几何学是路线设计和路线测设的基础。本节就道路中线线型加以阐述，为下节的道路曲线测设做准备。

（二）道路平、纵、横的概念

1. 路线的平面图

道路中线在水平面上的投影，是反映路线在水平面上的形状、位置及尺寸的图形，称为路线平面图，如图 10.1 所示。

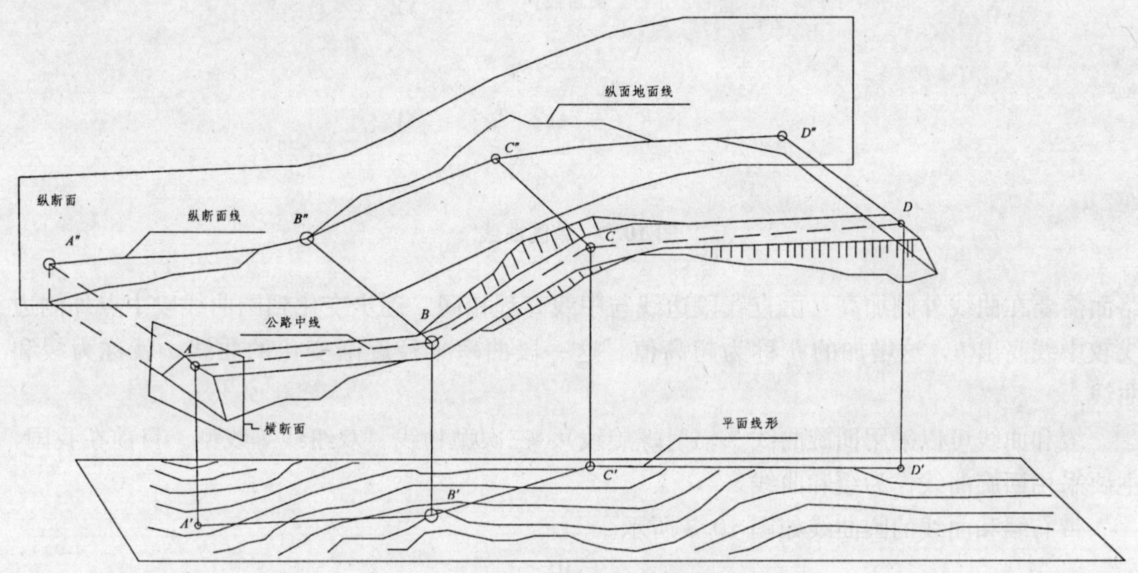

图 10.1 线路的平面及纵、横断面示意图

2. 路线的纵断面图

道路中线向竖直平面的投影图，是反映道路在纵向竖直面上的形状、位置及尺寸的图形，称为道路纵断面图。

3. 道路的横断面图

过道路中线上任一点（如公路的中桩），所作的法向剖切面图是反映道路在横断面上的结构、形状、位置及尺寸的图形，称为道路横断面图。

（三）基本线型

道路的线型分平面和纵面两类，在这里主要是指空间的道路中心线分别投影到水平和竖直平面上的形状。纵面线型一般为直线、圆曲线和抛物线三类线型的组合形式，反映出道路的起伏变化。平面线型则反映道路在平面上的方向变化，由直线、圆曲线、缓和曲线三种基本线型组合而成。

由于纵面线型组合形式较为简单，所以本小节仅介绍平面线型。

1. 单圆曲线

在路线改变方向的转折处（即交点处），插入一条与两直线相切的圆曲线，来实现线路方向的改变。圆曲线的线型如图 10.2 所示。

2. 带有缓和曲线的圆曲线

在高等级公路中设计车速较高，为了实现直线与圆曲线的平顺连接，还需要在直线与圆曲线之间插入一段曲率半径由无穷大逐渐变化到圆曲线半径 R 的曲线，称为缓和曲线。由于车辆在曲线上行驶会产生离心力，使车辆向曲线外侧倾倒，为了减少离心力作用的影响，

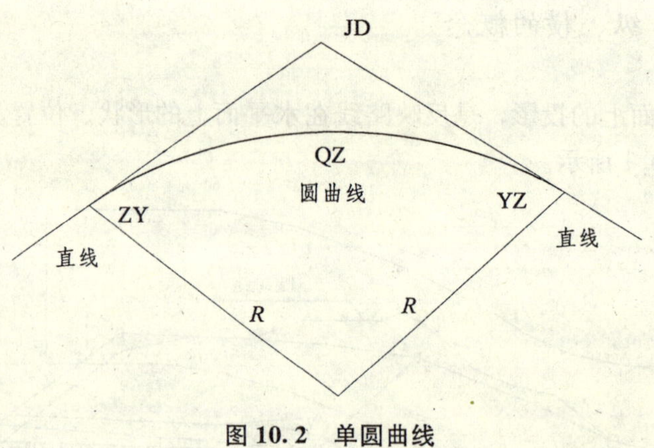

图 10.2　单圆曲线

路面需要在曲线外侧加高，由直线段边线与中线高程相同，逐步变化到圆曲线段中点外侧边线较中线高出 h，这增加的 h 称为超高值。这一段曲率半径逐渐变化的曲线，就称为缓和曲线。

缓和曲线可以采用回旋曲线（辐射螺旋线）、三次抛物线、双纽线等线型。目前在我国，主要采用回旋曲线作为缓和曲线。

带有缓和曲线的圆曲线如图 10.3 所示。

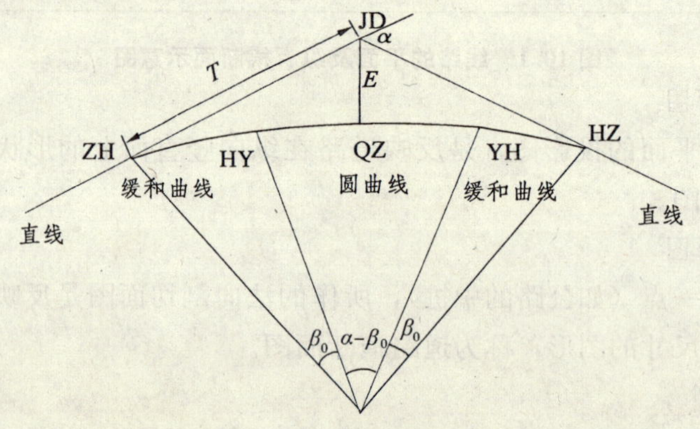

图 10.3　带有缓和曲线的圆曲线

3. 复曲线

两个或两个以上不同半径的单圆曲线在公切点处首尾相接构成组合曲线，称为复曲线，如图 10.4 所示。复曲线的连接点叫公切点，用 GQ 表示。当复曲线的一个曲线半径 R_1 已确定时，另一曲线半径 R_2 即可用下式求得：

$$R_2 = (AB - R_1) / \tan\frac{\alpha_2}{2}$$

$$= \left(AB - R_1 \cdot \tan\frac{\alpha_2}{2}\right) / \tan\frac{\alpha_2}{2} \qquad (10-1)$$

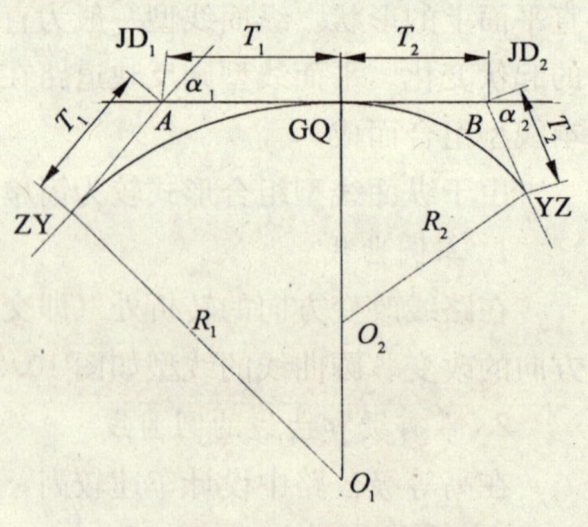

图 10.4　复曲线

由于复曲线可由不同半径的多个圆曲线组合而

成，因此，线型比较灵活，对地形、地物和环境有更强的适应性，是常见的线形。

4. 回头曲线

回头曲线是一种半径小、转弯急、线性标准低的曲线形式，常用于公路翻越山岭时的“之”字路段。回头曲线的线型如图 10.5 所示，由主曲线和两个副曲线组成。主曲线为一个转角接近或大于 180°的圆曲线；副曲线在路线的上、下线各设一个，一般为圆曲线。主副曲线之间直接连接或以直线连接。

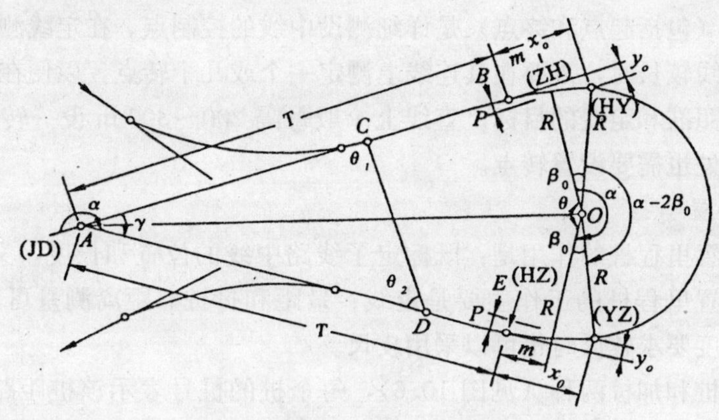

图 10.5　回头曲线

（四）线型组合的基本形式

1. 线型要素

线路的线型是由上述各种基本线型组合而成，这些基本线型即称为线路线型要素。对于平面线型，线型要素有直线、圆曲线和缓和曲线；而纵面线型要素有直线、圆曲线和抛物线。

2. 线型的组合形式

线路纵面线型组合相对简单，就是直线和圆曲线（或抛物线）的连接，而平面线型组合形式却很多，主要有：

(1) 直线与圆曲线的组合形式（又叫简单型），即按直线—圆曲线—直线组合而成。

(2) 复曲线组合形式：

① 圆曲线直接相连组合形式，即直线—圆曲线—圆曲线—直线组合。

② 两端带缓和曲线的组合形式，即按直线—缓和曲线—圆曲线—圆曲线—缓和曲线—直线组合构成。

③ 卵形曲线，即按直线—缓和曲线—圆曲线—缓和曲线—圆曲线—缓和曲线—直线组合构成。

(3) S形，即用缓和曲线连接两条反向圆曲线的组合形式。

(4) 凸形，即两同向缓和曲线间不插入圆曲线而径相衔接的组合形式。

(5) 复合形，两个及以上同向缓和曲线，在曲率相等处径相连接的组合形式。

(6) C形，两同向回旋曲线在其零点径相连接。

二、道路中线测量工作

将设计的道路中线测设到实地的工作，称为道路中线测量。中线测量通常在直线段上按较小的密度测设道路里程为整数的定位桩，而在曲线部分，除了按较高的密度测设整数里程定位桩外，还要测设出曲线的特征点，如直圆点、直缓点、缓圆点、曲中点等。

1. 交点和转点的测设

线路的各交点（包括起点和终点）是详细测设中线的控制点。在定线测量中，当相邻两交点互不通视或直线较长时，需要在其连线上测定一个或几个转点，以便在交点测量转折角和直线量距时作为照准和定线的目标。直线上一般每隔 200～300 m 设一转点，另外，在线路与其他线路交叉处也需要设置转点。

2. 里程柱的设置

道路中线上设置里程桩的作用是：既标定了线路中线的位置和长度，又是施测线路纵、横断面的依据。设置里程桩的工作主要是定线、量距和打桩。距离测量可以用钢尺或测距仪，等级较低、精度要求较低时也可以采用皮尺。

里程桩分为整桩和加桩两种（见图 10.6），每个桩的桩号表示该桩距路线起点的里程。如某加桩距路线起点的距离为 3 456.78 m，其桩号为 3＋456.78。

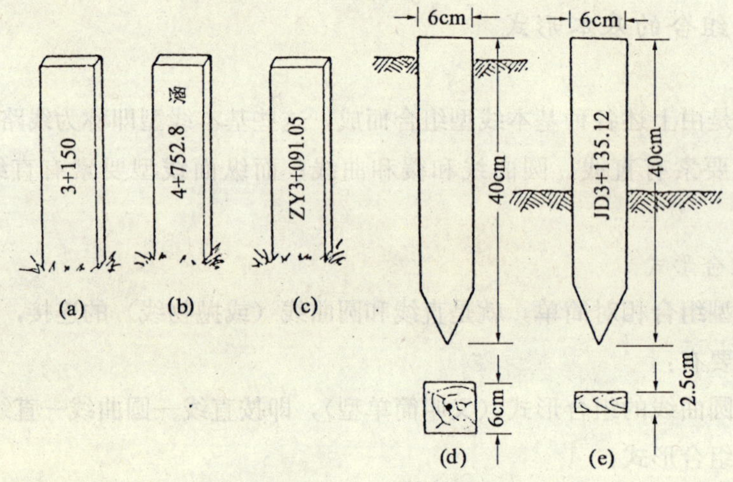

图 10.6 里程桩

整桩是由路线起点开始，每隔整数距离设置一桩，如图 10.6（a）所示。

加桩分为地形加桩、地物加桩、曲线加桩和关系加桩，如图 10.6 中（b）、(c）所示。

地形加桩是指沿中线地面起伏突变处、横向坡度变化处以及天然河沟处等所设置的里程桩。

地物加桩是指沿中线在有人工构筑物的地方（如桥梁、涵洞，路线与其他公路、铁路、渠道、高压线等交叉处，拆迁建筑物处）以及土壤地质变化处加设的里程桩。

曲线加桩是指曲线上设置的主点桩，如圆曲线起点（简称直圆点 ZY)、圆曲线中点

（简称曲中点 QZ）、圆曲线终点（简称圆直点 YZ），分别以汉语拼音缩写为代号。

关系加桩是指线路上的转点（ZD）桩和交点（JD）桩。

在钉桩时对于交点桩、转点桩、距路线起点每隔 500 m 处的整桩、重要地物加桩（如桥、隧位置桩）以及曲线主点桩，均打下断面为 6 cm×6 cm 的方桩（见图 10.6（d）），桩顶钉以中心钉，柱顶露出地面约 2 cm，在其旁边钉一指示柱，如图 10.6（e）所示。交点桩的指示桩应钉在以交点为圆心，半径约 20 cm 的圆周上，字面朝向交点。曲线主点的指示桩字面朝向圆心。其余的里程桩一般使用板桩，一半露出地面，以便书写桩号，字面一律背向路线前进方向。

第三节　道路曲线测设

在 20 世纪 80 年代测距仪普遍应用于测量以前，测距是相当困难的工作。因此，传统的道路平面曲线放样方法，如切线支距法、偏角法等，均是立足于方便钢尺量距的方法。其共同特点是需要将仪器架设在特定的点上，如交点、直圆点、直缓点等，这使得放样工作的实施受到很大的限制，尤其是特征点不能设站或与放样点不通视的情况下。在目前测量工作普遍使用全站仪，精确测距十分方便的条件下，这些方法已经不再适用。近几年出厂的全站仪均内置放样程序，只需输入测站、定向点及放样点坐标，就可以自行计算出放样数据，在任意已知点设站，按极坐标方法实施放样。由于极坐标放样方法已在第九章介绍过，因此，本小节仅介绍平面曲线上放样坐标的计算。

一、单圆曲线

（一）几何参数及其相互关系

由图 10.2 可知，单圆曲线各几何参数的关系如下：

$$T=R\cdot\tan\frac{\alpha}{2}\ (\mathrm{m}) \tag{10-2}$$

$$L=R\cdot\alpha\frac{\pi}{180}=0.017\,45\alpha\cdot R\ (\mathrm{m}) \tag{10-3}$$

$$E=R\left(\sec\frac{\alpha}{2}-1\right)\ (\mathrm{m}) \tag{10-4}$$

$$J=2T-L \tag{10-5}$$

式中　T——切线长；

L——曲线长；

E——外距；

J——切曲差；

R——曲线半径；

α——路线转角。

（二）主点元素桩号计算及测设

圆曲线的主点指直圆点、曲中点、圆直点，为了实地测设主点，首先要根据设计数据 R

和α，计算圆曲线参数 T、L、E 等，计算工作可按公式（10−2）至（10−5）进行。

主点桩号是指主点桩距路线起点的水平距离，圆曲线上主点的桩号计算公式为：

$$\left.\begin{aligned}ZY&=JD-T\\YZ&=ZY+L\\QZ&=YZ-L/2\\JD&=QZ+D/2\end{aligned}\right\}\tag{10-6}$$

式中，ZY 表示直圆点的里程数，其他的依此类推。

主点在测量坐标系中的坐标可按其几何关系，分别以交点 JD 至 ZY、YZ、QZ 的距离和坐标方位角，按坐标正算公式计算。求出了放样点坐标，就可以在任意已知点上设站，用极坐标方法测设出圆曲线主点。

（三）单圆曲线上任意点坐标计算

计算单圆曲线上坐标的方法有以下两种：

1. 切线支距法计算独立坐标，然后转换到测量坐标系统

（1）建立独立坐标系，计算独立坐标系下放样点的坐标。以圆曲线的起点 ZY（或终点 YZ）为坐标原点，以切线为 x 轴，与 x 轴正交，由 ZY 点指向圆心一侧的方向为 y 轴，建立直角坐标系统，如图 10.7 所示。设圆曲线上某点 i 距 ZY 点的弧长为 l_i，所对的圆心角为 φ_i，R 为圆半径，则点 i 坐标为：

$$\left.\begin{aligned}x_i&=R\sin\varphi_i\\y_i&=R\ (1-\cos\varphi_i)\end{aligned}\right\}\tag{10-7}$$

其中 $\varphi_i=\dfrac{l_i 180^\circ}{R\pi}$。这里需要指出的是，由于测量坐标系统是右手系，当曲线位于 x 轴正向的左侧时，计算所得的 y 坐标值应取负号。

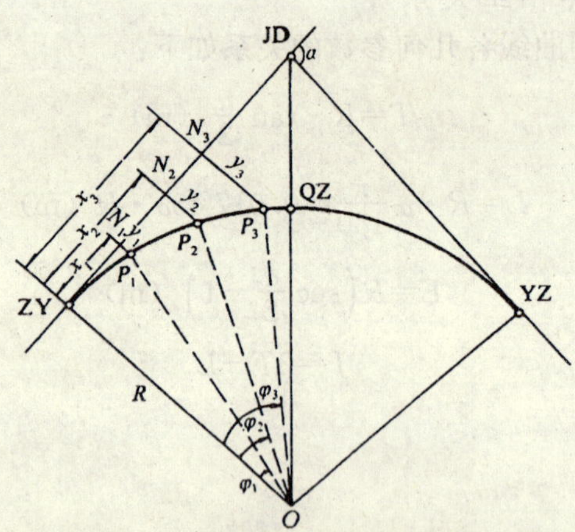

图 10.7 切线支距法坐标计算

（2）将独立坐标转换为测量坐标系坐标。

坐标转换问题的核心是解算转换参数。将独立坐标系统下的曲线点坐标转换为测量坐标系统坐标，需要利用两个公共点来解算转换参数。所谓公共点是指同时具有两套坐标系统坐

标的点，当有两个公共点时，就可从中解算出平面坐标转换参数。对于本例，公共点分别是独立坐标系统的原点和 x 轴正向方向的交点，其在独立坐标系统下的坐标为（0，0）和（T，0）；两点在测量坐标系统下的坐标，则可根据交点坐标及切线长度 T 计算而得。坐标转换的方法与步骤如下：

设有已知点 a、b，分别具有坐标系统（x'，y'）和（x，y）下的坐标（x'_a，y'_a）、（x'_b，y'_b）和（x_a，y_a）、（x_b，y_b）。边 ab 在两套坐标系统下的坐标方位角分别为：

$$\left.\begin{aligned}\alpha'_{ab}&=\arctan\left(\frac{y'_b-y'_a}{x'_b-x'_a}\right)\\ \alpha_{ab}&=\arctan\left(\frac{y_b-y_a}{x_b-x_a}\right)\end{aligned}\right\},\qquad(10-8)$$

则将坐标系统（x，y）下坐标（x_i，y_i）转换到坐标系统（x'，y'）下的坐标（x'_i，y'_i）的方法为：

① 旋转角：

$$\theta=\alpha'_{ab}-\alpha_{ab}\qquad(10-9)$$

② 坐标转换公式：

$$\left.\begin{aligned}x'_i&=x'_a+(x_i-x_a)\cos\theta-(y_i-y_a)\sin\theta\\ y'_i&=y'_a+(y_i-y_a)\cos\theta+(x_i-x_a)\sin\theta\end{aligned}\right\}\qquad(10-10)$$

2. 偏角法直接计算测量坐标系坐标

偏角法是以曲线的起点 ZY（或 YZ）到任一待定点 P_i 的弦线与切线 T 之间的弦切角 Δ_i 和弦长 c_i 来确定 P_i 位置。

如图 10.8，根据几何关系，弦切角等于同弧所对圆心角之半，即：

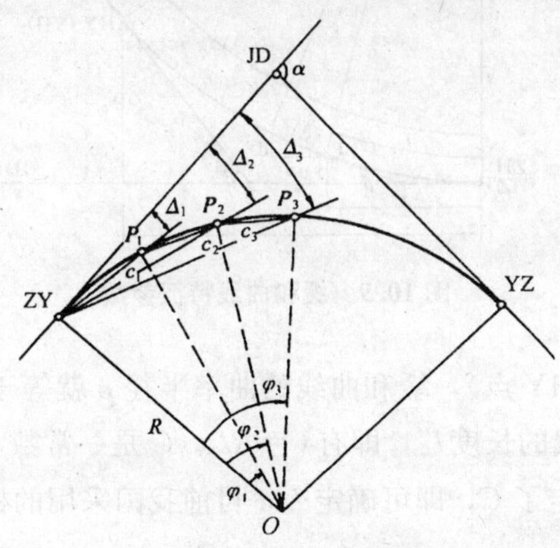

图 10.8　偏角法坐标计算

$$\Delta_i = \frac{\varphi_i}{2} \tag{10-11}$$

顾及式 $\varphi_i = \frac{l_i 180°}{R\pi}$，则有：

$$\Delta_i = \pm \frac{l_i 90°}{R\pi} \tag{10-12}$$

面向曲线交点，当曲线位于切线右侧时，Δi 取正号，反之则取负号。

弦长则可按下式计算：

$$c_i = 2R\sin\frac{\varphi_i}{2} \tag{10-13}$$

设 ZY 点坐标为（x_0，y_0），过 ZY 点的切线方位角为 α_0，则圆曲线上距 ZY 点弧长为 l_i 的点 P_i 坐标计算公式为：

$$\left.\begin{aligned} x_i &= x_0 + c_i\cos(\alpha_0 + \Delta_i) \\ y_i &= x_0 + c_i\sin(\alpha_0 + \Delta_i) \end{aligned}\right\} \tag{10-14}$$

二、带缓和曲线的圆曲线

（一）基本参数的确定

1. 缓和曲线长度

如图 10.9 所示，回旋曲线是曲率半径随曲线长度增加而成反比地均匀缩小的曲线，即在回旋曲线上任一点的曲率半径 ρ 与曲线的长度 l 有以下关系式：

$$\rho = \frac{C}{l} \quad \text{或} \quad \rho l = C \tag{10-15}$$

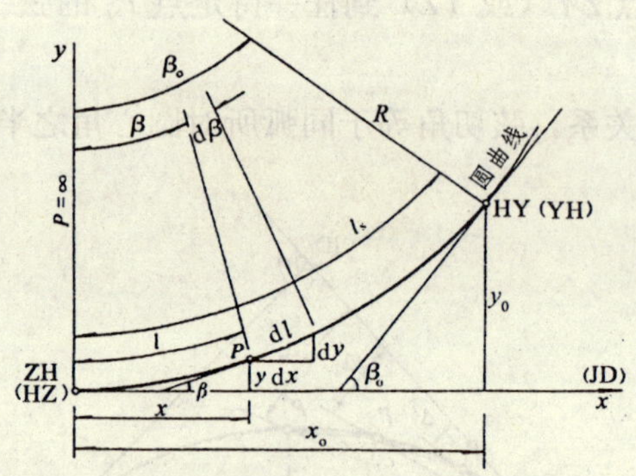

图 10.9　缓和曲线特征参数

在缓和曲线的终点（HY 点），缓和曲线的曲率半径 ρ 就等于圆曲线半径 R，而该点的曲线长度 l 就等于缓和曲线的长度 l_0，即有 $C=Rl_0$。C 是一常数，表示缓和曲线半径的变化率，与车速有关。所以确定了 C，即可确定 l_0，目前我国采用的标准为：

$$C = 0.035v^3 \tag{10-16}$$

式中　v——行车速度，km/h（公里/小时）。

由 $\rho l = C$ 可见，v 一定时，半径 R 越大，则缓和曲线长度 l_0 越短，当 R 足够大，或设计行车速度较小时，可不设缓和曲线。

2. 切线角

图 10.9 中，设回旋曲线上任一点 P 的切线与起点 ZH 切线的交角为 β，则该角值与起点至 P 点的曲线长所对中心角近似相等。在 P 处取一微分弧段 dl，所对中心角为 $d\beta$，于是：

$$\mathrm{d}\beta=\frac{\mathrm{d}l}{\rho}=\frac{l\mathrm{d}l}{C}$$

积分得

$$\beta=\frac{l^2}{2C}=\frac{l^2}{2Rl_0} \tag{10-17}$$

当 $l=l_0$ 时，β 以 β_0 表示，公式可以写成：

$$\beta_0=\frac{l_0}{2R}$$

以角度为单位则写成：

$$\beta_0=\frac{l_0}{2R}\times\frac{180°}{\pi} \tag{10-18}$$

式中　β_0——缓和曲线全长所对应的中心角，即切线角，又称为缓和曲线角。

（二）主点测设

1. 曲线要素及其相互关系

图 10.10（a）为单圆曲线情况。当圆曲线两端加入缓和曲线后，圆曲线应内移一段距离，方能使缓和曲线与圆曲线平顺衔接。内移圆曲线的方法有两种：一是圆心不变，其半径减小；另一种是半径不变，圆心沿圆心角平分线方向移动。在铁路测量中，多使用后一种方法；而在公路测量中，因圆曲线半径较小，故常采用前者。

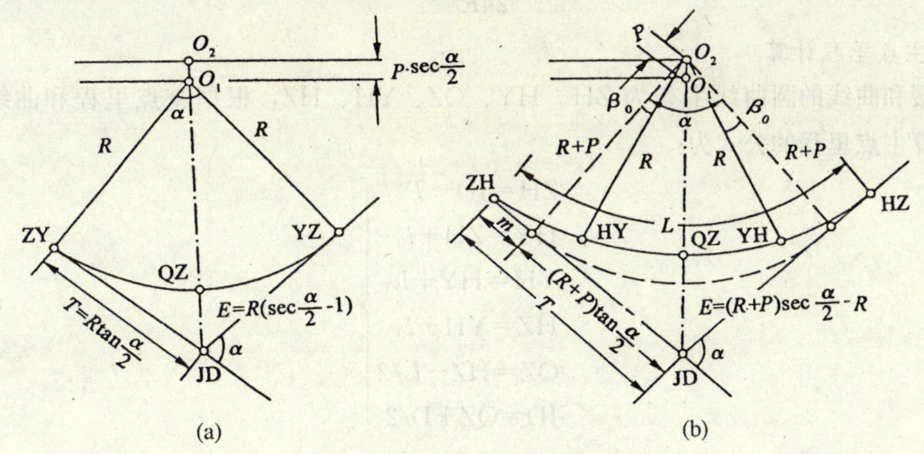

图 10.10　缓和曲线元素图

若采用内移圆心的办法，如图 10.10（b），圆心 O_1 内移至 O_2。圆曲线两端点就可以插入缓和曲线，将圆曲线与直线连接起来。带有缓和曲线的圆曲线，其主点为：

ZH（直缓点）：直线与缓和曲线的连接点；

HY（缓圆点）：缓和曲线与圆曲线的连接点；

QZ（曲中点）：曲线中点；

YH（圆缓点）：圆曲线与缓和曲线的连接点；

HZ（缓直点）：缓和曲线与直线的连接点。

从图 10.10（b）可以看出，加入缓和曲线后，其曲线要素可以用下列公式计算：

$$\left.\begin{aligned} &T=m+(R+P)\tan\frac{\alpha}{2}\\ &L=\frac{\pi R(\alpha-2\beta_0)}{180^\circ}+2l_0\\ &E=(R+P)\sec\frac{\alpha}{2}-R\\ &q=2T-L \end{aligned}\right\} \qquad (10-19)$$

式中 α——偏角（路线转角）；

R——圆曲线半径；

l_0——缓和曲线长度；

m——加设缓和曲线后使切线增长的距离；

P——圆曲线内移量；

M、P 称为缓和曲线参数，可按下式计算：

$$\left.\begin{aligned} &\beta_0=\frac{l_0}{2R}\cdot\rho\\ &m=\frac{l_0}{2}-\frac{l_0^3}{240R^2}\\ &P=\frac{l_0^2}{24R} \end{aligned}\right\} \qquad (10-20)$$

2. 主点里程计算

带缓和曲线的圆曲线主点为 ZH、HY、QZ、YH、HZ，根据交点里程和曲线测设元素，计算主点里程的公式为：

$$\left.\begin{aligned} &\mathrm{ZH}=\mathrm{JD}-T\\ &\mathrm{HY}=\mathrm{ZH}+l_0\\ &\mathrm{YH}=\mathrm{HY}+L_Y\\ &\mathrm{HZ}=\mathrm{YH}+l_0\\ &\mathrm{QZ}=\mathrm{HZ}-L/2\\ &\mathrm{JD}=\mathrm{QZ}+D/2 \end{aligned}\right\} \qquad (10-21)$$

式中 L_Y——曲线中的圆曲线长；

L——曲线总长；

$D=2T-L$——为切曲差。

3. 主点测设

主点测设方法与单圆曲线相同，不同的是放样点坐标计算较复杂，可按式（10－22）计算。

（三）坐标计算参数方程

设缓和曲线起点（ZH 点）为坐标原点，过该点的切线为 x 轴，与 x 轴正交指向圆心的方向为 y 轴。设缓和曲线上任一点 P 的坐标为（x，y)，则微分弧段 $\mathrm{d}l$ 在坐标轴上的投影为：

$$\left.\begin{aligned}\mathrm{d}x=\mathrm{d}l\cos\beta\\ \mathrm{d}y=\mathrm{d}l\sin\beta\end{aligned}\right\},$$

将式中的 $\cos\beta$、$\sin\beta$ 按泰勒级数展开，并代入 $\beta=\dfrac{l^2}{2Rl_0}$ 后积分，略去高次项，得

$$\left.\begin{aligned}x_i=l_i-\frac{l_i^5}{40R^2l_0^2}\\ y_i=\frac{l_i^3}{6Rl_0}\end{aligned}\right\}\tag{10-22}$$

式（10—22）就是计算缓和曲线上点坐标的参数方程。

圆曲线部分各点坐标计算公式为：

$$\begin{aligned}x_i=R\sin\varphi_i+m\\ y_i=R\ (1-\cos\varphi_i)\ +p\end{aligned}\tag{10-23}$$

式中，φ_i 是圆曲线对应的圆心角，由圆心至缓圆点方向沿前进方向度量。

上述公式计算所得放样点坐标是属于独立坐标系统的，要在任意已知点设置仪器进行放样，必须将独立坐标换为测量坐标系。转换的方法也是利用公共点求坐标转换参数，具体做法在单圆曲线放样坐标计算部分已有阐述，在此不再赘述。

三、竖曲线

在公路或铁路修建中，除水平段外，不可避免的有坡度，两个相邻坡度段的交点称为变坡点。为了行车安全，在两个坡度变化处要加设竖曲线，如图 10.11 所示。

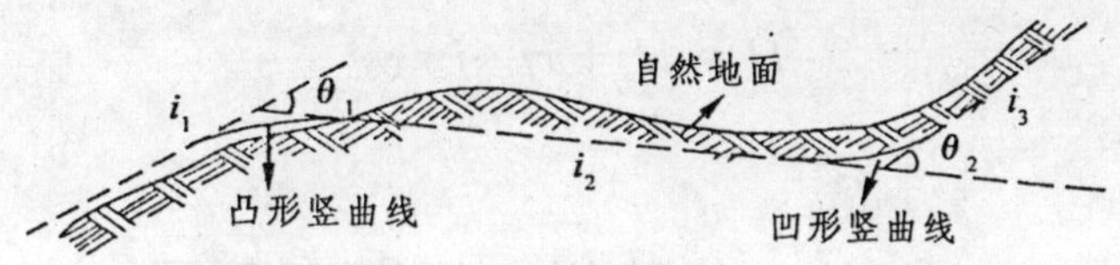

图 10.11　凸形和凹形竖曲线

竖曲线又有凸形与凹形之分。图中 i_1、i_2、i_3 分别为设计路面坡道线（又称坡道）的坡度，规定上坡为正，下坡为负，θ_i 为竖曲线转折角，因 i 的允许值很小，所以可认为 $\theta_1=|i_2-i_1|$。

道路竖曲线一般为圆曲线。根据断面设计中给定的竖曲线半径 R 以及转折角 θ，可以计算竖曲线长 L，切线长 T 及外矢距 E 等曲线要素，由图 10.12 可知：

$$L=R\times\theta=R\times|i_2-i_1|\tag{10-24}$$

由于 θ 较小，而半径 R 较大，故切线长 T 可近似地用 L 的一半来代替，外矢距 E 也可用近似公式计算，则有：

$$T\approx\frac{L}{2}=\frac{1}{2}R|i_2-i_1|\tag{10-25}$$

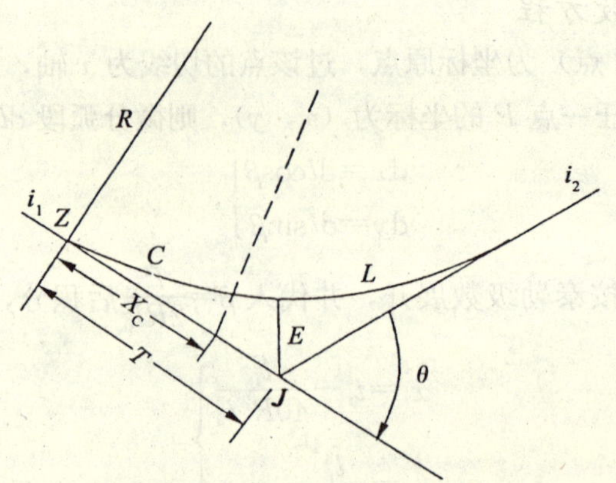

图 10.12 竖曲线计算

$$E \approx \frac{T^2}{2R} \tag{10—26}$$

切线长 T 求出后，即可由变坡点 J 沿中线向两边量取 T 值，定出竖曲线的起点 Z 和结点 Y。设直角坐标系原点在竖曲线起点 Z，x 轴方向水平指向终点 Y，y 轴方向铅直向上，则距离 Z 点水平距离为 x_j 的点 j，相对于 Z 点的设计标高值 h_j 为：

$$h_j = x_j i + y_j \tag{10—27}$$

式中　y_j——j 点曲线设计高与切线高的差值。

同理，根据式（10—26）可以写出：

$$y_j = \pm \frac{x_j^2}{2R} \tag{10—28}$$

式中，y_j 值在凹形竖曲线中为正号，在凸形竖曲线中为负号。

设竖曲线起点 Z 的高程值为 H_Z，j 点高程值为 H_j，则有

$$H_j = H_j + x_j \times i + y_j \tag{10—29}$$

第四节　线路纵、横断面测量

线路纵断面测量又称线路水准测量，它的任务是测定中线上各里程桩（简称中桩）的地面高程，绘制线路纵断面图，供线路纵坡设计之用。线路横断面测量是测定各中柱两侧相对于中桩的地面高程，绘制横断面图，供路基设计、计算土石方量及施工时放样边桩用。

一、线路纵断面测量

为了提高测量精度和成果检查，根据“从整体到局部”的测量原则，线路水推测量分两步进行：首先是沿线路方向设置若干水准点，建立线路的高程控制，称为基平测量；然后是根据各水准点的高程，分段进行中桩水准测量，称为中平测量。基平测量的精度要求比中平测量高，一般按四等水准的精度要求，中平测量可按普通水准精度要求，只作单程观测。

（一）基平测量

1. 路线水准点的设置

水准点是路线高程测量的控制点，在勘测和施工阶段以及竣工时，都要使用。在设置水准点时，根据需要和用途可以布设永久性水准点和临时性水准点。一般规定，在路线的起点、终点、大桥两岸、隧道两端、垭口以及一些需要长期观测高程的重点工程附近均应设置永久性水准点。在一般地区应每隔一定的距离设置一个永久性水准点。为便于引测，还需沿路线方向布设一定数量的临时性水准点。

临时性水准点的密度，应根据地形和工程需要而定。一般情况下，水准点间距宜为1～1.5 km；山岭重丘区可根据需要适当加密。水准点点位应选在稳固、醒目、易于引测以及施工时不易遭受破坏的地方，一般应距路线中线50～300 m。

水准点一般以BMi表示，为了避免混乱和便于寻找，应逐个编号，用红油漆将BMi写在水准点旁；水准点设置好后，将其距中线上某里程桩的距离、方位（左侧或右侧）以及与周围主要地物的关系等内容记在记录本上，以供外业结束后，编制水准点一览表和绘制路线平面图之用。

2. 基平测量的方法

进行基平测量时，首先应将起始水准点与附近国家水准点进行联测，以获取水准点的绝对高程。如有可能，应构成附合水准路线。当路线附近没有国家水准点或引测困难时，则可用气压计测得近似高程或参考地形图选定一个与实地高程接近的数值作为起始水准点的假定高程。

水准点高程的测定，一般是采用水准测量方法获得的。通常采用一台水准仪在两个相邻的水准点间作往返观测；也可用两台水准仪作同向单程观测。常见道路及构造物水准测量等级如表10－1所示。

表10－1　道路及构造物水准测量等级

测量项目	等级	水准路线最大长度（km）
4 000 m以上特长隧道、2 000 m以上特大桥	三等	50
高速公路、一级公路、1 000～2 000 m特大桥、2 000～4 000 m特长隧道	四等	16
二级及二级以下公路、1 000 m以下桥梁、2 000 m以下隧道	五等	10

基平测量过程中，无论采用一台仪器往返观测，还是两台仪器同向单程观测所得高程的不符值，不得超过表10－2中所列规定。

表 10—2 水准测量精度

等级	每公里高差中数中误差（mm）		往返较差、附合或环线闭合差（mm）		检测已测测段高差之差（mm）
	偶然中误差	全中误差	平原微丘区	山岭重丘区	
三等	±3	±6	$\pm 12\sqrt{L}$	$\pm 3.5\sqrt{n}$或$\pm 15\sqrt{L}$	$\pm 20\sqrt{L_i}$
四等	±5	±10	$\pm 20\sqrt{L}$	$\pm 6.0\sqrt{n}$或$\pm 25\sqrt{L}$	$\pm 30\sqrt{L_i}$
五等	±8	±16	$\pm 30\sqrt{L}$	$\pm 45\sqrt{L}$	$\pm 40\sqrt{L_i}$

注：计算往返较差时，L 为水准点间的路线长度（km）；计算附合或环线闭合差时，L 为附合或环线的路线长度（km）。n 为测站数；L_i 为检测测段长度（km）。

若高差不符值在规定的限差范围之内，取平均值作为两水准点间的高差；超限则应重测。

（二）用水准仪进行中平测量

在完成基平测量以后，便可进行中平测量。目前线路工程中，广泛采用水准仪进行中平测量，下面介绍该方法的应用。

中平测量，一般是以两相邻水准点为一测段，从一个水准点开始，逐个测定中桩处的地面高程，直至附合到下一个水准点上。在每一个测站上，应尽量多的观测中桩，另外，还需在一定距离内设置转点。相邻两转点间所观测的中桩，称为中间点。由于转点起着传递高程的作用，为了削弱高程传递的误差，在测站上应先观测转点，后观测中间点。观测转点时读数至 mm，视线长度一般应小于 100 m。在转点上水准尺应立于尺垫、稳固的桩顶或坚石上。观测中间点时读数可只读至厘米，视线也可适当放长，立尺应在紧靠桩边的地面上。

如图 10.13 所示，若以水准点 A 为后视点（高程 H_A 已知），以 B 点为前视转点。在施测过程中，将水准仪安置在测站上，首先观测立于 A 点的水准尺，读数为 a，然后再观测立于前视转点 B 的水准尺，读数为 b，最后观测立于中间点 K_i 上的水准尺，读数为 k_i，则可求得前视转点 B 的高程 H_B 和中桩点的高程 H_{k_i}：

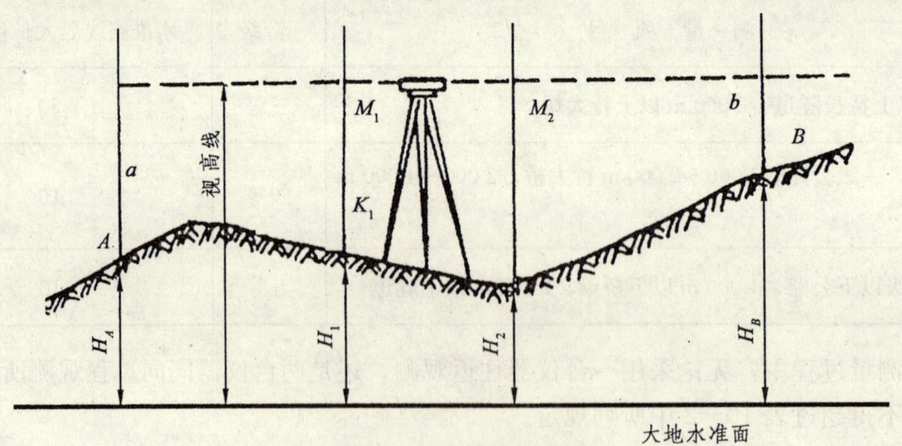

图 10.13 视线高法测高程

测站视线高＝后视点高程 H_A＋后视读数 a；

前视转点 B 的高程 H_B＝视线高－前视读数 b；

中桩高程 H_{ki}＝视线高－中视读数 k_i。

中平测量只作单程观测。一测段结束后，应先计算中平测量测得的该测段两端水准点高差。并将其与基平所测该测段两端水准点高差进行比较，二者之差，称为测段高差闭合差。

测段高差闭合差应满足以下要求（以公路为例）：

$$\text{高速公路、一级公路不得大于} \pm 30\sqrt{L}\ \text{mm}$$

$$\text{二级及二级以下公路不得大于} \pm 50\sqrt{L}\ \text{mm}$$

式中　L——测段长度，以 km 为单位。

若不满足上述要求，必须重测。

（三）用全站仪进行中平测量

全站仪是集光电与计算机技术为一体，可同时完成角度与距离测量，并能利用内置程序完成常用测量计算的高技术仪器，它的应用使测量人员从繁重的测量工作中解脱出来。传统的中平测量方法是利用水准仪测定中桩处地面高程，施测过程中测站多，稍不注意便产生错误而造成返工，特别是在地形起伏较大的地区测量，工作量相当繁重。随着全站仪在工程测量中应用的普及，由于其具有三维坐标测量的功能，在线路勘测设计中得到了广泛的应用。目前在实际应用中，广泛利用全站仪在中线测量中附带测量中桩高程（中平测量）。

1. 中线测量中附带中平测量

全站仪中平测量多在中线测量过程中附带进行。而中线测量一般多利用任意控制点安置全站仪，利用极坐标或切线支距法放样中桩点。在中线测量的同时，利用全站仪本身具有的高程测量功能和控制点的高程，可直接测得中桩点的地面高程。

如图 10.14 所示，设 A 点为已知控制点，B 点为待测高程的中桩点。将全站仪安置在已知高程的 A 点，棱镜立于待测高程的中桩点 B 上，量出仪器高 i 和棱镜高 l，全站仪照准棱镜测出视线倾角 α，则 B 点的高程 H_B 为：

$$H_B = H_A + S \cdot \sin\alpha + i - l \qquad (10-30)$$

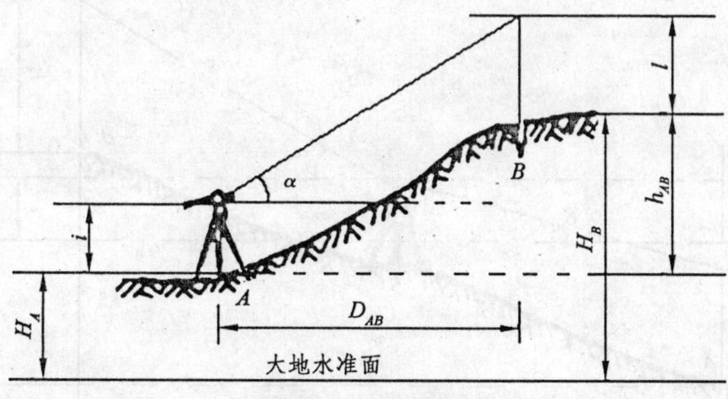

图 10.14　高程测量原理

式中　H_A——已知控制点 A 的高程；

H_B——待测高程的中桩点 B 的高程；

i——仪器高；

l——棱镜高度；

S——仪器至棱镜斜距离；

α——视线倾角。

在实际测量中，只需将安置仪器的 A 点高程 H_A、仪器高 i、棱镜高 l 直接输入全站仪，在中桩放样完成的同时，就可以直接从仪器的显示屏中读取中桩点 B 高程 H_B。

该方法的优点是在中桩平面位置测量过程中直接完成中桩高程测量，而不受地形起伏及高程大小的限制，并能进行较远距离的高程测量。高程测量数据可从仪器中直接读取，或存入仪器并在需要时调入计算机处理。

在实际测量中，由于受到通视条件的影响，为在一个控制点上尽可能多地放出中桩点，棱镜高度常常需要调整，这时，输入仪器的棱镜高也要随之变化。若前视棱镜高度的变化未能及时通知测站观测人员，或观测人员未能将棱镜高度的变化输入仪器，所测中桩点高程就会产生错误，所以在采用该方法时要特别注意。

2. 任意设站进行中平测量

全站仪中平测量是利用全站仪本身具有的高程测量功能，通过合理设计测量方案，充分发挥其高程测量不受地形起伏限制及测程较远的优势，达到提高工作效率和减少劳动强度的目的。

(1) 施测原理。如图 10.15 所示，设 A 点为已知高程点，其高程为 H_A，B 点为待测高程的中桩点。将全站仪安置在 A、B 两点之间的 I 处，则可利用全站仪高程测量的功能，分别测得置仪点 I 与 A、B 两点间的高差 h_{IA} 及 h_{IB}，由此可以得出 A、B 两点间高差 h_{AB}：

$$h_{AB}=h_{AI}+h_{IB}=h_{IB}-h_{IA} \tag{10-31}$$

式中

$$h_{IA}=S_{IA}\cdot\sin\alpha_A+i-l_A$$

$$h_{IB}=S_{IB}\cdot\sin\alpha_B+i-l_B$$

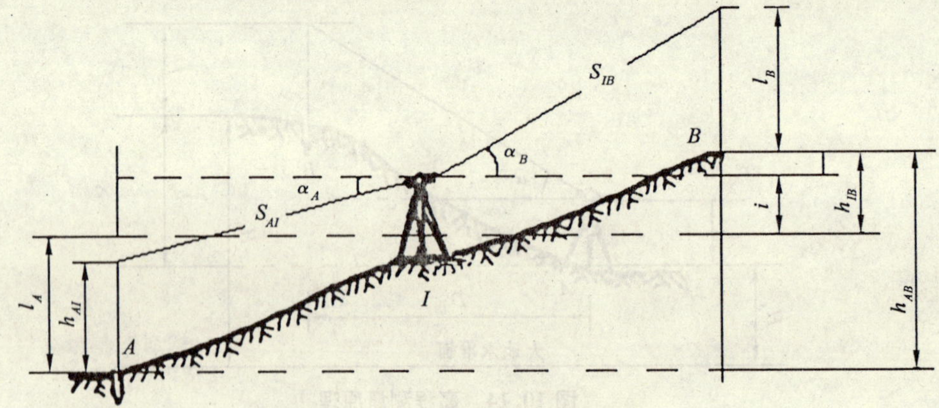

图 10.15 任意设站进行中平测量

S_{IA}、S_{IB}——仪器至 A、B 两点的棱镜斜距离；

α_A、α_B——仪器照准 A、B 两点时的视线倾角；

l_A、l_B——立于 A、B 两点的棱镜高度；

i——仪器高。

由此导出 A、B 两点间的高差计算公式的另一种形式：

$$h_{AB}=(S_{IB}\cdot\sin\alpha_B-S_{IA}\cdot\sin\alpha_A)-(l_B-l_A)$$

从上式可以看出，仪器高 i 值在高差计算过程中自动抵消，因此，在现场观测时，不需量取仪器高，只需对仪器输入后视点棱镜高 l_A 和前视点棱镜高 l_B。然后分别对 A、B 两点进行观测，从而获得置仪点 I 与 A、B 两点间的高差 h_{IA} 及 h_{IB} 即可，则待测中桩点 B 点的高程为：

$$H_B=H_A+h_{AB}=H_A+h_{IB}-h_{IA} \qquad (10-32)$$

（2）施测中应注意事项。在利用全站仪进行中平测量过程中，为了提高观测速度及观测精度，在施测过程中应注意以下事项：

① 应合理选择全站仪安置点，使其既能观测到尽可能多的中桩点，又能与已知高程控制点通视，以便获得后视高差。

② 安置全站仪只需整平，不需对中，不需量取仪器高，因此，大大提高了仪器安置的速度，为随时移动仪器提供了方便。

③ 对在一个测站上观测不到的中桩点，可适当移动仪器位置，仪器位置移动后，必须重新对已知高程控制点进行观测获得新的后视高差，并作为新测站上的后视高差来计算中桩高程。

④ 转点的设置应该尽量使仪器至转点和至后视已知高程控制点的距离相等，以消除残余地球曲率、大气折光以及仪器竖盘指标差对高程观测的影响。对转点高程的观测应仔细，转点高程获得后，即可作为新的已知高程点来测量、推算其他中桩点。

⑤ 为防止在观测过程中置仪点与后视点（高程已知点）高差及转点高程观测错误而造成中桩高程观测错误，两已知高程控制点间的中桩高程观测完成后，应对下一已知高程控制点进行高程观测检核，其闭合差应符合中平测量的精度要求。

（四）路线的纵断面图

纵断面图是表示沿路线中线方向的地面起伏状态和设计纵坡的线形图，它反映出各路段纵坡的大小和中线位置处的填挖尺寸，是道路设计和施工中的重要文件资料，如图 10.16 所示。

在图的上半部，从左至右有两条贯穿全图的线。一条是细的折线，表示中线方向的实际地面线，它是以里程为横坐标、高程为纵坐标，根据中平测量的中桩地面高程绘制的。图中另一条是粗线，是包含竖曲线在内的纵坡设计线，是在设计时绘制的。此外，图上还注有水准点的位置和高程，桥涵的类型、孔径、跨数、长度、里程桩号和设计水位，竖曲线示意图及其曲线元素，同公路、铁路交叉点的位置、里程及有关说明。

图的下部注有有关测量及纵坡设计的资料，主要包括以下内容：

1. 坡度与距离

从左至右向上倾斜的直线表示上坡（正坡），向下倾斜的表示下坡（负坡），水平的表示平坡。斜线或水平线上方的数字是以百分数表示的坡度值，下方的数字表示该路段的水平长度。

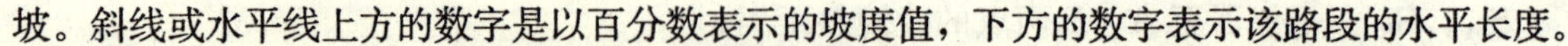

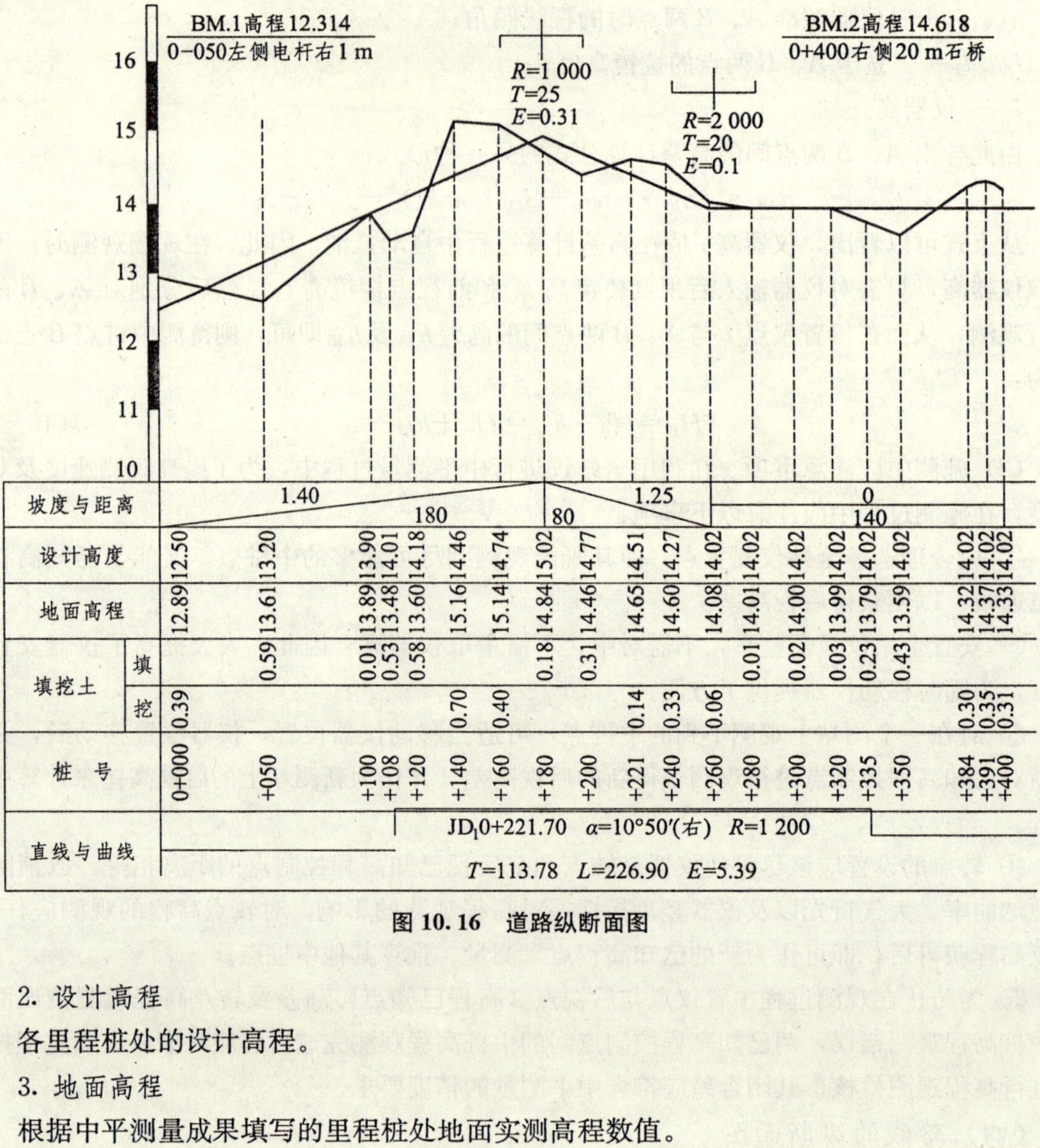

坡度与距离	1.40 / 180							1.25 / 80				0 / 140								
设计高度	12.50	13.20	13.90	14.01	14.18	14.46	14.74	15.02	14.77	14.51	14.27	14.02	14.02	14.02	14.02	14.02	14.02	14.02	14.02	14.02
地面高程	12.89	13.61	13.89	13.48	13.60	15.16	15.14	14.84	14.46	14.65	14.60	14.08	14.01	14.00	13.99	13.79	13.59	14.32	14.37	14.33
填挖土 填		0.59	0.01	0.53	0.58			0.18	0.31				0.01	0.02	0.03	0.23	0.43			
填挖土 挖	0.39					0.70	0.40			0.14	0.33	0.06						0.30	0.35	0.31
桩号	0+000	+50	+100	+108	+120	+140	+160	+180	+200	+221	+240	+260	+280	+300	+320	+335	+350	+384	+391	+400
直线与曲线	JD$_1$0+221.70 α=10°50′(右) R=1 200 T=113.78 L=226.90 E=5.39																			

图 10.16 道路纵断面图

2. 设计高程

各里程桩处的设计高程。

3. 地面高程

根据中平测量成果填写的里程桩处地面实测高程数值。

4. 填挖土

里程桩处按公式计算高差：

填挖值＝地面高程－设计高程

计算结果中，正值为挖土深度，负值为填土高度。

5. 桩　号

自左向右按横向比例尺标注各中桩位置和桩号。

6. 直线与曲线

根据中线测量资料绘制的中线示意图。中线为直线的部分以直线表示，圆曲线部分以折线表示，上凸表示路线右转，下凸表示路线左转，并注明交点编号和曲率半径。带有缓和曲线的平曲线还应注明缓和曲线长度，在图中用梯形折线表示。

（五）纵断面图的绘制

1. 纵断面图的绘制步骤

(1) 按照选定的里程比例尺和高程比例尺（一般对于平原微丘区里程比例尺常用1∶5 000或1∶2 000，相应的高程比例尺为1∶500或1∶200；山岭重丘区里程比例尺常用1∶2 000或1∶1 000，相应的高程比例尺为1∶200或1∶100)，打格制表，填写里程、地面高程、直线与曲线等方面的资料。

(2) 绘出地面线。首先选定纵坐标的起始高程，使绘出的地面线位于图上适当位置。一般是以10 m整数倍数的高程定在5 cm方格的粗线上，便于绘图和阅图。然后根据中桩的里程和高程，在图上按纵、横比例尺依次点出各中桩的地面位置，再用直线将相邻点一个个连接起来，就得到地面线。在高差变化较大的地区，如果纵向受到图幅限制时，可在适当地段变更图上高程起算位置，此时地面线将形成台阶形式。

(3) 计算设计高程。当路线的纵坡确定后，即可根据设计纵坡和两点间的水平距离，由一点的高程计算另一点的设计高程。

设计的坡度为 i，起算点的高程为 H_0，待推算点至起算点的水平距离为 D，则：

$$H_P = H_0 + i \cdot D$$

式中，上坡时 i 为正，下坡时 i 为负。

(4) 计算各桩的填挖尺寸。同一桩号的设计高程与地面高程之差，即为该桩处的填土高度（正号）或填土深度（负号）。在图上填土高度应该写在相应点纵坡设计线之上，挖土深度则相反（也有在图中专列一栏注明填挖尺寸的)。

(5) 在图上注记有关资料，如水准点、桥涵、竖曲线等。

2. 计算机辅助纵断面设计成图

人工绘制纵断面图工作量大、效率低。因此，目前设计单位普遍使用基于数字地形测量资料的专业软件，自动生成道路纵横断面图，使得断面图绘制工作准确、高效而快捷。

二、横断面测量

路线横断面测量是测定各中桩处，垂直于中线方向上的地面起伏情况，然后绘制成横断面图，供路基、边坡、特殊构造物的设计、土石方的计算和施工放样之用。横断面测量的宽度由路基宽度和地形情况确定，一般应在道路中线两侧各测 15～50 m。进行横断面测量首先要确定横断面的方向，然后在此方向上测定中线两侧到地面坡度变化点的距离和高差。

（一）横断面方向的标定

由于公路中线是由直线段和曲线段构成的，而直线段和曲线段上的横断面标定方法是不同的，现分述如下：

1. 直线段上横断面方向的测定

直线段的横断面方向与线路中线垂直，过去曾采用方向架测定。如图10.17所示，将方向架置于待测定横断面方向的桩点上，方向架上有两个相互垂直的固定片，用其中一个固定片瞄准该直线段上任一中桩，另一个固定片所指明方向即为该桩点的横断面方向。

2. 曲线段上横断面方向的测定

圆曲线段上中桩点的横断面方向为垂直于该中桩点切线的方向。由几何知识可知，圆曲线

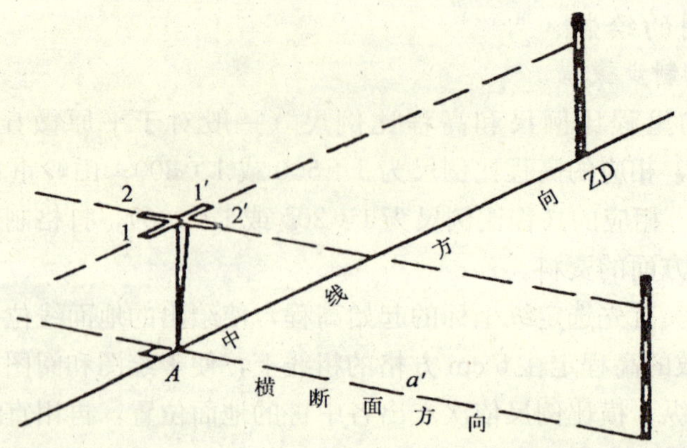

图 10.17　用方向架标定直线段上横断面方向

上一点横断面方向必定沿该点的半径方向。测定时一般采用求心方向架法，即在方向架上安装一个可以转动的活动片，并有一个固定螺旋可将其固定，用求心方向架测定横断面方向。

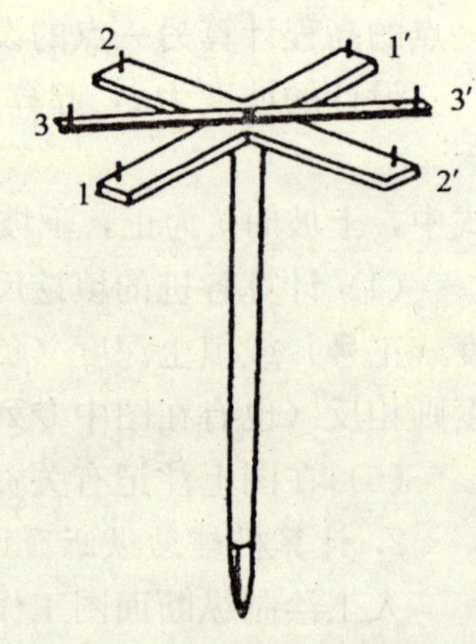

图 10.18　有活动片的方向架

如图 10.18 所示，欲测定圆曲线上某桩点 1 的横断面方向，可按下述步骤进行：

(1) 将方向架置于 ZY 点上，用 $1-1'$方向瞄准 JD，则 $2-2'$方向即为 ZY 的横断面方向。

(2) 转动定向杆 $3-3'$对准 p_1 点，制动定向杆 $3-3'$。

(3) 将方向架移动至 P_1 点，用 $2-2'$对准 ZY 点，按“同弧两端弦切角相等”的原理，$3-3'$方向即为 P_1 点的横断面方向。

(4) 以此类推，在 P_1 点上定好横断面方向后，松开定向杆 $3-3'$对准 P_2 点，制动定向杆。将方向架移动到 P_2 点，用 $2-2'$对准 P_1 点，则 $3-3'$方向即为 P_2 点的横断面方向。

3. 缓和段上横断面方向的标定

缓和曲线段上某点横断面方向是通过该点指向曲率圆心的方向。根据图 10.19 知，设 E、F 是缓和曲线上两个点，缓和曲线在 F 处的横断面方向为 F_O。确定 F_O 方向的方法为：

(1) 根据公式 (10.17) 计算 F 处的切线角 β_F；

(2) 求 FE 方向的坐标方位角 α_{FE}；

(3) 求 F 处的缓和曲线切线角 $\delta=\alpha_{FE}-\beta_F$；

(4) 在 F 处架设仪器，瞄准 E 点；

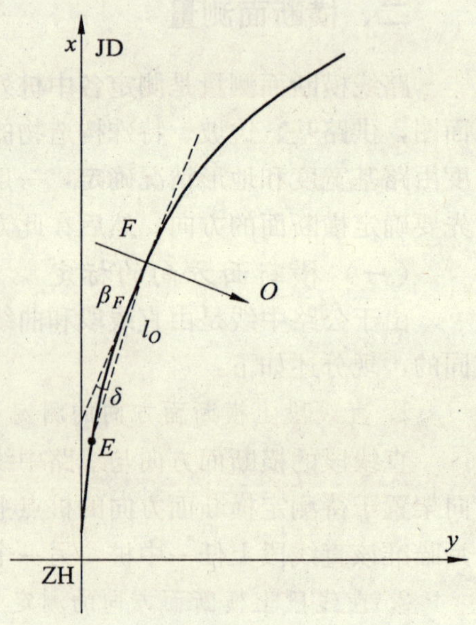

图 10.19　缓和段横断面方向标定

(5) 拨角 $\delta+270^{\circ}$，即是 F_O 方向。

（二）横断面的测量方法

横断面测量中的距离和高差一般准确到 0.1 m 即可满足工程的要求。因此横断面测量多采用简易的测量工具和方法，以提高工作效率，下面介绍几种常用的方法。

1. 标杆皮尺法（抬杆法）

标杆皮尺法（抬杆法）是用一根标杆和一卷皮尺测定横断面方向上的两相邻变坡点的水平距离和高差的一种简易方法。如图 10.20 所示，要进行横断面测量，根据地面情况选定变坡点 1、2、3、…将标杆竖立于 1 点上，皮尺靠在中桩地面拉平，量出中桩点至 1 点的水平距离，而皮尺截于标杆的红白格数（通常每格为 0.2 m）即为两点间的高差。测量员报出测量结果，以便绘图或记录，报数时通常省去“水平距离”4 字，高差用“低”或“高”报出，例如，图示中桩点与 1 点间，报为“6.0 m 低 1.6 m”，记录表格见表 10－3。表中按路线前进方向分左、右侧，以分数形式表示各测段的高差和距离，分子表示高差，正号为升高，负号为降低；分母表示距离。自中桩由近及远逐段测量与记录。

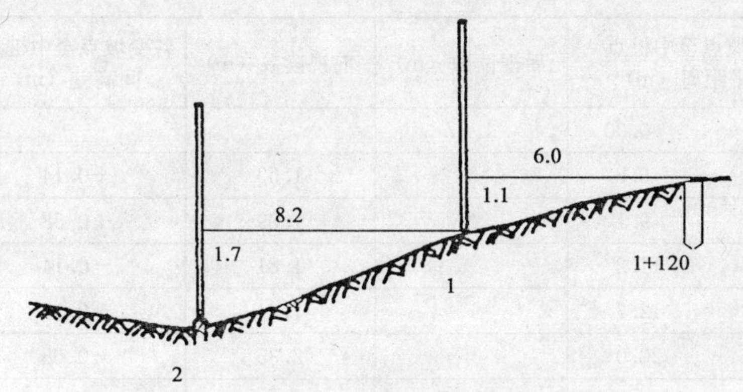

图 10.20　抬杆法测横断面

表 10－3　抬杆法横断面测量记录表

左　侧	里程桩号	右　侧
…$\frac{1.7}{8.2}$　$\frac{-1.1}{6.0}$	K1＋120	$\frac{+1.4}{12.5}$　$\frac{+1.0}{4.8}$…
…	…	…

2. 水准仪皮尺法

水准仪皮尺法是利用水准仪和皮尺，按水准测量的方法测定各变坡点与中桩点间的高差，用皮尺法丈量两点的水平距离的方法。如图 10.21 所示，水准仪安置后，以中桩点为后视点，在横断面方向的变坡点上立尺进行前视读数，并用皮尺量出各变坡点至中桩的水平距离。水准尺读数精确到厘米，水准距离读数精确到分米，记录见表 10－4。此法适用于断面较宽的平坦地区，其测量精度较高。

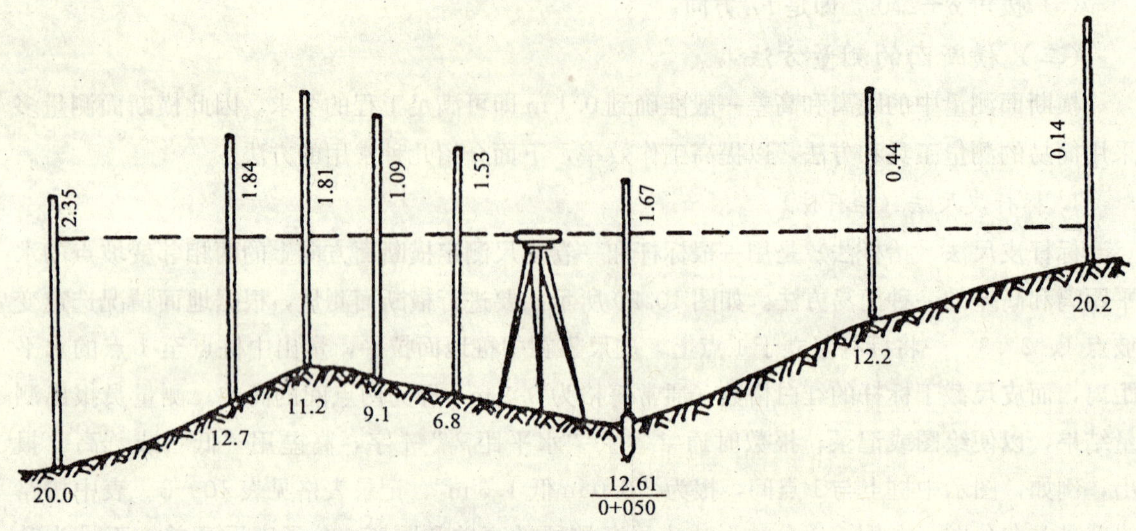

图 10.21　水准仪皮尺法测横断面

表 10－4　水准仪皮尺法横断面测量记录计算表

桩　　号	各变坡点至中桩点水平距离（m）		后视读数（m）	前视读数（m）	各变坡点至中桩点间高差（m）	备　注
K1＋420		0.00	1.67	—	—	中桩点
	左侧	6.8		1.53	＋0.14	
	左侧	9.1		1.09	＋0.58	
	左侧	11.2		1.81	－0.14	
	左侧	12.7		1.84	－0.17	
	左侧	20.0		2.35	－0.68	
	右侧	12.2		0.44	＋1.23	
	右侧	20.2		0.14	＋1.53	

3. 经纬仪视距法

经纬仪视距法是指在地形复杂、山坡较陡的地段采用经纬仪按视距测量的方法测得各变坡点与中桩点之间的水平距离和高差的一种方法。施测时，将经纬仪安置在中桩点上，用视距法测出横断面方向上各变坡点至中桩的水平距离和高差。

4. 全站仪法

随着全站仪的不断普及，横断面的测量大多由全站仪测量完成，全站仪测量可以提高测量的效率，大大减少劳动强度，而且配合计算机软件能达到更理想的效果，是现在横断面测量采用的主要方法。

该方法利用全站仪可以测定三维坐标的功能，并且不要求一定在横断面方向上架设仪器，只需在确定好的横断面方向上测定点的三维坐标，在计算机辅助制图软件中展点后便可方便快捷地绘制出横断面图。

（三）横断面图的绘制

1. 横断面图的绘制方法

横断面图一般在现场边测边绘，这样既可省略记录工作，也能及时在现场核对，减少差错。如遇不便现场绘图的情况，必须做好记录工作，带回室内绘图，再到现场核对。

横断面图的比例尺一般是 1∶200 或 1∶100，横断面图绘在厘米方格纸上，图幅为 350 mm×500 mm，每厘米有一细线条，每 5 cm 有一粗线条，细线间一小格是 1 mm。

绘图时以一条纵向粗线为中线，以纵线、横线相交点为中桩位置，向左右两侧绘制。先标注中桩的桩号，再用铅笔根据水平距离和高差，将变坡点点在图纸上，然后用小三角板将这些点连结起来，就得到横断面的地面线（显然一幅图上可绘多个断面图）。一般规定：绘图顺序是从图纸左下方起，自下而上、由左向右，依次按桩号绘制。

2. 计算机辅助横断面设计

目前广泛使用的道路工程设计软件可以自动生成纵横断面图，使断面图绘制方便、精准、快捷。横断面图中绘制出了设计横断面线和实际横断面线，当设计线形高于实际线形时为填方，反之则为挖方。如图 10.22 所示，T 所标注的范围是填方面积，W 所标注的范围是挖方面积。挖、填方面积分别乘以断面距离就是填、挖方的体积，这些工作均可由计算机自动完成，极大地减轻了道路设计工作的劳动强度，提高了工作效率。

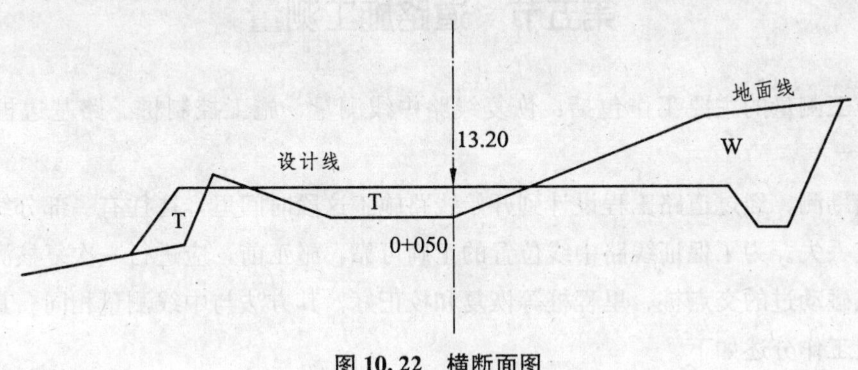

图 10.22 横断面图

三、路基土石方计算

路基土石方工程是道路工程的主体工程之一，在道路工程量中占有很大比重。土石方工程数量又是道路方案评价和比选的主要技术经济指标之一。

1. 基本公式

路基土石方计算工作量较大，加之路基填挖变化的不规则性，要精确计算土石方体积是十分困难的。在工程上通常多采用近似计算。

假定两相邻断面间为一棱柱体，按平均断面法计算，其公式为：

$$V=\frac{1}{2}(A_1+A_2)L \quad (10-33)$$

式中　A_1、A_2 为两相邻断面的断面面积（m^2）；L 为两相邻断面的间距（m），即两相邻断面的桩号差。

平均断面法计算简便、实用，是公路上目前常采用的方法。但其精度较差，该法只有当两相邻断面面积 A_1、A_2 相差不大时才较精确。当 A_1、A_2 相差较大时，则按棱台体积公式计算更为准确，其公式为：

$$V=\frac{1}{3}(A_1+A_2)\cdot L\cdot\left(1+\frac{\sqrt{m}}{1+m}\right) \quad (10-34)$$

式中　$m=A_1/A_2$，其中 $A_1>A_2$。

由此可知，平均断面法的计算结果是偏大的。计算土石方体积时，挖方和填方应分别进行计算。

2. 断面面积计算

路基横断面面积为不规则的几何图形，计算方法有积距法、几何图形法、坐标法、方格法等多种方法。通常用积距法和坐标法。

第五节　道路施工测量

道路施工测量的主要工作包括：恢复线路中线测量，施工控制桩、路基边桩和竖曲线测设。

从道路勘测，经过道路工程设计到开始线路施工这段时间里，往往有一部分线路中线桩点被碰动或丢失。为了保证线路中线位置的正确可靠，施工前，应进行一次复核测量，并将已经丢失或碰动过的交点桩、里程桩等恢复和校正好，其方法与中线测量相同。其余各项道路施工测量工作分述如下。

一、施工控制桩的测设

由于道路中线桩在施工中要被挖掉或堆埋，为了在施工中控制中线位置，需要在不易受施工破坏、便于引测、易于保存桩位的地方测设施工控制桩，方法有以下两种。

1. 平行线法

平行线法是在设计的路基宽度以外，测设两排平行于中线的施工控制桩，如图 10.23 所示，控制桩的间距一般取 10～20 m。

2. 延长线法

延长线法如图 10.24 所示，控制桩至交点的距离应量出并作记录。

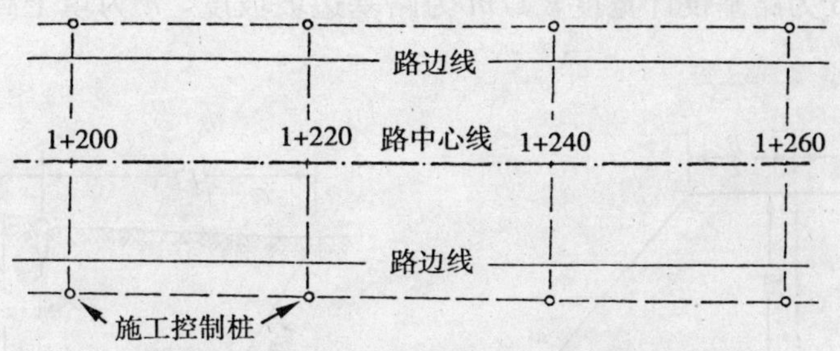

图 10.23　平行线法定施工放样控制桩

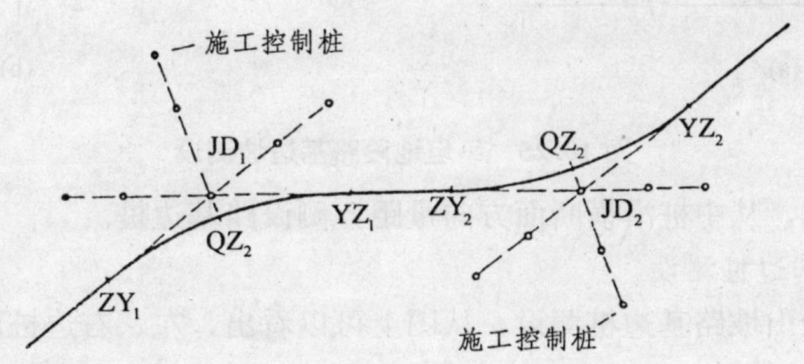

图 10.24　延长线法定施工放样控制桩

二、路基边桩的测设

路基施工前，要把设计路基的边坡与原地面相交的点测设出来。该点在设计路堤时为坡脚点，在设计路堑时为坡顶点。路基边桩的位置按填土高度或挖土深度、边坡设计坡度及横断面的地形情况而定。下面介绍一些常用的路基边桩测设数据获取及测设方法。

（一）图解法

在道路工程设计时，地形横断面和路基设计横断面都已绘制在厘米方格纸上，路基边桩的位置可用图解法求得，即在横断面设计图上量取中线至边桩的距离，然后到实地沿横断面方向用皮尺量出其位置。

（二）解析法

解析法是通过计算求得路基中桩至边桩的距离，在平地和山区，计算和测设的方法不同，现分述如下：

1. 平坦地段路基边桩测设

填方路基称为路堤（见图 10.25（a）），挖方路基称为路堑（见图 10.25（b））。路堤边桩至中桩的距离为：

$$l_{左}=l_{右}=\frac{B}{2}+mh \tag{10-35}$$

路堑边桩至中桩的距离为：

$$l_{左}=l_{右}=\frac{B}{2}+S+mh \tag{10-36}$$

上面两式中，B 为路基设计宽度，$1/m$ 为路基边坡坡度，h 为填土高度或挖土深度，S 为路堑边沟宽度。

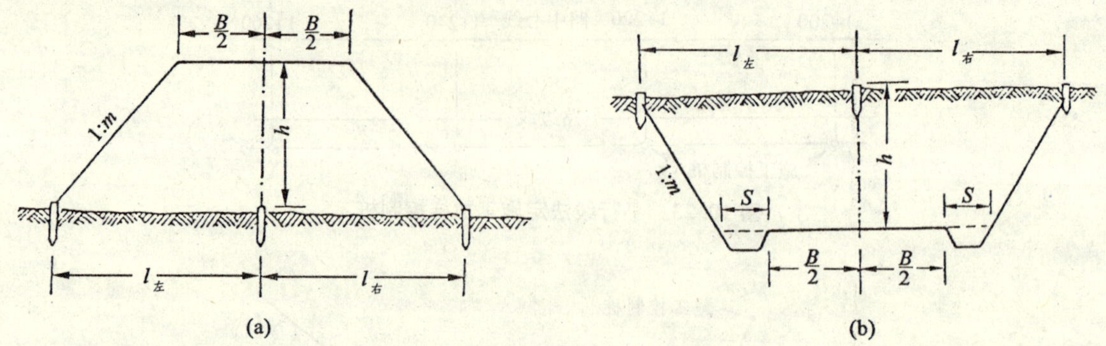

图 10.25 平坦地段路基边坡测设

根据算得的距离，从中桩沿横断面方向量距，测设路基边桩。

2. 山坡地段路基边桩测设

图 10.26 所示为山坡路基边桩测设，从图上可以看出，左、右边桩离中桩的距离为：

$$l_{左}=\frac{B}{2}+S+mh_{左} \tag{10-37}$$

$$l_{右}=\frac{B}{2}+S+mh_{右} \tag{10-38}$$

式中，B，S，m 均由设计决定，故 $l_{左}$，$l_{右}$ 随 $h_{左}$，$h_{右}$ 而变。

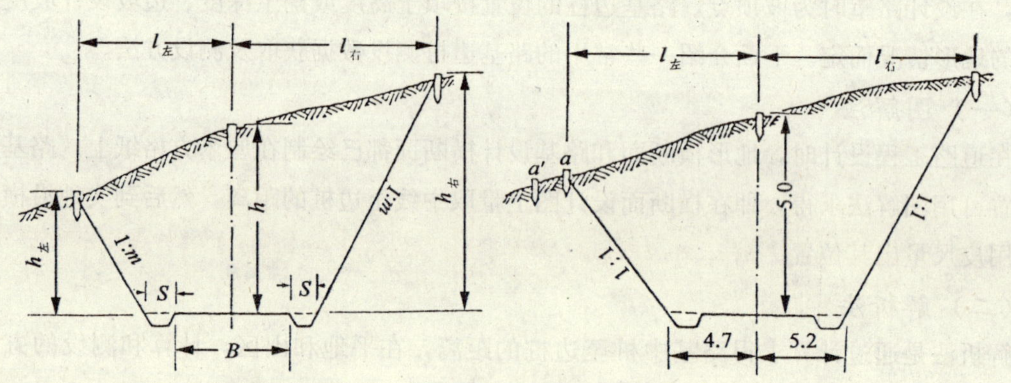

图 10.26 山坡上用逐次趋近法测设边桩

第六节 桥梁工程测量

一、桥梁工程测量概述

为了发展铁路、公路和城市道路等交通运输事业，江河上必须修建大量桥梁，包括铁路桥梁、公路桥梁、铁路公路两用桥梁，另外陆地上的立交桥和高架桥也属于桥梁结构。这些桥梁在勘测设计、建筑施工和运营管理期间都需要进行大量测量工作。

在桥梁的勘测设计阶段，需要提供大比例尺地形图（包括水下地形图）、河床断面图等测量资料；在桥梁的建筑施工阶段，需要进行桥墩、桥台、桥梁的定位施工测量。在建成后的管理阶段，为了监测桥梁的安全运营，充分发挥其效益，需要定期进行变形观测。本节主要介绍桥梁施工测量。

桥梁按其轴线长度一般分为特大桥（>500 m）、大桥（100～500 m）、中桥（30～100 m）和小桥（<30 m）4类。桥梁施工测量的方法及精度要求随桥梁轴线长度、桥梁结构而定，主要内容包括平面控制测量、高程控制测量、墩台定位、轴线测设等。

二、小型桥梁施工测量

建造跨度较小的小型桥梁，一般用临时筑坝截断河流或选在枯水季节进行，以便于桥梁的墩台定位和施工。

（一）桥梁中轴线和控制桩的测设

小型桥梁的中轴线一般由道路的中线来决定，如图10.27所示。先根据桥位桩号在道路中线上测设出桥台和桥墩的中心桩位 A，B，C 点，并在河道两岸测设桥位控制桩位 $K1$，$K2$，$K3$，$K4$ 点；然后分别在 A，B，C 点上安置经纬仪，在与桥中轴线垂直的方向上测设桥台和桥墩控制桩位 a_1，a_2，a_3，a_4，b_1，b_2，b_3，b_4，c_1，c_2，c_3，c_4 点，每侧要有两个控制桩，测设时的量距要用经过检定的钢尺，并加尺长、温度和高差改正，或用光电测距仪，测距精度应高于1∶5 000，以保证上部结构安装时能正确就位。

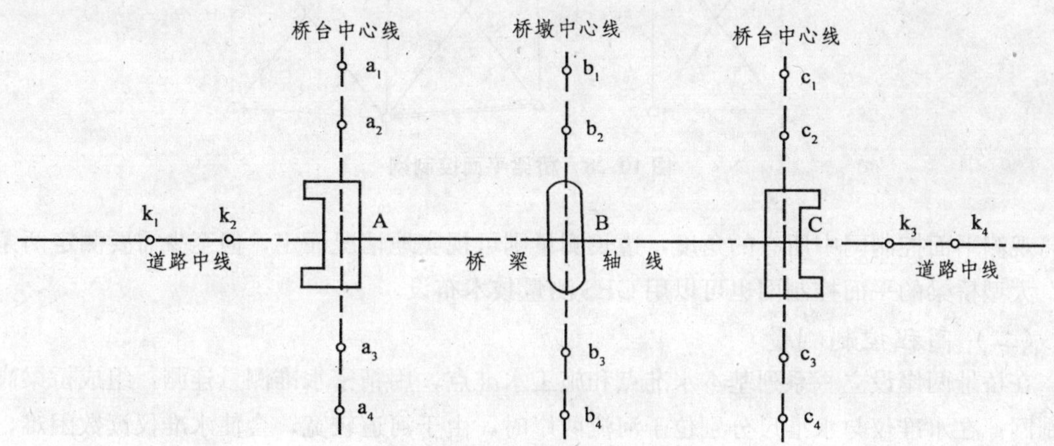

图10.27 小型桥梁施工控制桩

（二）基础施工测量

根据桥台和桥墩的中心线定出基坑开挖边界线。基坑上口尺寸应根据坑深、坡度、土质情况和施工方法而定。基坑挖到一定深度后，应根据水准点高程在坑壁测设距基底设计面为一定高差（如1 m）的水平桩，作为控制挖深及基础施工中掌握高程的依据。

基础完工后，应根据上述的桥位控制桩和墩、台控制桩用经纬仪在基础面上测设出墩、台中心及其相互垂直的纵、横轴线，根据纵、横轴线即可放样桥台、桥墩砌筑的外廓线，并弹出墨线，作为砌筑桥台、桥墩的依据。

三、大、中型桥梁施工测量

建造大、中型桥梁时，因河道宽阔，桥墩在河水中建造，且墩台较高，基础较深，墩间跨距大，梁部结构复杂，因此，对桥轴线测设、墩台定位等精度要求较高。为此，需要在施工前布设平面控制网和高程控制网，以便精确进行墩台施工定位和梁部结构架设。

（一）平面控制测量

桥梁平面控制网的图形一般为包含桥轴线的双三角形和具有对角线的四边形或双四边形，如图 10.28 所示（图中点划线为桥轴线）。如果桥梁有引桥，则平面控制网还应向引桥方向延伸。

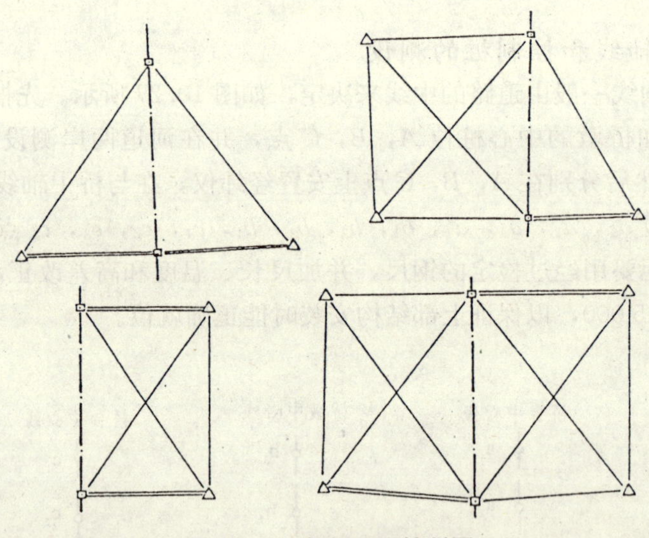

图 10.28　桥梁平面控制网

观测平面控制网中所有的角度，边长测量则可视实地情况而定，但至少需要测定两条边长。大型桥梁的平面控制网也可以用 GPS 测量技术布设。

（二）高程控制测量

在桥址两岸设立一系列基本水准点和施工水准点，用精密水准测量连测，组成桥梁高程控制网。在水准仪与水准尺分别位于河流两岸时，由于河道较宽，会使水准仪读数困难，且前、后视距相差悬殊，使水准仪的 i 角误差（视准轴不平行于水准管轴）和地球曲率影响都会增加。此时，可以采用过河水准测量的方法或光电测距三角高程测量方法（参看控制测量学）。

（三）桥梁墩台定位测量

桥梁墩台定位测量是桥梁施工测量中的关键性工作。水中桥墩的基础施工定位时，采用方向交会法，这是由于水中桥墩基础一般采用浮运法施工，目标处于浮动中的不稳定状态，在其上无法使测量仪器稳定。在已稳固的墩台基础上定位，可以采用方向交会法、距离交合法或极坐标法。同样，桥梁上层结构的施工放样也可以采用这些方法。

1. 方向交会法

如图 10.29 所示，AB 为桥轴线，C、D 为桥梁平面控制网中的控制点，P_i 点为第 i 个桥墩设计的中心位置（待测设的点）。在 A、C、D 三点上各安置一台经纬仪，A 点上的经纬仪瞄准 B 点，定出桥轴线方向；C、D 两点上的经纬仪均先瞄准 A 点，并分别测设根据 P_i 点的设计坐标和控制点坐标计算的 α、β，以正倒镜分中法定出交会方向线。

由于测量误差的影响，从 C、A、D 三点指向 P 点的三条方向线一般不可能正好交会于一点，而构成误差三角形$\triangle P_1P_2P_3$。如果误差三角形在桥轴线上的边长（P_1P_3）在容许范围之内（对于墩底放样为 2.5 cm，对于墩顶放样为 1.5 cm），则取 C、D 两点指向 P 的方向线的交点 P_2 在桥轴线上的投影 P_i，作为桥墩的中心位置。

在桥墩施工中，随着桥墩的逐渐筑高，桥墩中心的放样工作需要反复进行，且要求迅速和准确。为此，在第一次求得正确的桥墩中心位置 P_i 以后，将 CP_i 和 DP_i 方向线延长到对岸，设立固定的瞄准标志 C'、D'，如图 10.30 所示，即可恢复对 P_i 点的交会方向。

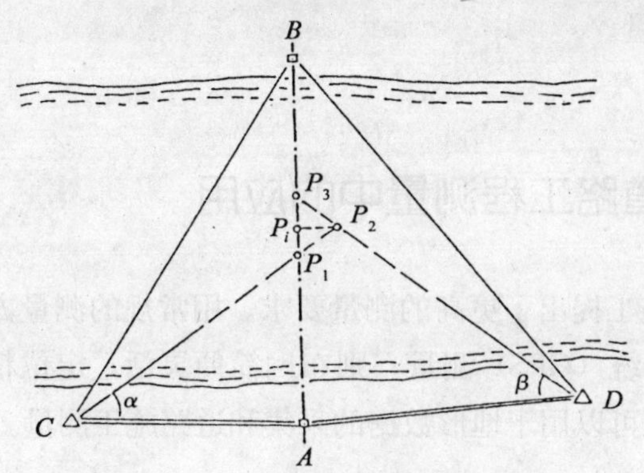

图 10.29　三方向交会中的示误三角形

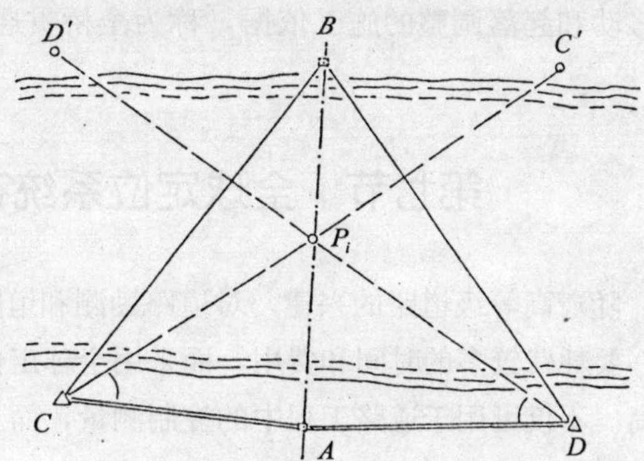

图 10.30　方向交会的固定瞄准标志

2. 极坐标法

在被测设点位上可以安置棱镜的条件下，用全站仪极坐标法放样桥墩中心位置，则更为精确和方便。对于极坐标法，原则上可以将仪器放于任何控制点上，按计算的放样数据——角度和距离测设点位。若是测设桥墩中心位置，最好是将仪器安置于桥轴线点 A 或 B 上，瞄准另一轴线点作为定向，然后指挥棱镜在该方向上移动，测设出距离 AP_i 或 DP_i 的距离，即可定出桥墩中心位置 P_i 点。

（四）桥梁架设施工测量

桥梁梁部结构较复杂，要求对墩台方向、距离和高程以较高的精度测定，作为架梁的依据。

墩台施工时，对其中心点位、中线方向和垂直方向以及墩顶高程都作了精密测定，但当时是以各个墩台为单元进行的。架梁是将相邻墩台联系起来，要求相邻墩台中心点间的方向、距离和高差必须符合设计要求。

桥梁中心线方向测定，在直线部分采用正倒镜法，用经纬仪正倒镜观测，刻划方向线，如果跨距较大（>100 m），应逐墩观测左、右角；在曲线部分，则采用测定偏角的方法。

相邻桥墩中心点间距离用光电测距仪观测，适当调整使中心点里程与设计里程完全一致。在中心标板上刻划里程线，与已刻划的方向线正交，形成墩台中心十字线。

如果可能的话，墩台顶面高程应该用精密水准方法测定，并且构成附合水准路线，附合到两岸基本水准点上。如果不能采用水准方法测定，则可以采用光电测距三角高程方法测定。

大跨度钢桁架或连续梁采用悬臂或半悬臂安装架设。拼装开始前，应在横梁顶部和底部分中点做出标志，架梁时，用以测量钢梁中心线与桥梁中心线的偏差值。

在梁的拼装开始后，应通过不断地测量保证钢梁始终在正确的平面位置上，立面位置（高程）应符合设计的大节点挠度和整跨拱度的要求。

如果梁的拼装系自两端悬臂、跨中合拢，则合拢前的测量重点应放在两端悬臂的相对关系上，如中心线方向偏差、最近节点高程差和距离差要符合设计和施工的要求。

全桥架通后，进行一次方向、距离和高程的全面测量，其成果资料可作为钢梁整体纵、横移动和起落调整的施工依据，称为全桥贯通测量。

第七节　全球定位系统在道路工程测量中的应用

随着高等级道路的兴建，对道路勘测和道路施工提出了更高的测量要求。用常规的测量方法，要耗费较多的时间和费用，而采用全球定位系统（GPS）测量，则布网简便灵活，定位精度高。不仅可用于道路工程中的控制测量，而且还可以用于地形数据的采集和道路施工测量。

一、GPS 用于道路工程控制测量

1. 平面控制测量

在道路工程的平面控制测量中，传统的方法为用经纬仪加测距仪或全站仪沿线布设导线，由于路线较长，横向误差容易积累，规定导线延伸到一定长度（一般规定不大于 10 km）必须附合到国家平面控制点上。由于道路沿线大多为农村或山林地区，控制点稀少，通视条件差，给导线的联测和附合造成困难；而用 GPS 进行工程控制测量，则不受距离和通视条件的限制，可以方便地与国家或城市控制点联测，按路线的进展需要而布设，既可以按一定间距布设首级控制点后，采用常规导线测量方法加密；也可以按需要的密度一次性完成全部控制点的布设和测量。由于 GPS 技术相对于传统方法，具有巨大的经济技术优势，目前已成为各级控制测量工作首选的技术方法。

2. 高程控制测量

通过 WGS—84 椭球系高程与黄海高程系的转换，用 GPS 技术也可以测定控制点的高程，有文献资料指出，其精度已能达到四等水准测量要求，因此，可用于路线水准测量中的基平测量。

二、带状地形测量和纵横断面测量

GPS 实时差分技术（RTK）可以在数秒至数分钟内实现厘米级精度定位，因此目前被广泛用于地形数据（地物、地貌特征点的三维坐标及其关联、属性信息）采集。其采集的地形数据可以直接输入计算机成图，或建立道路沿线的三维立体化数字模型，供道路设计之用。

道路定线后的纵、横断面测量同样可以用 GPS-RTK 测量来完成，形成纵断面和横断面的数据文件，绘制纵、横断面图。

三、道路施工测量

由于 GPS－RTK 技术不受通视条件限制，定位效率高，精度完全可以满足道路施工要求，因此，越来越多地被应用到道路建设的施工测量中。

第十一章 工程变形测量

第一节 工程变形测量概述

一、变形与变形类型的划分

所谓变形，指的是地表、岩体和建筑物之间或者是岩体、建筑物内部点与点之间的三维空间的位移。只有这种点与点之间的三维空间的位移才可能对建筑物的安全构成危险。因此，不能笼统地认为运动就是建筑物变形产生的原因，更不能简单地认为变形就是破坏。这中间有一个从量变到质变的过程。就变形类型而言，有大地变形与建筑物变形之分，前者是后者的基础。若按引起变形的原因，建筑物的变形可分成 3 类：① 自然因素引起的建筑物变形；② 人工采动引起的建筑物变形；③ 综合因素引起的建筑物变形。自然因素引起的建筑物变形，主要是指由地球运动内力如地震、地球隆起与沉降造成的建筑物变形破坏；人工采动引起的建筑物变形主要是指地下有用矿物的开采，如采矿、采油、采水造成的变形破坏；综合因素引起的建筑物变形指的是介于自然因素和人工采动两者之间的综合变形。

随着时代的前进，科技事业的发展，人类的生活、生产领域不断扩大。首先是人类的地下采掘活动逐步扩大到城下、建筑物和构筑物下；大量的工矿混杂城镇与日俱增，这类城市的建筑物变形问题已不再是单一的某一类变形问题，而是地壳运动和采动变形的综合影响结果。因此，要求技术人员必须掌握多方面的建筑物变形理论和观测方法。其次是大型建筑物和工业设施的出现，如摩天大楼、塔形高大建筑和巨型水电站的拦水坝、特种精密型运动设备等。由于种种原因的影响，这些高大工程建筑物和设施在运营过程中都会发生某种程度的变形。如果变形保持在一定范围内，则可认为是正常现象，如果不是，就会影响建筑物的正常使用，严重时还会影响建筑物的安全。最后是人类生存的空间需要安全保护，例如，山区的滑坡时刻在威胁着人类生产、生活的安全，地震区需要及时预报地震活动情况，等等。因此，在人类的生产、生活与科研活动中，迫切需要监视地表、工程建筑和设施以及生存空间的点位移动状况，即所谓的变形观测。

二、变形观测的任务

变形观测的任务是长期的对大地和建筑物的地表移动监测点（统称其为变形观测对象）进行重复观测，捕捉变形敏感部位和各观测周期间的变形观测点的变形信息。

变形测量的内容应视变形观测对象的类型和性质以及设站观测的目的不同而不同。它要求有明确的针对性，做到全面考虑，以便能正确地反映出变形信息的状况，达到安全保护的目的。

1. 大地变形监测

大地变形监测的主要任务是了解地壳的运动状态，观测的主要内容是观测监测点的点位位移情况，包括移动方向、移动速度、高程变化等，为采取紧急安全措施提供有关数据。

2. 工业与民用建筑物变形观测

对于工业与民用建筑物基础，主要观测其下沉和纵横向的长度变化，用以计算建筑物的倾斜、弯曲、拉伸与压缩变形以及下沉速度，并绘制出沉降布设图；对建筑物的主体部分，主要观测倾斜和裂隙。工业企业和科学试验设施以及军事设施中的工艺设备、导轨等，对倾斜和水平位移较为敏感。高大建筑物对动态变形和倾斜变形就显得重要一些，因为这类变形直接影响到建筑物的安全。

3. 土工建筑物稳定性监测

土工建筑物稳定性监测以土坝为例，其监测项目除水平位移和沉降外，还要测定坝体的浸润线、渗漏状况和裂隙分布。

4. 钢筋混凝土建筑物的变形观测

钢筋混凝土建筑物的变形观测以混凝土重力坝为例。其主要观测项目是水平位移、高程变化和断裂分布状况。其目的在于监视坝基的稳定性和坝体的弯曲变形。以上内容通常称为外部变形观测，也就是用工程测量的方法确定建筑物外形的三维空间位移。此外，由于钢筋混凝土重力坝属于大型水工建筑物，其安危涉及广大地区的人和物，设计理论比较复杂，所以除了外部变形观测外，还要了解坝体的内部情况，如混凝土应力、钢筋应力、温度、水位等。这些内容一般称为内部观测。通常的做法是将电学仪器和仪表埋设在坝体内。用电缆或管道通往廊道内，进行定期观测。内部和外部观测关系密切，因此应同时进行观测，以便在资料分析时互相补充和检验。

5. 地表沉降观测

在冲积表土层大面积覆盖的平原地区，地下水的超量开采，影响了土层的结构，使地面出现显著的下沉。对于地下采矿地区，采出有用矿物后，不仅使采区上方的地表下沉，而且还要破坏含水层的平衡状态，加剧地下水的流动，流动的地下水可带走大量的泥沙，也会形成地表下沉。其下沉影响范围可大于开采影响半径的 3 倍，地表的下沉有时还会形成积水区，影响仓库的使用和居民的正常生活。有时由于拉伸和压缩作用，破坏了地下管线，造成油管漏油、水管漏水、气管跑气，既影响使用又危及建筑物的安全。因此必须定期进行监测，掌握移动变形规律，采取适当保护措施。

三、变形观测方法

大地与建筑物的变形观测方法主要根据变形观测对象的特征、工程地质与水文地质情况、观测区域的地形情况、精度要求和周围环境状况确定。可采用水准测量、三角测量、经纬仪导线测量、光电测距导线以及物理方法。目前，在有条件的地方正在研究和使用 GPS 三维变形监测和自动监测，朝着自动化和半自动化的方向发展。

为完成变形观测任务，通常在工程建筑物设计阶段就应着手地基工程地质和水文地质状况的研究，拟订变形观测方案，并将其列为工程建筑物的一项基本设计内容，以便在施工时埋设测量标志。

第二节　变形破坏机理概述

一、自然因素引起的变形破坏

在变形观测实施之前，必须首先弄清变形产生的基本原因。只有这样，才能做到对症下药，才能正确地布设监测控制网，观测到可靠的变形数据，才能得出确切的变形分析结果。

地壳在内力作用下运动形式很多，所以变形形成原因也是多方面的。

1. 地壳板块运动引起的变形破坏

地壳板块运动的范围一般很大，建筑物将随地基的隆起而上升，随地基的沉陷而下沉。建筑物随地基的整体升降并不意味着建筑物必定要破坏，其起决定作用的因素是地基的倾斜。超量的倾斜会引起建筑物受力不均，威胁其使用安全，使建筑物失去使用价值。位于运动板块边缘的建筑物将遭受板块运动的剪切力，而被剪断。

2. 地震引起的变形破坏

地震产生的基本原因有火山活动和地壳的构造运动。例如，1976 年 7 月 28 日的唐山大地震，就是构造地震。在有褶皱地质构造的岩层中，在构造力的作用下，应力在平衡过程中可能导致地壳内部产生摩擦运动，并使地壳表面出现地震式的震动力：如果这种震动力达到 5 级，建筑物室内墙面上就可能出现裂缝。波兰上西里西亚地区 20 年的观测结果表明，5 级地震可使地表下沉 0.15 m，水平变形达 0.6 mm/m。

3. 地质构造引起的建筑物变形破坏

在有断层存在的地区，如果建筑物横跨断层的两盘，那么只要断层的上盘稍微有错动，地表建筑物就被剪断。如图 11.1 所示，基础随上盘下沉，使建筑物破裂。

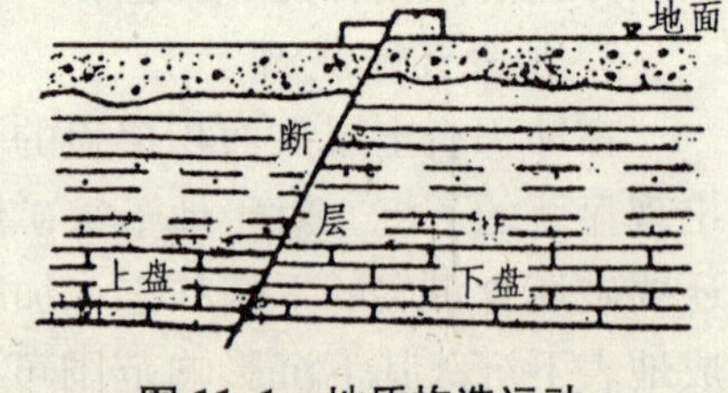

图 11.1　地质构造运动

4. 滑坡引起的变形破坏

滑坡多发生在山区，一般分为重力型滑坡和沿层面滑坡。图 11.2 为重力型滑坡，在重力作用下岩体沿边坡稳定角向下滑动；图 11.3 为沿层面的综合型滑坡，建筑区位于江边的斜坡上，建筑物的基础为表土层和岩石风化带，表土层

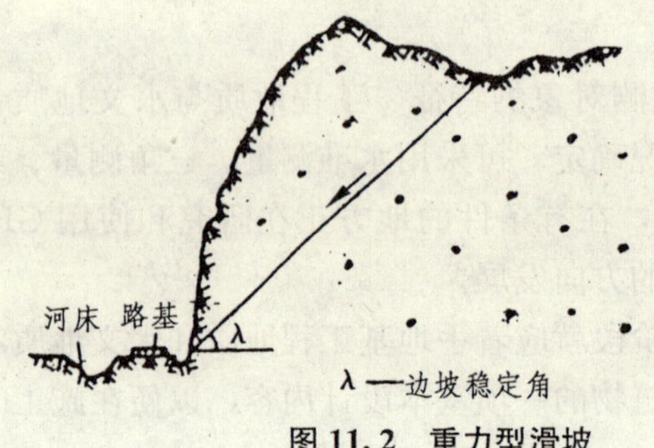

图 11.2　重力型滑坡

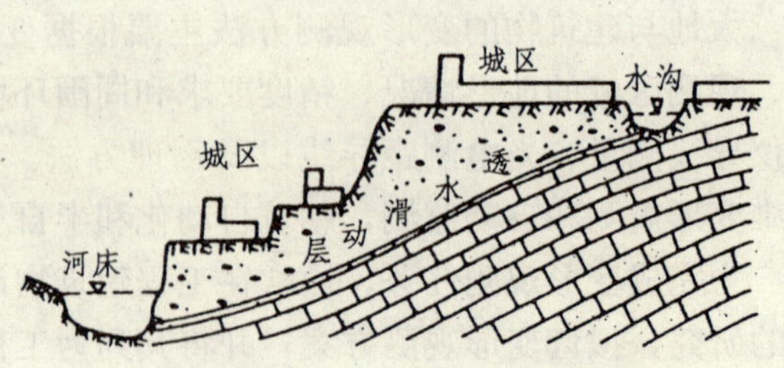

图 11.3　沿透水滑动层滑坡

和石灰岩风化带之间有一遇水滑动层。当初由于无水渗入滑动层，建筑物一直安全无恙，但是由于沿江修建了大型拦河坝，改变了水流分布状况，水位提高后，江水大量渗入滑动区，从而导致建筑区的滑坡变形破坏。沿长江流域的上游曾发生过数次类型的滑坡，可以预料到，随着三峡工程的兴建，这类滑坡还会增多。

5. 地下水过量抽采引起的建筑区破坏

地下水过量抽采引起的建筑区破坏的两个典型的例子：

（1）山东省泰安塌陷。自 1976 年来泰安南部旧城区居民房屋连续塌倒，东郊自来水厂机井周围塌陷坑成群出现（约 30 多个），坑深 1～6 m，坑口直径 1～6 m，1979 年泰安化肥厂院房开裂，大烟囱下沉。同年，火车站的道岔处倒塌，深 5 m，直径 8 m，回填后仍有下沉。1980 年 7 月，车站正线间发生塌陷，1982 年 8 月，旧城仓库塌陷使部分货物陷入坑内。泰安市发生的大规模塌陷，直接影响了津浦铁路的运输，曾使铁路钢轨架空，行车中断或车速放慢。整治泰辛联线三角区的塌陷共耗资 2 000 多万元。

（2）秦皇岛柳江盆地石门寨水源地岩溶塌陷。自 1976 年 7 月 28 日唐山地震到 1988 年的 12 年间，秦皇岛石门寨地区共发生岩溶塌陷 305 处，其中地震后出现 9 处；1983—1985 年水源地投产出现 287 个陷坑，塌坑直径约 2～18 m，可见深度 0.5～0.8 m，形态有圆形、椭圆形、碟形。从剖面上看，为筒状、坛状、漏斗状，主要分布在石河河谷、鸭水河河谷、石门寨中学至石河河谷西侧，塌陷面积 0.19 km^2，影响范围 3.7 km^2。

6. 其他自然条件变化引起的变形破坏

自然条件变化引起的变形破坏主要是指由大气条件（如大气温度、降雨量）变化引起的变形破坏，干燥气候等的变化造成的变形破坏。由于蒸发、腐烂、植物的吸收作用，使得黏性土和有机物质中的水分减少，自然温度大大降低，黏性土的体积减小，在自重或外力作用下表土层的孔隙度减小，这一过程被称为土的固结。实践证明，在这种情况下体积可减小 15%～30%。如果这种固结土重新吸收水分，其体积重新增大，被称为土的膨胀。泥质板岩的膨胀率为 5%左右。松散的土层在去水以后，由于浮力消失，自重作用产生的压力增加，其下部的黏土产生压缩。这种压缩作用产生的沉降变形区间比较小，对建筑物危害很小。实践证明，黏土的收缩作用则不然，由于土体在不同部位干燥程度不同，它可使房屋一角地基下沉，由于基础的弯曲作用使其结构破坏。在房屋的阳面，干燥的比较快，其基础的影响深度大，在阴面则不然。由于不均匀的干燥结果，使土地基呈拱形隆起。

在河谷地带和汇水区，河水水位的变化影响着表土层的水流坡度。如果是洪水期，升高了的河水水位可波及河两岸宽达数千米的表土层区；河水水位下降后，表土层水向河流倒流时，水流将带走松散的泥沙，使建筑物产生倾斜变形。有的由于沿着含水黏土层流动，引起表土层移动或滑动，可使靠近斜坡的建筑物遭到破坏。

二、自然因素和人为因素综合影响引起的变形破坏

产生这类变形破坏的建筑物事例很多，有民用建筑，也有公共设施。一座大楼的倒塌，其影响面是小的，而一座大型水库的决堤，影响则是广大的。下面就以水坝的破坏说明其原因。

美国的奥斯丁重力坝，坝长 390 m，最大坝高 20.7 m，于 1883 年建成使用，在 1900 年

前，由于泄水孔下地基的软弱岩层受到冲刷，该坝局部受到破坏；1900 年 4 月 7 日，发生特大洪水，坝顶上溢水高度 3.35 m。巨大的洪水使坝体中部长约 152 m 的坝段发生动摇和偏斜，顺流下滑 18 m 远。事故后查明原因：大坝基础不好，又没能事先做出处理；在修复过程中，又没能对坝基下的卡斯特构造现象进行研究，岩石的裂缝也没能进行灌浆处理，没能对坝址石灰岩的渗漏、裂隙和坚固程度进行研究，以至在坝体重力作用下发生坍塌，在洪水作用下决堤。美国的提堂土坝，坝长 900 m，坝高 93 m，是一座不透水的新墙坝。由于设计施工不完善，蓄水后出现严重渗漏，再加上建成后的管理不当，大坝于 1975 年建成，1976 年 6 月就遭到破坏。

上列水库破坏在经济和人员死亡方面的损失都是巨大的，由此引出的教训是：

① 做好坝址基础的勘测，详细查明地质状况；

② 精心设计、处理好坝体的基础；

③ 加强施工管理，不留隐患；

④ 做好运营过程中的管理，定期进行变形观测，定期进行检修。

三、建筑物采动破坏机理

在地下有用矿体采出之前，岩层处于力学平衡状态，当地下有用矿体采出后，岩层原始力学平衡状态被打破，为寻求新的平衡状态，岩层开始移动形成了采动力。此时的地表建筑物除受其自身的重力作用外，其基础还要承受采动力的附加作用。实践证明，采动附加力和建筑物自身重力的综合破坏力随建筑物与回采工作面之间的位置不同而变化，其对建筑物的破坏影响不同。

1. 地表下沉对建筑物的破坏

地表的均匀下沉，使建筑物发生整体位移，此时对建筑物的整体结构似乎危害不大，但是应该看到，所谓的整体位移不是一下子发生的而经历了一个动态过程，如图 11.4 所示。A、B 为回采工作面线位置，δ_0 为采动影响边界角；在边界外，变形值为 0 或很小，对建筑物无破坏影响。在工作面线从 A 推进到 B 的过程中，建筑物先受拉伸变形力作用，如图中位置 1；随着回采工作面的推进，建筑物要发生倾斜，并承受压缩变形力的作用，如图中位置 2；当回采工作面线推进位置距建筑物的平距大于 $H/\tan\delta_0$ 时建筑物又恢复原状，只是发生整体垂直位移，如图中位置 3。由此可见，只要建筑物能承受回采过程中的变形作用，即可保证建筑物完好。实际上这只是一种理想，通常大多数建筑物都因承受不了动态变形力的作用而遭到破坏，除非事先采取加固措施。当地表下沉 W 比较大时，一是地面形成积水坑，二是地下水位提高，这样会使建筑物基础浸泡在水中，不仅影响建筑物的使用，而且还要降低建筑物基础的强度，严重时导致建筑物倒塌。

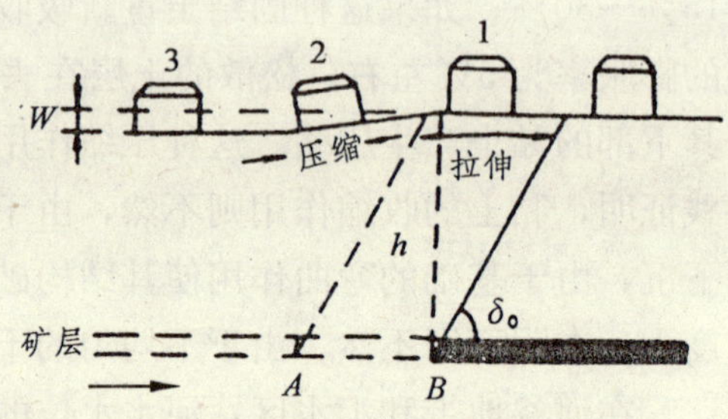

图 11.4 建筑物整体位移的动态过程

2. 地表倾斜对建筑物的破坏影响

地表倾斜使建筑物的基础高度发生变化，从而改变建筑物的均布受力状态，如图 11.4 的 A 位置的正上方地表倾斜引起建筑物倾斜，使得建筑物的受力中心发生移动。当作用到局部薄弱环节位置时，建筑物有可能被剪断。如果是管线类建筑物或者铁路、公路，可以改变坡度增加运营阻力。如果是基础面积很小的细高型建筑物，如大烟囱、水塔等，可使建筑物的重心发生偏斜，导致其倒塌。

3. 地表曲率的变形破坏

地表曲率的变形破坏如图 11.5 所示。地表曲率有上凸、下凹之分，即正、负曲率。当地表出现下凹曲率时，建筑物的基础犹如一个两端受力的支撑梁，中间出现悬空，建筑物上部的墙体产生“八”字形的裂缝，如图 11.5（a）所示；当地表出现正曲率时，建筑物的基础集中在中间部位承受支撑力，其两端出现悬空，建筑物的上部出现向外的拉力，致使建筑物的墙壁产生倒“八”字形的破坏裂缝，如图 11.5（b）所示，其裂缝角约为 60°～70°。

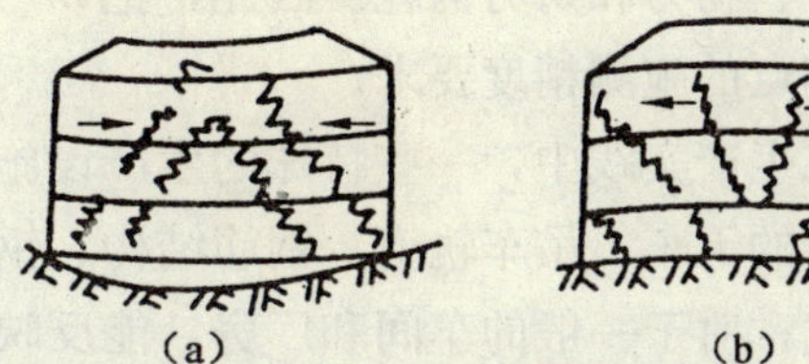

图 11.5　地表曲率的变形破坏

4. 水平变形对建筑物的破坏

建筑物在外力作用下沿轴向发生的长度变形称为水平变形，水平变形有拉伸和压缩变形之分，主要取决于建筑物所承受外力的性质。水平变形对建筑物的破坏较明显，尤其是拉伸变形，由于建筑物的抗拉变形能力一般较小，所以在长条形筑物主（如长条式楼），较小的地表拉力都可使建筑物产生裂缝，产生裂缝的部位多数在建筑物的薄弱环节（门窗处）。

压缩变形是由于建筑物的基础承受地表压应力的结果。压应力从相向的两个方面对建筑物作用，往往使门、窗洞口挤成菱形，使墙产生水平剪断裂缝，甚至使基础压裂。

第三节　变形观测的精度要求与频率

一、变形观测的精度要求

变形测量的应用范围很广，所以不可能定出统一的精度要求。制定变形观测精度要求的基本要求是以满足设计要求为标准，具体情况具体对待。

观测精度要求指的是最弱点的点位相对于变形测量控制点的三维绝对误差。

1. 采动变形观测

（1）变形测量控制点的测设精度要求：水准测量的联测精度不低于三等水准测量的精度要求；平面控制点的联测视变形监测网的大小而定，可采用四等导线和四等三角测量方法或 5 秒级导线和 5 秒级三角测量方法。

（2）变形监测点的测量：变形监测点的测量主要为几何水准测量方法；水准测量精度要求不低于四等水准。支距测量的精度要求视具体情况而定。

2. 工业与民用建筑物的变形观测

(1) 工业与民用建筑物的变形监控制网：水准测量精度要求不低于三等水准测量的精度要求，并按有关规定施测。平面控制测量视变形监测网的大小按有关规定和精度要求施测。

(2) 变形监测工作点的施测精度：我国建筑设计部门在研究高层建筑物的倾斜时，把允许倾斜值的 1/20 作为观测精度指标。例如，设计允许倾斜度为 4‰，求得顶点允许偏斜值为 120 mm，则中误差 $m=120\times1/20=6$ mm。根据实测原则，在确定了必要的中误差之后，还要根据自身仪器设备和技术力量，确定一个比较容易达到的精度要求，而且尽量减少过多的人力、物力和财力消耗。因此，把 $m=2$ mm 的观测中误差作为工业与民用建筑物变形测量工作点的施测精度要求。

在生产实践中，一些特殊的生产设施往往需要有较高的施测精度。例如，连续生产的大型车间的天车、吊车轨道、钢筋结构、钢筋混凝土建筑物等，一般要求能反映出 1 mm 的沉降变化；对于一般的车间和厂房，能反映出 2 mm 的沉降变化即可。因此确定变形观测点的高程测量误差应小于±1 mm。如果是特殊的精密工程项目，应具体情况具体对待。

3. 水工建筑物的变形观测

(1) 水工建筑物的变形监测控制网：水工建筑物的变形监测控制网应按有关的规程规定施测。高程控制网按二、三等水准施测。平面控制网按三、四等导线或三角测量的有关规定和精度要求施测。

(2) 变形监测工作点的施测：由于水工建筑物的结构、形状各不相同，所以，变形观测的内容和精度要求自然也不一致。即使是同一建筑物的不同部位（如拱形坝），其观测精度要求也不相同；变形大的部位（如拱冠），其观测精度要求可低于变形小的部位（如拱座）。对混凝土大坝，变形观测值的精度应不低于±1 mm；对于土工建筑物，则要求变形观测值的精度不低于±2 mm。

二、观测频率的确定

确定观测频率的基本原则是变形观测既要能正确地反映出变形监测工作点的变化过程，又不得漏掉变形速度和变化时刻，还要做到观测工作量最省。

下面以建筑物的基础下沉观测为例，确定建筑物变形观测频率。

在荷载力的作用下，建筑物的变形过程大体上可分为以下 4 个阶段：

(1) 开始阶段。因为是施工阶段，建筑物逐渐加大并加重，基础上的压力增大，沉降速度较高，年下沉量可达 20～70 mm，此即活跃期。

(2) 下沉速度减缓阶段。在此期间，建筑物基础的年下沉量约为 20 mm。

(3) 平稳下沉阶段。在平稳下沉阶段，其下沉速度约为每年 1～2 mm。

(4) 稳定阶段。图 11.6 为建筑物的下沉一

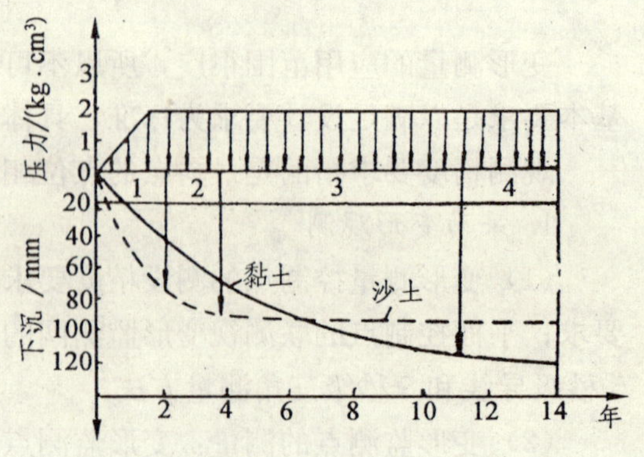

图 11.6 建筑物基础下沉一时间函数表

时间函数。在施工阶段，观测频率应高些，一般有三天、七天、半个月3种观测周期。建筑物竣工投产后，观测频率可低些，一般有一个月、二个月、三个月、半年及一年不同周期。在施工阶段，也可按建筑物荷载增加过程进行观测。从工作测点埋设稳定后的第一次测量起，荷载增加到25%时观测一次，以后每增加荷载的15%观测一次；竣工后，一般第一年观测4次；第二年2次，以后每年1次，特殊要求的水工建筑物每年不少于2次。

图11.7为中硬煤系地层的地表下沉一时间函数。由图可知，井下开采一年后，地表下沉已达75%，两年后达90%，3年后达95%，5年后为100%。图11.8是以硬砂岩为主的煤系地层的地表下沉一时间函数。由图可知：井下开采两年后地表下沉只有5%，岩层移动活跃期主要发生在以后的3、4、5年，达下沉的95%，7年后地表才稳定。由此可见，下沉活跃期出现随岩性不同有早、迟不同。在活跃期，有15天、30天两种观测周期，初始阶段和衰退阶段一般每隔三个月观测一次高程，地表下沉达50～150 mm时，应进行开始开采后的第一次测量。

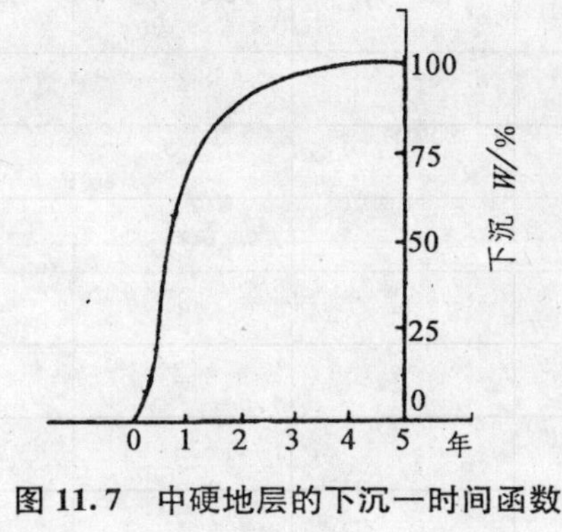

图11.7　中硬地层的下沉一时间函数

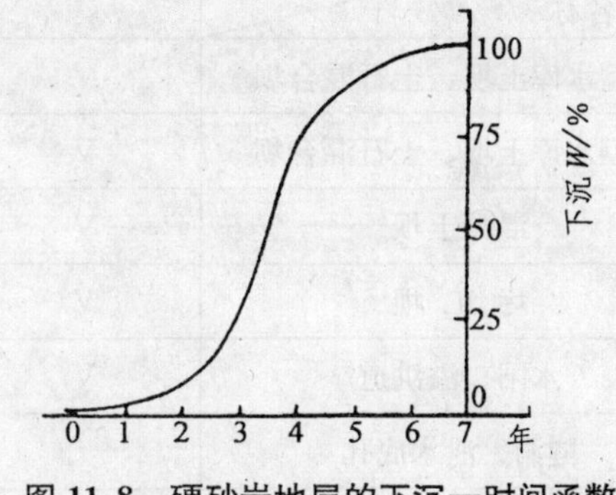

图11.8　硬砂岩地层的下沉一时间函数

第四节　变形监测工作的实施

变形监测工作，无论是大型的还是小型的观测对象，基本上都应按以下5个步骤实施。

一、变形监测系统设计

变形监测系统设计应根据观测对象的特点及工程地质和水文地质情况进行变形监测系统设计；当对建筑物作变形观测时，应在进行建筑物结构设计的同时实施变形监测系统的设计。设计工作的内容包括：确定监测项目（例如：水平位移、下沉、固结、裂缝、倾斜等）；选择观测方法，变形监测点的布设，以及观测精度和观测频率的确定。

变形观测属精密工程测量，要求有精确的变形监测控制网。因此，最好建立 x、y、z 和时间 t 四维控制网。这个四维控制网不仅应满足施工期的要求，还应满足竣工后工程管理和变形监测工作的长期需要。在进行变形监测系统设计时，应具备以下基本资料：

① 变形观测涉及地区的地形图、地质图；

② 观测对象及建筑工程布置总图；

③ 观测对象结构设计图；

④ 施工测量控制网平面图。

每一变形监测系统的建立，都取决于观测对象的规模和它的重要性。大地与地震变形观测按国家有关规定执行；工业与民用建筑物的变形项目多由建筑物设计时提出；水工建筑物的观测项目按水电部出版的《水工建筑物观测工作手册》有关规定实施；采动建筑物变形观测项目，按煤炭部出版的《矿山测量规程》和煤炭工业局出版的《建筑物、水体、铁路及主要井巷煤柱留设与压煤开采规程》的有关规定确定。无论是哪种建筑物和哪种变形观测，都离不开 x、y、z 和 t 四维空间变化，都有最敏感的变化方向。因此提出这样一条基本原则：凡大地与建筑物变形观测均不可漏掉最敏感方向的变形观测。

现将水工建筑物变形观测的项目要求列于表 11－1，供选择观测项目时参考。

表 11－1　各类水工建筑物变形观测项目

观测项目 / 工程名称	水平移动	下沉	固结	裂缝	拉伸
大型水库土坝、土石混合坝	V		*	*	
中型水库土坝、土石混合坝	V	V		*	
混凝土坝	V	V		*	*
圬工坝	V	V		*	*
水闸、溢洪道	V	V		*	
隧洞、泄水底孔					
船闸	V	V		*	

注：V—必测项目；*—建议观测项目。

二、设备、设施的选择、安装和埋设

如果还需要自制部分设备，应事先提出有关图纸并提交加工。变形监测控制点和工作点的点位选择是整个观测工作的关键，因此必须按设计要求埋设。如果发现个别控制点的点位基础位置不当，应及时提出修改，报上级备案。最后应提交点位分布图。

三、现场观测

为了掌握观测对象的地表变形状况，使用仪器定期观测是必要的，同时还要适当配合平时的巡视检察。特别是在变形活跃期尤其重要。实践证明，个别部位的裂缝由于下沉变化很小，往往无法测出来，配合巡视是非常必要的。还有土坝的土质比较松软，由于冲刷作用和动物的造穴和挖洞，有时也会损坏坝体，形成集中渗流。在某种情况下，只要不是破坏或涉及工作测点，其对坝体的损害不会被发现。例如，岳城水库的土坝就是这样，土坝坡度局部发生变形，挖开后发现坝下埋管的接头处漏水，形成坝体内大规模管漏、流沙，危及大坝安全。

四、观测资料的整理计算

野外观测资料在现场检核无误后方可提交室内计算。计算项目按有关要求选择，包括下沉、水平移动、倾斜、曲率、水平变形，计算与分析结果应及时向上级汇报。

五、定期进行资料整编分析

工作一定时间后，应对观测资料进行定期汇总分析。分析时要着重了解地表和建筑物是否出现异常，找出规律性的变化。根据变形值的大小和变化趋势，预计下一步的发展结果，提出破坏影响程度的预计值，制定出检查维修保护措施，维护建筑物的安全运营。对大地变形观测点，则应时刻注意变形敏感点的变化程度和地震控震构造的活动情况，及时做出有关的预报分析。

观测资料整编分析方法详见第十节。

第五节　观测对象的移动与变形衡量指标

变形观测的目的，通过测量手段了解观测对象的移动情况，经变形分析确定观测对象之变形破坏程度，然后再根据观测对象的变形程度，做出管理决策，或采取保护措施做出维修，或做出继续营运的决定。因此了解变形观测的破坏程度便成了问题的关键。破坏程度的大小实际上并没有一确定的划分界线，只能相对某种观测对象做出相应的分析。由于时间、地点、建材质量、施工技术条件的不同，即使是同一观测对象其破坏程度也不可能相同。为了对观测对象变形破坏程度有个划分参考，特此提出观测对象的移动、变形、破坏衡量指标概念。

观测对象的移动、变形、破坏衡量指标的确定主要是根据各观测对象的移动变形数据，而表达观测对象的常用数据指标是：① 移动指标：下沉，水平移动；② 变形指标：倾斜，曲率，水平变形。

下面我们就从点的三维移动出发，对观测对象的移动与变形指标作一详细介绍。

一、观测对象的移动指标

由于受力不平衡，点位才发生位移，即出现沿 x、y、z 三轴方向的三维移动。如图 11.9 所示，P 点为原始位置，x、y、z 为三个坐标轴；在外力作用下，P 点沿受力方向移到空间位置 P'' 点，P' 点是 P 点在 x、y 平面上的投影位置，图中箭头表示受力方向。

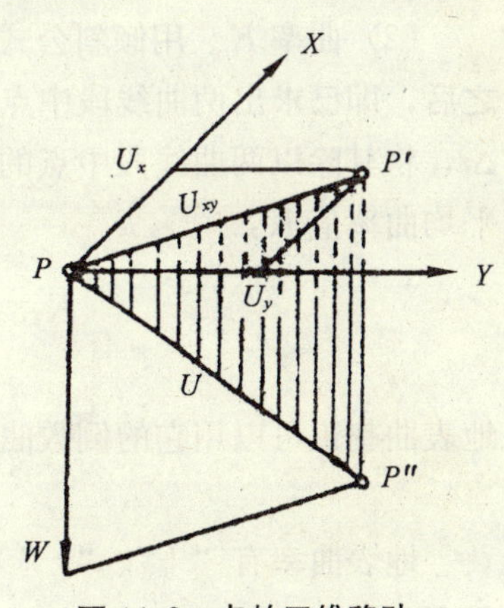

图 11.9　点的三维移动

U：P 点的空间移动向量；

W：P 点的空间移动下沉分量；

U_x：P 点的空间移动 x 分量；

U_y：P 点的空间移动 y 分量；

U_{xy}：P 点的空间移动在 x、y 平面投影。

变形是由于点与点之间移动分量 W、U_y、U_x 的不等造成的结果。如图 11.10 所示，设点 O 是地面点 P_i 的受力中心，不同的地面点 i 到受力中心 O 的距离不等，所受移动引力也不等，因而使得点位移向量不等。设图中 22′、33′表示 2、3 点的移动向量；U_2、U_3 表示 2、3 点的水平移动向量；W_2、W_3 表示 2、3 点的下沉量；A、B 表示变形监测控制点。

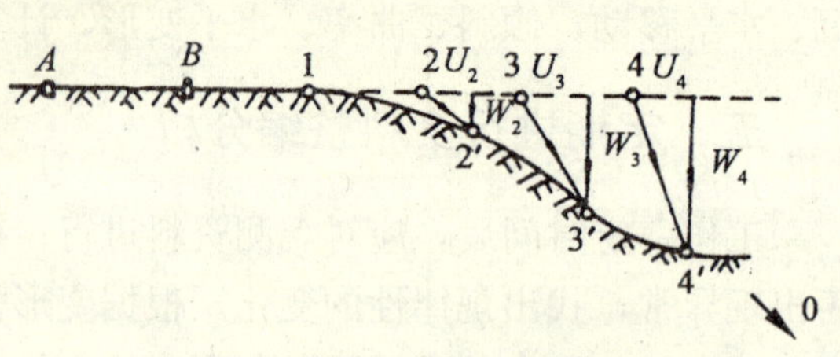

图 11.10　点位移动剖面图

点位下沉 W 和水平移动 U_i 可按下列式子计算：

下沉：
$$W_i = H_i - H_{0i} \tag{11-1}$$

水平移动：
$$U_i = L_i - L_{0i} \tag{11-2}$$

式中　i——变形观测工作点的编号；

H_i——第 i 点计算时刻的高程；

H_{oi}——第 i 点首次测得高程（标准值）；

L_i——第 i 点到控制点 B 的计算时刻长度；

L_{oi}——第 i 点到控制点 B 的首次测量长度。

由图可以看出，1、2、3、4 各点的下沉、水平移动各不相同，因此，便产生了相对点位变化。如果再以首测时间为参考基准，则就构成了 x、y、z、t 四维变形分析系统。

二、观测对象的变形指标

（1）倾斜 i。可用相邻两工作点 2 和 3 的下沉差除以两点的间距 S_{23} 求得：

$$i = \frac{W_3 - W_2}{S_{23}} \ (\text{mm/m}) \tag{11-3}$$

（2）曲率 K。用倾斜公式（11—3）求得图 11.10 中 2-3、3-4 两曲线段的倾斜 i_{23} 和 i_{34} 之后，即已求出两曲线段中点的切线。由图 11.11 可知，此切线的倾斜差，即两切线的交角 Δi，将其除以两曲线段中点的间距即可求得此段路程距离内的平均倾斜变化——地表弯曲的平均曲率值 K：

$$K_{234} = \frac{i_{34} - i_{23}}{\frac{1}{2}(S_{23} + S_{34})} \ (\text{mm/m}^2 \text{ 或 } 10^{-3}/\text{m}) \tag{11-4}$$

地表曲率也可以用它的倒数曲率半径 ρ 表示：

$$\rho = 1/K \tag{11-5}$$

地表曲率有“+”、“—”曲率之分，正曲率表示地表呈现上凸形弯曲，负曲率表示地表呈现下凹弯曲。

（3）水平变形 $\pm\varepsilon$。地表水平变形是由于相邻两点的水平移动量不等而引起的变形。2、

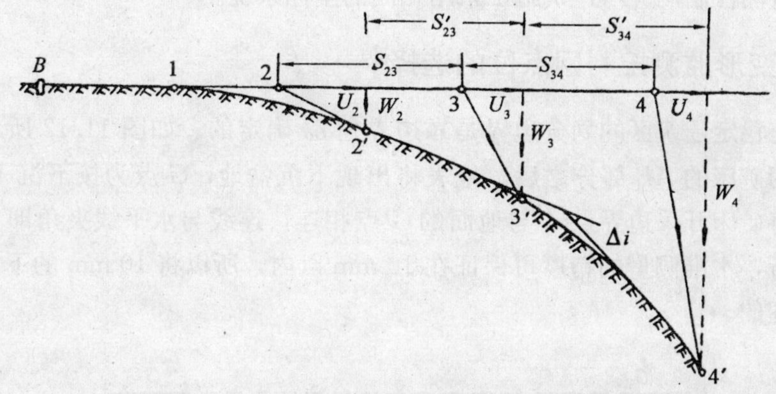

图 11.11　曲率计算原理

3 两点间的水平变形：

$$\pm\varepsilon_{23}=\frac{U_3-U_2}{S_{23}}\ (\text{mm/m}) \tag{11-6}$$

水平变形实际上是两测点间距内每米长度的伸长或压缩变形。正值 ε_{23} 表示 2、3 两点间呈现拉伸变形，负值 ε_{23} 表示两点间呈现压缩变形。倾斜和曲率是由下沉倒出的变形参数。倾斜对确定地表建筑物的可使用性，对确定铁路、公路、导轨的坡度变化是一个敏感系数；曲率和水平变形对延伸形超长建筑物是一个敏感的移动参数，它们可导致建筑物的断裂破坏。

第六节　变形监测控制网的布设原则

变形监测网的特点是网的规模小，精度要求高，主要服务于变形观测。变形工作的特点是观测速度要求快，尽量能全面地捕捉到变形信息，观测精度要求高。因此，在设计布网方案时，并不拘泥于某些观测方法：凡是可达到精度要求、又有一定速度的方案均可采纳。同时由于条件的限制，建筑物变形监测控制网不宜采用同一的布网模式。

在前边分析了各种变形破坏产生的原因，这就为变形监测控制网的布设原则提供了依据；为确保建筑物的安全，必须能随时捕捉到建筑物变形数据。因此，变形监测控制网的稳定程度和质量好坏，对变形成果的可靠性起到至关重要的作用，特提出以下布网原则：

（1）变形监测控制网的起算点或终点要有稳定的点位，应布设在牢靠的非变形区，为了减少观测点误差的积累，距观测区不能过远。

（2）为便于迅速获得观测成果，变形监测控制网的图形结构应尽可能的简单。

（3）在确保变形监测控制网具有足够精度的条件下，控制网应尽量布设一次全面网；在特殊条件下，才允许分层控制。

（4）实测原则：测量仪器、设备和测量方法的选择，要量力而行，不能超越现有的经济、技术条件，提出过高的精度要求。

（5）控制网设计时，应尽量采用先进技术，尽可能多地获取建筑物变形数据，特别是绝对位移数据和时间信息。控制点便于长期保存。

(6) 变形监测控制网应与建筑施工采用相同的坐标系统。

一、采动变形监测控制网点位的选择

采动变形与稳定建筑区的划分边界是靠边界角 δ_0 确定的。如图 11.12 所示，F 为有用矿床，采出有用矿床的 AB 部分之后，地表将出现下沉盆地，G 点为按下沉 10 mm 求得的盆地边界点；将矿床开采边界点 A 与地面的 G 点相连，连线与水平线夹角即为边界角。通过观测资料分析，水准测量的精度可保证在 10 mm 以内，所以将 10 mm 的下沉点作为盆地边界点是有道理的。

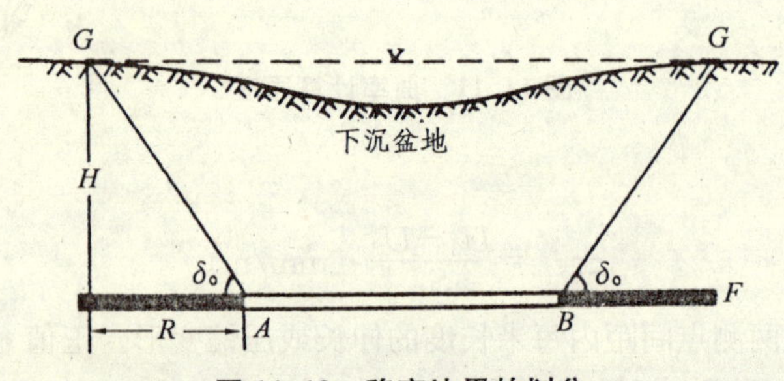

图 11.12　稳定边界的划分

图 11.12 中 H 为矿床埋藏深度，R 为开采影响半径，则在有了边界角值之后，有

$$R = H \cdot \cot\delta_0 \tag{11-7}$$

因此，采动变形监测控制点点位的选择就有了依据，一般做法是控制点布设在盆地边界点 G 外 50 m 的范围外。

二、山地、丘陵区变形监测控制点的选位

山地、丘陵区的地表岩层裸露，各类地质构造看得分明。控制点的点位最好应避开断层，以免遭受断层错动影响；滑坡区或有滑坡潜在危险的地区不能布设变形监测控制点。

三、冲积层覆盖的平原区的控制点点位选定

(1) 工程建筑物兴建以后，建筑地基附近的表土层成为建筑物的承载体。承载体内应力分布状况是：压应力随着到建筑物水平距离的增加而逐渐减少，并且随垂直深度的加大，向下传递的压力逐渐降低。所以，在冲积层覆盖区布设建筑物变形监测控制点时，首先应考虑建筑物地基荷载区压力扩散影响，将控制点布设在压力扩散区以外。由于地基的土质不同，建筑物采用的基础形式不同，建筑物的高度和质量不同，所以压力扩散影响半径不同。最好是采用实测方法确定压力影响区的影响半径。

(2) 地下水河流补给区：在第四纪冲积层覆盖区很多地区的地下水，特别是河两岸区，地下水一般都同河水相通，受河水的补给。河水的涨落产生的渗流严重地影响着地表高程的变化；因此，在布设变形监测控制点时，应尽量避开河水的渗溅区；而洪水期水位升高的渗流影响可波及两岸宽达数千米的表土层。因此，应充分考虑到这点。

(3) 地下水抽采区：超量的地下水抽采将使地表水位下降，水位下降的后果在地表形成

沉降漏斗区。设 R 为地表沉降漏斗的影响半径，h 为抽水点地下水位最大下降值，K 为地下水渗透系数，则有：

$$R=3\,000h\sqrt{K} \tag{11-8}$$

当水位降落漏斗深度 $h=10\text{ m}$ 时，在流沙层中降落漏斗的影响半径足可达 1 km。因此，变形监测控制点不应布设在以抽水点为圆心、以 R 为半径的影响圆范围内。

(4) 表土下有石灰岩溶漏分布的地区：石灰岩的特征是富有大量的卡斯特溶洞。在第四纪冲积层覆盖下使得大量的溶洞被掩盖起来。大量的事实证明，在石灰岩露头区的表土厚度不很大时，地表的稳定程度很差。如图 11.13 所示，当地下水水位为 1 时，由于地下水的浮力作用，地表保持着原始的平衡状态。当地下水位下降到溶洞基岩面以下后，表土失去支撑力，使发生地表沉降漏斗。如山东泰安市、河北秦皇岛柳江石门寨、江苏徐州市、开滦矿出现的岩溶地表塌陷等。因此，在岩溶发达区的地表不宜布设变形监测控制点。必要时需通过钻探验证，确认地下无溶洞存在时，方可布设控制点。

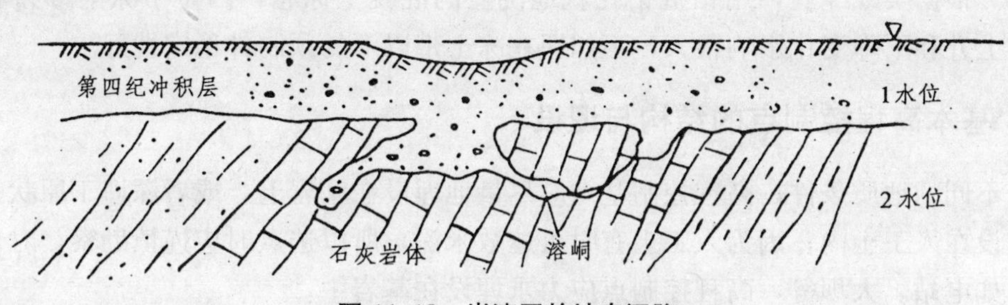

图 11.13　岩溶区的地表沉降

第七节　垂直变形监测控制点与工作点

一、水准点的布设

水准基点是垂直变形监测的控制点，水准基点高程的稳定性直接关系到观测资料的延续和使用价值。所以水准基点的布设是影响全局的重要环节，因此必须按有关原则确定点位。此外还应合理地选择点的结构，注重点位的埋设质量，确保控制点能长久保存。

图 11.14 是一个沿水库下游布设的水准基准点的案例。一是考虑了水坝荷载压力作用下的地表沉陷影响范围，二是考虑了河水的渗透作用。这样做的结果大大地避免了地下水位变化和重力影响引起的点位变化，保障高程测量有足够的精度。高程控制基点到工作点距离过短，使得水坝重力影响和地下水位变化的影响必将大些；如果距离过长，势必增加线路长度和测量误差。所以，控制基点点位的确定是工程地质及测量误差的复杂函数。

图 11.14 所示案例的坝基地质条件简单，无断层破坏影响，无石灰岩溶洞影响。河水涨落的渗透影响也很小。在距河流 0.8 km、距大坝坝体 1.0 km 处的地方布设的控制基点可保证点位小于±2.0 mm 的变化。

对于工业与民用建筑物，当建筑在土质地基上时，除考虑控制点应布设在建筑物压力扩

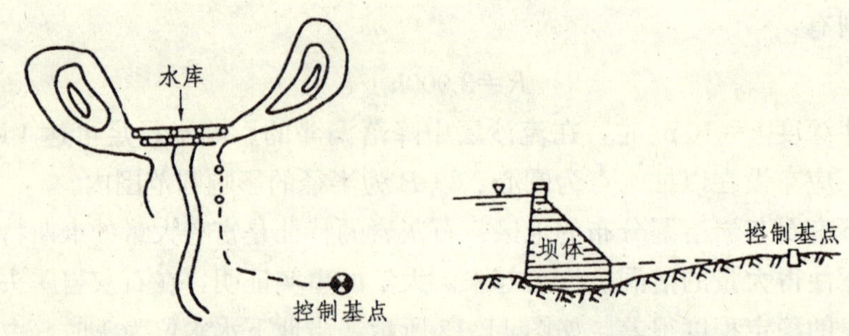

图 11.14　大坝垂直变形水准基点的选择

散区之外，还应注意点的埋设深度，应充分估计到地下水位变化以及冻土层深度对它的影响。基本控制点标志的底部不应埋设在地下水位变化范围内，而应埋到最低地下水位以下或与最低地下水位线齐平。在冻土区埋设标志时，除注意把标志埋设在冻土线以外，还应讲究埋设方法。根据实践经验，用钻机钻孔就地浇灌的混凝土标志，因位于冻土带和非冻土带内，所受上升和下降变化影响很大，不如埋在冻土带以下的预制件稳定性好。

二、基本高程控制点的结构与埋设

根据不同的地质条件，高程控制基点应尽量地埋设在基岩上，或者深埋于原状土内，决不允许埋设在人工土内；因为人工土有时可达数米深，所以选点时应谨慎勘察，对于重要建筑工程，如电站、大坝等，高程控制点应力求埋设在基岩中。

埋设于冻土层的标志，其底盘应埋设于最大冻土深度线以下 0.5 m。表 11－2 给出了我国部分地区的最大冻土深度，供参考使用。

表 11－2　我国部分地区的冻土深度

地　点	冻土层深度（m）	地　点	冻土层深度（m）	地　点	冻土层深度（m）	地　点	冻土层深度（m）
满洲里	2.50	阜　新	1.04	保　定	0.55	洛　阳	0.21
海拉尔	2.41	沈　阳	1.39	银　川	1.03	徐　州	0.23
克　山	2.33	鞍　山	1.08	石家庄	0.53	宝　鸡	0.20
齐齐哈尔	1.86	锦　州	1.07	太　原	0.77	西　安	0.45
哈尔滨	1.99	呼和浩特	1.14	延　安	0.79	蚌　埠	0.15
长　春	1.62	敦　煌	1.44	西　宁	1.34	南　京	0.09
乌鲁木齐	1.33	大　同	1.50	济　南	0.39	合　肥	0.11
通　辽	1.49	北　京	0.85	安　阳	0.34	甘　孜	0.50
四　平	1.20	唐　山	0.62	兰　州	0.84	上　海	0.06
哈　密	0.92	张　掖	1.23	郑　州	0.18	拉　萨	0.24

埋设于土地基中的高程控制点基点的标石结构如图 11.15 所示。标石由柱石和底盘组成；

柱石顶面安装一主点标志，同时，在底座的正北侧还安装一副水准标志，为保护主、副两个水准基点标志，在其上面还加一混凝土标志保护盖。

当柱石顶面距离地面深度过大时，应适当加高柱石，柱石及底盘的混凝土内均应配以钢筋。测点标志需用不锈钢或陶瓷制成。地面以下宜留设排水沟并在保护盖上加覆盖物。

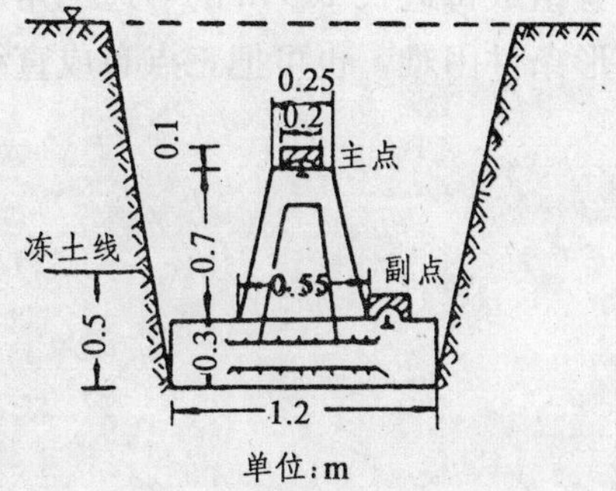

图 11.15　埋在地基中的标石结构

如果地表有完整的基岩露头时，可埋设基岩高程控制点，如图 11.16 所示。在埋设基岩高程控制点时，首先必须清理上部的覆盖物，并除去岩石的风化层，然后在新鲜的基岩上开凿一个适当深度的岩坑，在此岩坑内凿一深度大于 0.1 m 的岩孔，岩孔内必须用水洗净，以 1∶2 的水泥砂浆灌注，并分别埋入两个点心。每个点心上必须加保护盖。当基岩露头在地面以下深度不超过 1.5 m 时，可在基岩中开凿一深度小于 0.5 m 的岩坑，浇灌钢筋混凝土柱石。

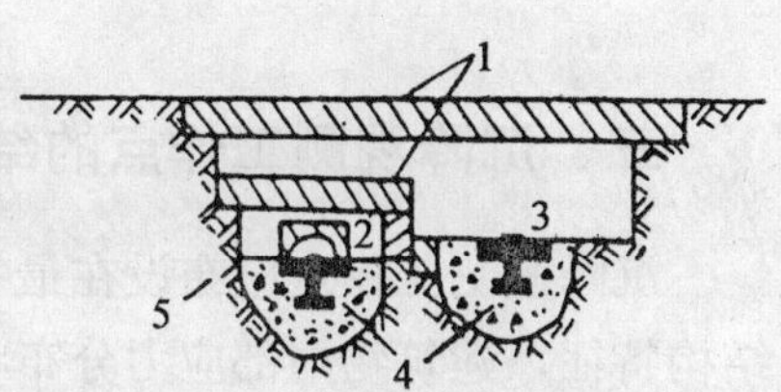

图 11.16　基岩高程控制点

当地表覆盖的第四纪冲积层较厚时，且其基岩埋藏深度过大时，可采用图 11.17 所示的钻孔深埋钢管标志。施工时，先用钻机把钻孔钻到新鲜岩层以内 2.0 m 深处，以直径 $\varphi>$70 mm 的细钢管埋入基岩内（即图中的内钢管 3），在管子下部的 2 m 范围内钻有若干个排浆孔 7，以便于自管内灌入水泥砂浆，并自空中排出砂浆，使钢管与基岩紧密结合。在内套管外面套以一个直径 $\varphi>$130 mm 的外钢管。在套外钢管前，应在内钢管下部缠上带黄油的麻布 10，并在适当位置给内钢管套上橡皮圈 5，在内钢管的顶端焊上不锈钢点心 2，在内管、外管之间不同高度处埋设若干电阻温度计 9，用以测定管内温度。为了保证点位的稳定，标志头应尽量埋在地面以下，尽量减少地面温度变化对控制点的影响。

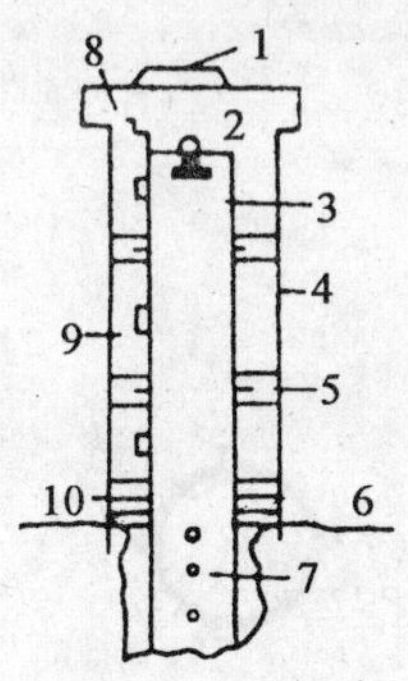

图 11.17　钻孔深埋钢管标志

1—保护盖；2—点心；3—内钢管；4—外钢管；5—橡皮圈；6—基岩；
7—排浆孔；8—电缆；9—电阻温度计；10—麻布

为避免高程控制基点和视线受温度变化的影响，也有的把点位标志布设在岩洞内。

为了检查高程控制点本身的高程变化，通常以三点为一组方式布点。地形条件许可时，宜组成每边长 100 m 的等边三角形，每个角点埋设标志，定期测定三角点间高程状况，若地形条件困难，也可把三点布成直线连接图形，如图 11.18 所示。

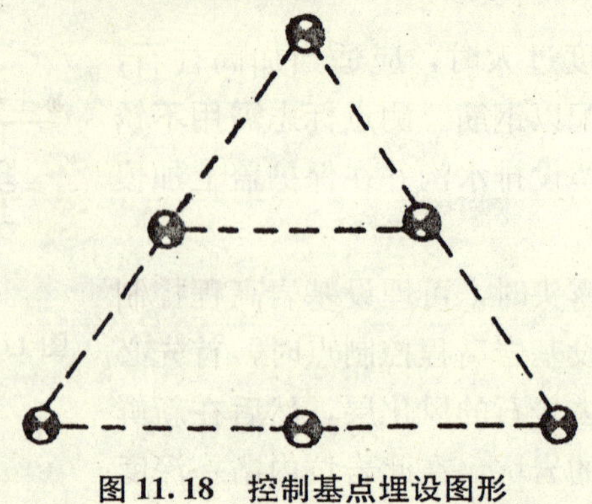

图 11.18　控制基点埋设图形

三、沉降观测工作点的结构与埋设

沉降监测工作点应布设在最有代表性的部位，还应考虑到建筑物基础的地质条件，建筑结构特征，建筑物内部应力分布状况，点位便于观测等条件。埋设工作点时，特别要注意使工作点与建筑物联结牢固，使工作点的高程变化能真正反映建筑物的沉降变化情况；注意使工作点均匀分布在地震构造的两侧，能及时反映构造活动情况。

工作点的标志结构取决于工程的特点和工作点的埋设位置。对于工业与民用建筑物，常采用图 11.19 所示的各种标志。其中：

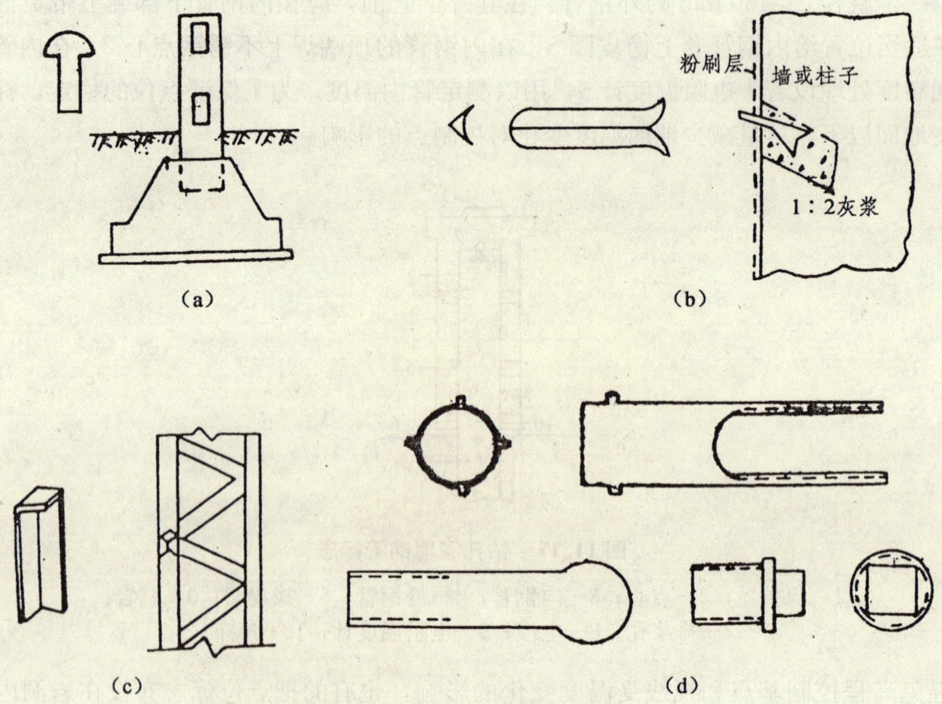

图 11.19　工业与民用建筑物监测点

图（a）为钢筋混凝土基础上的标志，该标志是埋设在基础面上的，直径 20 mm，长为 80 mm 的铆钉。

图（b）为钢筋混凝土柱子上的标志，它是一根截面规格为 30 mm×30 mm×5 mm，长度为 150 mm 的角钢，以 60°的倾角被埋入柱子里。

图（c）为钢柱子上的标志。它是在角钢上焊接一个钢头制成的，标志是用焊接法固定在柱子上的。

图（d）为隐蔽式标志。该类标志是一种组合件，由螺杆和螺母两部分组成。事先将组合件的螺杆或螺母埋在建筑物壁内，预留孔加保护盖。观测时将保护盖拧下，将观测标志旋入孔内；用后即刻将标志拧下，再加盖保护。

水工建筑物沉降变形监测工作点的标志有：大坝坝面标志点、廊道标志点、基础标志和其他工程标志（如电厂厂房），若按形式可分为 4 类：

（1）综合埋设标志。它是把垂直变形观测工作点和水平变形观测工作点集为一个点上，如图 11.20 所示的水平变形观测墩，这是各种类型的水坝变形观测最常用的标志形式。

（2）混凝土嵌心标志。它是直接埋设在混凝土坝面上的，常在需要独立埋设垂直变形观测工作点时采用。其结构如图 11.21 所示，点心是一个直径为 15 mm，长度为 100 mm 的钢螺栓，头部露出 10 mm，并加盖保护。

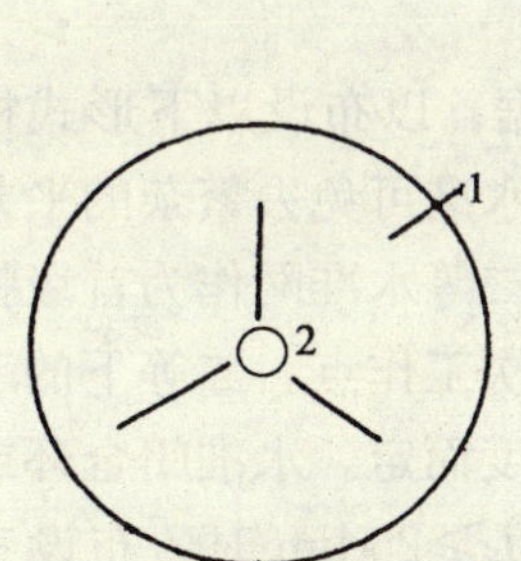

图 11.20　综合标志

1—强制对点器；
2—工作点中心

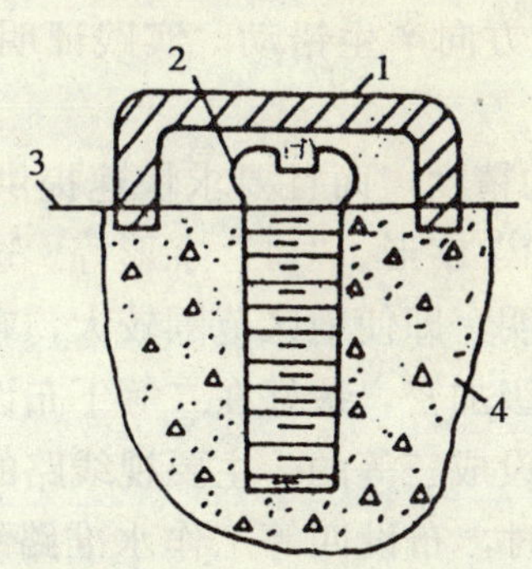

图 11.21　混凝土嵌心标志

1—保护盖；2—铜螺栓标志；
3—坝体；4—水泥砂浆

图 11.22　廊道墙壁标志

（3）墙上标志。多用于垂直变形观测，常设在大坝的廊道墙壁上，其结构如图 11.22 所示，由留有倒齿的标志和保护箱组成。

（4）钢管标志。如图 11.17 所示，常在测定坝体内某一高度的垂直变形时采用。

四、地震高程测量控制网与控制点

地震高程测量控制网主要是指几何水准测量控制网或光电测距三角高程网，研究这类控制网的依据是：

（1）地震变形测量本身特点。地震变形值本身是一个相对比较量，一般是把首次观测高程值作为参考标准，以后的高程值均相对首测高程值进行比较，以之确定变形值。所以，这类变形监测控制网只要求相对控制网起点间的高差观测值相对精确。

(2) 地球是运动的，从这个角度看问题，绝对稳定的控制网是不存在的。所以，控制点本身也应是变形监测工作点。

(3) 1976 年 7 月 28 日唐山地震的实践。在 1976 年 7 月 28 日唐山地震前，曾对地震区的丰南县以及广大的开滦矿区进行了多次水准测量，证明了以下看法是正确的：

① 局部地区的几个国家水准点不足以说明地表是稳定的。20 世纪 50 年代，国家沿京山铁路布设了一等水准路线（山—津线），在唐山市范围内设有 5 个一等水准点。在这些一等点的控制下，布设了开滦矿区四等水准加密网。后来在原控制点下进行了重复观测，发现多处数据超限，不得不去掉一等控制点，布设成自身闭合的闭合环。为了证明国家一等点已发生变化这一事实，恰好 1974 年国家地震局测量队在唐山施测了一条南北向的二等水准路线遵化—唐山—曾家湾线。1975 年 5 月用三等水准对两条线路的部分点进行了联测，从遵化—唐山—曾家湾线的部家庄点联测到山—津线的胥各庄一等点，线路长不足 25 km，发现二等点胥各庄点发生了 0.5 m 的沉降变形。分析结果是：布设在富水冲积层地表面上的山—津一等点随地下水位的降低和地表沉降发生了垂直位移。由此得出的教训是；当水准线路通过第四纪富水冲积层覆盖的地区时，必须布设若干在地震变形区以外的控制基点，以避免出现控制点集体下沉造成的假象。

② 地震发生后展现出的地表变形规律：在地震中心区以下沉变形为主，向外呈辐射状波浪式变化；在地震波谷地区，以下沉为主，在地震波峰地区，以地表升高变形为主；在断层地带地表出现断裂，沿地表断层面方向产生错动。实践证明，地震变形监测系统以网状最佳。

③ 地震变形监测不仅要求必要的精度，而且要求快速提供数据。以布设以下形式控制网最佳：“十”字形、“廿”字形、“山”字形、“口”字形等。这类水准可免去繁杂的平差计算过程和一些人为的影响。实践还证明：即使地区范围较大，布设二等水准网作为首级控制已足够使用；在首级控制网下不宜逐级加密，最好在二等下布设一次工作点。二等下的工作水准路线可直接布设成四等，也可布设成三等的，主要视线路的长度而定。水准闭合环或两二等水准点之间线路长度 $L\leqslant25$ km 时，布设四等工作水准路线，$L\geqslant25$ km 时，布设三等工作水准路线。水准标志选定、施测精度要求等，参照国家最新规程实施。

无论采用何种布网图形，都应保证在 $3\times3=9\ \text{km}^2$ 面积内有一个变形监测工作点（包括控制点），首级网必须至少有一端布设基岩控制点组。

第八节　水平变形监测控制网

水平变形监测控制网是测定观测对象水平位移和水平变形的控制基础，因此，水平变形监测控制网的基准点同高程控制点一样应严格按国家现行规程进行布点、埋石、观测。

水平变形观测方法较多，下面仅就几种最常用的布网形式作简要介绍。

一、导线控制法

导线控制法是一种万能的变形监测控制形式，无论是工矿区、城镇区的建筑物变形观测，还是水利水电工程的大坝、电厂变形观测和大地变形观测都可采用导线网作为基础控制。采用导线控制法的好处是：点位分布均匀，重要的变形部位便于加密控制，施测方法简便。为了提高观测精度，除应尽量加大视线长度外，还要注意旁折光影响，视线离开建筑物的距离不应小于 0.4 m。

图 11.23 是瑞士的埃莫松拱坝变形观测控制导线布设图。导线点布设在坝顶下 4 m 深的廊道内，每一坝段布设一个导线点；为了便于同地面控制点联测。在第 1 坝段（拱座）、第 7 坝段、第 14 坝段（拱冠）、第 21 坝段、第 25 坝段（拱座）上的天井里吊挂了 5 根钢丝制作的悬垂线，并进行定向联测。同时还在右岸的隧道内布设了 7 个导线点。大坝建成后于 1974 年 4 月开始观测，到 1975 年 8 月 9 日围捻时，观测到的最大水平变形（位移）达 94 mm，如图 11.23 的曲线 A 所示。曲线 B 是第二次观测结果，此时拱坝发生了较大的弹性复位；曲线 C 是第三次观测结果，拱坝向下游方向发生了较大变形；曲线 D 是第四次观测结果，坝体又产生了弹性复位。从 4 次变形观测结果可知，施工期和竣工初期的坝体变形较大，但变形幅度却逐年减小。

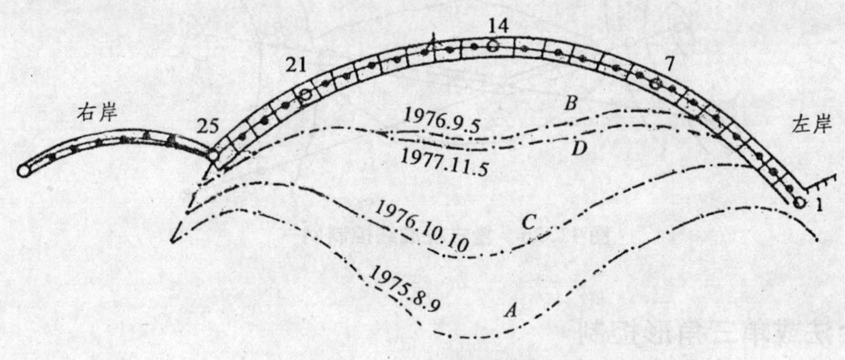

图 11.23　导线控制网布点图

该拱坝的导线采用 WILDT$_3$ 经纬仪测角，观测中误差 $m_\beta=\pm 0.79''$，仪器采用强制对点器对中，点位中误差小于 0.1 mm；边长采用鉴定过的铟钢基线尺丈量和光电测距仪测定。导线总长约 6 000 m，导线沿上下游方向的点位测量横向中误差小于±3 mm。

二、视准线法变形观测控制网

视准线法变形观测控制网一般在规整的建筑区和直线形短坝变形观测时使用。该方法的优点是：布网工程量和野外观测工作量均较小，建立远方照准觇标可加强对测站及后视点稳定性的检验。图 11.24 为某土石坝直线形视准线控制网的布设情况。坝顶全长 105 m，在左右两岸均布设了控制点，在左岸的远方布设了远方的后视照准点。在大坝坝体的下游方向共布设了 3 条直线形视准线作为控制网。视准线上的工作点间隔可根据实际需要确定，一般在 10～20 m 之间变通。布设工作点时，应使各排视准线上的点位互相错开，以便进行全面监测。

对折线形坝体，当地形条件允许时，可布设成图 11.25 所示的复式视准线控制网。

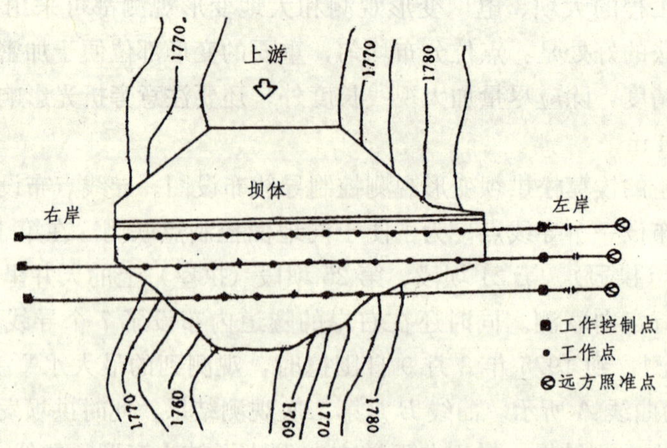

图 11.24　直线形视准线控制网

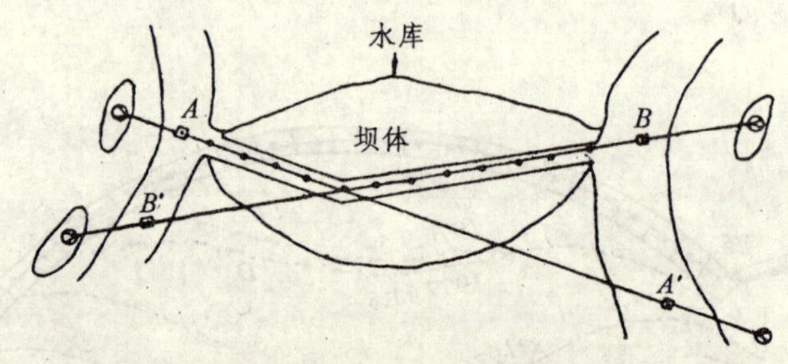

图 11.25　复式视准线控制网

三、交会法或单三角形控制

当受地形条件限制无法布设视准线时，交会法或单三角形法则是较为简单，又能达到精度要求的有效方法。实践中交会法往往是与三角网法或视准线法联合使用。

四、三角测量控制网

三角测量控制网是大面积变形监测的最有效的控制方法。变形监测控制网的边长较短，控制范围较小，精度要求较高；出自变形观测的特殊要求，图形结构应力求简单，内外业工作量力求少而精。一般来说，以大地四边形或中点多边形最常用，有时由于条件限制也采用单三角锁。

五、综合变形监测控制网

综合变形监测控制网是采用多种控制方法构成的控制网。如图 11.26 所示，综合变形监测控制网是为采动变形监测用的，布设网有两个目的：一是求取采动变形移动参数，布设了 I_1-I_2 和 II_1-II_2 两条互相垂直的观测线；二是观测采动对建筑物的变形破坏，布设了视准线 II_3-II_4 。*AB* 为采动变形区外的三等三角点，在此基础上以大地四边形加密了四等点 *C* 和 I_1 两点。同时又用附合导线和支导线法加密了 5″ 光电测距导线和观测线。

图 11.27 是三角网与视准线综合法的土石坝变形监测控制网。在坝顶上丈量了控制基线 AB，然后再推算到变形区外的 $CDEF$ 作为基础控制。同时 AB 点又是视准线控制点。应该指出的是，在现代条件下，各控制网的基本控制点完全可以采用 GPS 测定。

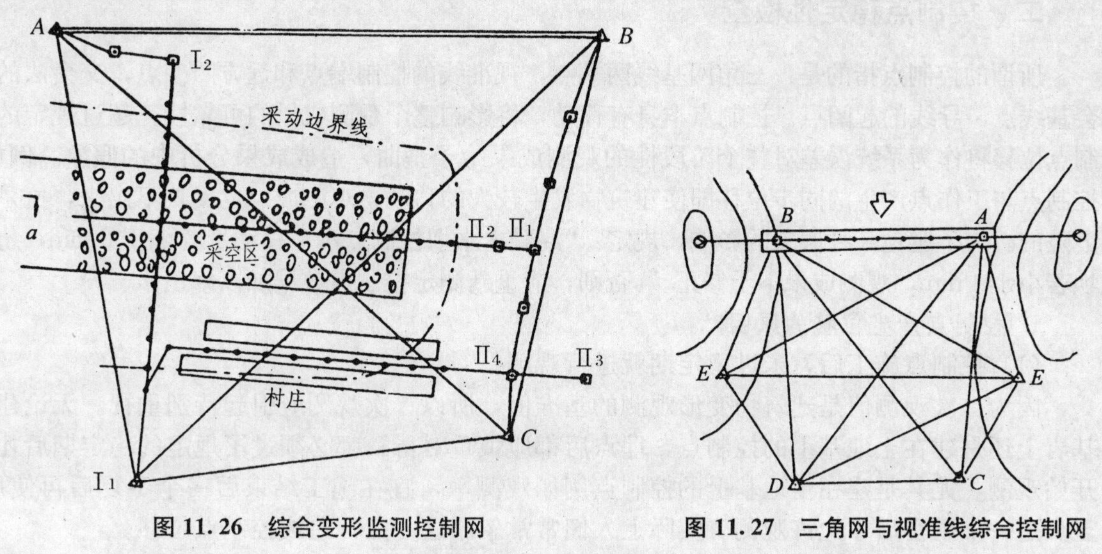

图 11.26　综合变形监测控制网　　**图 11.27　三角网与视准线综合控制网**

第九节　变形控制网的有关问题

一、变形监测三角网实用平差方法

变形监测控制网的特点：布网规模较小，要求精度高，提交变形观测数据快。而乌尔玛耶夫两组平差方法就是一种较为理想的实用变形监测控制网的平差方法，因为该分组平差方法不仅大大减少了条件方程个数，简化了结算过程，而且还是一种高精度的严密平差方法。

(1) 条件方程式的分组规则：按三角网的实际图形确定条件式的个数，并列出有关的条件式。把不包含相同改正数 v_i 且系数为 1.0 的条件式（一般是指没有相同角度的三角形图形条件）列为第一组；把其他的条件式列为第二组。因此，第二组条件式的改化不必用导入不定系数公式计算，而是按一个即明显又简便的改化规则进行。

(2) 乌尔玛耶夫改化规则：由于第一组条件方程式的改正数互不相关，所以只需要按角度个数平均反号分配三角形闭合差，即可求得角度的第一次平差改正数 v_i'，按 v_i' 求取第一次平差后的角度，而第二组条件式的计算基础则是第一组图形条件平差后的角度。

第二组条件式按乌尔玛耶夫规则进行改化：

设 α_i、β_i、…、f_i 为改化前第二组条件式系数，A_i、B_i、…、F_i 为改化后第二组条件式系数，n 为三角形内涉及的角度个数，则改化后的第二组条件式系数等于该系数改化前的数值减去同一条件内 n 个未改化系数的算术平均值。

第一个条件式改化系数：　　$A_i=\alpha_i-[\alpha]/n$

第二个条件式改化系数：　　$B_i=\beta_i-[\beta]/n$

权函数式的改化系数：　　$F_i=f_i-[f]/n$

例如：A_i——第一条件式第 i 角的改化后系数。

改化后的第二组条件式的不符值（或自由项）是按第一组图形条件平差后的角度计算求得的。

二、控制点稳定性检查

所谓的控制点指的是：三角网基线两端点，视准线的控制端点和远方照准点，交会法的交会基线点，导线的起闭点。控制点本身有移动，将影响整个观测成果的可靠性。超过规定的控制点位移将作为系统误差对整个阶段性的观测成果给予歪曲，造成成果分析中的假象。例如，控制点与工作点产生的同步位移即使建筑物发生较大的移动，观测成果也反映不出来，这是很危险的。为了避免某种假象的影响，规定："混凝土水坝控制点水平移动量若小于 2 mm，土石坝若小于 4 mm，观测成果不予修正。"否则，应重新测定控制点数据加以修正。

1. 控制点产生位移的原因

（1）控制点施工后，未过稳定期就进行观测。

因为首次观测值是建筑物变形观测的基准值，所以首次观测应引起特别重视。无论建在基岩上还是建在土地基上的控制点，埋点后都应慎重对待，都必须过了规定的稳定期后才能开始观测，尤其是建在土地基上的控制点例如观测墩，宜在施工结束后一个冬夏后再使用，至少过一个雨季后才允许观测。实际上人们常常忽略这一点，造成控制点位移。

（2）控制点距建筑物过近，或者建筑物压力扩散区测得不准，使得控制点产生位移。

（3）控制点设计结构和埋设问题。例如，观测墩的地面及地下基础部分未加钢筋，时间久了要产生裂缝，强制对中器埋设不稳定、结构变形等，都会产生不良影响，使点位产生位移。埋设深度不够、冬夏变换也会使点位发生移动。

（4）埋设于软弱夹石层中的岩石控制点，可能因岩石层的不稳定而产生位移。

（5）日晒可能引起点位周期性变化。这种移动主要发生在水坝变形的观测墩上，其影响可达 1.0 mm，因此重要的观测站应建立观测亭。

（6）由于保护不当，受外力破坏影响。

2. 控制点水平位移的检测

前面我们虽然提出了控制网布设原则，点位选到了认为是较为稳定的地区，但是由于建筑区地面条件的限制，控制点不可能距建筑物或变形观测区很远，因此控制点或多或少总要受到外力影响产生位移。出于安全的需要，规定应定期对控制点进行稳定性检验，一般规定 1～2 年检测一次。

由于控制点的水平位移量一般都很小，所以检测时应具有较高的精度，否则将达不到预期的目的，反而会造成假象。常用的检测方法和最新科学方法有：

（1）视准线法。是视准线观测对象常用的稳定性检验方法。要点是：在视准线控制点的延长线上，选定适当的点位，分布在控制点的两侧，然后埋设检验基线点，由两侧的检验基线点用视准线法可随时测定控制点的位移。有时，可根据实际需要建立互相垂直的检验基线，用视准线法测定控制点的纵、横向位移量。

（2）精密丈量法。如图 11.28 所示，在控制点 A 附近，选定适宜的方向，埋设两基点 G_1、G_2，使 $G_1A \perp G_2A$，用精密方法丈量 G_1A、G_2A 的水平距离。量距的绝对误差要求：重要的混凝土建筑物应小于 1.0 mm，对一般的土木工程建筑物应小于 2.0 mm。

当 GA 长度很小时，一般在 100 m 以内，按一、二等基线丈量方法，用检定过的铟钢基线尺进行检测；当 GA 边较大时，以 500～800 m 为宜，采用中小测程的精密光电测距仪进行控制点稳定性检验较为方便。

（3）方向变化法。如图 11.29 所示，A、B 两点为视准线两端的控制点，为了用方向变化法测定 B 点位移，在 AB 方向线的一侧，例如，水坝的下游方向，选择稳定性好的若干照准方向，Ⅰ、Ⅱ、Ⅲ、…、A 点到各方向目标的距离应尽量等于 AB 的长度。观测时，在 A 点设站，联测各方向目标到 B 点的方向，每次观测后即可求得 AB 边的方向变化：$\Delta\alpha_1$、$\Delta\alpha_2$、$\Delta\alpha_3$…

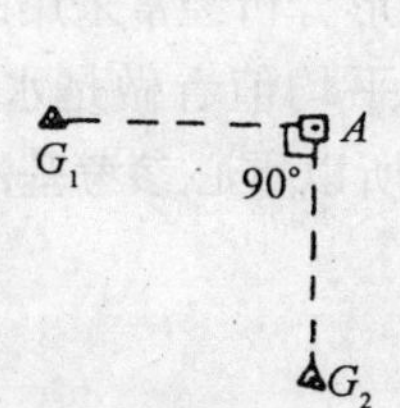

图 11.28　精密丈量法

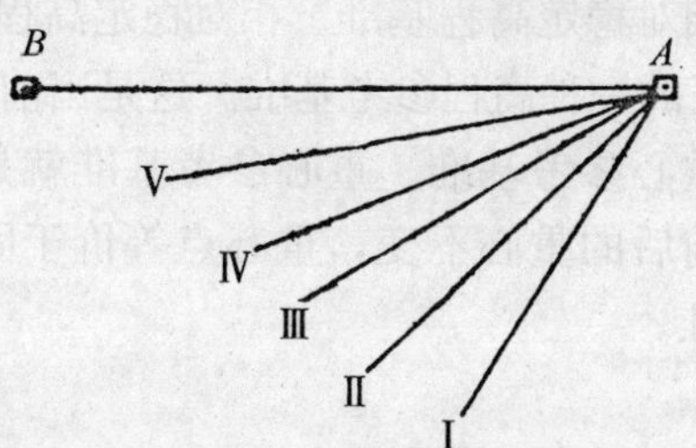

图 11.29　方向变化法

设 AB 为 x 轴，与 AB 垂直的方向为 y 轴，S_{AB} 为 AB 边长，$\Delta\alpha_\rho$ 为方向变化平均值，则可用下式求得 B 点在 y 轴方向的位移：

$$\Delta y_B = \frac{\Delta\alpha''_\rho \cdot S_{AB}}{\rho''} \tag{11—9}$$

（4）三角网法，是大面积变形观测区域控制点稳定性检验的常用方法。检验三角网的基线点必须远离变形区域，传递三角形个数应尽量少。

（5）GPS 检测法。GPS 测量仪是近年来生产的一种高精度全球定位仪，它可达 10 mm 以内的定位精度。定位测量时可选定地心坐标系、高斯坐标系或局部假定坐标系。定位特点是：不要起算点和起算边，无传送误差影响。测量时，可根据变形观测区的坐标系统选定定位原点，并把首次观测到的坐标值视为标准值。以后每次检测时，以同样的方法、同样的定位原点，测定控制点的坐标。这样，将各次测定的控制点坐标值与首次测得的坐标值相减，即可求得控制点的点位变化。GPS 检测法使用起来很方便，是今后变形监测最有发展前途的方法。

GPS 方法的局限性：GPS 定位主要靠人工发射的若干人造地球卫星，首先是地下工程不能使用，人造卫星是商业性卫星，一切使用参数均受卫星的控制，在这种条件下，一旦出现某种事变，卫星不再发射信号或改变有关数据，定位工作就受制于人，所以不能完全依赖 GPS 定位。

三、变形分析参考基准

变形分析参考基准是确定地壳表面测点稳定与变形的依据，如果变形分析参考基准选择的不当，就会缩小以至歪曲地表变形的真实性。现将所采用的变形分析参考基准介绍如下：

（1）地球运动学参考坐标系。地球运动学参考坐标系是通过地心定位，并把 1980—1986 年的平均极位与 IERS 极移及 10 个选定的测站的平均纬度相匹配而建立的。这种参考基准主要用于空间大地测量，测定地球板块运动。它只能给出平均运动值。

（2）地球质心为原点的 WGS84 坐标系。这是一种高精度的空间定位参考基准，它将为地震预测、地球动力学和其他地学领域的研究提供重要的科学依据。例如，我国的华北GPS地变形监测网就是采用的这种参考基准。

(3) 平均高程基准。平均高程基准就是假定全区升降运动是均衡的，所有水准点垂直运动速率的平均值为零，并将其作为起算基准。我国东南地区12个省市的一、二等水准网就是按这种基准平差计算的。

(4) 动态平差法的假定不动基准。华北地区1953—1982年水准成果就是用动态平差法以北京水准原点为不动点而平差计算的。

(5) 相对稳定高程基准。相对稳定高程基准就是把高程起算点布设在地震、地质不活跃的相对稳定区的一种高程参考基准。这是当前建筑物变形和滑坡变形分析经常采用的参考基准。

(6) 重心参考基准。重心参考基准就是把各点近似高程的平均值看做是水准网的重心，假设平差前后的重心不变，重心点等价于固定的起算高程点。所以重心参考基准很类似于平均高程基准。

第十节　变形观测成果整理和分析

变形观测当资料积累到一定数量以后，要利用它们进行分析以研究变形的规律和特征。下面讲述变形观测成果整理和分析的基本方法。

一、列表汇总

变形观测资料包括自动采集或人工采集的各种原始观测数据。对原始观测资料进行汇集、审核、整理、编排，使之集中、系统化、规格化和图表化，并刊印成册称为观测资料整理，其目的是便于应用分析，向需用单位提供资料和归档保存。观测资料整理，通常是在平时对资料已有计算、校核甚至分析的基础上，按规定及时对整理年份内的所有观测资料进行整理。近年来，对观测资料的整理已逐渐趋向自动化，20世纪70年代以来，美国、意大利、日本等一些国家均已应用自动化技术，采集和整理观测数据，并存入数据库，供随时调用。我国在20世纪80年代已制成自动化检测装置，可以对内部观测仪器的观测值，自动采集并按整理格式显示打印，并在许多工程上得到应用。

资料整理的主要内容包括：① 收集资料（如工程或观测对象的资料、考证资料、观测资料及有关文件等）；② 审核资料（如检查收集的资料是否齐全、审查数据是否有误或精度是否符合要求、对间接资料进行转换计算、对各种需要修正的资料进行计算修正、审查平时分析的结论意见是否合理等）；③ 填表和绘图（将审核过的数据资料分类填入成果统计表，绘制各种过程线、相关线、等值线图等，按一定顺序进行编排）；④ 编写整理成果说明（如工程或其他观测对象情况、观测情况、观测成果说明等）。

对水利工程及有关的各项观测资料进行综合性的定性和定量分析，找出变化规律及发展趋势称为观测资料分析，其目的是对水利工程系统和各项水工建筑物的工作状态做出评估、判断和预测，达到有效地监视建筑物安全运行的目的。观测资料，包括水工建筑物本身及有关河道、库区的水流、泥沙、冰情、水质等各项观测资料，都要随时观测、随时分析，以便发现问题，及时处理。观测资料分析是根据水工建筑物设计理论、施工经验和有关的基本理论和专业知识进行的。观测资料分析成果可指导施工和运行，同时也是进行科学研究、验证和提高水工设计理论和施工技术的基本资料。

观测资料分析是体现观测工作效果的重要环节，分为定期分析和不定期分析。定期分析又可分为下列几种：① 施工期资料分析。计算分析建筑物在施工期取得的观测资料，可为施工决策提供必要的依据；② 初期蓄水期资料分析。从开始蓄水运用起，各项观测都需加强，并应及时计算分析观测资料，以查明水工建筑物承受实际水荷载作用时的工作状态，保证水工建筑物蓄水期的安全。观测资料的分析成果，除作为蓄水期安全控制依据外，还为工程验收及长期运用提供重要资料；③ 运行期资料分析。应定期进行（如五年一次）分析成果作为长期安全运行的科学依据，用以判断大坝等水工建筑物性态是否正常评估其安全程度制订维修加固方案，更新改造安全监测系统。运行期资料分析是定期进行大坝安全鉴定的必要资料。不定期分析是指在有特殊需要时才专门进行的分析，如遭遇洪水、地震后，大坝等建筑物发生了异常变化，甚至局部遭受破坏，就要进行不定期分析，据以判断建筑物的安全程度，并为制订修复加固方案提供科学依据。

资料分析工作必须以准确可靠的观测资料为基础，在计算分析之前，必须对实测资料进行校核检验，对观测对象和原始资料进行考证。这样才能得到正确的分析成果，发挥应有的作用。常用的分析方法如下：

1. 作图分析

将观测资料绘制成各种曲线，常用的是将观测资料按时间顺序绘制成过程线。通过观测物理量的过程线，分析其变化规律，并将其与水位、温度等过程线对比，研究相互影响关系。也可以绘制不同观测物理量的相关曲线，研究其相互关系。这种方法简便、直观，特别适用于初步分析阶段。

2. 统计分析

用数理统计方法分析计算各种观测物理量的变化规律和变化特征，分析观测物理量的周期性、相关性和发展趋势。这种方法具有定量的概念，使分析成果更具实用性。

3. 对比分析

将各种观测物理量的实测值与设计计算值或模型试验值进行比较，相互验证，寻找异常原因，探讨改进运行和设计、施工方法的途径。由于水工建筑物实际工作条件的复杂性，必须用其他分析方法处理实测资料，分离各种因素的影响，才能对比分析。

4. 建模分析

采用系统识别方法处理观测资料，建立数学模型，用以分离影响因素，研究观测物理量变化规律，进行实测值预报和实现安全控制。常用数学模型有 3 种。① 统计模型：主要以逐步回归计算方法处理实测资料建立的模型；② 确定性模型：主要以有限元计算和最小二乘法处理实测资料建立的模型；③ 混合模型：一部分观测物理量（如温度）用统计模型，一部分观测物理量（如变形）用确定性模型。这种方法能够定量分析，是长期观测资料进行系统分析的主要方法。

原始观测值绝大多数以数字形式提供，少部分是以模拟的方式输出，如持续记录仪器所绘出的曲线。对于变形监测网的周期观测数据需进行观测值的质量检查，如完整性、一致性检查，进行粗差和系统误差检验，方差分量估计，保证变形观测数据处理结果正确可靠。对于各监测点上的时间序列实测资料，通过插值方法或拟合方法整理成等间隔时间的观测序列以便供变形分析使用。观测成果计算和分析中的数字取位应符合规范规定，如取至 0.1 mm 或 0.01 mm。原始记录成果应整洁、清晰，不得涂改，严禁作伪；计算成果应完整、正确，图表应整齐、美观。

每一项变形测量工程应提交下述综合成果资料：① 技术设计书和测量方案；② 监测网和监测点布置平面图；③ 标石、标志规格及埋设图；④ 仪器的检校资料；⑤ 原始观测记录（手簿和/或电子文件）；⑥ 平差计算、成果质量评定资料；⑦ 变形观测数据处理分析和预报成果资料；⑧ 变形过程和变形分布图表；⑨ 变形监测、分析和预报的技术报告。

为了获得很高的精度和可靠性，变形观测的数据量通常很大，这使数据处理和成果解释变得复杂。因此，需要从大量数据中提取有用信息，使提交的成果既概括直观，又能反映本质的东西。在技术设计阶段就必须明确，成果中哪些参数、哪些变形需要提交；提交成果最简单清晰的图表形式及格式；所有的成果都需附上精度说明，最好给出置信域。

二、成果表达

表格是一种最简单的表达形式，用它能直接列出观测成果或由之导出变形。表格的设计编排应清楚明了，如按建筑阶段或观测周期编排。变形值与同时获取的其他影响量如温度、水位等数据可一起表达，表格和图形应配合得当，表达的形式取决于变形的种类和研究的目的。应结合实际情况设计具有特色的最好表达形式。

变形观测的原始资料，包括网图、手簿、计算纸等，数量很大每期复测后，应该将经检验证明可靠的计算结果列表汇总在一起，这样有利于进一步分析。

表 11－3 为常见的沉降观测成果汇总表格式（S 相对前次观测沉降值，$\sum S$ 表示沉降累积值）。

表 11－3　沉降观测成果汇总表

工程名称：×××楼

工程编号：　　　　　　　　　　　　　　　　　　　　仪器 N_3　　No.117933

点号	首次成果（1993-08-27）	第二次成果（1994-04-3）			第三次成果（1994-11-12）			…
	H_0	H	S	$\sum S$	H	S	$\sum S$	…
1	17.595	17.590	5	5	17.588	2	7	…
2	17.555	17.549	6	6	17.546	3	9	…
3	17.571	17.565	6	6	17.563	2	8	…
…	…	…	…	…	…	…	…	…
静载荷 P	3.0 t/m²	4.6 t/m²			8.0 t/m²			…
平沉均降		5.0 mm			3.2 mm			…
平速均度		0.018 mm/日			0.015 mm/日			…
注		×月×日有暴雨			×月×日在×××发生×级地震			…

表 11－3 中，除首次观测外，对各次观测成果均列出了监测点相对于前次观测的沉降值和历次观测的累积沉降值，这些沉降值称为各监测点的绝对沉降值。为了分析建筑物内部沉降是否均匀一致，还要计算相对沉降数据。表 11－4 列出了建筑物监测点间观测高差相对于

前次观测的变化值 Δh 和历次观测的累积变化值 $\sum\Delta h$，这些数值称为相对沉降值。

表 11－4　高程监测点相对沉降汇总表

点号	首次成果（1993-08-27）			第二次成果（1994-04-03）			第三次成果（1994-11-12）			…
	高差	相对沉降		高差	相对沉降		高差	相对沉降		…
		Δh	$\sum\Delta h$		Δh	$\sum\Delta h$		Δh	$\sum\Delta h$	
1										…
2	－40			－41		－1	－42	－1	－2	…
3	16			16		0	17	1	1	…
⋮		⋮			⋮			⋮		…

三、作　图

1. 沉降观测资料作图

(1) 变形曲线图。

横坐标为时间 t，以天或 10 天为单位。

纵坐标向下为沉降量 S，向上为荷载 P。

沉降随时间变化曲线为 $S-t$ 曲线，如图 11.30 所示；荷载随时间变化为 $P-t$ 曲线。可以是平均沉降，可以是一个点，也可以几个点画在一张图上。

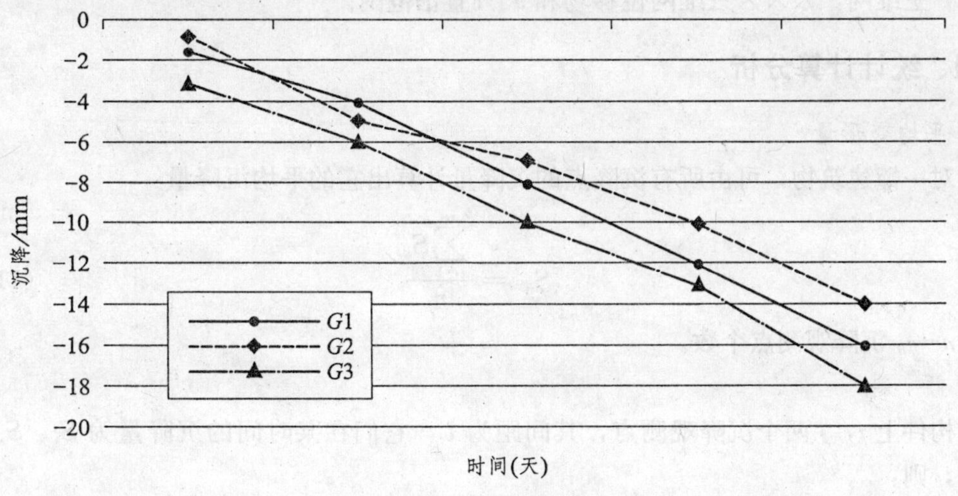

图 11.30　沉降时间曲线图

对大坝变形观测数据，纵坐标向下可以是横向位移值，向上可以是水位或气温等数据。

(2) 变形等值线图。

沉降时间曲线图表示了沉降随时间变化的情况；变形等值线图表示了变形在空间分布的情况。图 11.31 为一幢建筑物的等沉降曲线图。

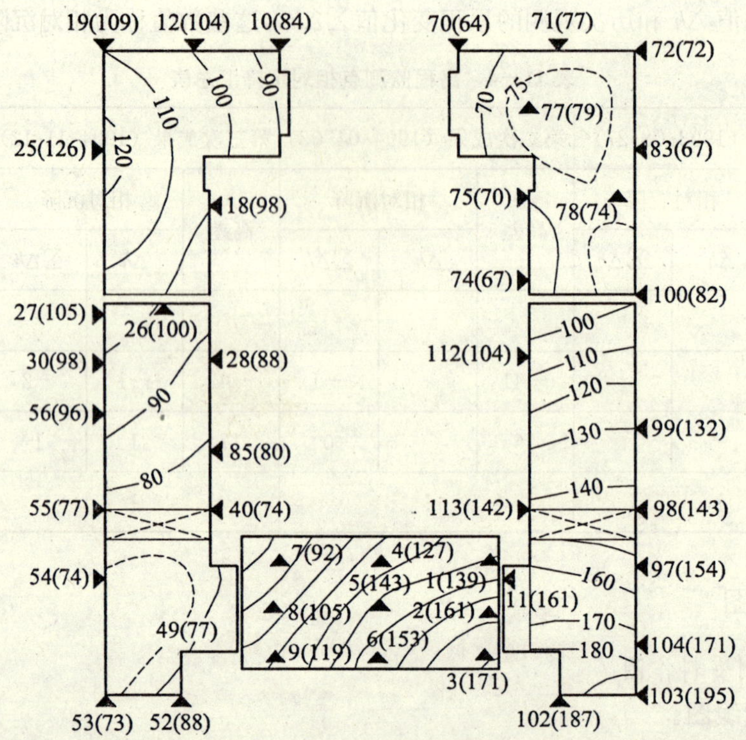

图 11.31 建筑物沉降等值线图

2. 平面及三维位移矢量场

(1) 平面网，×××网位移场和95%置信椭圆。

(2) 三维网，×××三维网位移场和95%置信范围。

四、统计计算分析

1. 平均变形量

如对一幢建筑物，可由所有沉降点的沉降量计算出它的平均沉降量：

$$S_{平} = \frac{\sum_{i=1}^{n} S_i}{n} \tag{11-10}$$

式中 n——沉降观测点个数。

2. 倾 斜

设构件上 i，j 两个沉降观测点，其间距为 L，它们在某时间的沉降量为 S_i、S_j（见图11.32），则：

倾斜量为：

$$\tau_{ij} = \frac{S_j - S_i}{L} \tag{11-11}$$

换算成倾斜角值为：

$$\gamma_{ij} = \arctan \frac{S_j - S_i}{L} \tag{11-12}$$

3. 挠　度

设某构件上有 i、j、k 三点（见图 11.33），k 到 i、j 的距离分别为 l_1、l_2，$L=l_1+l_2$，三点的沉降分别为 S_i、S_j、S_k，则挠度 f 为：

$$f=\frac{\Delta S}{L}, \tag{11-13}$$

$$\Delta S=S_k-\frac{S_il_2+S_jl_1}{L}$$

$$=\frac{(S_k-S_i)l_2+(S_k-S_j)l_1}{L} \tag{11-14}$$

所以
$$f=\frac{(S_k-S_i)l_2+(S_k-S_j)l_1}{L^2} \tag{11-15}$$

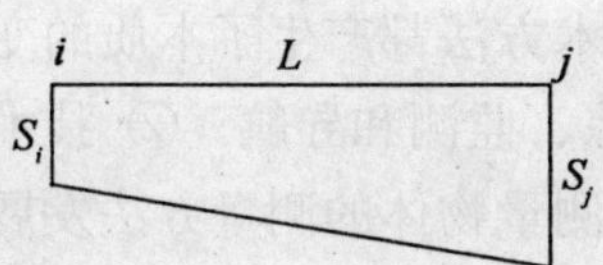

图 11.32　倾斜量计算

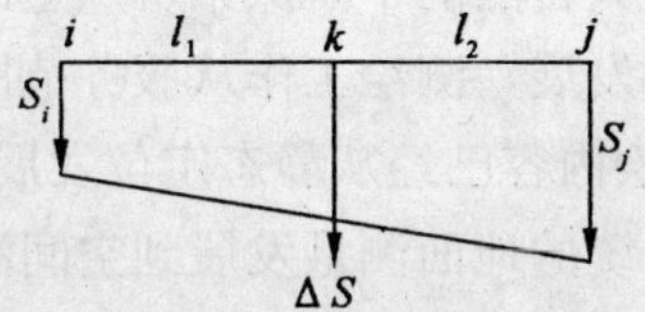

图 11.33　挠度计算

4. 两维位移向量

设水塔顶在某时刻位移值测得为 Δx、Δy（见图 11.34），则位移大小为：

$$\Delta=\sqrt{\Delta x^2+\Delta y^2} \tag{11-16}$$

位移方向为：

$$\alpha=\arctan\frac{\Delta y}{\Delta x} \tag{11-17}$$

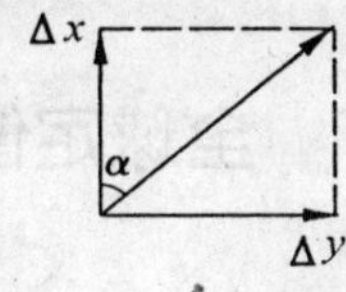

图 11.34　两维位移向量

第十二章　现代测绘技术及其发展趋势

随着科学技术的迅猛发展，人类的活动范围越来越大，已经由地球表面扩展到了外太空。例如，美国、俄罗斯等空间技术发达的国家，已经将测绘技术应用到了地球之外，对遥远的月球和火星表面进行了地形测绘工作。近年来，中国、日本等国家也对月球表面进行了探测。人类对大自然的不懈探索所产生的更大范围、更精确的实时定位的需求，极大地促进了测绘技术的发展，测绘工作从服务范围、工作内容及技术方法都产生了本质的变革，其表现为：① 测绘内容已经从静态定位发展到了实时动态跟踪、监测和导航。② 技术方法呈现多样化，由传统的地面测量发展到空间测量，由直接接触测量物体的测量方法发展为远距离的数字摄影和遥感测量方法。虽然地面实测仍是测绘的主要手段，但是现在越来越多的测绘工作采用数字摄影测量、遥感等手段来进行，高分辨率遥感数字图像配合少量的地面测量，已能满足快速更新 1∶10 000 比例尺数字化地形图的要求；我国准备发射的测绘卫星，甚至能满足快速更新 1∶5 000 比例尺数字化地形图的要求。③ 测量设备由传统的光学机械结构发展为光机电一体的数字化设备，精度更高、操作向自动化方向发展。④ 测量成果数字化，用户由从事基础建设的专业人士，扩展为普通的大众，测绘技术产品已经成为信息时代人们生活的必需品之一。

本章仅从全球定位系统（GPS）、数字地图、测绘与深空探测等几个侧面阐述现代测绘新技术，最后展望其发展趋势。

第一节　全球定位系统

一、概　述

GPS 又称全球卫星定位系统，是 20 世纪人类最伟大的科技成果之一。GPS 系统集合了空间技术、微电子技术、通信技术、计算机技术的最新成就，是一项工程浩繁、耗资巨大的系统工程，被称为继阿波罗飞船登月、航天飞机之后的第三大空间工程。GPS 系统由美国国防部研发，其目的是为远程运载工具提供全方位、全天候实时导航，并以美国及其盟国的特许用户为服务对象，但现在随着整个国际政治情势的变化，这个系统已经越来越多地被用来牟取商业利益，广泛地应用于社会生活各个领域。

二、GPS 系统的组成

GPS 系统的研制始于 1973 年 12 月，历时 20 余年，耗资 200 亿美元，于 1994 年全面投入使用。其定位原理是通过在待定点接受高空 GPS 卫星发送的导航信号，从中获取卫星坐标信息，同时测量待定点与卫星间的距离，利用空间后方距离交会的原理，解算待定点三维空间坐标，如图 12.1 所示。GPS 系统是一个极其复杂的系统，按功能划分，可以分为空间部分、地面监控部分和用户接收机部分。

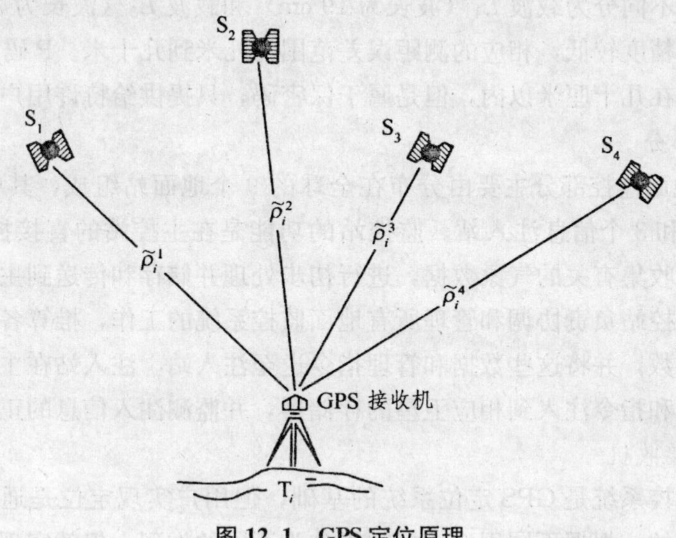

图 12.1　GPS 定位原理

1. GPS 卫星

GPS 卫星设计星座由 24 颗卫星构成，其中 21 颗为工作卫星、3 颗为备用卫星。24 颗卫星均匀分在 6 个轨道面上（见图 12.2），轨道面倾角为 55°，各轨道面之间相距 60°，轨道平均高度 20 200 km，大约 12 h 绕地球一周。这样的 GPS 卫星空间配置，保证了地球上任何地点、任何时刻能同时观测到 4 颗 GPS 以上的卫星，以满足精密导航与定位的需要。

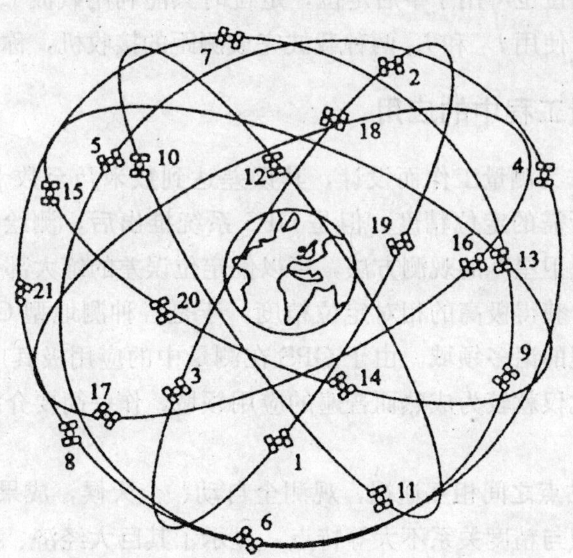

图 12.2　GPS 设计星座分布

GPS卫星发送的导航信号由两种调制波组成：一种调制波组合了卫星导航电文、L_1 载波和两种测距码（C/A码和P码）；另一种调制波组合了卫星导航电文、L_2 载波和一种测距码（P码）。卫星导航电文是用户用来导航与定位的基础数据，其内容包括：卫星星历、时间信息和卫星钟差参数、信号传播延时改正、卫星工作状态信息等。载波是一种周期性的余弦波，根据波长不同分为载波 L_1（波长为19 cm）和载波 L_2（波长为24 cm）。C/A码作为一种公开码测距精度较低，相应的测距误差范围为几米到几十米。P码测距精度高于C/A码，测距误差范围在几十厘米以内，但是属于保密码，只提供给特许用户使用。

2. 地面监控部分

GPS系统的地面监控部分主要由分布在全球的9个地面站组成，其中包括5个卫星监控站、1个主控站和3个信息注入站。监控站的功能是在主控站的直接控制下，对GPS卫星进行连续观测和收集有关的气象数据，进行初步处理并储存和传送到主控站，用以确定卫星的精密轨道。主控站负责协调和管理所有地面监控系统的工作，推算各卫星的星历、钟差和大气延迟修正参数，并将这些数据和管理指令送至注入站。注入站在主控站的控制下，将主控站传来的数据和指令注入到相应卫星的存储器，并监测注入信息的正确性。

3. GPS用户接收机

卫星和地面监控系统是GPS定位系统的基础，但用户实现定位是通过用户设备—GPS信号接收机来实现的。根据不同用途，接收机分为不同的类型，仅就实现定位功能的接收机来说，可分为导航型和测地型两类。

(1) 导航型，特点是使用C/A码测距，结构简单、价格低、定位精度低，定位方法属于实时定位。

(2) 测地型，特点是测距不使用测距码，而是采用与载波相位测距仪测距相似的原理，利用 L_1 或 L_2 载波进行测距。测地型接收机定位精度高，但是技术复杂、价格高昂。测地型接收机既可用于实时定位也可用于事后定位，定位时只能利用载波 L_1 进行测距的接收机称为单频接收机，能同时使用 L_1 和 L_2 两种载波完成测距的接收机，称为双频接收机。

三、GPS在测量工程中的应用

GPS系统本身并非为测量工作而设计，其误差达到数米乃至数十米的定位成果也不能满足大多数测量工作所需的定位精度。但是GPS系统推出后，测绘科技工作者研究发现，通过“同步观测同一组卫星”的观测方法，可以使定位误差的绝大部分强烈相关，从而通过求坐标差而自然消除，获得极高的相对定位精度。于是各种测地型GPS接收机被迅速研发出来，运用于测量工程的诸多领域。由于GPS在测量中的应用极其广泛，已经深入到各个领域，限于篇幅，在此仅就较为成熟而普遍的应用领域，作一简要介绍。

1. 控制测量

GPS定位不需测站点之间相互通视，观测全自动、全天候，成果高精度、作业高效率、地面点之间的连接网型与精度关系不大等特点，显示了其巨大经济、技术优势，对控制测量的技术方法产生了革命性的影响，在高等级控制测量领域，传统的控制测量方法已经很少使用。近年来，国内厂家掌握了GPS接收机生产技术，GPS接收机价格迅速下降，低等级乃至图根控制测量，GPS方法都成了首选技术方法。

2. 地形测量

GPS技术为消除误差，取得高精度的观测成果，一般采用采取两台以上接收机同步观测，数据事后处理的作业方法。近几年迅速兴起的双频动态实时差分技术（RTK），实现了高精度定位数据的实时处理，可在数分钟甚至数秒内获得厘米级的定位成果，使得GPS技术用于地形测量成为可能。

RTK的工作原理是：一台接收机固定不动，称为基准站，另一台流动测点，称为流动站，两接收机之间建立实时数据通信。开始作业时，流动站首先依次在两个以上已知点上进行测量，通过实时数据传送，和基准站数据进行差分处理，得到与基准站之间的高精度的GPS基线向量（三维空间坐标差，可通过投影转换为高斯平面的二维坐标差）。同时，利用公共点（既有已知坐标数据，又有GPS测量数据的点）中包含的坐标转换信息，求得GPS数据转换到当地坐标系统的转换参数，及基准点当地坐标，这一工作称为初始化。初始化完成后开始测量工作，流动站到待定点上，通过与基准站的差分，求得基准站到流动站的高精度坐标差。如图12.3所示，设基准站R坐标为（x_R，y_R），流动站T_i与基准站的二维坐标差为(Δx_{RT_i}，Δy_{RT_i})，则流动站T_i的坐标为：$\left.\begin{aligned}x_i=x_R+\Delta x_{RT_i}\\ y_i=y_R+\Delta y_{RT_i}\end{aligned}\right\}$。

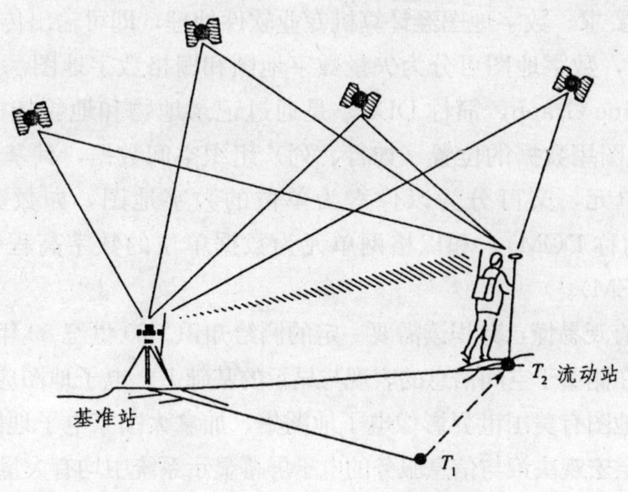

图12.3 GPS—RTK定位原理

RTK技术用于地形测量，相对于全站仪方法，无需与基准站通视，方便快捷。RTK作业半径取决于数据通信距离，一般长达数千米到数十千米，作业灵活方便，效率很高。尤其在地形简单、天空开阔的地区，优势明显。目前，RTK技术已经在地形测量、边界测量、规划道路定线测量、运动轨迹测量等领域广泛应用。

目前存在的问题是，由于要求实时解算，RTK技术必须采用解算未知数速度快的双频接收机，加之数据处理极其复杂，因而RTK系统价格昂贵。此外，在建筑较多、林木稠密的地形条件下，GPS定位要求天空开阔的局限性使得其作业范围受到很大限制，所以RTK技术在可以预见的将来，也不能完全取代传统方法。

3. 变形观测

GPS技术应用于变形观测的原理是，在监测体和稳固体上分别设立GPS接收机，将持续观测的监测数据通过有线或无线的方式，传送到控制中心，控制中心处理分析监测结果，根据监测点相对于稳固体上基准点的相对位置变化及精度指标，分析是否存在变形。GPS测量高精度、全天候、全自动连续观测的特点，使其成为监测各种工程变形极为有利的手段，尤其是在滑坡监测项目和长年进行变形监测的水利工程中，更是具有常规方法难以比拟的优势。目前国内在这一领域已有不少成功运用的案例。

第二节　数字地图与电子地图

20世纪90年代末，我国测绘业基本完成了由模拟测绘向数字测绘的转变。地形测量从外业数据采集到内业计算机图形编辑、成果输出，实现了数字化、信息化。不仅改变了作业方式，提高了成图速度，降低了生产成本和劳动强度，其更深层次的意义是改变了地形图的存储和使用方法，使地形测绘工作进入了数字化时代。

数字地图的本质特征是它以数字形式表现地图信息，便于储存、传输和更新，能适应信息化时代对地图产品的要求。数字地图经计算机专业软件处理，即可输出传统形式的地形图。

依数据结构不同，数字地图可分为矢量数字地图和栅格数字地图。矢量数字地图，如数字线画图（Digital Line Graph，简称DLG）是通过记录地物和地貌特征点的坐标组织空间数据。而栅格数字地图用数据的位置（如行、列）组织空间数据，其基本数据单元是显示记录属性信息的空间单元，又可分为以像素为单位的数字地图，如数字正射影像（Digital Orthophoto Map，简称DOM），和以格网单元为数据单位的数字高程模型（Digital Elevation Model，简称DEM）。

数字地图还不够直观易懂，其识读需要一定的测绘知识。20世纪80年代中期，随着计算机视觉化研究的深入，在侧重于空间信息的表现与显示的基础上，电子地图应运而生。目前，在国际上影响较大的电子地图有美国世界影像电子地图集，加拿大国家电子地图集。在美国、英国、日本等国用于政府高层宏观决策与信息服务的电子屏幕显示系统中均有大量的电子地图。

电子地图与数字地图密切相关，但两者的概念是不可混为一谈的。明确地说，数字地图是电子地图的基础，是存储方式。电子地图是地图数据的可视化产品，是数字地图的可视化，是表示方式。因此，电子地图是以数字地图为基础，对数字地图进行符号化处理后，通过多种媒介输出的地图数据的可视化产品。

电子地图有以下特点：

（1）动态性。电子地图具有实时、动态表现空间信息的能力。电子地图的动态性表现在两个方面：一是用具有时间维的动画来反映事物随时间变化的真实动态过程，并可通过对动态过程的分析来反映事物发展变化的趋势，如城市区域范围的动态变化沿革，河流湖泊水岸线的不断推移等；二是利用闪烁、渐变、动画等虚拟动态显示技术来表示没有时间维的静态现象以吸引用户的注意力，如通过色彩浓度动态渐变产生的云雾状感受，描述地物定位的不确定性，通过符号的跳动闪烁，突出反映感兴趣地物的空间定位等。

(2) 交互性。电子地图具有交互性，可实现查询、分析等功能，以辅助阅读、辅助决策等。由于电子地图的数据存储与数据显示相分离，地图的存储是基于一定的数据结构以数字化形式存在的，因此，当数字化数据进行可视化显示时，地图用户可以对显示内容及显示方式，如色彩和符号的选择等进行干预，将制图过程与读图过程在交互中融为一体。不同的用户由于使用电子地图的目的不同及自己对地图内容的理解不同，在同样的电子地图系统中会得到不同的结果。

(3) 超媒体集成性。电子地图以地图为主体结构，将图像、文字、声音等附加媒体信息作为主体的补充融入其中，通过图、文、声互补，地图图形信息刻板、过于专业性的不足可得到良好的弥补，通过人机交互的查询手段，可以获取精确的文字和数字信息。因此，电子地图在提供不同类型信息、满足不同层次需要方面，不仅具有传统纸质地图所无法比拟的优点，而且比数字地图应用更广。

从欧美市场来看，电子地图最有价值的应用是在汽车、手机和互联网等领域。与以往人们需要购买纸质地图产品不同，现在人们不再需要直接购买纸质地图产品，而是通过汽车导航仪、手机或上网等途径使用电子地图产品。

电子地图在现代国防与战争中的应用显得尤为重要：

(1) 电子地图是指挥自动化系统的一个重要支撑。

现代战争战场广阔、武器装备先进、战场情况瞬息万变，要争取战争胜利，必须实施集中统一、高效灵敏的指挥，以提高部队的快速反应能力。20 世纪 90 年代以来，美、俄、英、法、德、日等发达国家争相研制各自的自动化指挥系统（Command，Contro1，Communication，Inteliigence，可缩写成 C3I 系统），使作战指挥、控制、通信、情报融为一体。电子地图以及由此而派生的其他高技术测绘产品，如地理（地形）分析系统、电子沙盘等是军队指挥自动化系统的重要组成部分，有了电子地图等高技术测绘产品，指挥员再不必去翻阅一大堆地图就能指挥部队作战。

(2) 电子地图是精确制导武器的“眼睛”。

精确制导武器具有射程远、速度快、精度高等特点，是现代高技术战争的“杀手锏”。海湾战争中，美军发射战斧巡航导弹 200 多枚，至少有 90%命中了目标。精确制导武器之所以能高精度命中目标，关键在于电子地图。因为计算机能够从电子地图中精确获取地面物体的空间描述数据坐标，而这些坐标是发射精确制导武器所必须的一项数据资料。

(3) 电子地图是部队机动的向导。

电子地图可与全球定位系统结合使用，实现快速定位。在未来高技术战争中，部队必须快速定位，才能保证高速机动和大范围的协调，在飞机、坦克、汽车、军舰上安装电子地图并与卫星定位系统联网，即可随时确定其位置，并在电子地图上显示出来，进而分析、选择前进路线及打击目标等。单兵携带和利用微型电子地图，在炮火弥漫的战场，可以准确地分析地形、判明方向，保持与上级的联系。

(4) 电子地图是作战训练模拟的重要工具。

过去军事指挥员进行作战模拟一般是利用地图、沙盘等传统工具。随着高技术武器的运用，要求在很短的时间内，完成大量数据周密细致的计算，分析各种因素对作战进程的影响，预测各种作战方案实施的后果。传统的方法已不能满足其要求，必须借助于电子计算机系统和作战模型对作战对抗的全部或部分过程进行仿真实验，才能选出最佳方案，定下决心，使战略、战役、战术决策更加具有科学性。利用电子地图和虚拟现实技术在计算机上可以生成一个身临其境的地理环境。在这样的环境中，作战训练效果更佳，指挥员和参谋人员能得到更多的锻炼和提高。这是一种适应数字化战场需要的全新的电子地图的应用形式，是各兵种 21 世纪作战和训练的工具。

第三节　测绘与深空探测

随着 21 世纪的到来，深空探测技术作为人类保护地球、进入宇宙、寻找新的生活家园的重要手段，引起了世界各国的极大关注。通过深空探测，能帮助人类研究太阳系及宇宙的起源、演变和现状，进一步认识地球环境的形成和演变，认识空间现象和地球自然系统之间的关系。从现实和长远来看，深空探测和开发具有十分重要的科学和经济意义。深空探测将是 21 世纪人类进行空间资源开发与利用、空间科学与技术创新的重要途径。

20 世纪 50 年代末和 70 年代初，人类对月球进行了多学科的研究，实现了对月球的探测和载人登月，对月球有了基本的认识。从 1959 年 2 月至今，美国、前苏联和日本向月球共发射了 86 个无人探测器，美国进行了 9 次载人月球探测，其中包括 6 次载人登月。

测绘作为一项基础性工作，在月球探测中将扮演一个什么角色呢?

第一，在地球上所进行的测绘技术从原理上来讲都适用于月球的测绘，美国于 20 世纪 80 年代所进行的月球测图就是采用当时的解析测绘技术来完成的。可以说对月球的测绘技术将贯穿于月球探测的全部过程。目前大部分月球探测器，主要任务是绘制月球表面地形地貌图和矿物分布图，研究其表面岩石的化学成分，探求月球的构成，其中最为引人关注的是对月球是否存在水资源的探测。这些任务的实现，离开测绘技术都是不可能成功的。月球表面的地形非常复杂，有月海（辽阔的平原）、月陆（高地和山脉）和撞击坑（其他星体或陨石的撞击区域）。通过测定各种地形的面积、高度，建立月球的数字高程模型，就可以准确地计算出它们的年龄和蕴藏的矿藏量，从而可分析月球的演化过程，探求月球资源的分布和生命的痕迹。

第二，月球在宇宙空间的定位也是测绘的研究范畴之一。目前，月球探测器的发展趋于小型化，要实现月球的环绕、硬着落和软着落，就需要掌握精确的月球位置。前苏联曾有人形象地比喻，向月球发射探测器就像在几千米之外拿手枪打苍蝇。月球的内部化学结构非常紊乱，对环月探测器会产生很大的扰动，因此，保持对日定向的巡航状态或着陆的成功都要建立在准确定位的基础上。

第三，月球测绘还将为寻找登月点、规划月球车路径提供科学的数据基础。根据对月球测绘而得到的测绘产品，可以为不同的探测目的和需要选择最佳的着陆点，为未来宇航员登上月球提供基础资料。

月球探测中，需要进一步发展的测绘技术包括：

(1) 空间定位技术，主要用于计算探测卫星的轨道并保持卫星的姿态。

(2) 通过重力测量，建立月球定位参考框架。

(3) 研究适合于月球制图的坐标系统、投影系统，为月球制图建立参考基准。

(4) 利用探测器上载荷的光学相机、雷达和激光测高装置等在绕月运行时获取月球表面的地形数据，进行月球地形绘图。

(5) 建立数据处理系统，利用激光雷达数据、正射光学和雷达影像，建立三维数字月球，展现月球表面现状风貌。

第四节　测绘发展趋势

随着时代的发展，信息化测绘成为测绘发展的大趋势，即利用自动化、智能化和实时化的地理信息数据获取、处理、分发技术手段，回答何时（when）、何地（where）、何目标（what object）发生了何种变化（what change），并且把这些信息（即 4W）随时随地提供给每个人，服务到每件事（即 4A 服务—anytime，anywhere，anyone，anything）。

在信息时代，测绘已发展成为地球空间信息学。美国劳动部把地球空间信息技术与纳米和生物技术一起列为当今最具发展潜力的 3 大技术。地球空间信息学所获取和处理的是随时间和空间分布和变化的信息，目前的发展具有如下的基本趋势：① 时空信息获取的天地一体化和全球化；② 时空信息处理的自动化、智能化与实时化；③ 时空信息管理与分发的网格化；④ 时空信息服务的社会化。

一、时空信息获取的天地一体化和全球化

当前，世界各国纷纷构建天地一体化的对地观测系统，以便实现全球、全天候、全天时的时空数据获取系统。

2003 年 7 月至 2005 年 2 月 15 日，美国通过发起 3 次部长级高峰会议成立了 40 多个国家参与的政府间对地观测协调组织 GEO，制定了 10 年行动计划，将构建一个分布式全球对地观测系统 GEOSS，为解决灾害、健康、能源、气候、气象、水循环、生态、农业和生物多样性等重大社会经济发展问题服务。为了顺应全球对地观测系统 GEOSS 的建立，美国已完成了美国一体化对地观测系统的策略计划。

我国正在制定 2020 年的国家中长期科技发展规划，在这个规划中将正式提出建立我国天基综合信息对地观测系统的建设，即通过发射一系列持续运转的卫星群（包括导航定位卫星，光学和雷达遥感卫星，通信卫星），获取国家经济建设、国防建设和社会可持续发展所需要的时空信息，与国外的对地观测系统相互合作，成为信息时代我国的天地一体化时空信息获取系统。

二、时空信息处理的自动化、智能化与实时化

面对海量对地观测数据和各行各业的迫切需求，我们面临着“数据又多又少”的矛盾局

面，因此，对时空信息处理提出了自动化、智能化和实时化的要求。

目前卫星导航定位数据的处理已经比较成熟地实现了自动化、智能化和实时化。遥感数据的处理，特别是目标识别和分类的问题初步实现了智能化的人机交互处理，将数据引导的图像处理方法与知识引导的智能处理方法结合起来。人们将进一步追求定量化和全自动方法，通过对各类观测量的严格建模，引入定标和验证的相关参数，将物理方程与几何方程整体求解，从而实现遥感反演。只有定量化才便于全自动化，才可能实时化，从而构建智能化的传感器网格，实现直接从卫星上传回经在轨处理后的有用的数据和信息。

三、时空信息管理与分发的网格化

20 世纪 90 年代初，根据网上主机大量增加，但其利用率却并不高的情况，美国国家科学基金会（NFS），将其 4 个超级计算中心构筑成一个整体，通过网络将计算资源连接起来，形成对用户透明的超级计算环境，即近年来所称的“网格计算”。随着全球信息网格（Global Information Grid，简称 GIG）概念的提出，建立全球统一的空间信息网格已势在必行。空间信息网格有两层含义。第一层是广义的空间信息网格，它将计算机大网格（Great Global Grids）与智能传感器网格（Sensor Web）集成在一起，实现信息获取、传输、存储、加工与应用的一体化。第二层含义指的是狭义的空间信息网格，是网格计算环境下的新一代地理信息系统。为此，我们提出了从用户需求出发的空间信息多级网格（SIMG）的概念，在地理坐标框架下，根据自然社会发展的不平衡特征将全球分成粗细不等的格网，格网中心为经纬度坐标和全球地心坐标系坐标，格网内存储各个地物及其属性特征，这种存储方法特别适合于国家社会经济数据空间统计与分析，基于空间数据的分析和辅助决策将上一个新台阶。因为空间信息网格能够把整个互联网整合成一台巨大的超级计算机，实现计算资源、存储资源、通信资源、软件资源、信息资源、知识资源的全面共享以及进行超大型计算，所以不难预测，与万维网一样，原来为科研服务的信息网格也会很快服务于信息传媒、传统产业、电子商务、生活娱乐等各个领域。可以确信，在不久的将来，空间信息网格必将会得到迅速、广泛的应用。

四、时空信息服务的社会化

在为经济建设、国防建设和政府决策中广泛应用的基础上，将进一步创造高效优质的服务模式，包括汽车导航、盲人导航、手机图形服务、智能小区服务、移动位置服务等，可以统称为公众信息化。时空信息的社会化服务包括对国家资源、环境、灾害调查和各种经济活动的时空分布及其变化的实时服务，为数字城市、数字港口、数字仓库、数字化物流配送等提供时空信息服务。时空信息的全社会服务是拉动地球空间信息学和 3S 技术产业化发展的根本原动力，它具有上百亿的市场前景。为了推进空间数据的社会化服务，不仅需要解决 3S 技术与通信技术（有线、无线、微波、卫星通信等）的集成，而且还要解决空间数据作为国家安全数据所必需的保密性与空间数据市场化带来的开放性的矛盾。

参考文献

［1］　李德仁．21世纪测绘发展趋势与我们的任务．中国测绘，2005（2）．

［2］　武汉大学测绘学院测量平差教研室．测量平差基础（第3版）．北京：测绘出版社，1996.

［3］　武汉测绘科技大学《测量学》编写组．测量学（第3版）．北京：测绘出版社，1991.

［4］　孔祥元，郭际明等．大地测量学基础（第1版）．武汉：武汉大学出版社，2001.

［5］　武汉测绘学院控制测量教研室，同济大学大地测量教研室合编．控制测量学．北京：测绘出版社，1986.

［6］　张正禄．工程测量学．武汉：武汉大学出版社，2005.

［7］　严莘稼，王侬．建筑测量学教程．北京：测绘出版社，1995.

［8］　张坤宜等．交通土木工程测量．武汉：武汉大学出版社，2005.

［9］　李青岳．工程测量学．北京：测绘出版社，1984.

［10］　陈飞龙，金其坤．工程测量．上海：同济大学出版社，2004.

［11］　陈永奇．变形观测数据处理．北京：测绘出版社，1998.

［12］　苏德基．高层建筑竖直度控制．测绘工程，1998（3）．

［13］　张正禄．变形监测网的灵敏度分析．武汉测绘科技大学学报，1986（2）．

［14］　马耀峰等．地图学原理．北京：科学出版社，2004.

［15］　燕琴，高武俊，刘锋．月球探测中的测绘技术．测绘科学，2004（4）．

［16］　陈国胜．测量学．北京：测绘出版社，2002.

［17］　顾孝烈等．测量学．上海：同济大学出版社（第2版），1999.

［18］　国家测绘局网点．数字地图在现代战争中的应用．